洪水预测模拟
及防控技术

[土耳其]Zekâi Şen（泽凯森） 著
胡波 董林垚 孙坤 范仲杰 译

中国水利水电出版社
www.waterpub.com.cn
·北京·

内 容 提 要

本书总结了近150年洪峰流量预测的各种方法，全面介绍了洪水预测模拟及防控技术的前沿知识。第1～3章介绍了降雨与洪水关系以及洪水预测经验公式基本原理。第4～7章利用概率统计方法分析了洪水的不确定性，介绍了各种水利工程构筑物的泥沙沉积问题。第8～9章分析了气候变化对洪水的影响，阐述了洪水风险预测和防洪设计的最新研究进展。

本书可供业内决策者、从业人员及科研人员参考借鉴。

图书在版编目（CIP）数据

洪水预测模拟及防控技术 / (土) 泽凯森著 ; 胡波等译. -- 北京 : 中国水利水电出版社, 2019.12

书名原文: Flood Modeling, Prediction and Mitigation

ISBN 978-7-5170-8312-2

Ⅰ. ①洪… Ⅱ. ①泽… ②胡… Ⅲ. ①洪水预报—数据模型②洪水—水灾—风险管理 Ⅳ. ①P338②P426.616

中国版本图书馆CIP数据核字(2019)第296058号

书　　名	**洪水预测模拟及防控技术** HONGSHUI YUCE MONI JI FANGKONG JISHU
作　　者	[土耳其] Zekâi Şen（泽凯森） 著
译　　者	胡　波　董林垚　孙　坤　范仲杰　译
出版发行	中国水利水电出版社 （北京市海淀区玉渊潭南路1号D座　100038） 网址：www.waterpub.com.cn E-mail：sales@waterpub.com.cn 电话：（010）68367658（营销中心）
经　　售	北京科水图书销售中心（零售） 电话：（010）88383994、63202643、68545874 全国各地新华书店和相关出版物销售网点
排　　版	中国水利水电出版社微机排版中心
印　　刷	清淞永业（天津）印刷有限公司
规　　格	184mm×260mm　16开本　17.75印张　432千字
版　　次	2019年12月第1版　2019年12月第1次印刷
定　　价	**98.00**元

前言

如果降雨强度过大，超过了溪流、河流和峡谷等地表径流的排水能力，或超过了运河和地下排水管道等设施的泄洪能力，或超过了水库和城市的设计洪水容纳能力，则会发生洪水。洪水是极端自然灾害之一，此外，融雪、海啸、潮汐，地下水位上升，城市污水管道容量偏小和溃坝等因素，也可以诱发洪水灾害。

地震、干旱和洪水等自然灾害自古就对人类社会造成严重威胁，虽然现代社会科技日新月异，各种防灾减灾设施和预警系统层出不穷，但是有时也难以避免受到自然灾害的侵袭。其中，危害性最大的自然灾害便是洪水，不但严重影响了人类的日常生活，而且对河漫滩、河岸和峡谷附近居民的人身安全造成了极大的威胁。在干旱峡谷区，由于无人居住，发生洪水如同天降甘霖，成为补充地下水的良好来源。为补充地下水，世界上很多干旱地区都修建了雨水引流设施。本书不讨论洪水有益的一面，主要讨论一般洪水和特大洪水的预警和防控。

为有效减轻洪水灾害，需要研究洪水的产生机理和发生过程，建立合适的洪水模型，预测洪水的演化过程，设计合理的防洪设施，建立早期预警系统，向群众宣传防洪知识。

本书总结了近150年来洪峰流量预测的各种方法。最初，主要根据经验来预测洪水，后期根据概率、统计、随机生成、不确定性等方法，发展了很多预测模型，逻辑清晰，条理性强。经验公式通常只适用于某一区域，难以全世界通用。在无法测量降雨量的年代，人们主要根据流域面积来预测洪水，后来有了降雨量记录，洪水预测公式中又加入了降雨量或降雨强度参数。如今，利用数字高程（DEM）技术和遥感卫星图像，可以实现三维地形可视化，成为一种预测洪水流量的重要途径。

本书第1章简要地介绍了洪水定义、洪水类型、洪水发生机理、洪水—水文循环关系和灾害类型，初步阐明了地形地貌和降雨对洪水的影响。第2章、第3章介绍了基于地形的洪水预测经验公式，并阐明了其基本原理和应用条件。第4章～第7章为本书的主体，利用概率统计方法分析了洪水的不确定性，提出了水利工程建筑物设计使用年限、洪水风险和洪水重现期等概念。同时，介绍了各种水利工程构筑物的泥沙沉积问题，并首次提出了一些创新性的观点。第8章～第9章分析了气候变化对洪水的影响，并简要介绍了洪水风险预测和防洪设计的最新研究进展情况。每章都提出了一些意见和建议，为未来研究指明了发展方向。

笔者踏遍千山万水，访问各地科研院所，调研过阿拉伯半岛干旱地区，曾在沙特阿拉伯阿卜杜勒阿齐兹国王大学地球科学学院和土耳其伊斯坦布尔科技大学气象和土木工程学院从事过科学研究工作，也曾在沙特阿拉伯Jeddah地区参与过实际地质调查工作。丰富的经历，扎实的学术功底，使得本书顺利付梓出版。

本书涉及洪水流量预测、洪水风险评估、气候变化与洪水关系、防洪工程设计等方面，希望有关人士能从中受益。感谢我的同事对我的鼓励和支持，尤其感谢我的爱人法蒂玛森。在我夜以继日，历经数年完成书稿期间我的爱人任劳任怨，温柔体贴，给予了莫大的支持。

泽凯森

于土耳其伊斯坦布尔

2016年

目录

第 1 章

绪　论

摘要： 洪水通常在世界各地频繁发生，造成惨重的人员伤亡和财产损失。本章首先提出了洪水的定义，划分了洪水的类型，然后从气象和水文方面探究了洪水的发生机理，最后阐明了洪水造成的危害。同时，分析了普通洪水和暴洪的特征，指出了两者的区别；研究了洪水风险，提出了防洪措施。需要重点指出的是，洪水属于自然灾害，如果人类居住主河道附近，如在河漫滩，则蒙受的人员伤亡和财产损失会更为严重。
关键词： 普通洪水，暴洪，水文，洪水风险，气象，河漫滩

1.1　概述

在世界很多地方，如果水量过大，很可能会发生洪水灾害。对于洪水多发地区的防洪工作，洪水早期预警系统和洪水淹没区地图至关重要。如果某地区通信设施落后，一旦发生大规模、长时间的洪水，将蒙受严重的人员伤亡和财产损失。对于洪水危害极小的地区，尤其是干旱和半干旱地区，洪水是良好的地下水补给来源。人们必须具有防洪的意识，应根据洪水预测结果绘制洪水淹没区地图。这也是本书重点讨论的内容。

如果降雨（主要指锋面雨和对流雨）强度过大，超过了溪流、河流和峡谷等地表径流的排水能力，或超过了运河和地下排水管道等设施的泄水能力，或超过了水库和城市的设计洪水容纳能力，则会发生洪水。此外，融雪、海啸、潮汐、地下水位上升、城市污水管道容量偏小和溃坝等因素，也可以诱发洪水灾害。洪水参数包括深度、过水面积、流速和泥沙沉积量等，详细情况参见第 7 章。如果人类生活在洪水区，或者在洪水区进行开发活动，则有可能遭受洪水的侵袭，否则洪水对人类不会造成危害。

根据降雨量大小，作者将世界各地区划分为缺水区、正常区和洪水区。正常区的水量基本满足人类的正常生活，而在缺水区和洪水区，需要采用先进的科技手段，修建必要的水利工程，人类才能够正常生活。水是生命之源，但地球上的水量时空分布极不均衡。应充分利用先进的科技手段，竭尽全力调配和管理好水资源。根据水资源管理水平，可以衡量出一个国家是否繁荣强盛。为促进社会可持续发展，世界各地区应根据当地区域类型等实际情况，制订合适的水资源管理方案，采取合理的防治措施。

某流域如果降雨量大，地表径流不均衡，就容易诱发洪水。影响洪水大小和过程的自然因素主要有三种，即降雨类型和强度、地表形态和地质构造。其中，有关降雨类型和强度的内容参见第 2 章，有关地表形态的内容参见第 3 章。因此，洪水评估涉及气象学、地表水文学和地质学三门学科。洪水持续时间一般为几天或几个星期，从未出现过持续数月或数年的洪水，因此容易观察到洪水的出现。产生洪水的因素很多，各地气候不同，每个地区一年四季的天气也变化多端，区域气候和局地气候也不尽相同，分水岭可以影响当地气候。

洪水会导致河水上涨，淹没周边田地。暴洪通常发生在夏季，有时，一声惊雷的瞬间即可暴发洪水；有时洪水的孕育过程又比较漫长，可达一个月之久。当冬季降雪深厚，或者土中冰冻了大量水分，一旦转入夏季快速融化，就可能诱发洪水。洪水一般发生在流域低洼处，其时空分布通常取决于降水量时空分布和气候因素，详细情况参见第 8 章。

由大气降雨产生的洪水危害为社会造成了巨大损失，而且随着社会前进、工业发展和气候变化，这种损失正在逐步上升。有些国家的人们，居住在沿海城市，人口密集，基础设施匮乏，其商贸往来和工业生产容易遭受洪水的侵袭。另外，人类活动导致了气候变化和全球变暖现象，因为修建沥青道路和广场等基础设施，加之热岛效应，使得局部地区排水极为不畅，这些因素都容易诱发洪水。近 30 年来，在全球各地，由于暴雨和洪水造成的灾害损失与日俱增。传统的研究方法误差较大，难以准确预测洪水过程。要提高洪水预测水平，应改进研究方法，提高研究水平，发展监测网络和预警系统。任何洪水预测模型都有应用条件和适用范围，不能面面俱到。根据某地条件建立的洪水预测模型可能不适用于另一个地区。良好的模型应考虑初始条件和边界条件，例如，至少要定性了解洪泛区的风险等级或沿海地区的淹没风险。目前，可以采用数字建模技术，定量评价洪水风险等级，详细情况参见第 6 章和第 9 章。另外，要搜集自然灾害风险地图，包括洪水风险地区。评估洪水风险时，还需要确定洪水过水断面的深度分布，详细情况参见第 4 章。

要建立洪水预测和评估模型，还应知晓洪水流量和发生日期。本书给出的洪水模型输入参数，不但考虑了洪水记录的常规统计特征，而且考虑了区域局部时空特征。如果研究区数据匮乏，可以参考邻近地区的降雨量记录等数据。如果模型难以满足预测要求，还应该利用降尺度技术对现有模型进行优化。对于热带和中纬度地区，模型预测结果可能有较大偏差。洪水预测模型一般是基于统计数据建立的，预测结果可能有偏差，需要进行分析讨论。即使标准差为常量，也不代表预测结果呈线性变化，大部分自然灾害，包括洪水，是呈非线性变化的。在进行洪水预测时，需要考虑其非线性特征。

降雨时，部分雨水蒸发和下渗，其余部分雨水地表径流形式存在，可能会形成洪水。形成洪水的因素很多，主要包括降雨强度、持续时间、过水深度、降雨强度—历时—频率曲线、区域气候特征和河床地质特性等，详细情况参见第 2 章。由于地形和坡度的影响，洪水行进方向经常改变。洪水有时发生在暴雨时、有时发生在暴雨之后，能够持续一段时间（Viessman 等，1989）。

要预测径流情况，需要充分了解气候条件，如降雨量、渗透和蒸发情况等。另外，也需要获取地形地貌、地层地质特征、地表水深度、地表水水量和流速等数据。

可以利用卫星影像、DEM 技术和航空摄像等确定雨水汇流范围，利用水准测量仪测量干涸河道的过水断面，详细情况参见第3章。搜集当地历次最大洪水水位情况，也可以向当地居民询问历史洪水情况，详细情况参见第8章。根据上述搜集到的数据，利用传统经验公式，可以绘制洪水断面的流量—水位曲线，详细情况参见第3章。在干旱和半干旱地区，作者利用双环渗透计测量了冲积物的渗透系数（Şen，2008a）。洪峰流量计算的经验公式和理论公式较多，应根据初步搜集的资料择优选用，详细情况参见第5章。1993年，Maidment提供了理论公式所用的水文参数。

为防止人民群众遭受洪水侵袭，各级政府不能仅靠防洪构筑物抵御洪水，还应构建洪水早期预警系统。历史经验表明，由于设计失误或施工技术落后，有些防洪构筑物难以抵抗洪水的作用，洪水损毁构筑物的事例不胜枚举。本书认为，在洪水危险区进行人类活动时，应及早搜集洪水淹没地图和洪水风险地图等资料，采取各种合理措施，未雨绸缪，防患于未然，详细情况参见第6章和第9章。

美国国会技术评估办公室发布的一份报告称，虽然近年来各国积极努力构建防洪体系，但是洪水造成的灾害损失仍然有增无减，主要原因包括以下方面：

（1）居住在洪水危险区及附近区域的人口越来越多。

（2）湿地可以容纳洪水，但湿地面积不断萎缩。

（3）地面硬化面积不断增大，增加了地表径流量。

（4）一些地区未充分评估洪水风险等级，就大干快上，迅速发展。

（5）一些大坝和防洪堤年久失修。

（6）有些地区制定了各种补贴政策，鼓励在河漫滩进行大开发。

近年来，人类活动导致了气候变化，加剧了洪水的泛滥，详细情况参见第8章。虽然对世界各地流域水平衡问题进行了广泛深入的研究，但是对干旱和半干旱地区的水平衡和降雨量—径流关系的研究却方兴未艾（Flerchinger和Cooley，2000；Scanlin，1994；Kattelmann和Elder，1997；Mather，1979）。在干旱地区和半干旱地区，流域范围主要根据降雨量和蒸发量确定，每个流域的植被类型也不尽相同，植被覆盖面积一般远小于流域面积。因此，对干旱地区进行水文建模时，面临一系列的问题。

虽然有些特大洪水难以防控，但是在设计大坝和隧洞等水利构筑物时，或进行土地整治、工业区开发、农田利用等活动时，可以采取措施，将损失降低到可以接受的水平，同时还应该考虑气候变化的影响，详细情况参见第8章、第9章。在干旱地区和半干旱地区，很难对暴洪进行早期预警，因此存在很高的潜在风险，详细情况参见第5章。在进行开发活动前，应搜集洪水淹没地图和洪水风险地图，提前做好防洪措施。本书第6章介绍了洪水风险分析建模步骤和方法。

1.2 定义

洪水通常指某流域发生强降雨后，地表径流量短时间急剧增加的现象。该定义涉及两个因素，即降雨强度和流域地面特征。有时流域地面特征起到举足轻重的作用，即使降雨强度非常大，也不一定能诱发洪水。比较重要的流域地面特征包括流域面积、地形、坡度和过水断面形态等因素。

河流和渠道水量过大，漫过岸顶，淹没临近田地的现象，也称为洪水。这些田地平常不遭受洪水的侵袭。湖泊、池塘、水库、含水层、河口的水位超过警戒值时淹没附近田地，或者沿海地区遭受海啸的侵袭，也属于洪水。洪水属于破坏力强的自然灾害，对人类和生物的繁衍有重要影响，会造成数量巨大的生命伤亡。洪水的时空分布通常和降雨量大小有关。

还可以将洪水定义为：水位过高，漫过河岸的一种自然现象。发生洪水时，大水通常漫过河漫滩，危及人类的生存。应对洪水进行防控，将其损失降低到可以接受的水平。每个人都应该熟知洪水的特征。每次洪水都不同，应该对洪水区定期进行观测。对洪水记录进行认真分析，也能深入了解洪水的特性（Linsley 等，1982）。

不考虑水文因素的话，有5种地区容易发生洪水灾害，如图1.1所示。

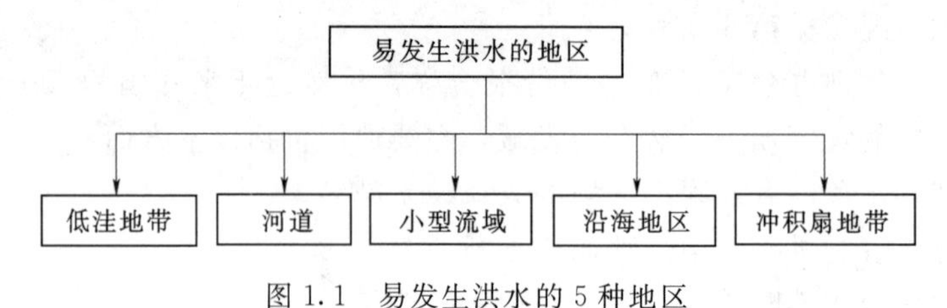

图1.1　易发生洪水的5种地区

低洼地带最易遭受洪水侵袭，且淹没风险系数最大。低洼地带地下水丰沛，交通便利，因此聚集了大量人口。在小型流域地区，一旦发生强降雨，短时间内无法将地表水排出，因此非常容易发生暴洪。

溃坝也会形成洪水，能严重损毁下游的城市、厂区和农田。在某些沿海地区，由于海水抬升，也能形成洪水。在冲积扇地区，地下水非常丰富，通常是城市的良好选址，但同时也容易遭受暴洪的侵袭。冲积扇地带的坡度陡峭，排水通道比较狭窄，洪水流速可高达5～10m/s，且携带大量泥沙碎石，破坏力非常强。

人类活动也会诱发洪水，城市距离主河道越近，受到淹没的风险就越大。因此，应将洪水风险分为两大类，即自然洪水风险和人为洪水风险，如图1.2所示。

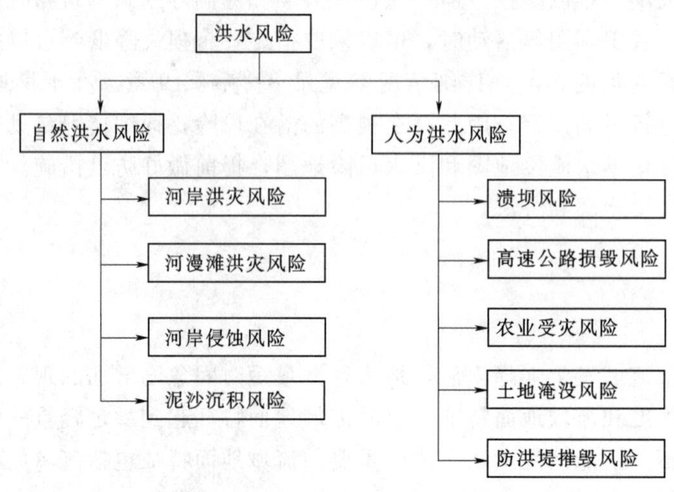

图1.2　洪水风险分类

对干旱地区的洪水研究较少。在干旱地区，主要利用地上水库或地下含水层储水，而且大部分水利构筑物的抗洪设防水平较低，一旦发生洪水，这些水利构筑物会发生损坏，甚至完全损毁。严重的情况下，甚至会损毁农田，摧毁房屋，造成人类财产损失。另外，洪水中携带的泥沙碎屑物可能会淤塞人工挖掘的水井和沟渠。在干旱地区，大部分含水层位于干旱峡谷沉积地层内，偶尔会出现地表径流。干旱峡谷内的地下水与暴洪有直接关系。在干旱地区，经常通过水泵抽取地下水，或者地下水通过地下径流的方式排泄到大海里去，这样地下水面临干涸的危险。大雨过后，洪水来袭，地下水得以补充。地下水位升高程度取决于当地气候、地形地貌和地质条件等因素（Şen，2008a）。

大部分流域缺乏历史重大洪水的详细记录，而日常降雨记录较为齐全。根据降雨记录和流域地面特征，利用经验公式，也可以估算洪水流量。Parks 和 Sultcliffe（1987）认为，干旱地区的洪水测量结果通常比其他地区精确。

根据当地经验，听取专家意见，采用先进科技手段，合理制定防洪规划，也可以变害为利。例如，如果河漫滩受到淹没，可以利用各种水利构筑物抽取和运送地下水。地下水量极为充沛，可以供周边工农业和生产生活使用一年之久。另外，洪水携带的泥沙中含有大量养分，可以使土壤变得肥沃。

1.3 水文气象

研究洪水问题，除了进行必要的测量工作，还应从理论上进行分析。为保证人民群众的安全，促进社会可持续发展，水资源综合管理（IWRM）也开始重视洪水风险和危害问题。降雨是地表径流产生的重要因素，如果降雨量过大，就可能形成洪水，因此对降雨情况要进行定性和定量分析。洪水预测和防洪规划涉及气象学、气候学、地表水文学和水力学等多个学科。

洪水主要与流域内降雨量大小和分布情况有关。影响洪水形成的因素主要有三种，即降雨类型和强度、地表形态和地质构造。洪水评估涉及气象学、地形地貌学、地质学、地表水文学和水力学等若干门学科。

在大气圈、岩石圈、生物圈、水圈和冰冻圈中，不但每个圈层内部存在水文循环，而且圈层之间也存在水文循环。大自然中的空气、水、营养物质和岩土体，是人类和动植物赖以生存的基础，虽然取之不尽、用之不竭，但它们之间的平衡性也很脆弱。其中，大气圈中的空气和水圈中的水是生物存活的必需品，弥足珍贵。大气圈已经经历了亿万年的演化，地球上的生命繁衍与大气圈、水圈和岩石圈关系密切。根据地质资料推测，大约15亿年前，大气圈中开始出现一定数量的游离氧（Harvey，1982）。生命的出现与氧气息息相关，后来出现了大量绿色植被，通过光合作用，能够制造大量的氧气。图 1.3 展示了与人类活动有关的各种圈层的相互关系（Şen，1995）。水圈主要包括海洋、湖泊和河流，岩石圈主要位于地壳，生物圈主要包括生活在大陆和海洋内的各种生命物质。虽然各个圈层的成分、结构和性质各不相同，但是它们之间相互作用，不断进行物质、能量、和水文的交换（Şen，2008b）。

水文循环通常并不是无时无刻在进行，一般具有季节性的特征。降雨是最重要的水文

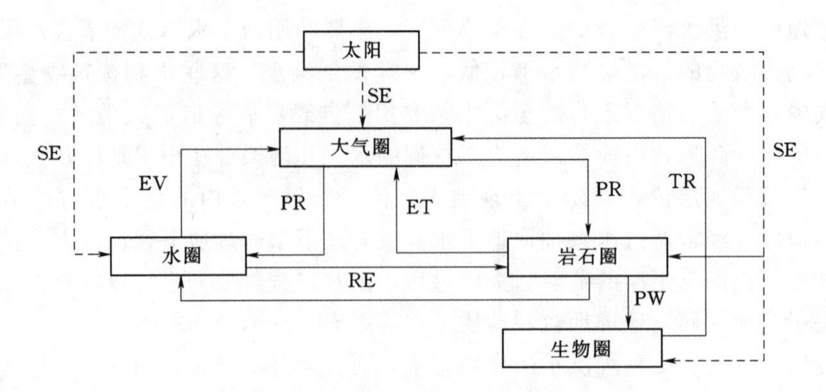

图 1.3　圈层的相互关系示意图

EV—蒸发；ET—蒸发蒸腾；PR—降雨；PW—植物吸水；RE—渗透；SE—太阳能；TR—蒸腾

事件，会产生侵蚀、沉积、蒸发、下渗、径流和洪水等现象，对生命存活起着至关重要的作用。

1.4　水文循环

水文学主要研究水的形成、运动和变化规律，分析水在大气圈、岩石圈、生物圈和水圈内的局部循环问题，关注水的运动规律、分布模式和水质情况。水文学通常研究降雨、径流、干旱、洪水和地下水等自然事件。

降雨、径流和蒸发并不是孤立存在的现象，三者之间是相互依存的关系。人们已经认识到，水文事件和地层侵蚀或沉积之间存在相互作用的关系。近年来，研究发现，地球上的碳、氮和硫元素的循环和水文循环具有一定的关系。水文循环、剥蚀—沉积循环和地球化学循环是地球演化的一部分，它们与人类的社会经济活动也相互影响。随着人口的增长，经济的发展，对优质水源的需求也日益旺盛。然而，人口增长和经济发展也影响了地球环境，导致水质恶化，很可能在将来会产生严重的水危机。

为促进社会繁荣发展，人们不断利用和改造水的各种运动形式，发展了各种技术方法来预测水的各种运动，改变水的运动过程，以便让水资源更好地为社会发展服务。因此，研究水文的时空分布，大力发展水利事业，对人类社会的繁荣发展起着举足轻重的作用。

从实用的角度看，可以利用水文学的基本原理、公式、模型和技术措施，为人类实际需求服务，如寻找水源等。图 1.4 显示了水文学的研究领域。

研究大气圈、岩石圈、生物圈和水圈内的水的分布、运动、物理性质和水质时，水文循环是最重要的研究方面。水可以以气态、液态和固态的形式存在，三种状态的时空分布相互影响。很多教科书也就水文循环方面进行重点阐述。

水文循环特征和地理位置有较大关系。例如，在干旱地区，如果土层渗透系数不大，则地下水难以得到有效补充。水文循环开始于数百万年之前，某些地区过去有完整的水文循环过程，但如今只有部分水文循环过程了。某些沉积岩的深部，存在原生水，和当下的水文循环基本是隔绝的。水文循环的范围不仅取决于地理位置，也取决于地质年代有关。

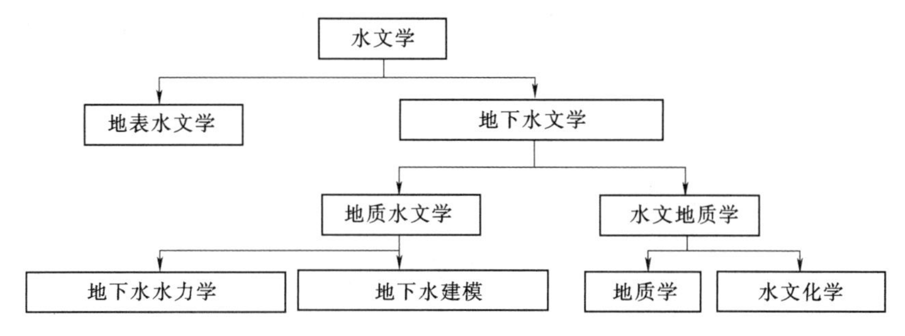

图 1.4　水文学的研究领域

在干旱地区，水文循环与大气循环基本无关，与当地状况和海岸距离有关，这对干旱区的居民影响很大。在某些沿海干旱地区，或距离海岸较近的内陆干旱地区，水文循环的规模较小。虽然湿润空气可以抵达离海岸较远的内陆地区，但是水文循环在这些地区基本处于似有若无的状态。

水文循环包括蒸发、水汽输送凝结、降雨、径流和入渗等环节。循环的过程中，会经过海洋、大气圈、水圈、岩石圈，其形成、运动和存在形式（气态、液态和固态）不断变化。水圈主要包括湖泊、河流和海洋。水在蒸发作用下，蒸发变成水汽，进入大气圈，然后以降雨的形式入渗到岩石圈。整个循环过程包括蒸发、蒸腾、径流、下渗、地下水流动等若干环节，每个环节都很复杂，各个环节相互影响，相互依存，将这个循环过程称为"水文循环"，如图 1.5 所示。

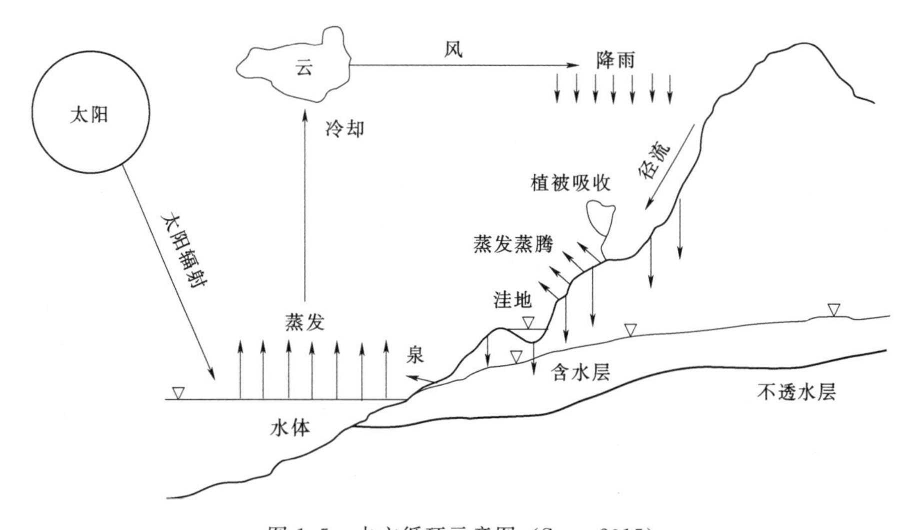

图 1.5　水文循环示意图（Şen，2015）

1.5　洪水类型

按照单位时间水量大小，洪水可以分为普通洪水和暴洪两种。世界上大部分地区发生的洪水为普通洪水。由于近年来气候变化的影响，在某些地区，尤其是干旱和半干旱地区，会在短时间内聚集大量雨水，形成暴洪。当然，也可以按照形成机理等因素，将洪水分为不同的类型。

1.5.1　普通洪水

除了气象和水文条件，流域地表特征也是影响洪水形成的重要因素。地形地貌对于大气降雨的形成和运动有重要影响。降雨沿着地表分流或聚集，在流域内以河流和湖泊等形式存在。地形特征影响着洪水的流速，流速越大，洪水危害就越大。如果地表植被稀少，水流速度过大，则容易形成暴洪，严重危及人民群众的生命和财产安全，详细情况参见第 3 章。

有时，人为因素，例如规划和管理失误，也会使洪水灾害或洪水风险加重。如果选择在河流上游附近修建城市，一般没有洪水风险。为减轻洪水损失，应全面搜集气象、水文和地形资料，认真规划，提高施工水平，加强各项管理工作。如果洪水突然发生，会摧毁工业区和居民区，造成严重的人员伤亡和财产损失。如果短时降雨量猛增，河水水位猛涨，会在河流中形成洪水。如果降雨时间较长，如长达几个星期，土壤水分饱和后，会在地面形成径流，水量和流速不断增加，逐渐会演化成洪水，通常危害程度没有暴洪大。在沙漠地区，如果短时间内降雨量极大，雨水来不及下渗，从而形成地表径流，最终演化成洪水。图 1.6 显示了洪水对不同地区的危害程度，在洪水评估时，通常要逐一考虑。

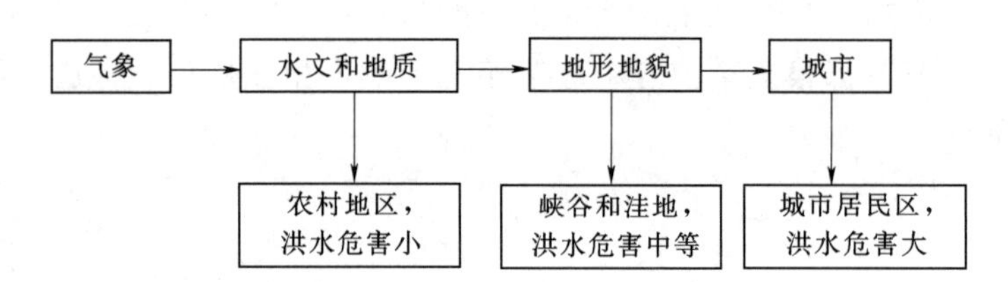

图 1.6　洪水对不同地区的危害程度

仅仅根据气象资料，很难准确评估洪水。为准确评估洪水，还应该听取专家建议，搜集地区历史洪水资料，吸取地方经验。例如，为出台合理的保险政策，保险公司需要获知不同洪水重现期的洪水风险等级，详细情况参见第 9 章。当然，洪水评估时，不需要分析每个时刻的洪水运行状态，一般是研究不同洪水重现期的洪水风险等级，保险机构、私有公司、规划和管理人员需要了解相关知识。除此之外，听取专家建议也非常重要。建立洪水模型时，需要了解当地情况，进行多种假设。虽然对面积较小的场地进行洪水危险等级评估是大有裨益的，但是最好具备区域洪水风险等级地图，根据不同重现期，分别绘制 5 年、10 年、20 年、25 年、50 年和 100 年等不同重现期的洪水风险等级地图。然而，世界很多地区缺乏此类洪水风险等级地图。

在山区大河和沿海河口处，由于地形陡峭，洪水可以快速形成，有时持续时间达 1～2 天，其破坏力强大，危及周围居民的生命和财产安全。由于洪水形成突然，通常难以采取有效的防洪措施，对重要城市造成极大威胁。

对生命伤亡影响较大的因素是洪水的洪峰流量，详细情况参见第 5 章～第 7 章以及第 9 章。气象和地形条件对洪水的演化过程和分布有重要影响。因此，要准确评估洪水危害，需要全面搜集降雨量、蒸发量、地质、地形（包括流域面积和径流模式）、工程地质

（包括干旱峡谷河床的岩土性质）和水文等方面的资料。

大部分流域缺乏历史重大洪水的详细记录，而日常降雨记录较为齐全。根据降雨记录和流域地面特征，利用经验公式，也可以估算洪水流量，详细情况参见第5章。Parks 和 Sultcliffe（1987）认为，干旱地区的洪水测量结果通常比其他地区精确。洪水通常突然发生，由于进水管道淤积，难以有效排泄洪峰流量（Farquhason 等，1992）。

1.5.2 暴洪

暴洪是一种特殊形式的洪水，形成速度快，几乎没有预警的时间。形成暴洪的因素包括降雨强度、雷暴、飓风和热带暴雨等。溃坝也可以诱发暴洪。大坝或堤防决口时，大量水体急涌而出，所经之处，可以摧毁一切设施。

暴洪可以在世界很多地区出现，尤其是在干旱地区，严重危及人类生命和财产安全。在干旱和半干旱地区，如果岩石坚硬且不透水，则容易形成暴洪，沿着日常干涸的峡谷前行，峡谷河床通常由砂和碎石构成。暴洪行进速度通常比人快，能够排入大海，或者最终深入到内陆沙漠中。暴洪可以渗入到干旱峡谷内的沉积层中，形成丰富的地下水，是当地农业和城市生活的良好水源。

数股溪流可以形成暴洪，在短时间内积聚在一小块地方，淹没部分城镇。有的地区数星期，甚至数年滴雨不下，但有时可以持续几个小时强暴雨就地形成暴洪。如果在较大的区域大雨频繁，则在主河道内容易形成洪水，河水暴涨，淹没大面积区域，有时雨停之后也能形成洪水。如果在小型流域内发生强对流雨，则容易发生暴洪，尤其是在内陆地区的夏季。短时间内，暴洪在小型流域汇集了大量洪水，危害性极强。

虽然暴洪危害性极大，但是可以渗入地下，成为重要的地下水源。利用大坝和沟渠，可以将更多的暴洪渗入地下含水层（Şen，2014）。分析暴洪问题时，除了研究地表水和地下水的相互作用外，还要分析洪水对大坝、桥梁、涵洞、溢洪道等构筑物的影响。

从水文学的角度看，分析暴洪时，需要考虑以下因素：①降雨强度；②降雨历时；③地形特征；④岩土性质；⑤地表植被情况。

更多暴洪分析内容，请参考第3～4章。

陡峭的高地和狭窄的河谷是径流容易汇集的地方，容易形成暴洪。饱和土或者渗透性差的地表也容易形成地表径流。人工硬化地面的径流强度是自然地表（旷野、草地和森林）的2～6倍。

暴洪在干旱地区较为常见，危及人类的生命和财产安全，可能会摧毁干旱峡谷附近的小型坝体、桥梁、涵洞、水井和堤防等构筑物。短时强降雨容易诱发暴洪，沿着干涸河道奔涌而下，速度可达1.5m/s。因此，如果暴洪发生在崎岖不平的砂质干旱河床中，人很难逃生。

在干旱和半干旱地区的各种自然灾害中，暴洪造成的损失是最严重的。当然，由于干旱地区的暴雨重现期比较长，其危害程度比湿润地区要小得多。由于暴洪持续时间短，影响区域小，因此很难预测。在温度较高的干旱和半干旱地区，强降雨发生的频率相对较高（Smith，1996；Smith 和 Handmer，1996；Smith 和 Ward，1998）。

暴洪难以预测和防控，经常损毁流域下游的市区和公路。因此，应加强干旱地区暴洪的研究，深入分析其强度、水量、洪峰流量、发生时间和出现地点。山间洼地、干旱峡谷河床和河漫滩等地区容易发生暴洪，由于难以进行早期预警，因此一旦发生暴洪，危害程度非常大。因此，应搜集或绘制暴洪危险地图，标明各个地区的暴洪危险等级。

近几十年来，暴洪似乎横行世界各地，成为最危险的自然灾害。近期，暴洪在一些国家造成了严重的危害，引起了世人关注。暴洪对环境危害较大，还可以直接影响人类生活，危及人类生命和财产安全。然而，目前尚未探明暴洪的形成机理和演化过程。虽然防治暴洪的措施很多，但各种措施的作用都是有限的。

1.5.3　洪水形成机理

如前所述，不同地区的洪水形成机理往往各不相同。归纳起来，大概有以下类型：

（1）冬季降雨型洪水。在欧洲中部和北部的冬季，如果低压西风遇上暖锋，就容易产生降雨。一旦降雨强度大，持续时间长，会使地表土壤饱和，地表径流量增大，河水暴涨，漫过河岸，可能会形成洪水。

（2）夏季对流暴雨型洪水。对流雷雨很大时，有时可以引发洪水。在欧洲南部地区，夏季闷热漫长，伴随着几声惊雷，夏季就戛然而止。在某些地区，对流暴雨有时可以形成暴洪，严重威胁周边经济发达的地区。

（3）锋面对流暴雨型洪水。在欧洲西部和东部，气压较低，冷锋从地中海西部向内陆方向移动，容易形成中等规模的对流雨，可以连续 24h 以上。气团沿着山坡向上移动时，容易形成地形雨。

（4）融雪型洪水。积雪快速融化，有时会形成洪水。在阿尔卑斯山或内陆高地，春天温暖的西风盛行，使得积雪快速融化，有时还伴有大暴雨，更容易形成洪水。在地形非常陡峭的小型流域，由于水流速度很快，有时会形成暴洪。洪水会危及峡谷河床附近的市区。

（5）城市排水不畅型洪水。如果城市的地下管道排水能力不足，则可能会产生严重的洪水，有时即使是一场普通降雨，也会形成洪水。

（6）潮汐型洪水。由于受到潮汐的作用，欧洲沿海很多地区容易形成洪水。潮汐会不断侵蚀海岸线，诱发洪水灾害。

（7）溃坝型洪水。如果大坝或者堤防溃决，也会形成洪水。

在很多地区，存在多种类型的洪水，其中最重要的洪水与地质、地形和气候条件有关。在洪水风险区域附近，如果社会经济发展条件较好，则会有大量人口聚集。根据持续时间，将洪水分为长期洪水和暂时洪水两大类。其中，长期洪水的持续时间不少于 7 天，暂时洪水的持续时间约 6h，或者更短。

根据形成的位置，可以将洪水分为河床洪水、山坡洪水、市区洪水和沿海洪水 4 种类型。

1.6　洪水成因

洪水是自然灾害之一，会造成人员伤亡和财产损失，严重时会导致经济萧条、环境恶化和社会动荡。大气降雨是诱发洪水的主要因素之一，有时，降雨会达到历史极值，水文专家称之为“可能最大降雨量”，详细情况参见第 2 章。但是，仅有气象条件，还不足以形成洪水。除了气象条件，洪水形成因素还包括水文、地形和流域地表特征等。从水文的角度看，如果表层土壤完成饱和，除去蒸发、蒸腾和下渗的部分雨水外，则绝大部分降雨会形成径流。在地势平坦的地区，洪水容易积聚，水位上涨，会淹没农田。

洪水的速度很快，有时会漫过自然或人工河岸。水文学家通常利用最大洪水量来分析洪水，但是这个指标无法表示土地淹没情况。研究洪水风险时，一般使用最大洪水位高度来分析。最大洪水位高度是洪水发生时，地表径流所能达到的最大高度。根据时间特征，诱发洪水的因素主要分为两类。

（1）第一类因素主要为气象条件，包括降雨量发生时间、降雨量类型、降雨量强度、降雨方向和总降雨量等。

（2）第二类因素主要为流域地面特征，包括流域面积、地形坡度、河网密度、主河道长度和汇流时间等。

第一类因素随时间变化，较难预测其变化过程。在热带地区，每年都会发生大面积的季节性降雨，形成洪水，降雨量可以进行粗略预测。然而，在小型流域，如果发生对流暴雨，有时会形成暴洪，基本无法预测（Ward，1978）。

近年来，气候变化也是洪水形成的因素。气候变化会改变降雨时间、降雨模式、降雨强度和暴雨持续天数。有些地区原先没有发生过洪水，由于全球气候变化的原因，近年来也出现了洪水。由于大量砍伐森林，过度放牧，导致地面裸露，流水侵蚀加剧，这更增加了洪水发生的概率。环境恶化还导致了地表径流增加，致使洪水灾害加剧，容易诱发滑坡。因此，分析洪水发生概率和洪水灾害损失时，应考虑土壤侵蚀面积和速度，或者考虑森林砍伐面积和速度的情况。

洪水会造成重大人员伤亡和，严重影响公众健康，损毁房屋，迫使民众搬离家园。目前学界主要研究灾难性洪水，实际上，普通洪水发生次数多，对人类生活的影响也更为深远。大部分人员伤亡是重大自然灾害造成的，通常由于事发突然，难以预警和逃亡。例如，降雨开始后，几个小时内就可以形成洪水。洪水死亡的主因是溺亡，有时洪水中受伤也会诱发死亡。

世界上约 2/3 的人口生活在 60km 海岸线地区，占地面积广泛。因此，商贸和工业发展饱受水患威胁。保险公司也开始在全球开拓水灾保险业务，并开始考虑将洪水灾害保险纳入业务范围。根据洪水发生位置，可以将洪水分为以下类型：

（1）热带和中纬度地区锋面雨型洪水。大气环流模型可以模拟飓风的发生次数和移动轨迹。对于中纬度地区的暴风雨，目前没有探明其规律。

（2）对流雨型洪水。根据大气环流模型，如果 CO_2 浓度增加，发生对流雨的概率就会增加。如果大雨频发，则地表径流增加，可能会形成洪水。假如洪水发生次数较多，则可能会诱发滑坡。

（3）沿海地区洪水。如果沿海地区发生地面沉降，则洪水发生的概率会增加，次数也会增加。

Smith 和 Ward（1998）认为，形成洪水的主要因素是气象条件，其次是流域地表特征。当然，其他因素也会诱发洪水，如降水、积雪融化、冰堆堵塞、滑坡、地面沉降、水利构筑物损毁、潮汐和海啸等。

1.7　河漫滩

河漫滩位于河床主槽一侧或两侧，发生洪水时被淹没。河漫滩经常变化，因此，在河漫滩及附近地区，或者在洪水易发生地区进行人类活动时，应评估洪水和人类活动的相互作用。除了传统方法外，还应该采用洪水风险评估和卫星遥感数据来预测洪水。

居住在主河道附近的居民，会受到洪水的威胁。洪水过后，会在主河道附近沉积大量泥沙，形成河漫滩，成为适宜的居住之所。为进行城市建设和农业发展，在河漫滩上修建了众多居民楼、办公楼等建筑物。为保护家园，通常加固河岸，固定河道，从而减少了河道的水动力条件，恶化了生态环境。

从避免洪灾的角度看，为防止发生生命伤亡，促进社会可持续发展，应避免在河漫滩上居住生存。然而，由于人口增长，土地稀缺，人们不得不选择开发利用河漫滩。如果开发河漫滩的净收益大于洪灾损失，或者在河漫滩的收益大于非洪水区，则河漫滩值得开发。很久以前，人类就认识到在河漫滩居住会受到洪水的威胁，但是河漫滩开发投资少，效益高，还是吸引了很多人居住和发展。随着经济的发展和人口的增多，河漫滩的开发面积越来越大，迄今这种趋势仍在延续。虽然河漫滩上的城市面积逐年扩大，但是依然没有建立起完善的洪水早期预警系统。利用洪水淹没地图，可以获得不同洪水风险等级的淹没面积，以便在可接受的风险范围内选择合适的开发建设地址。

有的干涸河谷分布有广大冲积物地层，地上水和地下水丰富，土壤肥沃，有时甚至靠近商业中心，此处的水资源很早就得到了开发利用。在河漫滩，随着居民区逐年扩大，楼房、工厂、政府大楼和农田也与日俱增，洪灾威胁随之增大。由于暴雨诱发洪水时，一般沿着主河道奔涌直下，但很多居住在河漫滩的人们并不知晓这种常识。河漫滩地势平坦，靠近主河道，会受到洪水周期性的淹没，虽然洪水发生概率不大，但是一旦形成，会造成严重的人员伤亡和财产损失。虽然古人不懂得洪水的这些具体危害，但是生活经验告诉他们，应该避免在河漫滩地区进行人类活动。在河漫滩进行远期规划时，应及早探明洪水易发区域和洪水淹没面积，绘制洪水风险地图，标明每个地区的风险系数，为各级管理人员提供参考，也可以作为当地居民宣传教育的素材。洪水是一种自然现象，与水文循环有关，通常发生在主河道内。

位于河漫滩上的城镇，即使规模不大，也有必要采取防洪措施。近年来，为有序开发河漫滩，有些地区制定了相关的政策和法规，不过其效果很难立竿见影。有些大城市遭遇了经济衰退，当地政府就有投资开发河漫滩的冲动。

天然河道是水文循环的一部分，能够将河水从上游输送到下游。若干条支流的河水汇集到主河道中，奔涌流向下游，随着河水不断增多，有可能形成洪水，淹没下游低洼地区。在流域内，地表汇集了大气降雨，在湿润地区，以河流的形式流向低洼地带，在干旱地区，以干涸河谷暂时性流水的形式流向低洼地区（Şen，2008a）。

流域地形坡度是指垂直距离与水平距离的比值，对径流速度或洪水速度有着重要影响。上游的坡度通常较为陡峭，下游的坡度一般较小。从上游到下游，沿着主河道的纵断面一般是凹形，详细情况参见第 3 章。在高山或丘陵的半山腰以上地带，地表径流速度很快，侵蚀加剧，可以形成深切河谷。即使水量不变，不同断面处的水位也会有所变化，主要分为以下情况：

(1) 如果横断面宽度加大，则水深变浅，如图 1.7 (a) 所示。

(2) 如果横断面宽度变窄，则水深加大，河岸淹没面积变大，如图 1.7 (b) 所示。

(3) 如果横断面是倾斜的，则水深较小的地点，流速较高，如图 1.7 (c) 所示。

(4) 如果横断面宽度改变，则水深和河岸淹没面积也随之改变，如图 1.7 (d) 所示。

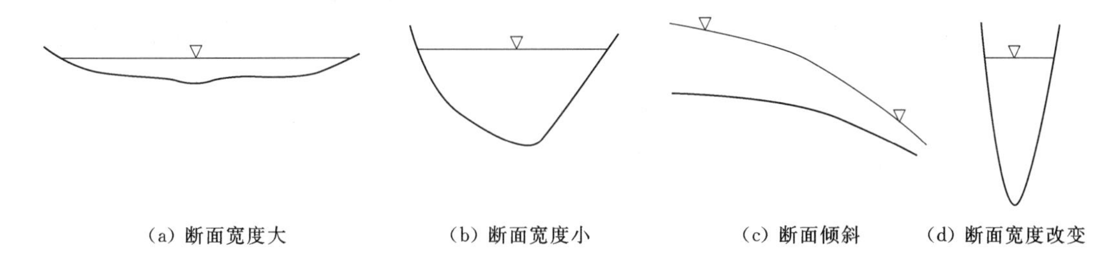

(a) 断面宽度大　(b) 断面宽度小　(c) 断面倾斜　(d) 断面宽度改变

图 1.7　河道横断面与水深的关系

从图 1.7 可以看出，如果河道横断面形态改变，则洪水淹没深度和河岸淹没面积也随之改变。在不同地点，天然河道的横断面往往各不相同，因此洪水横断面的形态具有时空变化的特征。绘制洪水淹没地图时，通常假设洪水流量不变，然后根据主河道的横断面参数计算洪水淹没情况。干涸河谷的断面通常是倾斜的，可以根据水量确定洪水流速。如果干涸河谷内的洪水量发生变化，则洪水流速、洪水水深和宽度也随着改变。

第二类因素数量较多，在时间和空间上影响洪水的变化。其中，大部分地形和水力几何形状是天然形成的。第一类因素和第二类因素共同影响着洪水的流量大小、流速、携带泥沙量和汇流时间等参数，详细情况参见第 3 章。历史经验表明，两类因素的参数越大，洪水灾害就越严重。

1.8　洪水风险

在全球湿润地区，河谷众多，在干旱和半干旱地区，干涸河谷也数量不菲，沿海地区通常地势低洼，这些地区地上水资源和地下水资源充沛，因此聚集了大量人口，而这些地区也容易形成洪水，从而成为最常见的危害环境的自然灾害。洪水主要发生在河漫滩和低洼地区（如河口），每个国家都有发生洪水的危险（Smith，1992）。

虽然每年洪水发生情况不同，但是近几年来，洪水次数和危害程度不断增加。尤其是在部分干旱和半干旱地区，尤其全球气候变化的原因，近年来洪水次数和危害程度明显增加。虽然防洪经费不断增加，但是洪水灾害却日渐严重，归纳起来，主要有以下原因：

(1) 自然原因。主要是大气降雨频率和大小有所增加。

(2) 人类活动。河漫滩的地形条件容易诱发洪水，但是人们通常认为开发河漫滩的收益大于风险，因此存在过度开发河漫滩的现象，加之大量人口居住在河漫滩，一旦发生洪水，造成的损失非常严重。

分析洪水危险性时，上述两种原因和水文因素同等重要。大部分洪水和人为因素有关，在绘制洪水淹没地图时，需要考虑人类活动的影响。本书将河漫滩洪水分为不同的危险等级。

20世纪初，开始进行防洪研究，其发展历程可以分为4个不同的阶段。

（1）水利构筑物阶段（1930—1960s）。大坝、防洪堤、连续堤、引水渠等水利构筑物大量修建，同时分析了洪水的基本形成机理，建立了洪峰流量预测的基本方法和公式。

（2）河漫滩管理阶段（1960—1980s）。发展了洪水早期预警和土地利用规划等减轻洪水灾害的方法。

（3）防洪阶段（1980—2000s）。可以采取多种防洪措施，合理利用土地。

（4）洪水建模阶段（2000— ）。全面搜集世界各地洪水记录，根据遥感信息和卫星影像，开发了多款洪水建模软件，可以较好地预测洪水过程，同时还可以考虑气候变化的影响。

不是所有的洪水都有破坏性，根据1.5.1节的定义，如果洪水没有危及人类生命安全和财产损失，那么它就不会造成风险。洪水破坏力随洪水速度呈幂函数增加，如果洪水速度大于3m/s，则可以冲蚀建筑物的基础（Smith，1992）。如果洪水中携带碎石和泥沙等物质，则其作用在建筑物的压力会急剧增加，有时会增大数千倍。如果某地区被洪水快速淹没，虽有预警系统，但时间紧张，人群难以快速疏散，因此生命伤亡和财产损失会增加。

人类某些活动也会加重洪水的发生。例如，没有认真调研，对土地进行开发利用，会增加洪水发生概率。在肥沃农田采取快速排水设施，也会诱发洪水。

洪水也有益于干涸河谷的生态系统，可以使湿地保持较大的面积，可以将地表的盐分冲走，可以成为农田灌溉用水。另外，泥沙沉积可以使土壤变得肥沃，洪水中富含蛋白质，有益于渔业发展。在水文条件较好的年份，如果可以绘制出洪水淹没地图，并提前做好洪水预测，则洪水不但没有危害，反而会有益于社会发展。即使在发达国家，洪水的危害程度也各不相同，在大部分发达国家，洪水危害还很严重的。在干旱地区，通常发生暴洪，在干涸河谷的中游，洪水危害最为严重，而洪水淹没主要发生在下游地区。

低洼地区最容易受到洪水淹没的危害，例如，在沙特阿拉伯的西部地区，由于地下水充沛，交通便利，吸引了数千人口来此居住（Şen，2008a）。暴洪对小型流域非常重要，其提供的水量远大于日常的地表水量。暴洪主要出现在干旱和半干旱地区，这些地区通常地形陡峭，植被稀少，短时间内降雨量非常大。在狭窄河谷，洪水速度会增大，在居民区，由于地面硬化的影响，地表径流速度也会增大。

溃坝也可以形成洪水，危害下游的市区、工厂和农田等地方。由于地下水丰富，很多城市坐落在冲积扇地区，会受到暴洪的威胁，尤其是在干旱地区的冲积扇上。

历史经验表明，洪水会危害市区、工厂、基础设施和农田，因此有必要绘制洪水淹没地图。在建设城市时，或修建大坝、隧道、公路和桥梁时，洪水淹没地图是很重要的参考资料，详细情况参见第7章。

从避免洪灾的角度看，为防止发生生命伤亡，促进社会可持续发展，应避免在河漫滩上居住生存。然而，由于人口增长，土地稀缺，人们不得不选择开发利用河漫滩。利用洪水淹没地图，可以获得不同洪水风险等级的淹没面积，以便在可接受的风险范围内选择合适的开发建设地址。图 1.8 显示了不同洪水风险等级的情况。

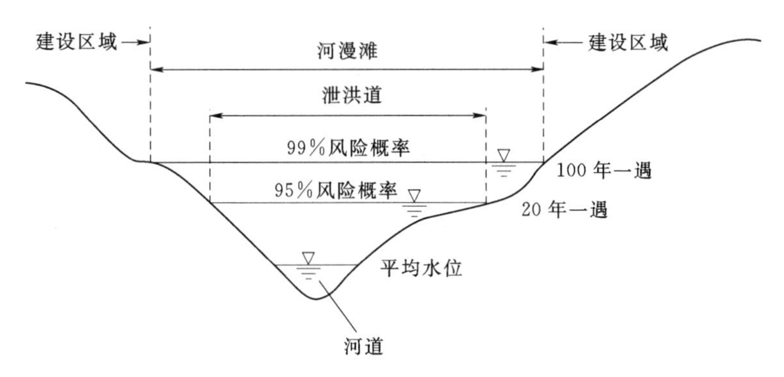

图 1.8 河漫滩横断面洪水风险区示意图

本书将洪水淹没等级分为 4 种，具体如下：

(1) 完全淹没区（90%以上风险概率）。不管洪水大小，完全被淹没的区域，危险性非常大。当地政府应禁止在该区域修建任何建筑物，或者从事任何人类活动。

(2) 重要淹没区（80%～90%风险概率）。该区域可以开展某些人类活动，如修建低层楼房。在本区域 10%的面积上，可以修建一些小型构筑物，但禁止修建学校、医院和公共服务设施等重要建筑物。

(3) 中等淹没区（70%～80%风险概率）。在本区域约 30%的面积上，可以从事农业生产，修建灌溉和库房等设施。

(4) 轻微淹没区（50%～70%风险概率）。在本区域约 50%的面积上，可以修建各种构筑物。

私人和各级管理部门可以免费获取洪水淹没地图，虽然利用洪水淹没地图不能完全控制洪水，但是可以避开洪水淹没区。另外，利用洪水淹没地图，可以打消部分人开发河漫滩的意图。Smith（1992）阐述了防洪工作和河漫滩投资开发的关系如下：

(1) 河漫滩开发力度加大，则投资增加，防洪设施取得的经济效益也随之增加。因此，从成本—收益的角度看，防洪工作得到了贯彻实施。

(2) 如果在危险区域不进行投资开发活动，则成本—收益比也是较高的。河漫滩土地价值越高，投资开发的冲动就越大。

(3) 最重要的是直接投资方通常并不承担防洪成本，也不承担侵占河漫滩的后果。

由图 1.8 可以看出，河漫滩主要由禁止建设区、适当建设区和适宜建设区三部分构成。泄洪道是指 20 年重现期内，每年洪水发生概率为 5%的区域。河漫滩是指 100 年重现期内，每年洪水发生概率为 1%的区域。

进行土地规划时，通常用两者方式表达洪水的危害，一种是洪水脆弱性，即土地和人口对洪水的敏感程度；另一种是洪水风险性，这两种方式实际上是互相联系的，详细情况参见第 9 章。如果某地区的洪水脆弱性为零，则其洪水风险性也很小。洪水脆弱性表示人类活动对洪水的反应，如果某地区无任何基础设施、居民区和农业生产，则该地区的洪水脆弱性基本为零。

1.9　水灾

本书主要讨论洪水问题，洪水是短时间内出现巨量水体的现象。虽然有些特大洪水难以防控，但是在设计大坝、隧洞和桥梁等水利构筑物时，或进行土地整治、工业区开发、农田利用等活动时，可以采取措施，将洪水损失降低到可以接受的水平。

洪水或暴洪发生突然，持续时间略长，危及人类活动，因此要对洪水进行调查和防治。洪水造成的影响通常分为 3 种。

（1）短期影响，如土地淹没和人员伤亡。

（2）中期影响，如食品持续短缺和疫情严重。

（3）长期影响，如疫情严重，食品与饮用水严重短缺。

如果缺乏外界的援助，或者不采取预防措施，就会产生洪水灾害。洪水灾害是指洪水中丧失人数不低于 10 人，或需要外界援助的情况。不管洪水灾害的定义如何，其造成的危害日益严重。近几十年来，因干旱和洪水等气象灾害造成的人员伤亡与日俱增。洪灾严重的原因与气候变化和全球变暖有一定关系，全球变暖这个术语有些误导性，使人以为它和水无关。

流域内的河道是水文循环的一部分，能够将河水从上游输送到下游，期间有部分水分会蒸发或下渗。若干条支流的河水汇集到主河道中，奔涌流向下游，随着河水不断增多，有可能形成洪水，淹没下游低洼地区。由分水线所包围的河流集水区称为流域，流域地表将降雨汇集在一起，在湿润地区以河流的形式流向低洼地带，在干旱地区以干涸河谷流水的形式涌向低洼地带。

除了自然因素，人类活动也会诱发洪水。在主河道附近进行土地开发，容易受到洪水的威胁。在洪水易发区域，水体以地表水或地下水的形成存在。

1.10　相关术语

在洪水风险分析和防洪研究中，需要用到以下专业术语：

洪水风险可接受度（acceptable risk）：正常条件下，民众对洪水风险的接受程度，考虑了洪水发生概率和洪水后果两种因素，在政府的法律法规中有时会列出各种情况下的洪水风险可接受度。

不利影响（adverse effect）：生态系统产生恶化。

累积风险（cumulative risk）：多种风险的累加。

突发事件（emergency）：水文条件发生变化形成的紧急情况，危及大坝等水利构筑物的安全，或者威胁到上游或下游民众的生命和财产安全，需要立即采取措施应对。

突发事件处置预案（emergency plan）：提前制定的各种措施，以便及时应对突发事件，如水利构筑物出现险情，应提前准备好各方的联系方式和洪水淹没地图。

极端事件（extreme event）：发生概率极低的事件。

极限荷载（extreme loads）：发生极端事件（如强震、极端洪水和严重滑坡）时，构筑物承受的荷载。

溃坝［failure(of dam)］：大坝失事，大量水体从水库或尾矿坝内涌出，有时会夹杂污染物。

溃坝模式（failure mode）：发生溃坝后，大坝功能丧失。正常情况下，有三种溃坝模式，分别是坝顶漫流、大坝崩塌和污染物渗透。

危险性（hazard）：系统自身或周围环境发生变化，导致系统完全崩溃或部分崩溃的情况。危险性可能是内部原因（系统内部出现错误或恶化）导致的，也可能是外部原因导致的。危险性可能会产生危害，造成人员伤亡或财产损失。

危险性识别（hazard identification）：对危险性进行分析的行为。

洪水设计参数（inflow design flood，IDF）：设计水利构筑物时，需要采用的洪水水量、洪峰流量、过流断面形态、洪水持续时间和和峰现时间等参数。

管理（management）：该术语最初用于经济和商业领域，指决策者根据法规和实际情况，采取有效措施的行为，包括组织人员、制定发展方向、数据搜集、数据分析、目标设定、情况评估等。从这个意义上说，“管理”这个术语也可用于水资源方面。

概率（probability）：某件事情出现的可能性，一般用 0～1 表示，0 表示不会出现，1 表示肯定出现。

可能最大洪水（probable marimum flood，PMF）：在现代气候条件下，设计流域特定工程所在断面，在水文气象上可能发生的、一定历时的、近似于物理上限的洪水。一般考虑极端降雨量，确定可能最大洪水的洪峰流量、洪水水量和过流断面形态等参数。

恢复（restoration）：流域生态环境有所改善的过程。

重现期（return period）：年超越概率的倒数，详细情况参见第 6 章。

风险（risk）：指洪水造成损失与伤害的可能性，如造成水利构筑物损毁的可能性。一般用洪水发生和危害的数学期望值（算术平均值）表示，衡量风险时，既要考虑洪水发生的概率，也要考虑洪水危害的程度。

风险可接受度（risk acceptability）：发生洪水风险时，利益相关者和防洪设计师等人员可以接受洪水危害的程度。

风险分析（risk analysis）：分析洪水发生概率，研究洪水造成的危害。

风险评估（risk assessment）：对洪水进行全面评价，识别洪水危险性，定性、半定量或定量估算洪水风险。

风险管理（risk management）：将风险可能造成的不良影响进行降低的管理过程。

安全水利构筑物（safe water structure）：满足安全标准的水利构筑物，该安全标准是政府、工程师和公众都能接受的。

溢洪道（spillway）：利用坝体、河道、沟渠、隧洞、斜槽和闸门等设施组成的体系，用于宣泄规划库容所不能容纳的洪水。

威胁（threat）：对生态系统或人民财产造成危害的行为。

参 考 文 献

Dein, M. A. (1985). Estimation of floods and recharge volumes in wadis Fatimah, Na'man and Turabah. Unpublished M. Sc. thesis, Faculty of Earth Sciences, King Abdulaziz University, Saudi Arabia, p. 127.

Farquharsen, F. A. K., Meigh, J. R., & Sutcliffe, J. V. (1992). Regional flood frequency analysis in arid and semi-arid areas. *Journal Hydrological*, 138, 487-501.

Flerchinger, G. N., & Cooley, K. R. (2000). A ten-year water balance of a mountainous semi-arid watershed. *Journal Hydrological*, 237 (1-2), 86-99.

Harvey, J. G. (1982). *Atmosphere and ocean. Our fluid environment* (p. 143). London: The Vision Press.

Kattelmann, R., & Elder, K. (1997). Hydrological characteristics and water balance of an alpine basin in the Sierra Nevada. *Water Resources Research*, 27, 1553-1562.

Linsley, R. K., Kohler, M. A., & Paulhus, J. L. H. (1982). *Hydrology for engineers*. Third edn. (p. 508). New York: McGraw-Hill.

Maidment, D. R. (1993). *Handbook of hydrology*. New York: McGraw-Hill.

Mather, J. R. (1979, July). *Use of the climatic water budget to estimate streamflow* (p. 528). Technical Research Report, Newark DE: Dept. Geography, Water Resources Center, University of Delaware.

Parks, Y. P., & Sutcliffe, J. V. (1987). The development of hydrological yield assessment in NE Botswana. In: *British Hydrological Symposium* (pp. 12. 1-12. 11), 14-16 September, London: Hull, British Hydrological Society I. C. E.

Scanlin, B. R. (1994). Water and heat flux in desert soils: 1, field studies. *Water Resources Research*, 30, 709-719.

Şen, Z. (1995). *Applied hydrogeology for scientists and engineers* (p. 495). New York: Taylor and Francis Group, CRC Publishers.

Şen, Z. (2005). *The Saudi geological survey (SGS) hydrograph method for use in arid regions* (p. 20). Technical report, Saudi Geological Survey, SGS-TR-2004-5.

Şen, Z. (2008a). *Wadi hydrology* (p. 347). New York: Taylor and Francis Group, CRC Press.

Şen, Z. (2008b). *Solar energy fundamentals and modeling techniques: atmosphere, environment, climate change and renewable energy* (p. 276). Berlin: Springer.

Şen, Z. (2015). *Practical and applied hydrogeology* (p. 406). Elsevier.

Smith, K. (1992). *Environmental hazards assessing risk and reducing disaster* (p. 324). London: Routledge.

Smith, K. (1996). *Environmental hazards*. London: Routledge.

Smith, D. I., & Handmer, J. W. (1996). Urban flooding in Australia: policy development and implementation. *Disasters*, 8 (2), 105-117.

Smith, K., & Ward, R. (1998). *Floods: physical processes and human impacts* (p. 382). Chichester: John Wiley and Sons.

Viessman, W., Knapp, J. W., & Lewis, G. L. (1989). *Introduction to hydrology*. New York: Harper and Row Publishers.

Ward, R. (1978). *Floods: A geophysical perspective*. London: MacMillan Press.

第 2 章

降雨和洪水

摘要：降雨可以分为若干种类型，其类型主要取决于高程、温度和大气压力等气象因素。在干旱地区，洪水主要来源于地形雨和对流雨，而在湿润地区，洪水主要来源于锋面雨。为了获取降雨强度等洪水参数，需要利用一定精度的雨量计进行降雨量测量。测量时，可能会出现各种误差，需要在现场或室内进行校正。面雨量的计算方法较多，包括古典方法、泰森多边形法和加权平均法等，其中泰森多边形法已经有100年的应用历史。对近年来涌现的降雨量计算新方法进行了阐述，如降雨强度—历时曲线方法，并根据实测数据展示了其具体计算过程。对降雨强度—历时—频率曲线方法进行了重点阐述，并解释了洪水风险水平的含义。以沙特阿拉伯的西部地区若干流域为例，展示了可能最大降雨量的计算过程，并指出了其与可能最大洪水的关系。为分析气候变化对降雨量的影响，提出了效率系数的概念。
关键词：面雨量，效率系数，误差，降雨强度，降雨强度—历时曲线，可能最大降雨量，可能最大洪水

2.1 概述

洪水取决于降雨类型、范围、降雨量、持续时间、降雨频率和降雨强度。大部分气象站都有降雨记录，各国都设有专门的测量雨量的机构。降雨记录通常有两种形式：一种形式是记录每次降雨的持续时间和雨量大小，若干次降雨就形成了一系列记录，可以用来研究旱季和雨季的时长，也可以找到某地区的最大和最小降雨量，研究洪水和干旱的成因；另一种形式是记录每次降雨的雨量随时间的累积变化，可以用来绘制降雨强度—历时—频率曲线，然后根据洪水重现期和洪水风险等级来设计水利构筑物，详细情况参见第5章和第7章。

在对流层，最重要的气象现象是降水，降水包括降雪、降冰雹和降雨三种形式，其中降雪和降冰雹是固体形态的降水，而降雨是液态形式的降水。降水是地球上水资源的来源，降水到达地表后，形成地下水和地表水，其运动服从水力学定律。可以利用雨量计来测量降水的时空分布，并初步估算降水的大小、持续时间（以小时、月、季或年计）和范

围，进而可以较为准确地计算洪水和干旱等危险气象事件的严重程度、大小、持续时间、强度和频率。降雨和降雪是水资源的重要来源，为规划和管理水资源，促进农业发展，应研究降雨的时空特征。进行防洪设计时，应统计其类型、强度、频率、影响范围和平均值等参数。第 6 章阐述了降雨量的概率和统计计算方法，并进行了洪水预测分析。

暴洪等强降雨属于自然灾害，经常造成人员伤亡和财产损失，危害性极大。因此，应分析强降雨的成因和演化过程，这也是科研人员和政府部门的重要工作。暴洪发生突然，通常与强烈雷暴有关，影响范围小，给数值建模和政府管理带来巨大挑战。Trapp 等 (2007) 认为，强烈雷暴不但可以产生巨大雷电和暴雨，而且可以带来严重灾害天气，如强烈的地面风、冰雹和龙卷风。

降雨量是水体研究的必要部分，一般用单位时间和单位面积上的降雨深度来表示降雨量大小，对于降雪，要融化成水来当量表示。例如，月降雨量 35mm 表示在 $1m^2$ 面积上的月降雨量深度为 35mm。表示降雨量时，以下两个方面需要注意：

(1) 降雨量是指从天空降落到地面上的雨水，未经蒸发、渗透、流失而积聚的水层深度。因此，降雨量是指地表的总降雨大小。

(2) 降雨量用三个要素表示，即面积 (m^2)、深度 (m) 和持续时间 (以天、月或年计)。例如，不能只说降雨量是 15mm，而是要阐明持续时间是以小时还是以天计，另外还要指明其数值大小的表达方式 (总值、平均值、极值或是其他值)。

总降雨量中除去蒸发和渗透的水量，即为有效降雨量。如果地面冰冻，或者为不透水层，或者处于饱和状态，则不会发生雨水渗透现象，除了植物截流和低洼积聚外，其余雨水形成径流，有时可能会形成洪水。地表土层的含水量会影响雨水渗透能力。

洪水淹没情况主要取决于气候、河岸土层、河道坡度和流域地面特征，详细情况参见第 3 章。有的地区每年某个季节的降雨量非常大，或者每年融雪量很大，则河漫滩可能会年年受到淹没，即使河漫滩宽大且坡度平缓，也难免被淹。有的地区结冰期很短，在雨季就容易发生洪水。某些地区，在春天或初夏不但积雪融化，还伴有降雨，容易诱发洪水。

降雨是地球上淡水的主要来源。计算径流、渗透、地下水位上升、蒸发、蒸腾和可用水量时，需要考虑降雨特征。降雨强度、降雨历时和降雨频率等因素会影响流域存储或运送水量的能力。防洪设计时，需要计算有一定强度和持续时间的降雨概率，或者其他给定条件下的降雨概率。

本章主要阐明了不同降雨类型的特征和计算方法，重点阐明了干旱地区的降雨特征，并给出了若干应用实例。

2.2　降雨成因

气象学家主要关注成云及降雨的过程。地表水经过蒸发和蒸腾作用，形成水汽，水汽上升、冷却和凝结，就形成了云。仅存在云，不一定能形成降雨。云中的水滴或冰晶处于随机运动状态，运动范围较小。由于水滴或冰晶非常微小，因此不受重力作用的影响。云形成降雨的机理迄今未能完全探明。从科学机理上说，水滴或冰晶的随机运动并不能产生降雨，降雨必然历经冷却、凝结和滴落几个过程。形成降雨通常需要四个步骤：①生成足够数量的水汽；②低于凝结温度时，水汽产生凝结现象，形成水滴；③由于冷却作用，水滴形成冰粒；④水滴和冰粒数量持续增多，无法抵抗重力作用时，从云中滴落，形成降雨，滴落到地表，可以用雨量计进行测量。

2.2.1 水汽

地表水经过蒸发和蒸腾作用，形成肉眼无法观察到的水汽，夹杂有微小的水滴和冰粒，使得空气具有一定的湿度。水汽上升，在离地面较低处形成雾，在离地面较高处则形成云。不同水相的直径各不相同，空气中水汽的直径约为 $10^{-4}\mu m$，云中水滴的直径为 5～100μm，冰粒的直径为 100～500μm，降雨时水滴的直径为 500～5000μm。雪花和冰雹的直径较大。云中存在不同直径的水滴，它们处于随机运动状态。在万里无云的情况下，水汽压力较小；阴天时，在地表和云之间的区域，水汽增多，在一定条件下，可以形成露点温度。夏季空气中的水汽较多，冬季则较少。各地区的降雨量通常取决于当地云层厚度、纬度、海拔、空气流通和气象条件等多种因素。

2.2.2 冷却

在对流层，只有水汽达到一定数量时才能形成降雨。然而，仅有一定数量的水汽还不能产生降水。根据热力学定律，空气体积膨胀时，温度降低。水汽上升，随着海拔升高，空气不断膨胀，温度降低，产生冷却作用，从而在一定高度处形成云。空气密度随温度变化，而空气温度和空气饱和率有关。随着温度升高，空气中的水汽含量随之增加。如果温度降低到一定值，空气中的水汽饱和，无法再容纳更多的水汽。在这种条件下，如果温度继续降低，水汽就会形成凝结现象。饱和空气与冷空气相遇时，就会形成露、冰和雾等现象。

凝结时，在绝热和气压降低的情况下，空气释放热量，温度降低。在对流层中，空气不断上升，然后温度降低，往复循环。对流层空气抬升的情况大概可以分为下列 4 种情况。

（1）幅合抬升。空气从各个方向向一点处聚集的现象称为幅合，通常发生在海拔较低处，空气幅合后垂直上升，温度随之降低，如图 2.1 所示。由于不同地区的空气能量不同，空气从压力高的地方向压力低的方向流动，会形成幅合。有时，由于地形阻碍作用，也会产生幅合现象。空气幅合主要出现在热带锋面区，由若干个低压区引导着空气向某个区域幅合，从而形成热带气旋。

（2）锋面抬升。冷气团和暖气团相遇，产生爬坡效应，如图 2.2 所示。如果暖气团位于冷气团之上，产生的锋面坡度为 1/300～1/100。如果冷气团位于暖气团之上，产生的锋面坡度略微陡峭，为 1/300～1/25。在锋面上，空气被迫抬升。冷锋面比较陡峭，暖气团被迫抬升，会形成短时间的强降雨。

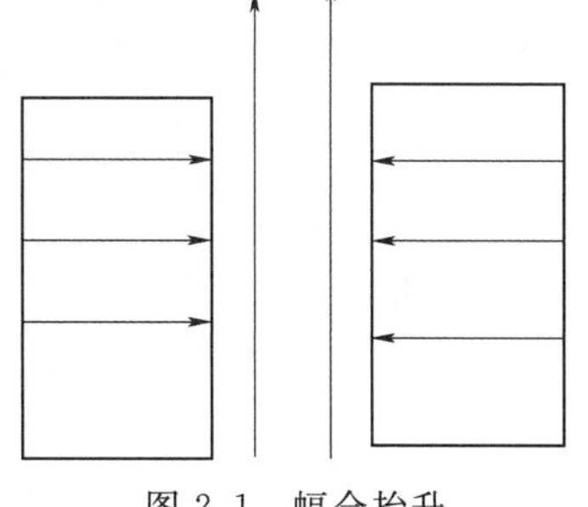

图 2.1 幅合抬升

（3）地形抬升。如图 2.3 所示，风推动水汽团，遇到山坡时，水汽团被迫沿着山坡抬升，温度随之下降。水汽团抬升的速度取决于山坡坡度和风速。随着海拔升高，水汽团上升速度下降。研究发现，每上升 1000m，速度降低约 50%。山坡的坡度通常比锋面坡度大，因此在山区水

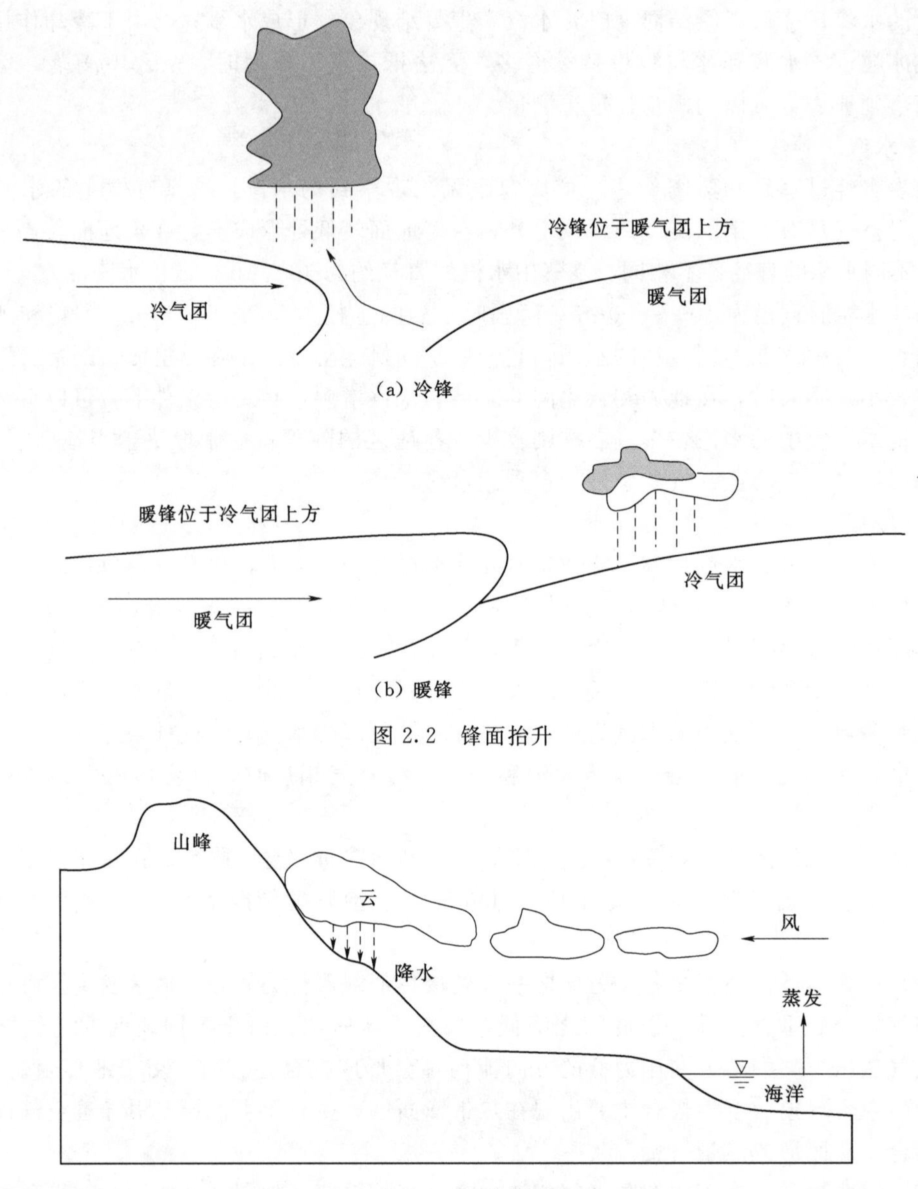

(a) 冷锋

(b) 暖锋

图 2.2　锋面抬升

图 2.3　地形抬升

汽团上升速度快，容易形成长时间的降雨，产生大量雨水。

(4) 湍流抬升。这种抬升模式非常复杂，有时发生的规模较大，有时较小，如图 2.4 所示。小规模湍流抬升通常发生在大气边界层海拔较低的地方，由于地形的阻碍作用，水汽被迫上升，很快形成薄层云。大规模湍流抬升通常发生在海拔较高的地方，由于大气动力运动，水汽被迫抬升，有时甚至会上升到对流层以上的高度。

空气受到扰动后，有可能形成上述抬升模式。在空气不平衡中，以下因素起着重要作用：

(1) 低海拔冷却抬升。夏季，在海拔较低处，空气温度降低，形成积云或积雨云，如

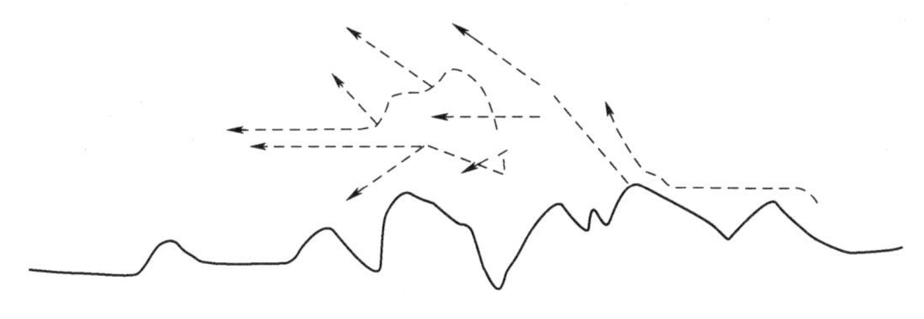

图 2.4 湍流抬升

图 2.5 所示。积云比较蓬松，类似于棉花堆，底部平坦，通常飘浮在距离地面 1000m 以上的地方，顶部像圆形塔，其体积可以向上不断增大。小规模湍流抬升通常发生在大气边界层海拔较低的地方，由于地形的阻碍作用，水汽被迫上升，很快形成薄层云。大规模湍流抬升通常发生在海拔较高的地方，由于大气动力运动，水汽被迫抬升，有时甚至会上升到对流层以上的高度。高纬度地区的空气向低纬度方向流动时，与低纬度的暖空气接触，温度降低，空气产生流动。

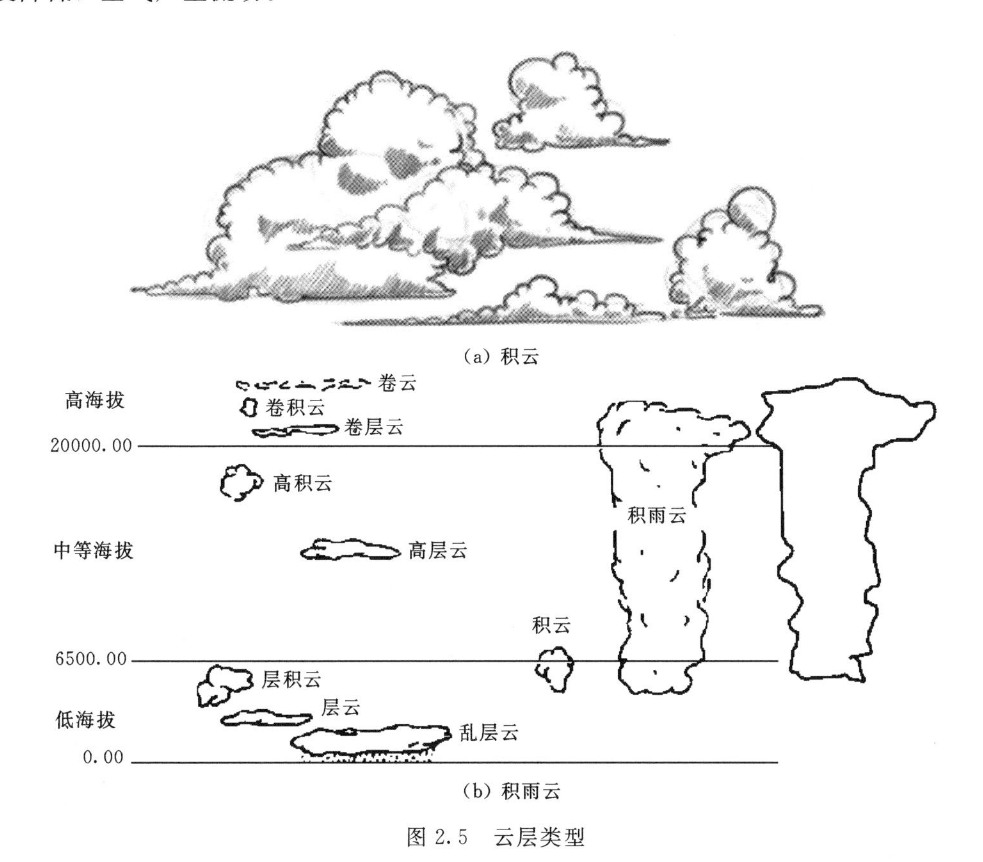

(a) 积云

(b) 积雨云

图 2.5 云层类型

(2) 高海拔抬升。在对流层的上半部分区域，如果水汽极少或者无水汽，而下方水汽略多，则太阳辐射可以轻易穿过水汽极少的区域，则下部水汽较多的区域温度上升，垂直方向产生温度差，从而形成空气抬升，有时会产生雷暴和雷电等天气。

(3) 条件不稳定性抬升。如果空气层介于干燥和饱和垂直温度差之间，则未饱和空气

块被迫上升。如果发生地形抬升或锋面抬升，空气温度下降，形成凝结温差和对流作用，空气产生流动。

（4）空气块被迫抬升。如果某空气块下方湿润，上方干燥，则该空气块会产生上升运动。

2.2.3　凝结

随着空气温度降低，空气中的水汽会发生凝结现象，形成水滴。在凝结过程中，凝结核起着至关重要的作用。凝结核通常为地表上升到空中的灰尘或污染物颗粒，有时也为从海洋蒸发到空中的盐分颗粒，或者为对流层以外的宇宙尘埃。温度下降会发生冷却现象，但如果没有凝结核，也无法产生凝结现象。基于这个原理，可以人工撒播尘埃等催化剂，实现人工降雨。即时空气湿度达到 100%，也难以形成凝结。空气中经常存在氯化物或硫氧化物，其直径小于 10μm，可以成为凝结核，产生凝结现象。

水滴形成后，在云中不断随机运动，通常速度较小，约为 35m/h。但是在积云内部，水滴速度较大，约为 70km/h。当然，不是所有的饱和空气都会产生凝结现象。向云顶流动的空气温度有时非常低，能够产生过饱和现象，一旦云中出现凝结核，就会形成降雨。

2.3　降雨类型

如前所述，形成降雨需要三个要素，即水汽、固体凝结核和冷却作用。根据形成机理，将降雨分为地形降雨、对流降雨和锋面降雨三种类型。

2.3.1　地形降雨

根据 2.2.2 节所述，云中含有水汽和凝结核，在风的吹动下，会发生水平移动，当遇到高山的阻碍时，被迫抬升，温度随之降低。当温度降低一定值后，形成水滴，在重力作用下从云中滴落到地面，这个过程称为地形降雨，如图 2.6 所示。地形降雨的发生范围通常比较小。

图 2.6　地形降雨

2.3.2　对流降雨

空气中存在温差时，热空气垂直上升，形成对流现象。尤其在平原地区，热反射率较低，可以产生很多水汽和凝结核，然后垂直上升，继而温度降低，如图 2.7 所示。当温度降低一定值后，形成水滴，水滴体积不断变大，由于重力作用，最终形成降雨。受其形成机理的影响，对流降雨的发生范围通常比较小，如某城市的部分区域降雨，而相邻地区却没有任何降雨。

对流降雨主要发生在热带地区，由于太阳垂直辐射在赤道地区的地表，地表温度非常高，从而形成哈德里环流圈。大部分沙漠降雨就属于这种对流降雨类型。对流降雨较为常见，主要发生在夏季，多形成于群山环绕的地区。由于蒸发和蒸腾作用，夏季空气中水汽增多，热空气上升，随着高度增加，空气膨胀和冷却，到达一定海拔后，产生凝结现象，最终形成降雨。夏天和秋天土壤中的水分含量较大，也是容易发生对流降雨的因素之一。有时冬季降雨量很大，土壤处于饱和状态，在夏季也容易产生对流降雨。对流降雨通常伴随着电闪雷鸣，偶尔会形成冰雹。

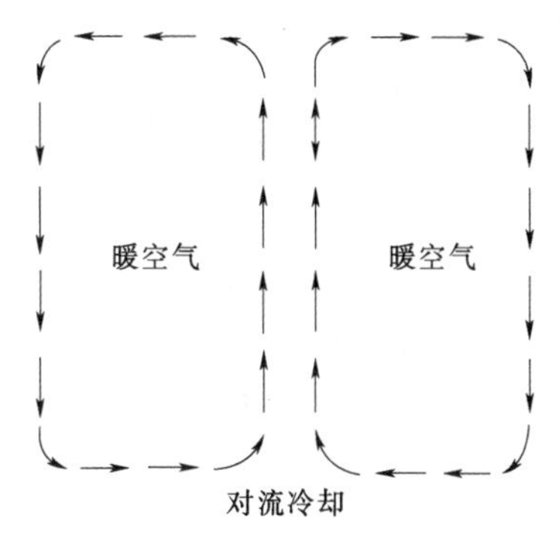

图 2.7 对流降雨

2.3.3 锋面降雨

地球上有的地方气压低，有的地方气压高，在气压差的作用下，空气产生流动。当冷空气和暖空气相遇时，水汽变冷凝结，形成降雨。与地形降雨和对流降雨相比，锋面降雨发生范围广，影响带长，持续时间长，有时可以持续几天甚至数月，因此降雨量通常也很大。锋面降雨主要发生在锋面区，如图 2.8 所示。夏季，水汽从某国家开始移动，可能在另一个国家形成锋面雨降落。

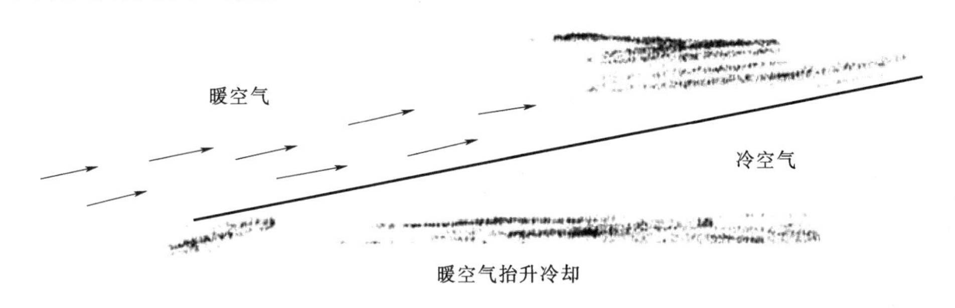

图 2.8 锋面降雨

2.4 降雨量测量

如果在不同地区安设有功能良好的监测系统，则可以估算洪水和干旱等降雨事件。为合理设计工程结构，需要具备准确可靠的观测数据。雨量计应布设在读数方便、代表性好的地点，主要考虑的因素包括：

(1) 交通便利，最好是地势平坦或略陡的地区。

(2) 地理面积广阔，无沟渠和丘陵分布。

(3) 如果周边存在障碍物，则雨量计与障碍物的距离至少是障碍物高度的 3 倍。

(4) 应远离粉尘和化学污染源等危险物质，应远离水库、铁路和公路等构筑物。

(5) 避免动物和人类靠近雨量计。

对于一个地区的降雨情况，可以通过历史降雨量记录获取，也可以向当地居民咨询。

为进行雨量预测和规划发展，应在不同地点布设雨量计，对降雨量记录定期进行整理。降雨量的影响因素主要包括地表地形特征、盛行风风向、大气温度、太阳辐射、大气湿度等。降雨量测量误差主要与下列因素有关：

(1) 雨量计本身的测量误差。

(2) 雨量计安装方式错误，通常要求雨量计底部距离地面至少 30cm。

(3) 雨量计布设数量不足，或者根本没有布设雨量观测系统。

2.4.1 简易雨量计

能够间断测量或连续测量降雨量的仪器称为雨量计。简易雨量计通常由储水筒、承水器（漏斗）和刻度线 3 部分构成，储水筒通常为圆柱形，承水器可以让雨水顺利落入储水筒中，防止无雨期储水筒中的水分蒸发，刻度线用于测量降雨量大小，如图 2.9 所示。

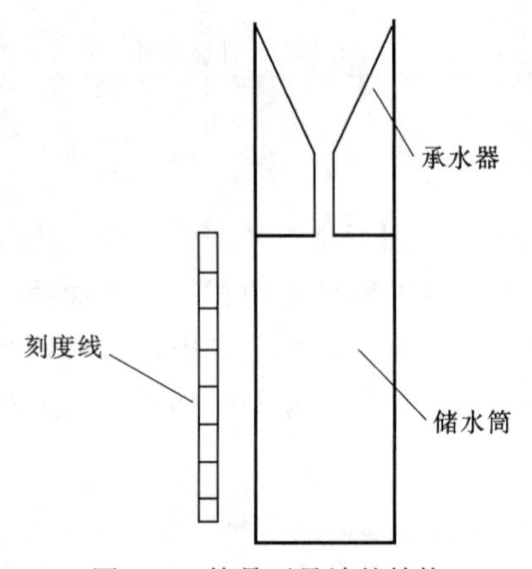

图 2.9　简易雨量计的结构

利用简易雨量计，可以测量一个区域的降雨量深度。如果一个地区降雨量分布很均匀，则需要雨量计的数量可以减少。在地形崎岖的地区或山区，由于降雨量分布不均匀，需要较多的雨量计。一只雨量计的覆盖范围通常为 800～1000km^2。国际气象组织（WMO）给出了不同地区雨量计的覆盖范围，见表 2.1。

表 2.1　　雨量计的覆盖范围　　单位：km^2

地区类型	雨量计建议覆盖面积	容许覆盖面积
温带、热带和地中海地区的地势平坦区	600～900	900～3000
温带、热带和地中海地区的山区	100～250	250～1000
干旱地区	1000～1500	
小岛	25	

2.4.2 连续记录式雨量计

连续记录式雨量计可以分为机械式、水力式和电子式三种类型。机械式雨量计的平衡锤系统上安设有标准储水筒，随着降雨量增大，在不断旋转的圆柱筒上可以连续实时记录下累积雨量，调整圆柱筒的旋转速度，可以实现日累积雨量记录或月累积雨量记录。图 2.10 显示了水力式雨量计的构造示意图。

连续记录式雨量计可以连续记录很长时间内的降雨，有时一张图纸上可以记录多次降雨。降雨量曲线是连续的，没有任何间断，如图 2.11 所示。

连续记录式降雨量曲线可以提供很多雨量参数，主要包括：

(1) 可以容易获知降雨次数。例如，图 2.11 中共有 4 次完整的降雨事件，分别为 R_A，R_B，R_C 和 R_D。

(2) 可以读取每次降雨的开始时刻 t_b 和结束时刻 t_e。

(3) 可以计算出每次降雨的持续时间 $d=t_b-t_e$。

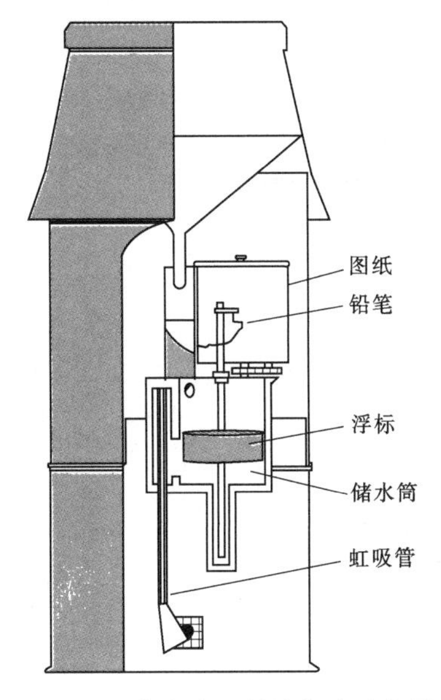

图 2.10 水力式雨量计构造示意图

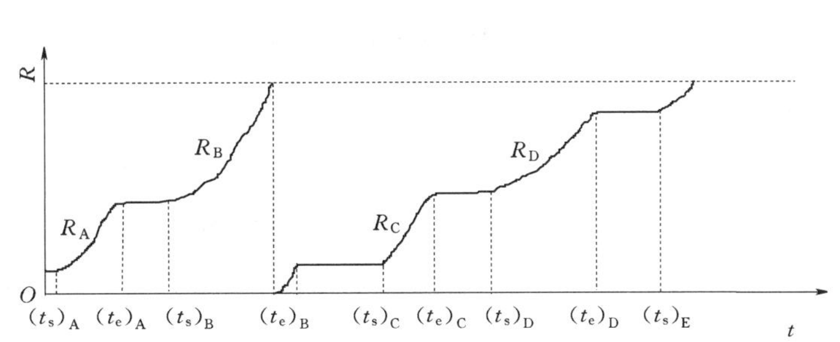

图 2.11 雨量计的连续记录曲线

(4) 可以计算出每次降雨的降雨量为（R_b-R_e）。

(5) 曲线上每个点的切线斜率表示降雨强度，可以用割线斜率 $\Delta R/\Delta d$ 近似表示降雨强度，Δd 为极短的时间间隔，ΔR 为相应的降雨量，这样可以计算出各个时间点的降雨强度，从而获得最大降雨强度，为工程设计提供参考，详细情况参见 2.12 节。

2.5 降雨量测量误差

实际测量降雨量时，即使认真细致，也会出现误差，况且每次测量还难以避免人为粗心失误之处。相比于测量误差，降雨量的时空算术平均值误差也小得多。布设雨量计时，应尽量选择整体记录误差最小的地点。降雨量测量误差主要来源于 3 个方面。

(1) 时间过长（大于 1 天）产生的误差，可以采取措施减小这种误差。例如，时间较长时，产生一定的蒸发量，可以向储水筒中滴入一层油，补偿蒸发量，从而减小测量误差。

(2) 雨滴滞后滴入储水筒产生的误差。承水器会累积一定的水后才落入储水筒，由于这种滞后效应，产生了测量误差。

(3) 结冰产生的误差。承水器表面在冬季会结冰，阻碍了雨水进入储水筒的速度，从而产生了测量误差。

除此之外，雨量计位置变动也会产生测量误差。安装雨量计时，应确保雨量计 100～1000m 半径范围内没有任何障碍物存在，以免影响雨量的均匀性，如图 2.12 所示。雨量计体积较大，选择的安装地点尽量不要产生任何干扰误差。

气体流动在雨量计周围可能会产生湍流效应，从而阻碍雨水垂直落入承水器中。建筑物、墙体、树木等也会影响雨水垂直落入承水器中，从而产生了测量误差。在安设雨量计

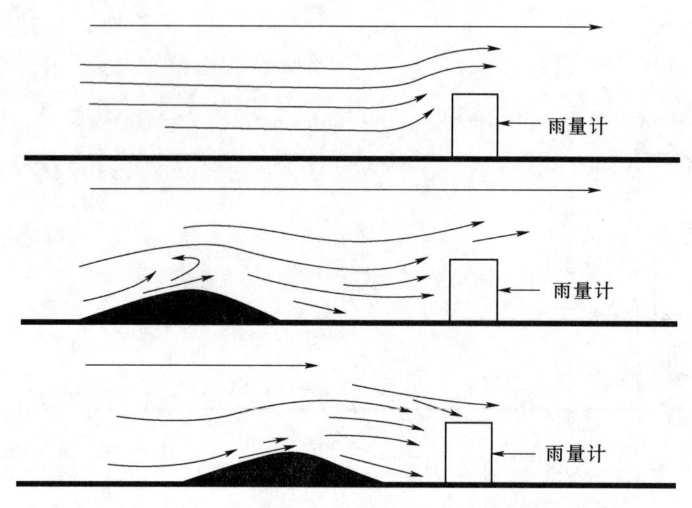

图 2.12　雨量计周围的空气运动情况

时，应考虑这些情况。

为降低湍流效应，雨量计的顶部最好与地表持平，但这样会导致出现两种其他误差。第一种误差是地表雨水溅入雨量计，从而导致测量误差。第二种误差是高大障碍物会扰乱空气运动，从而产生测量误差。如果将雨量计顶部与障碍物顶部连线的角度小于 30°，则相当于不存在障碍物的情况，从而减少了测量误差，如图 2.13 所示。

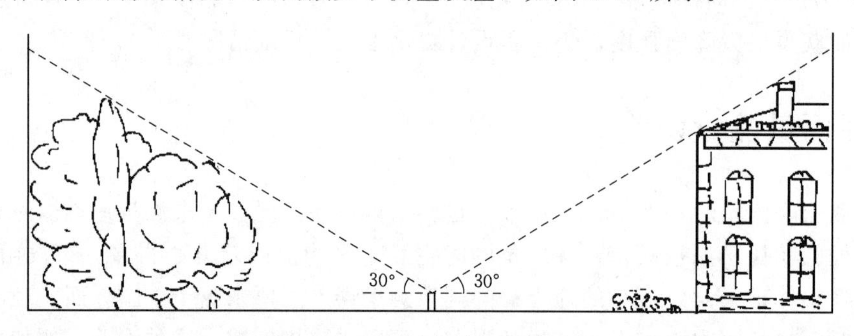

图 2.13　雨量计与障碍物的距离

2.6　干旱地区降雨量

云中的水汽冷却和凝结后，降落到地表，产生一定的降雨量。降雨是干旱地区地表水和地下水的唯一来源，每次降雨后，地下水都得以有效补充。实际应用时，需要统计降落到地面的水量，一般用一段时间内的降雨深度来表示。降雨强度通常用“降雨深度/单位时间”或“降雨重量/单位时间”来表示。在工程设计和地下水补充等实际应用中，降雨强度是一个很重要的参数。降雨是每个地区最重要的水文事件，尤其在干旱和半干旱地区，长期不降雨，用水压力很大，降雨对该地区的重要性不言而喻（Şen，2008）。干旱和半干旱地区的降雨特征主要包括：

(1) 降雨量时空分布变化非常大。

(2) 每次降雨量都非常大，大部分情况下超过了诱发洪水的平均雨量。

(3) 降雨强度非常高，通常形成洪水，地下水得到有效补充（Şen，2014）。

(4) 由于降雨量大，地表径流系数很大，可能形成洪水。

(5) 降雨通常发生在雨季的初期，降雨量很大，但是植被没有发育完全，地表缺乏有效的防护，容易产生土壤侵蚀和泥沙沉积现象，当然地下水也得到了有效补充。

(6) 主要为地形雨和对流雨，发生范围小，偶尔会发生范围较大的锋面雨。

地形对降雨的空间分布有直接影响。在海拔较高处，容易发生地形雨。在距离海岸线较近的山区和江河湖泊区，也容易发生地形雨。

干旱地区通常长时间滴雨不下，地下水得不到有效补充。然而，一旦降雨，通常是倾盆如注，容易诱发暴洪，即使是在严重干旱的沙漠地区，有时也会发生暴洪。在干旱地区，洪水记录很少，当地群众的防洪意识薄弱。暴洪有时会造成灾难性后果，但有时长期安然无恙，也会让当地居民误以为洪水不会发生。

地表径流，尤其是暴洪，是很多地区面临的棘手问题，通常危及荒地开垦、工农业发展、旅游、定居、城市建设和社会发展等方面。洪水不但造成生命伤亡和水利设施损毁，而且还造成淡水资源大量丧失。

沙漠地区降雨稀少，年降雨量通常不超过 25mm。在干旱和半干旱地区，降雨类型主要为对流雨，一般持续时间短，降雨强度大，覆盖范围小（Cooke 和 Warran，1973）。然而，偶尔也会形成锋面雨，一般降雨强度小，通常发生在冬季。例如，在红海地区，降雨类型主要为降雨强度小的锋面雨。

2.7 降雨历时

每个地区的每次降雨历时各不相同，通常越靠近赤道，降雨历时越长。在沙漠地区，降雨历时为 1～6h，而在湿润地区，降雨历时可以达数天。

在世界上很多地区，尤其是干旱和半干旱地区，只记录了日降雨量。根据降雨情况，可以绘制出不同的降雨深度—历时曲线。地形雨的降雨深度—历时曲线通常比暴雨平缓。1967 年，美国伊利诺伊州发生了史上最为严重的暴雨（Huff，1967)，降雨范围达 1000km^2，其最大降雨深度—历时曲线如图 2.14 所示。图 2.14 中曲线纵坐标为某时刻累积雨量占 24h 可能最大降雨量的比值，横坐标刻度为 3h，从中可以获得每 3h 的降雨量。如果不以累积雨量绘制降雨深度—历时曲线，则曲线可能出现中断情况，且最大降雨强度可能会出现在任意时刻。图 2.14 中的降雨类型为对流

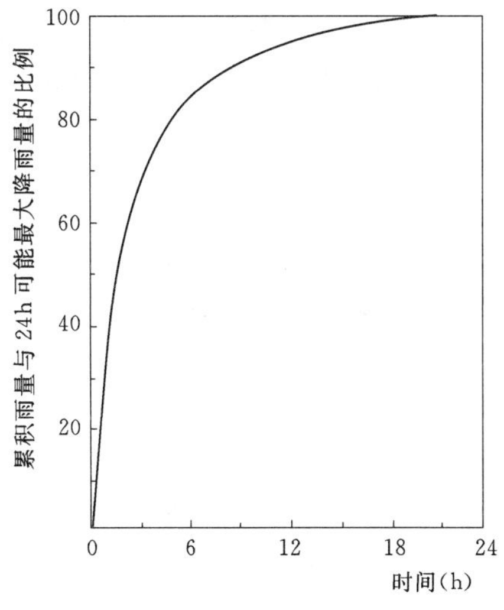

图 2.14 最大降雨深度—历时曲线

雨，发生在美国中部地区。

2.8　缺失数据的处理

由于仪器故障等原因，气象站的降雨量记录某段时间会出现缺失现象。有时，发生洪水、暴雪和恐怖袭击等事件，测量人员无法及时到达雨量计站点，也会出现记录暂时缺失现象。这时，可以根据暂时缺失记录站点的降雨量记录确定缺失的数据，也可以根据周围站点的记录来估算缺失的数据。下面介绍几种处理缺失数据的方法，这些方法都是利用周围站点的记录来确定缺失的数据。

2.8.1　算术平均值方法

如果周围站点降雨量最大相对误 α 小于 10%，则可以用这些站点降雨量的算术平均值来代替缺失的降雨量。假设两个站点的降雨量分别为 R_1 和 R_2，则相对误差为

$$\alpha=100\frac{|R_1-R_2|}{\max(R_1,R_2)} \tag{2.1}$$

为计算出缺失的记录，至少需要 3 个周围站点的数据。每个站点的权重相同，都为 $1/n$，其中 n 表示参与计算的周围站点个数。

2.8.2　比例方法

如果周围站点降雨量最大相对误 α 大于 10%，则算术平均值方法就不适用了。以周围有 3 个站点为例，首先给每一个邻近站点赋予一定的权重，假设缺失记录的平均降雨量为 $\overline{R}_X$，周围站点降雨量平均值分别为 $\overline{R}_A$，$\overline{R}_B$ 和 $\overline{R}_C$，周围站点某时刻降雨量平均值分别为 R_A，R_B 和 R_C 则每个站点的权重分别为$\frac{\overline{R}_X}{\overline{R}_A}$，$\frac{R_X}{\overline{R}_B}$和$\frac{R_X}{\overline{R}_C}$，因此缺失的降雨量记录为

$$R_X=\frac{1}{3}\left(\frac{\overline{R}_X}{\overline{R}_A}R_A+\frac{\overline{R}_X}{\overline{R}_B}R_B+\frac{\overline{R}_X}{\overline{R}_C}R_C\right) \tag{2.2}$$

如果周围站点数量大于 3 个，则按照上述思路改写式（2.2）即可。实际应用时，3 个站点已经足够了。如果 3 个站点的平均降雨量的相对误差都小于 10%，则式（2.2）就退化成了算术平均值方法，权重此时为 1/3，缺失的降雨量数据则为

$$R_X=\frac{1}{3}(R_A+R_B+R_C) \tag{2.3}$$

2.8.3　距离平方倒数方法

上述两种方法没有考虑到缺失站点和邻近站点的距离因素。一般来说，两个站点距离越近，其相互影响就越大。令记录缺失站点为笛卡尔坐标系的坐标原点，在每个象限中，找到一个离原点最近的站点，这样可以确定出 4 个邻近站点，如图 2.15 所示。

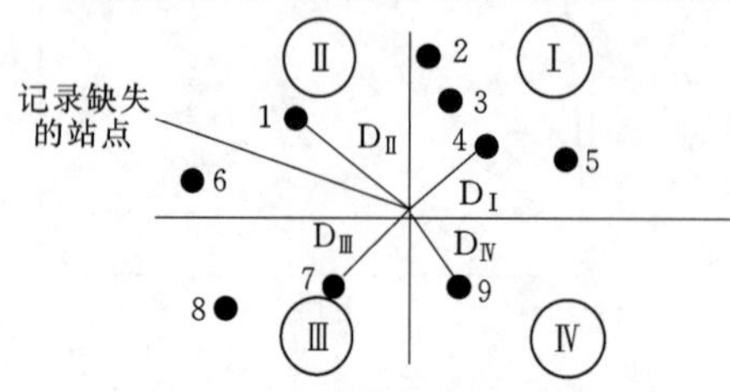

图 2.15　确定 4 个最近站点

令 4 个邻近站点与原点的距离分别为 $D_{Ⅰ}$、$D_{Ⅱ}$、$D_{Ⅲ}$ 和 $D_{Ⅳ}$，相应的降雨量为 $R_{Ⅰ}$、$R_{Ⅱ}$、

R_{III} 和 R_{IV}，则利用距离平方倒数方法可以求得缺失数据为

$$R_{\mathrm{X}}=\frac{\frac{1}{D_{\mathrm{I}}^{2}}R_{\mathrm{I}}+\frac{1}{D_{\mathrm{II}}^{2}}R_{\mathrm{II}}+\frac{1}{D_{\mathrm{III}}^{2}}R_{\mathrm{III}}+\frac{1}{D_{\mathrm{VI}}^{2}}R_{\mathrm{VI}}}{\frac{1}{D_{\mathrm{I}}^{2}}+\frac{1}{D_{\mathrm{II}}^{2}}+\frac{1}{D_{\mathrm{III}}^{2}}+\frac{1}{D_{\mathrm{VI}}^{2}}} \tag{2.4}$$

2.8.4 修正方法

利用相邻两个站点的降雨量记录估算得到的缺失记录是一系列离散的点。如果这些离散的点基本呈线性关系，则采用直线斜率表示拟合直线的相关系数。可以根据最小二乘法求得拟合直线，求解出拟合直线后，就可以根据直线方程求得对应的缺失数据。有时离散点呈非线性关系，拟合关系呈曲线。假如两个邻近站点的记录分别为 X_1，X_2，X_3，…，X_n 和 Y_1，Y_2，Y_3，…，Y_n，如图 2.16 所示。

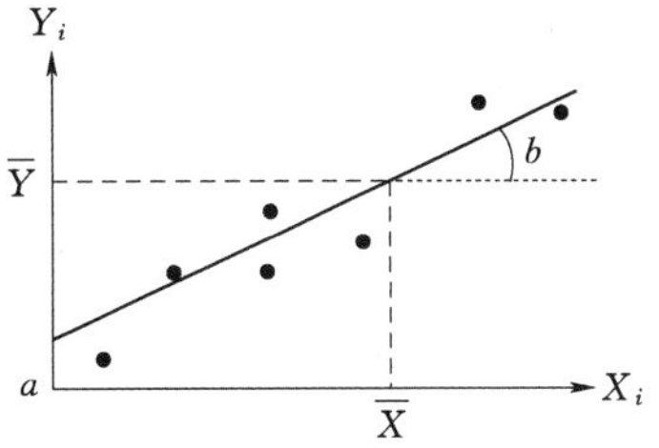

图 2.16 离散数据和拟合直线

如果拟合关系为直线，则可以利用最小二乘法求得下式中的参数 a 和 b（Benjamin 和 Cornell，1970）。

$$Y=a+bX \tag{2.5}$$

根据最小二乘法，两组数据的平均值 $\overline{X}$ 和 $\overline{Y}$ 必然满足式（2.5），即有

$$\overline{Y}=a+b\overline{X} \tag{2.6}$$

欲求两个未知数，还需要一个方程，将式（2.5）两端同时乘以独立变量 X 的平均值 $\overline{X}$，得

$$\overline{XY}=a\overline{X}+b\overline{X^2} \tag{2.7}$$

通过 X、Y 和 $\overline{XY}$ 可以计算出拟合直线的相关系数和回归系数，相关系数等于拟合直线的斜率。

将两组邻近站点数据 X_i 和 Y_i 代入式（2.6）和式（2.7），联立式（2.6）和式（2.7），即可求得参数 a 和 b。然后将 a 和 b 代入式（2.5），代入不同的时间 X，即可求得缺失的降雨量 Y。

2.9 双直线方法

记录降雨量时，会出现两种误差，即随机误差和系统误差。

（1）随机误差有正有负，但整个记录中不一定处处有随机误差。随机误差主要源于统计错误，随机误差来源主要包括：

1）仪器测量误差。

2）记录书写误差和四舍五入误差。

3）输入计算机时人为失误。

（2）系统误差长期存在，进行工程设计前，必须消除系统误差。系统误差来源主要包括：

1）站点搬迁。由于在站点处进行城市建设、水库修建和道路施工等活动，站点被迫

搬至新地点，从而产生系统误差。

2）站点周围植被发育茂盛，或者出现障碍物，改变了先前的测量条件，会产生少许系统误差。如果动物碰损了雨量计，致使雨量计灵敏度下降，也会形成系统误差。另外，如果储水筒出现破损，也会产生系统误差。

3）个别雨量计进行替换，新的雨量计可能存在轻微的系统误差。

4）雨量计周围其他因素的变化也可能产生系统误差。

应采取各种方法，消除降雨量记录中存在的各种误差，其中最有效的方法是双直线方法，疑似存在误差的降雨量为纵坐标。

采用双直线方法，需要同一段时间内疑似站点及周围站点的降雨量算术平均值，降雨量记录可以为日记录、月记录或年记录。周围站点尽量与疑似站点位于同一流域，或者与疑似站点具有类似的气象条件。以最近的降雨量记录为初始坐标，继而是年份略久远的记录，最久远的记录位于坐标末端。将疑似站点的降雨量平均值和对应的周围站点的区域平均值绘制在笛卡尔坐标上，如图 2.17 所示。

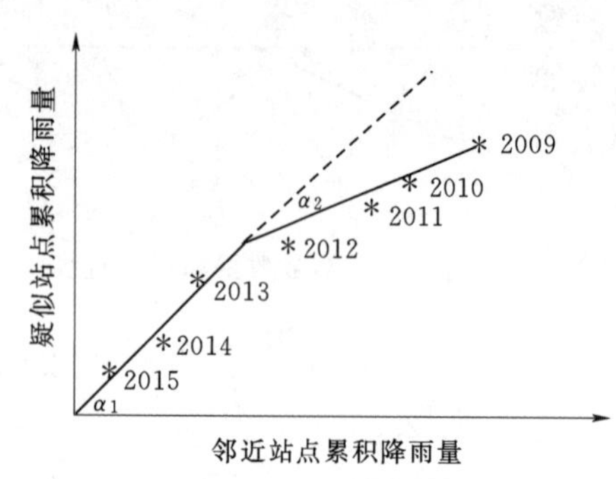

图 2.17　双直线方法

如果只存在一条拟合直线，则表明区域内所有站点测试状况相同，疑似站点没有产生系统误差。如果存在两天拟合直线，则表明疑似站点存在系统误差。设两条直线的角度分别为 α_1 和 α_2，则定义疑似站点的相关系数 f 为

$$f=\frac{\tan\alpha_1}{\tan\alpha_2} \tag{2.8}$$

将疑似站点的转折点之后的原始降雨量乘以相关系数 f，就得到修正后的降雨量。修正后的降雨量就只存在一条拟合直线。

2.10　降雨强度

所有的水文学教材都介绍了降雨时间—降雨量累积曲线（Chow 等，1988；Linsley，1986；Şen，2008），如图 2.11 所示。最简单的降雨时间—降雨量累积曲线（CRC）形式为直线，如图 2.18 所示，假设直线角度为 α，最小降雨量 $R_1=0$，最大降雨量为 R_2，在降雨开始时间 t_1 到结束时间 t_2 期间，假设降雨强度相同，则降雨量累积曲线为直线，如图 2.18（a）所示。

降雨强度 i 等于直线的斜率，即

$$i=\tan\alpha \tag{2.9}$$

式中　α——直线的角度。

i 也可以用微分的形式表示为

$$i=\frac{\mathrm{d}R}{\mathrm{d}t} \tag{2.10}$$

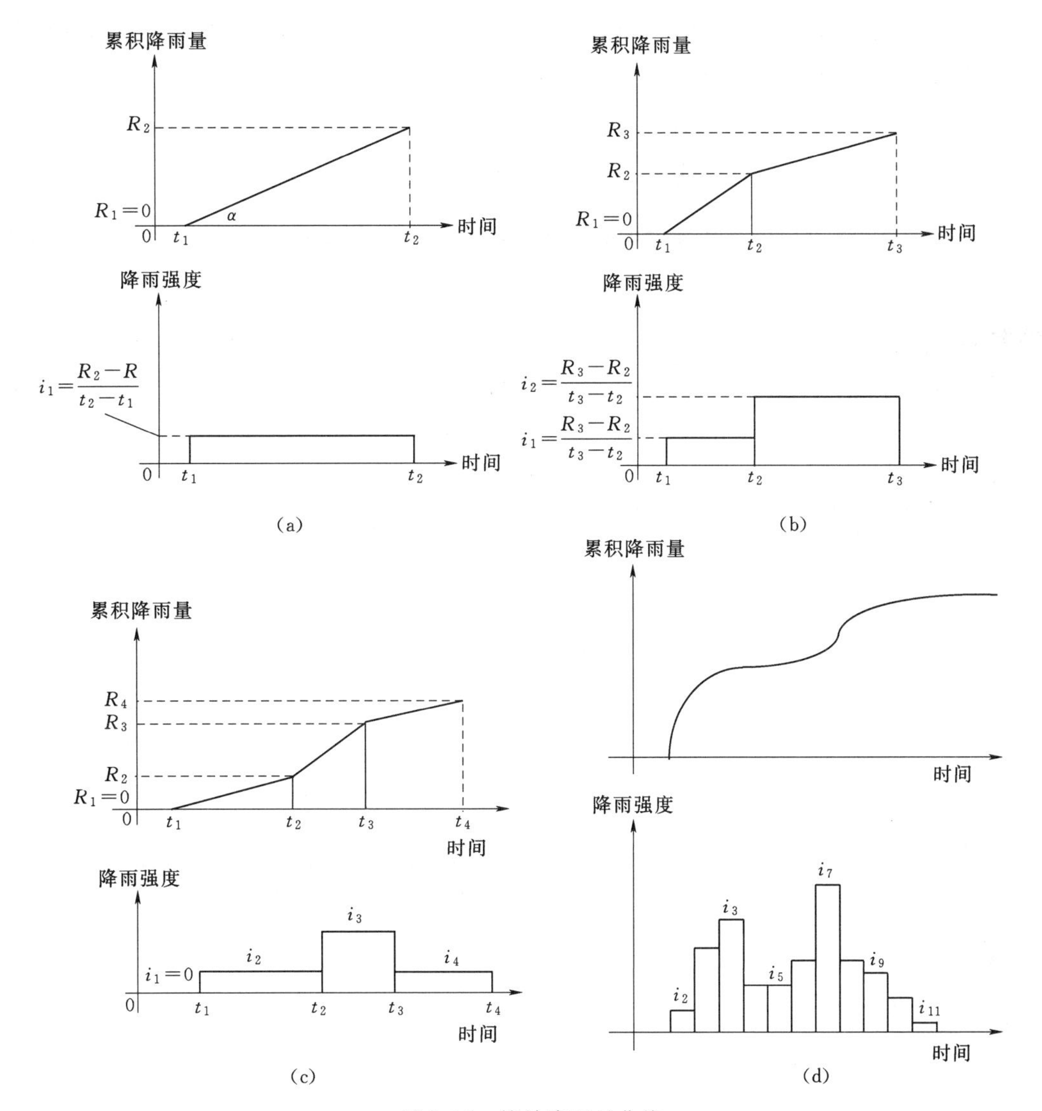

图 2.18　简单降雨量曲线

式（2.10）表明，在 dt 时间内降雨强度为常量。也可以另一种形式表示为

$$i=\frac{R_2-R_1}{t_2-t_1} \tag{2.11}$$

如果 CRC 由两条直线构成，如图 2.18（b）所示，则降雨强度分别为 $i_1=\tan\alpha_1$ 和 $i_2=\tan\alpha_2$，或者表示为 $i_1=\mathrm{d}R_1/\mathrm{d}t$ 和 $i_2=\mathrm{d}R_2/\mathrm{d}t$。

推而广之，如果 CRC 由 n 条直线构成，如图 2.18（c）所示，则降雨强度分别为

$$i_1=\tan\alpha_1, i_2=\tan\alpha_2, i_3=\tan\alpha_3, \cdots, i_n=\tan\alpha_n \tag{2.12}$$

或者表示为

$$i_1=\mathrm{d}R_1/\mathrm{d}t, i_2=\mathrm{d}R_2/\mathrm{d}t, i_3=\mathrm{d}R_3/\mathrm{d}t, \cdots, i_n=\mathrm{d}R_n/\mathrm{d}t \tag{2.13}$$

降雨量累积曲线一般不会出现下降情况，通常在开始和结束阶段曲线的切线斜率比较

小，而中间阶段的切线斜率比较大，如图 2.18（d）所示。为求得降雨强度，将降雨时间划分为若干个相等的时间间隔 Δt，测量每个时间间隔的降雨量增量 ΔR_1，ΔR_2，…，ΔR_n，则降雨强度分别为

$$i_1=\frac{\mathrm{d}R_1}{\Delta t},i_2=\frac{\mathrm{d}R_2}{\Delta t},i_3=\frac{\mathrm{d}R_3}{\Delta t},\cdots,i_n=\frac{\mathrm{d}R_n}{\Delta t} \tag{2.14}$$

根据计算结果，可以绘制每个时间间隔的降雨量，从而得到降雨量分布图，如图 2.18d 所示。

例题 2.1

在 2011 年 1 月 26 日，Jeddah 地区普降暴雨，见表 2.2，由于降雨时间非常长，标准只列出了最初两个小时的降雨量情况，整个降雨量累积曲线如图 2.19 所示。

表 2.2　　Jeddah 地区暴雨记录

降雨时刻	1min 内降雨量（mm）	历时（min）	累计降雨量（mm）	5min	10min	15min	30min	60min	120min
26/01/2011 10：57	0.1	1	0.1						
26/01/2011 10：58	0	2	0.1						
26/01/2011 10：59	0	3	0.1						
26/01/2011 11：00	0	4	0.1						
26/01/2011 11：01	0.1	5	0.2	1.2					
26/01/2011 11：02	0	6	0.2	1.2					
26/01/2011 11：03	0	7	0.2	1.2					
26/01/2011 11：04	0	8	0.2	1.2					
26/01/2011 11：05	0	9	0.2	0					
26/01/2011 11：06	0.1	10	0.3	1.2	1.2				
26/01/2011 11：07	0	11	0.3	1.2	1.2				
26/01/2011 11：08	0	12	0.3	1.2	1.2				
26/01/2011 11：09	0	13	0.3	1.2	1.2				
26/01/2011 11：10	0.1	14	0.4	1.2	1.2				

续表

降雨时刻	1min 内降雨量（mm）	历时（min）	累计降雨量（mm）	5min	10min	15min	30min	60min	120min
26/01/2011 11：11	0	15	0.4	1.2	1.2	1.2			
26/01/2011 11：12	0.1	16	0.5	2.4	1.8	1.6			
26/01/2011 11：13	0.1	17	0.6	3.6	2.4	2			
26/01/2011 11：14	0	18	0.6	2.4	2.4	2			
26/01/2011 11：15	0	19	0.6	2.4	1.8	1.6			
26/01/2011 11：16	0	20	0.6	1.2	1.8	1.6			
26/01/2011 11：17	0.1	21	0.7	1.2	2.4	2			
26/01/2011 11：18	0	22	0.7	1.2	2.4	2			
26/01/2011 11：19	0.1	23	0.8	2.4	2.4	2.4			
26/01/2011 11：20	0	24	0.8	2.4	2.4	2			
26/01/2011 11：21	0	25	0.8	1.2	1.8	2			
26/01/2011 11：22	0.1	26	0.9	2.4	1.8	2.4			
26/01/2011 11：23	0	27	0.9	1.2	1.8	2.4			
26/01/2011 11：24	0	28	0.9	1.2	1.8	2			
26/01/2011 11：25	0.1	29	1	2.4	2.4	2.4			
26/01/2011 11：26	0	30	1	1.2	1.8	2	1.8		
26/01/2011 11：27	0.1	31	1.1	2.4	2.4	2	2		
26/01/2011 11：28	0.1	32	1.2	3.6	2.4	2.4	2.2		
26/01/2011 11：29	0.1	33	1.3	3.6	3	2.8	2.4		
26/01/2011 11：30	0	34	1.3	3.6	3	2.8	2.2		

续表

降雨时刻	1min 内降雨量（mm）	历时（min）	累计降雨量（mm）	5min	10min	15min	30min	60min	120min
26/01/2011 11：31	0	35	1.3	2.4	2.4	2.4	2.2		
26/01/2011 11：32	0.2	36	1.5	3.6	3.6	3.2	2.6		
26/01/2011 11：33	0.3	37	1.8	6	5.4	4	3.2		
26/01/2011 11：34	0.3	38	2.1	9.6	6.6	5.2	3.8		
26/01/2011 11：35	0.2	39	2.3	12	7.8	6	4		
26/01/2011 11：36	0.3	40	2.6	13.2	9	6.8	4.6		
26/01/2011 11：37	0.6	41	3.2	16.8	12	9.2	5.8		
26/01/2011 11：38	0.7	42	3.9	21.6	15.6	12	7.2		
26/01/2011 11：39	0.8	43	4.7	28.8	20.4	14.8	8.6		
26/01/2011 11：40	0.6	44	5.3	32.4	24	17.2	9.8		
26/01/2011 11：41	0.7	45	6	33.6	27	19.6	11		
26/01/2011 11：42	0.5	46	6.5	31.2	28.2	21.2	11.8		
26/01/2011 11：43	1.1	47	7.6	34.8	33	25.2	14		
26/01/2011 11：44	1.7	48	9.3	48	42	32	17.4		
26/01/2011 11：45	1.5	49	10.8	57.6	49.2	38	20.4		
26/01/2011 11：46	1.6	50	12.4	70.8	55.2	43.6	23.4		
26/01/2011 11：47	1.3	51	13.7	73.2	58.8	47.6	26		
26/01/2011 11：48	0.8	52	14.5	62.4	58.8	49.6	27.4		
26/01/2011 11：49	0.5	53	15	50.4	58.2	50.8	28.4		
26/01/2011 11：50	0.2	54	15.2	33.6	55.2	50.4	28.8		
26/01/2011 11：51	0.3	55	15.5	21.6	54	49.2	29.2		

续表

降雨时刻	1min 内降雨量（mm）	历时（min）	累计降雨量（mm）	5min	10min	15min	30min	60min	120min
26/01/2011 11：52	1.2	56	16.7	26.4	54.6	51.2	31.6		
26/01/2011 11：53	1.9	57	18.6	43.2	55.8	55.6	35.4		
26/01/2011 11：54	1.5	58	20.1	58.8	55.8	59.2	38.2		
26/01/2011 11：55	1.2	59	21.3	69.6	53.4	61.2	40.6		
26/01/2011 11：56	1.6	60	22.9	74.4	55.2	65.6	43.6	22.8	
26/01/2011 11：57	1.3	61	24.2	67.2	58.2	66.4	46	24.1	
26/01/2011 11：58	1.5	62	25.7	67.2	64.2	65.6	48.8	25.6	
26/01/2011 11：59	1.6	63	27.3	72	72.6	66	52	27.2	
26/01/2011 12：00	1.4	64	28.7	69.6	79.2	65.2	54.8	28.5	
26/01/2011 12：01	1.3	65	30	69.6	79.8	65.2	57	29.8	
26/01/2011 12：02	1.5	66	31.5	69.6	77.4	68	59.4	31.3	
26/01/2011 12：03	1.1	67	32.6	63.6	75	70.4	61	32.4	
26/01/2011 12：04	1.4	68	34	63.6	76.2	75.2	63.4	33.8	
26/01/2011 12：05	1.4	69	35.4	64.8	75	79.6	65.6	35.1	
26/01/2011 12：06	1.4	70	36.8	63.6	75.6	80.4	67.2	36.5	
26/01/2011 12：07	1.5	71	38.3	68.4	75.6	78.8	68.8	38	
26/01/2011 12：08	1.6	72	39.9	70.8	75.6	79.2	70.4	39.6	
26/01/2011 12：09	1.5	73	41.4	72	76.2	80.4	72.2	41	
26/01/2011 12：10	1.3	74	42.7	70.8	76.2	79.2	73.4	42.3	
26/01/2011 12：11	0.8	75	43.5	62.4	72	77.2	74	43	
26/01/2011 12：12	1.1	76	44.6	56.4	72	75.6	74	44	

续表

降雨时刻	1min 内降雨量（mm）	历时（min）	累计降雨量（mm）	5min	10min	15min	30min	60min	120min
26/01/2011 12：13	1	77	45.6	50.4	69.6	73.2	72.6	45	
26/01/2011 12：14	1.1	78	46.7	48	67.8	72	71.8	46.1	
26/01/2011 12：15	1.5	79	48.2	56.4	68.4	72.8	71.6	47.6	
26/01/2011 12：16	1	80	49.2	55.2	65.4	70.8	71	48.5	
26/01/2011 12：17	0.9	81	50.1	54	61.2	70	71.2	49.4	
26/01/2011 12：18	1.1	82	51.2	54	58.8	68.8	72.4	50.4	
26/01/2011 12：19	0.5	83	51.7	42	54	65.2	73	50.9	
26/01/2011 12：20	0.5	84	52.2	36	52.2	61.6	73.4	51.4	
26/01/2011 12：21	0.9	85	53.1	36	51	59.2	72.8	52.2	
26/01/2011 12：22	0.6	86	53.7	30	48.6	55.2	70.2	52.8	
26/01/2011 12：23	0.2	87	53.9	26.4	43.2	50	67.6	53	
26/01/2011 12：24	0	88	53.9	20.4	34.2	44.8	65.2	52.9	
26/01/2011 12：25	0.1	89	54	10.8	28.8	42	62.2	53	
26/01/2011 12：26	0.2	90	54.2	6	24.6	38.4	60	53.1	
26/01/2011 12：27	0.2	91	54.4	6	19.2	35.2	57.4	53.2	
26/01/2011 12：28	0	92	54.4	6	16.2	30.8	54.2	53.1	
26/01/2011 12：29	0	93	54.4	4.8	13.2	24.8	51.4	53.1	
26/01/2011 12：30	0.1	94	54.5	3.6	8.4	21.2	49	53.2	
26/01/2011 12：31	0.1	95	54.6	2.4	5.4	18	46.2	53.1	
26/01/2011 12：32	0.3	96	54.9	6	6	14.8	44.6	53.1	
26/01/2011 12：33	0.4	97	55.3	10.8	8.4	14.4	42.6	53.2	
26/01/2011 12：34	0.2	98	55.5	12	9	13.2	40.2	53.2	

续表

降雨时刻	1min 内降雨量（mm）	历时（min）	累计降雨量（mm）	5min	10min	15min	30min	60min	120min
26/01/2011 12：35	0.4	99	55.9	15.6	10.2	11.2	38.2	53.3	
26/01/2011 12：36	0.7	100	56.6	20.4	13.2	11.6	36.6	53.4	
26/01/2011 12：37	0.8	101	57.4	25.2	18	14	35	53.5	
26/01/2011 12：38	0.7	102	58.1	31.2	22.2	16.8	33.4	53.4	
26/01/2011 12：39	1.3	103	59.4	42	29.4	21.6	33.4	54.1	
26/01/2011 12：40	1.4	104	60.8	50.4	37.2	26.4	34.6	54.8	
26/01/2011 12：41	1.5	105	62.3	58.8	44.4	31.6	35.4	55.8	
26/01/2011 12：42	1.6	106	63.9	69.6	51.6	38	36.6	56.3	
26/01/2011 12：43	1.5	107	65.4	72	59.4	44	37.4	56.1	
26/01/2011 12：44	0.8	108	66.2	64.8	61.8	46.8	36	55.4	
26/01/2011 12：45	0.8	109	67	56.4	62.4	49.6	35.6	54.6	
26/01/2011 12：46	1	110	68	49.2	63.6	52.4	35.8	54.3	
26/01/2011 12：47	1.6	111	69.6	50.4	69	57.2	36.8	55.1	
26/01/2011 12：48	1.3	112	70.9	56.4	69	61.6	38.4	55.9	
26/01/2011 12：49	1.3	113	72.2	62.4	68.4	65.2	40	57	
26/01/2011 12：50	0.5	114	72.7	56.4	62.4	64.4	39.2	57.2	
26/01/2011 12：51	0.9	115	73.6	48	58.2	64.8	39.8	56.9	
26/01/2011 12：52	0.8	116	74.4	42	54	65.2	41	55.8	
26/01/2011 12：53	0.6	117	75	33.6	52.8	62.4	42.2	54.9	
26/01/2011 12：54	0.4	118	75.4	32.4	50.4	58.4	42.8	54.1	
26/01/2011 12：55	0.3	119	75.7	25.2	46.2	53.6	43	52.8	
26/01/2011 12：56	0.2	120	75.9	18	37.8	48	43	51.7	37.9

图 2.19 显示了降雨量累积曲线，由图中可以看出，开始时降雨强度（曲线的切线斜率）较大，随后逐渐减小。

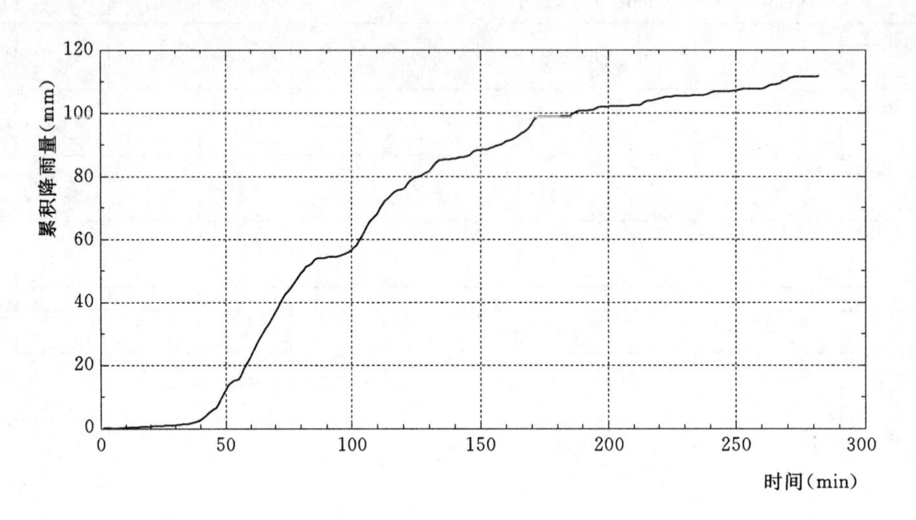

图 2.19　Jeddah 地区 2011 年 1 月 26 日降雨量累积曲线

图 2.20 显示了不同时间的降雨量曲线，由图中可以看出，在 50～70min 期间，降雨量最大。

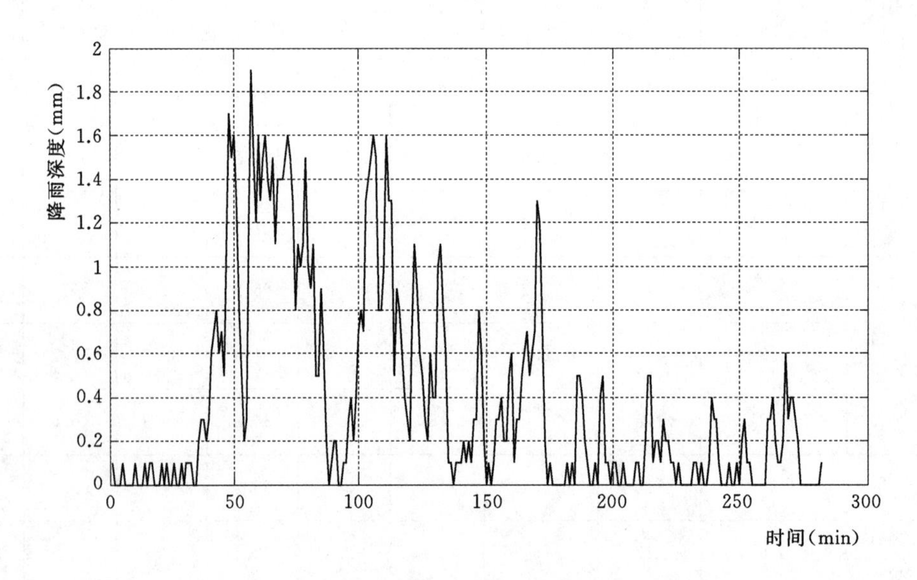

图 2.20　Jeddah 地区降雨量曲线

表 2.2 分别列出了 5min、10min、30min、60min 和 120min 几种不同时间间隔的降雨强度，得到了每种时间间隔的最大值，绘制在对数坐标中，发现其基本呈直线拟合关系，如图 2.21 所示。

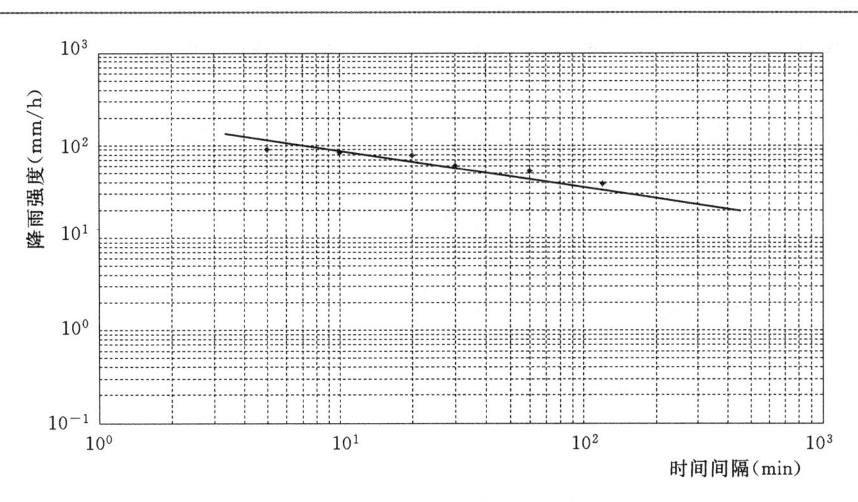

图 2.21 Jeddah 地区降雨强度曲线

2.11 径流和下渗

降落到地表的降雨，一部分通过下渗、蒸发和植物散发等方式流失，称之为无效降雨；其余部分以地表径流的形式运动，称之为有效降雨。如图 2.22 (a) 所示，图中上半部分表示径流雨量，下半部分表示下渗雨量，下渗的雨量成为地下水的重要来源。图 2.22 (a) 的分界线为示意图，实际分析中表示下渗曲线（Şen，2008）。根据径流和下渗情况，可以绘制出径流曲线和下渗曲线。

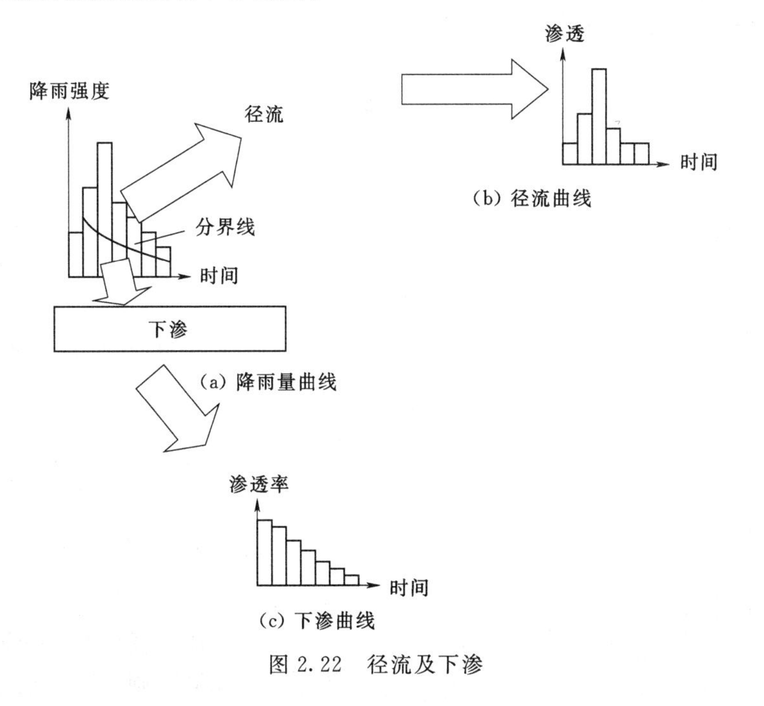

图 2.22 径流及下渗

降雨量曲线和下渗曲线的纵坐标可以为降雨强度，径流曲线需要考虑径流面积因素。

计算降雨强度或下渗率时，需要考虑流域面积 A。径流曲线和下渗曲线叠加在一起即为降雨量曲线。

下渗雨量也随着时间变化，这与降雨量情况相似。一般采用测渗仪来测量下渗到土壤中的累积雨量，关于测渗仪的详细使用方法，请参见有关水力学书籍（Chow 等，1988；Şen，2008）。本书主要介绍如何绘制下渗曲线。利用测渗仪在现场测试的下渗雨量，可以绘制下渗曲线，过程与 CRC 基本相同。从下渗开始时间 t_b 到结束时间 t_e 期间，比较简单的时间—下渗雨量曲线为直线，如图 2.23（a）所示，其情况与图 2.18（a）非常相似。

将直线的斜率定义为下渗率 f，表示为

$$f=\tan\alpha \tag{2.15}$$

或者表示为

$$f=\frac{F_e-F_b}{t_e-t_b}=\frac{df}{dt} \tag{2.16}$$

如果下渗率出现变化，则较为简单的下渗雨量曲线为图 2.23（b）所示情况，随着土壤中下渗的雨量增多，土壤接近饱和，渗入的雨量也有所降低，因此第二条直线的斜率比第一条小。任何下渗雨量曲线的斜率都是开始较大，然后随着时间减小。如果后期为常数，表明土壤已经完全饱和，无法容纳下渗的多余雨水。下渗率可以表示为 $f_1=\tan\alpha_1$ 和 $f_2=\tan\alpha_2$，或者表示为 $f_1=dF_1/dt$ 和 $f_2=dF_2/dt$。

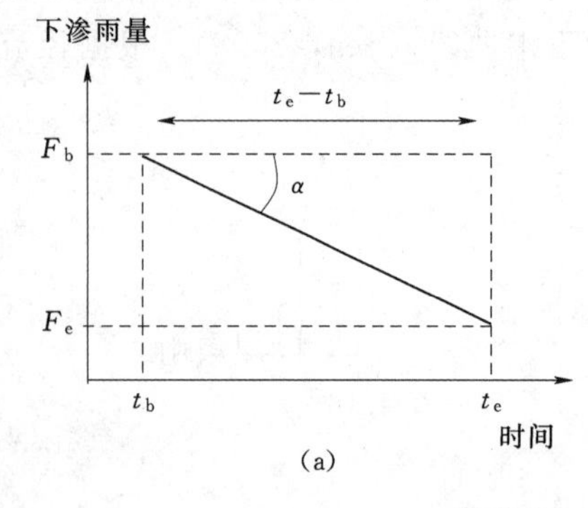

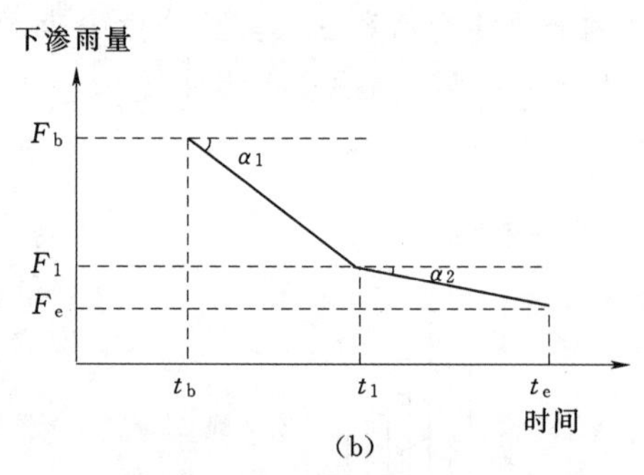

图 2.23　简单下渗曲线

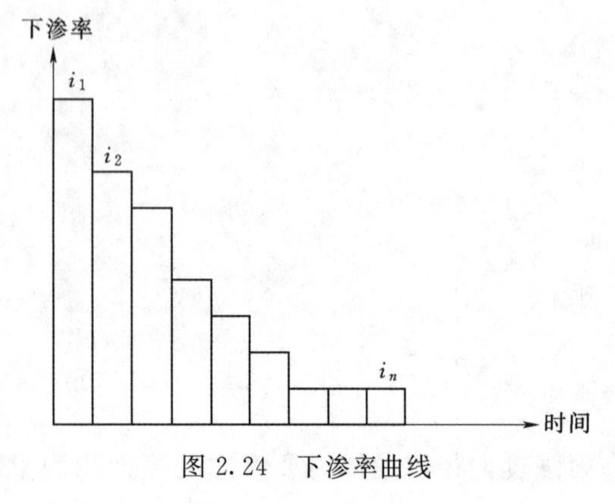

图 2.24　下渗率曲线

如果下渗雨量曲线由 n 条直线构成，则下渗率可以分别表示为 $f_1=\tan\alpha_1$，$f_2=\tan\alpha_2$，$f_3=\tan\alpha_3$，…，$f_n=\tan\alpha_n$，或者表示为 $f_1=dF_1/dt$，$f_2=dF_2/dt$，$f_3=dF_3/dt$，…，$f_n=dF_n/dt$。根据 Horton（1933）的现场实验研究结果，下渗率曲线一般为幂函数形式，如图 2.24 所示。

令地表径流强度曲线的时间间隔划分为下渗率曲线相同，则地表径流强度为降雨强度和下渗率之差，即

$$i'_1=i_1-f_1, i'_2=i_2-f_2, i'_3=i_3-f_3, \cdots, i'_n=i_n-f_n \tag{2.17}$$

地表径流曲线如图 2.25 所示。

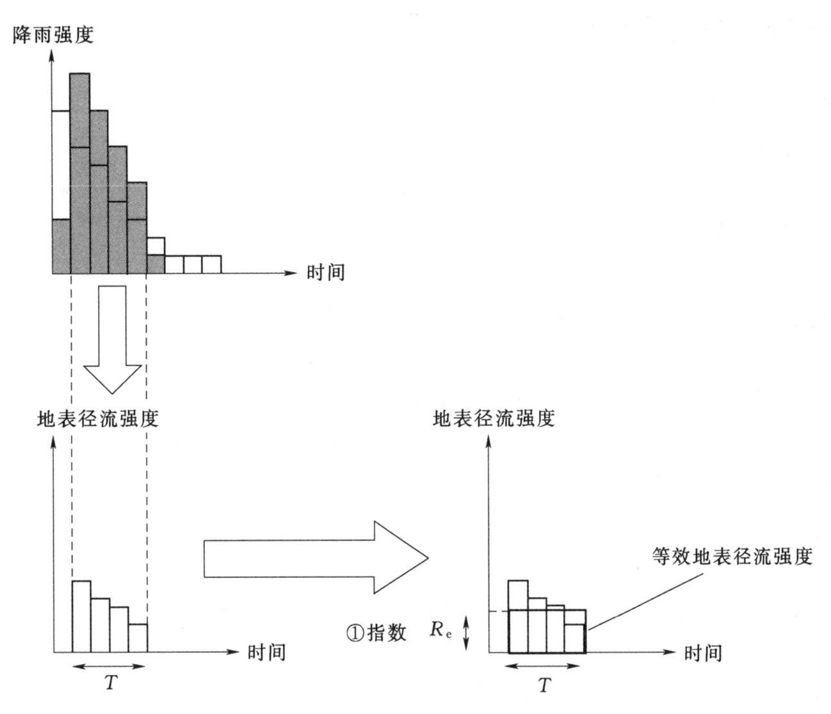

图 2.25　地表径流曲线

实际应用时，通常将降雨量图用一条水平直线一分为二，水平直线纵坐标为等效地表径流强度，这种分析方法通常称为 Φ 指数方法（Chow 等，1988；Linsley 等；1988）。在图 2.25 中，根据面积等效原则，求得等效地表径流强度的大小，用 R_e 表示，或称之为 Φ 指数。

根据某些假设或经验关系，可以由降雨量曲线求得地表径流曲线，详细情况参见第 4 章。一般分两个步骤进行计算：首先进行时段转换，因为一般洪峰流量出现在径流结束后，具体的转换方法参见第 4 章，其次是确定流域的有效库容，不同地段的水文过程线各不相同，因此洪峰流量也随着改变。一般而言，地表径流曲线的峰值大于水文过程线的峰值。

地表径流曲线与横坐标之间的面积等于理想平均地表径流强度 R_e 与流域面积 A 的乘积。根据水文过程线，可以获得下列参数：①地表径流强度 R_e；②地表径流持续时间 t_e；③洪峰流量 Q_P；④洪峰流量出现的时间 t_p；⑤单位线时段 t_b；⑥滞后时差 t_L，为径流曲线的质心与水文过程线峰值的时间差。

R_e 和 t_e 与降雨量和入渗情况有关，入渗情况主要取决于土壤类型、植被、土地用途和地质状况等。最后三个参数与降雨量和流域特征有关，滞后时差 t_L 源于流域内汇流时间与降雨时间不一致。滞后时差 t_L 有多种表示方式，比如可以用径流曲线的质心与水文过程线的质心时差来表示，但通常用径流曲线的质心与水文过程线峰值的时间差来表示。

上述参数对于水文分析非常重要，每个参数可以简化为流域特征的函数。

2.12　降雨强度—历时—频率（IDF）曲线

进行水资源规划和评估时，降雨强度—历时—频率曲线是非常重要的参数。降雨强度—历时—频率曲线的确定方法很多（Chow 等，1988；Bell，1969；Aron 等，1987；Burlando 和 Rosso，1996；Koutsoyiannis 等，1998），并对某些国家的区域性降雨强度—历时—频率曲线进行了研究（Froehlich，1995a，1995b，1995c；Garcia - Bartual 和 Schneider，2001）。

在湿润地区，通常假定降雨强度—历时—频率曲线符合 Gumbel 极值分布（Gumbel，1958；本书第6章），在干旱和半干旱地区，通常假定符合 Gamma 概率分布。绘制降雨强度—历时—频率曲线时，需要重点关注下列情况：

（1）降雨量分布特征。例如，在干旱地区，降雨量低的概率较大，降雨量高的概率较小，可以用分布概率分布或幂函数概率分布来表示。

（2）进行水利工程风险评价时，通常需要绘制2年、5年、10年、25年、50年和500年不同重现期的降雨强度—历时—频率曲线。

令 i 表示降雨强度，$f(i)$ 表示降雨强度—历时—频率曲线，则可定义 $f(i)$ 的积分为风险系数 r，表示为

$$r=\int_{i}^{+\infty} f(i)\mathrm{d}i \tag{2.18}$$

在降雨强度—历时—频率曲线中，降雨历时 T 和最大降雨强度 i 的关系也是一个研究热点。描述降雨强度—历时—频率曲线各参数之间关系的公式很多，大部分为经验公式（Yarnell，1935；Chow 等，1988；Gumbel，1958；Bell，1969；Chen，1983；Aron 等，1987）。Burlando、Rosso（1996）和 Koutsoyiannis（1998）等提出了相应的数学模型。降雨历时通常分为短（1min～1h）、中（1～24h）和长（>24h）三类，用以描述不同地区的降雨强度—历时—频率曲线特征（Froehlich，1995a，1995b，1995c；Hanson，1995；Garcia - Bartual 和 Schneider，2001）。世界上很多地方雨量计稀少，或者根本没有雨量计，这些地方的降雨强度—历时—频率曲线可以根据经验公式确定（Chow 等，1988）。如果存在一定数量的降雨量累积记录，则可以绘制出较为准确的降雨强度—历时—频率曲线。

目前常用两参数方法描述降雨历时 T 和最大降雨强度 i 的关系，主要有三种不同的两参数方法。

（1）最常用的方法是1931年 Sherman 提出的，表示为

$$i=\frac{R}{T+C} \tag{2.19}$$

（2）1932年，Bernard 利用双曲线方程来描述 T 和 i 的关系，表示为

$$i=\frac{R}{T^{C}} \tag{2.20}$$

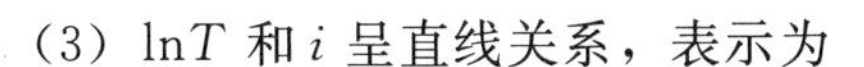
（3）$\ln T$ 和 i 呈直线关系，表示为

$$i = R - C\ln T \tag{2.21}$$

当然，也有三参数表示方法，引进了另一个参数 B，表示为

$$i = \frac{R}{(T+C)^B} \tag{2.22}$$

或者为

$$i = \frac{R}{T^B + C} \tag{2.23}$$

Garcia - Bartual 和 Schneider（2001）也提出了一种表示方法，为

$$i = R + \frac{B}{T+C} \tag{2.24}$$

或者为

$$i = \frac{R}{B+CT} \tag{2.25}$$

Keers 和 Wescott（1977）提出的表达式为

$$i = \frac{R}{(B+CT)^C} \tag{2.26}$$

在进行洪水评估和水利构筑物设计时，降雨强度—历时—频率曲线各参数之间关系的公式是非常重要的数学工具。降雨强度—历时—频率曲线是确定设计洪水参数的重要参考。另外，设计排水设施、大坝、溢洪道、涵洞、桥梁、堤防等构筑物时，需要进行洪水风险评估和防洪设计，也需要降雨强度—历时—频率曲线作为参考。

本节主要利用年最大日降雨量（DMR）记录来确定降雨强度—历时—频率曲线。首先根据雨量计测得的降雨量记录绘制无量纲降雨强度—历时（DID）曲线，然后假定概率分布函数（PDF），确定 2 年、5 年、10 年、25 年、50 年和 100 年等不同重现期的年最大日降雨量。根据无量纲降雨强度—历时曲线，可以将年最大日降水量曲线分解为 10min、20min、30min、60min、120min、360min、720min 和 1440min 等不同时间间隔。

世界很多地区的降雨量统计数据已经输入到电脑中，可以以各种概率分布的形式来确定极端降雨的频率，如 Gamma 分布、对数正态分布、Gumbel 极值分布，Pearson 广义极值分布和威布尔分布等。很多国家进行气象分析时，也主要采用上述概率分布。工程师分析水利构筑物的可靠度时，一般采用 Gamma 分布和 Pearson 广义极值分布。

在干旱和半干旱地区，降雨量累积曲线并不服从 Gamma 分布。伽马分布形式简单，便于掌握，适用于当地无降雨量记录的地区。在很多地区，尤其是干旱地区，由于降雨量记录稀少，设计参数不合理，一旦发生洪水，很多桥梁、涵洞和堤坝等水利设施遭受损毁。因此，要认真分析降雨强度—历时—频率曲线的性质，尤其是降雨量记录不足的地区。

本节选取沙特阿拉伯为干旱地区的典型代表，研究了其降雨强度—历时—频率曲线的性质。研究了不同降雨历时（5min、10min、15min、20min、30min 和 60min）的各种概率分布情况，然后分析了不同重现期（2 年、5 年、10 年、25 年、50 年和 500 年）的降雨强度，详细情况可参见《沙特阿拉伯地质调查报告》（*Saudi Geological Survey*）第

1015 页。

2.12.1　无量纲降雨强度—历时曲线

上面几节介绍了常见的降雨强度—历时公式，每个公式代表一条曲线。将每条曲线的纵坐标和横坐标除以对应的最大值后，可以将该条曲线无量纲化，得到无量纲降雨强度—历时曲线。图 2.26 显示了各种无量纲降雨强度—历时曲线的情况，其中假设 $A=200$，$B=0.8$，$C=4$。

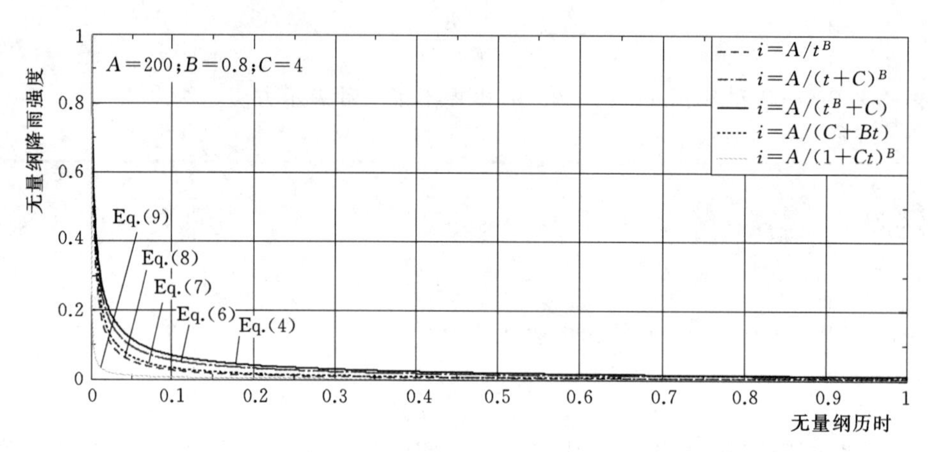

图 2.26　各种无量纲降雨强度—历时曲线

由图 2.26 可以看出，不同参数构成的曲线形状基本相同，差别非常轻微。

作者认为，对于同一地区，不同重现期的降雨强度—历时曲线都可以转化成相同的无量纲降雨强度—历时曲线，因此，利用年最大日降雨量记录，可以求得任一重现期（或超越概率）的降雨强度—历时曲线。

2.12.2　降雨强度—历时—频率曲线的绘制

降雨强度—历时—频率曲线含有丰富的降雨强度和重现期参数，重现期为超越概率的倒数，详细情况参见第 6 章。工程设计时，需要确定某地区不同重现期的降雨强度，或者降雨历时。常见的测量数据为日总降雨量，从而形成了年最大日降雨量记录，即降雨量测量单位时间为 1440min。在干旱和半干旱地区，由于降雨时间非常短，无法观测到日降雨量，因此可以将降雨测量单位时间设定为 3～6h。无论降雨历时多长，都可以从理论上求得年最大日降雨量的概率分布，最终可以计算出不同重现期的最大降雨量。求得某降雨历时的降雨量后，可以根据无量纲降雨强度—历时曲线，计算出不同时间间隔的降雨量。

利用无量纲降雨强度—历时曲线和年最大日降雨量记录，根据下列步骤，可以绘制出干旱地区的降雨强度—历时—频率曲线。

（1）假设降雨时间为 6h，即为 360min，首先为每个站点的降雨量记录选择合适的概率分布模式。

（2）根据超越概率 p 和重现期 T 的关系 $p=\frac{1}{T}$，可以求得不同超越概率的降雨量。重现期 T 为 2 年时，超越概率 $p=0.50$；$T=5$ 年时，$p=0.20$；$T=10$ 年时，$p=0.10$；$T=25$ 年时，$p=0.04$；$T=50$ 年时，$p=0.02$；$T=100$ 年时，$p=0.01$。

（3）根据年最大日降雨量记录和无量纲降雨强度—历时曲线，可以绘制出降雨强度—历时—频率曲线。另外，还可以求得每个站点不同概率分布模式下的不同重现期的降雨量。

（4）绘制出沙特阿拉伯各地区的降雨强度—历时—频率曲线后，将其转化为无量纲降雨强度—历时曲线，求得这些无量纲曲线的平均值，如图 2.27 所示，其表达式为

$$i_{\mathrm{d}}=\frac{0.0469}{d_{\mathrm{d}}^{0.747}} \tag{2.27}$$

式中 i_{d}——无量纲降雨强度；

d_{d}——无量纲降雨历时。

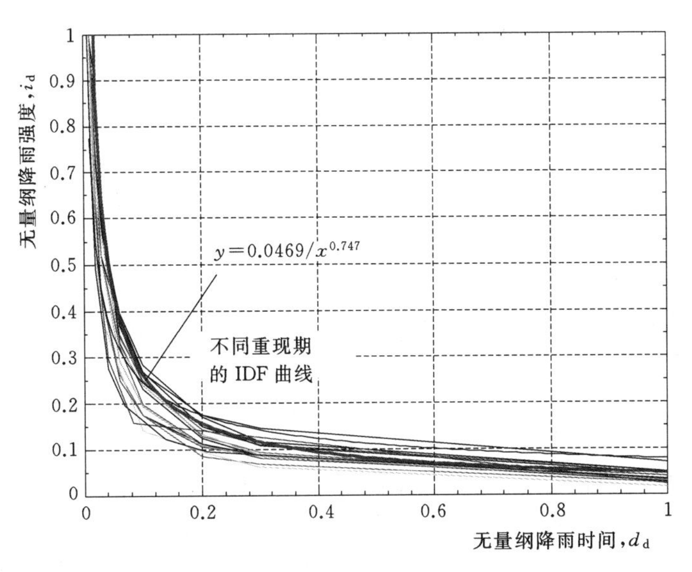

图 2.27 无量纲降雨强度—历时曲线

（5）可以由下式求得降雨强度—历时—频率曲线的降雨历时 t_{r}，即

$$t=t_{\mathrm{r}}t_{\mathrm{d}} \tag{2.28}$$

另外，根据式（2.27），可以求得降雨量 r_{e} 和降雨强度 i 的关系为

$$i=i_{\mathrm{i}}r_{\mathrm{e}} \tag{2.29}$$

（6）对每个站点，重复步骤（1）～（5），就可以绘制出每个站点的降雨强度—历时—频率曲线。

2.13 可能最大降雨量（PMP）

估算可能最大洪水（PMF）时，或者进行流域水利构筑物设计时，或者确定大坝尺寸和有效库容等参数时，需要用到可能最大降雨量这个参数。另外，某些泄洪构筑物，如溢洪道和泄洪洞，也需要可能最大降雨量确定其尺寸。可能最大降雨量为降雨的最大值，可能最大洪水为洪水的最大值。

进行水资源管理时，除了满足环保要求外，还要考虑到社会和经济效益。确定某地区

的可能最大洪水前，首先应确定地区和区域可能最大降雨量。对于主河道上的梯级大坝，其规划、设计和运营都需要确定可能最大洪水这个参数。尤其是在阿拉伯半岛的干旱地区，由于气候变化的影响，未来降雨量会增多，防洪大坝修建数量也应该会有所增加，地下水也可以得到有效补充。根据国际气象组织（WMO，2009，2011）的定义，可能最大降雨量为某一流域或某一地区上，一定历时内的最大降雨，含有降雨上限的意义。

确定可能最大降雨量的方法众多，其中常用的方法为 Hansen 方法（1982）、Foufoula - Georgiou 方法（1989）、BOM 方法（1994）、Collier - Hardaker 方法（1996）、Svensson - Rakhecha 方法（1998）、Corrigan 方法（1999）、Desa 方法（2001）、Rakhecha - Clark 方法（2002）、Rezacova 方法（2005）、Papalexiou - Koutsoyiannis 方法（2006）、Desa - Rakhecha 方法（2007）和Şen 方法（2008）等。上述方法主要分为两类，一类是降雨频率统计分析方法，另一类是气象条件分析方法。对于气象条件分析方法，对不同高度的气象条件进行准确观测是估算最大降雨量的前提，详细的可能最大降雨量计算过程参见 2.16 节。

2.13.1　定义

可能最大降雨量是某地区或流域内，一定历时内的最大降雨量。根据某些假设，可以将可能最大降雨量转化为可能最大洪水，用以防洪构筑物设计。可能最大洪水一般出现在一年的某小段时间，该时间段内会出现洪水气象条件。

2.13.2　统计方法

可以利用统计方法估算可能最大降雨量，其中算术平均值和标准差是两个重要的统计参数。主要根据流域内个测点的降雨量记录在估算可能最大降雨量，另外也可以分析不同风险水平的可能最大降雨量。一般采用暴雨移置法估算可能最大降雨量，移置时，需要采用放大系数 K。放大系数的概念在水利工程中得到普通应用。

为计算出可能最大降雨量，至少需要 30 年的降雨量记录，且流域内测量站点不但要满足数量要求，且须分布合理。除降雨量外，其他气象记录数据不需要提供。图 2.28 显示了放大系数 K 与年平均最大降雨量的关系，适用于流域面积小于 1000km^2 的情况，但用这种方法求得的最大降雨量通常只代表非常小的地点，如果研究区较大，需要根据情况进行调整。

为确定合适的放大系数 K，需要选用合理的极值分布，另外需要对降雨量记录进行修正。众多学者提出了不同的修正方法（Dhar 和 Damte，1969）。

1961 年，Hershfield 首先提出了一种方法，1965 年又进行了修正，其表达式为

$$X_T = \overline{X_n} + KS_n \tag{2.30}$$

式中　X_T——重现期为 T 年时的最大降雨量；

$\overline{X_n}$——年最大降雨量的平均值；

S_n——年最大降雨量的标准差；

n——降雨历时；

K——放大系数。

在重现期较小（如 30 年）的情况下，最大降雨量有时会出现异常值，该值不在平均值 $\overline{X_n}$ 和标准差 S_n 确定的范围内。重现期越大，偏离情况就越轻微；重现期越小，偏离

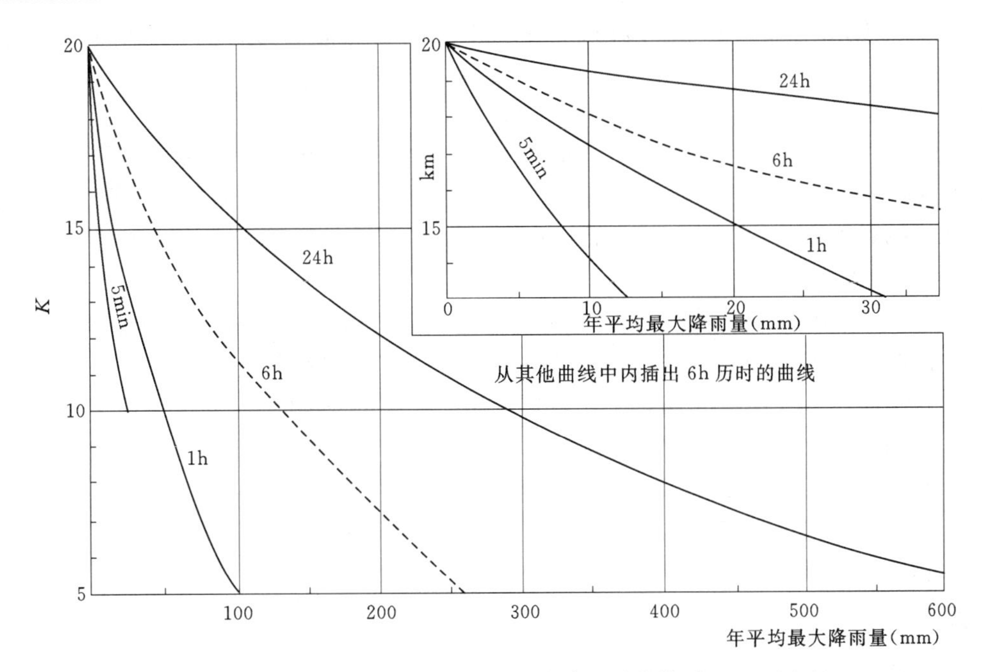

图 2.28　放大系数 K、降雨历时和年平均最大降雨量的关系（Hershfield，1965）

情况就越严重。Hershfield（1965）研究了不同重现期的最大降雨量偏差情况，其修正方法如图 2.29 和图 2.30 所示，图中 x_{n-m} 和 s_{n-m} 为剔除数据中最大值后的平均值和标准差。值得注意的是，图 2.29 和图 2.30 只考虑了最大值异常这种情况，没有考虑其他异常情况。

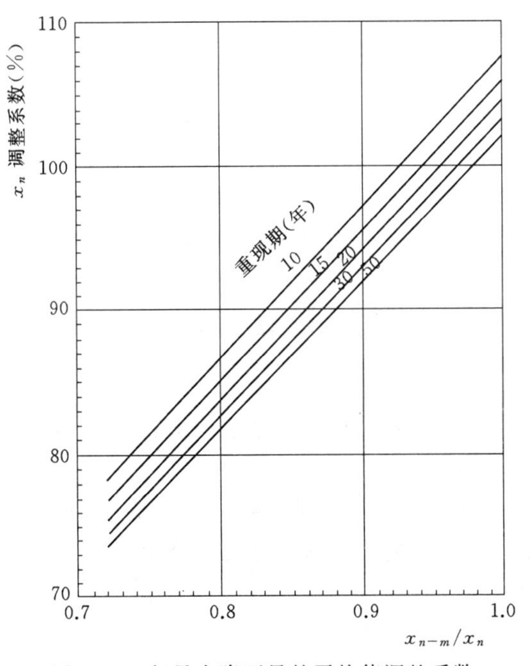

图 2.29　年最大降雨量的平均值调整系数

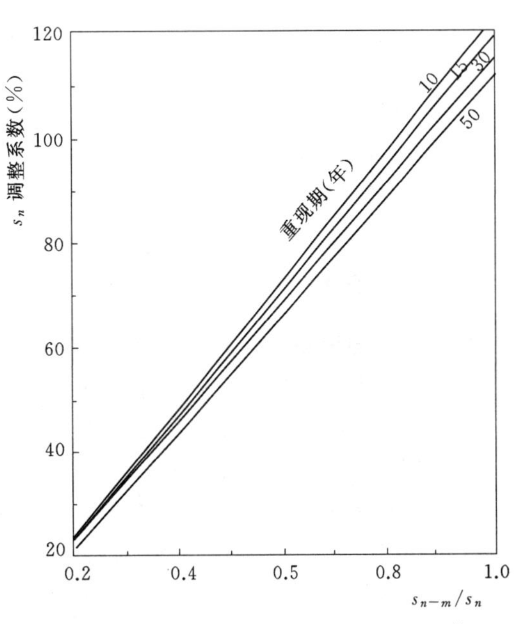

图 2.30　年最大降雨量的标准差调整系数

随着重现期的增大，年最大降雨量的平均值和标准差也有所增大。一般情况下，最大降雨量符合右偏态分布，随着重现期的增大，偏差情况有所减小。图 2.31 显示了不同重现期的最大降雨量平均值和标准差的修正情况。

一般情况下，降雨量并不是实时记录，而是一定时间测量一次，如以 6h、天、星期、月或年为统计单位。实际最大降雨量暗含在这些统计数据中，在较大的重现期降雨量记录中找到最大降雨量是比较困难的，相对而言，在较小的重现期降雨量记录中找到最大降雨量就比较容易些。

1961 年，Hershfield 对众多站点的数千个降雨量记录进行了分析，结果表明，如果一条降雨量记录的持续时间小于 24h，则该降雨记录最大降雨量直接乘以 1.13 后，所得的结果与图 2.29～图 2.31 的方法基本相同。因此，如果降雨时间小于 24h，记录中的最大降雨量乘以 1.13 后，即为年可能最大降雨量。但是如果降雨量记录条数增多，则调整系数会减小（Weiss，1964），如图 2.32 所示。比如，从 6 条降雨时间为 1h 的记录中估算降雨时间为 6h 的可能最大降雨量，其调整系数为 1.02；而从 24 条降雨时间为 1h 的记录中估算降雨时间为 24h 的可能最大降雨量，其调整系数为 1.01。

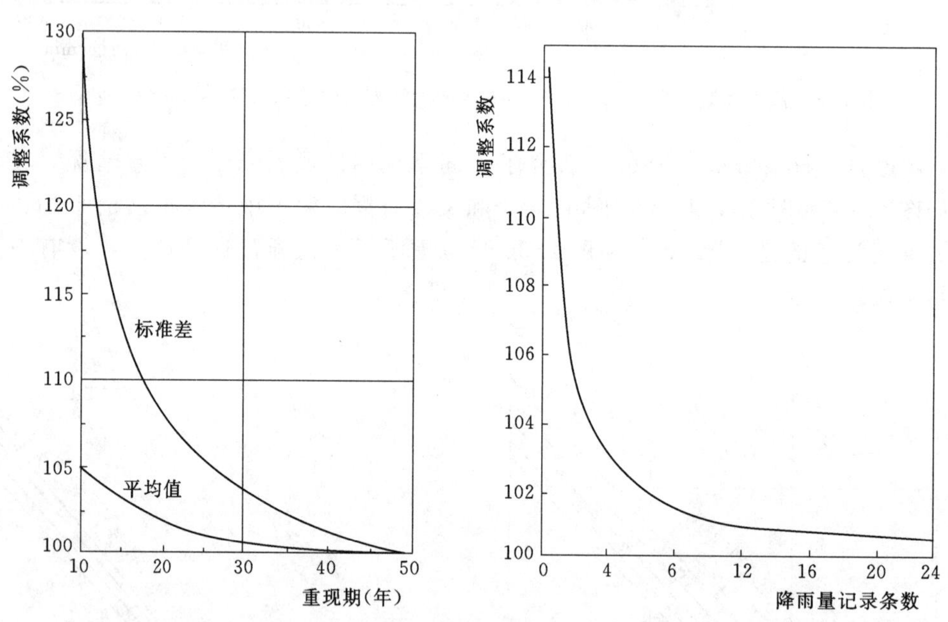

图 2.31　不同重现期的平均值和标准差调整系数　图 2.32　调整系数与降雨量记录条数的关系

2.13.3　流域面积—降雨量曲线

如果求得的可能最大降雨量只代表非常小的局部区域，则推广到较大研究区时，需要进行修正。Miller 等（1973）提出了两种修正方法，一种方法认为暴雨位于研究区的中心，如图 2.33（a）所示，该方法可以采用不同的降雨量记录；另一种方法认为暴雨发生的范围永远是不变的，有时位于研究区的中心，有时偏离研究区的中心，如图 2.33（b）所示，该方法一般采用多个最大降雨量的平均值。

通常采用第一种方法计算可能最大降雨量。Court（1961）认为，流域面积—降雨量曲线（DAD）的类型有多种，图 2.34 显示了一种理想的流域面积—降雨量关系，但是估

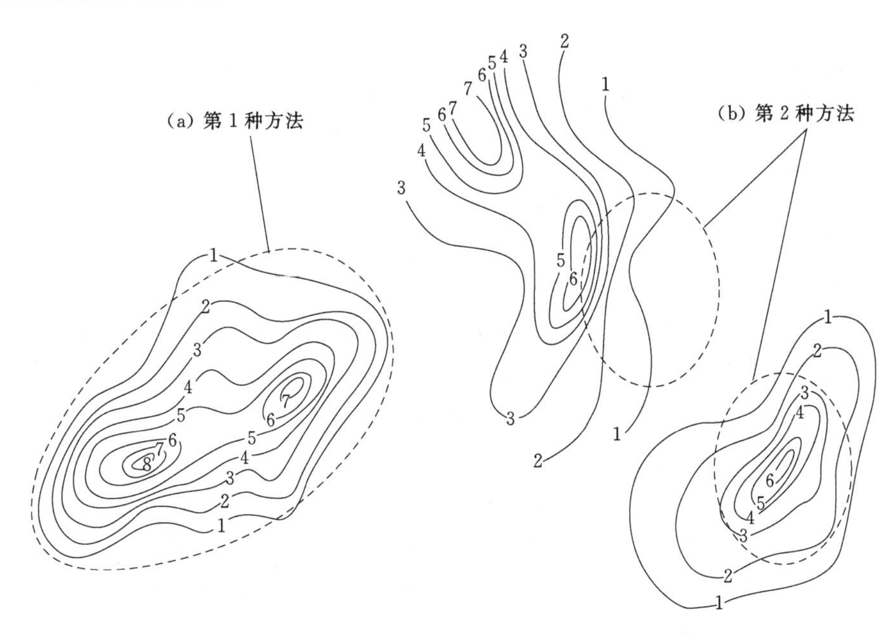

图 2.33 根据流域面积修正可能最大降雨量（Miller等，1973）

算具体研究区的可能最大降雨量时，要结合研究区情况，进行分析。随着流域面积的增大，可能最大降雨量有所降低，所有流域面积—降雨量曲线基本和图 2.34 类似，但是每个地区的情况要具体分析。

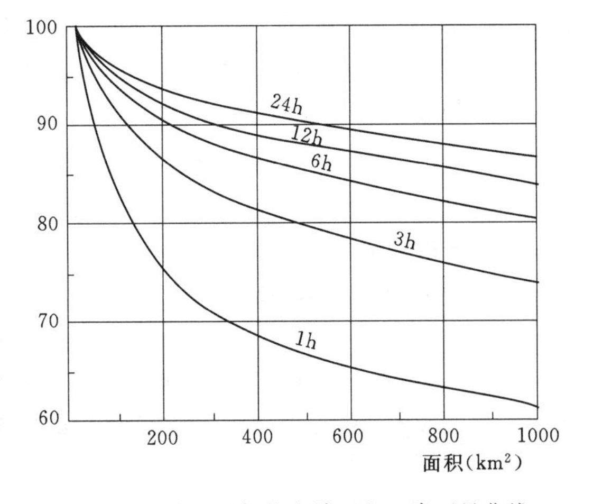

图 2.34 美国西部的流域面积—降雨量曲线（美国气象局，1960）

2.13.4 可能最大降雨量（PMP）和可能最大洪水的估算（PMF）

可能最大降雨量和可能最大洪水为理论上的最大值。有时，由于水文气象资料匮乏，或者物理、气象和水文作用非常复杂时，只能进行估算。

估算所需的主要参数包括降雨强度、降雨效率和空气最大水汽含量。估算可能最大降雨量的方法有两种：第一种方法是根据各种降雨历时和降雨面积来推测研究区的可能最大降雨量，进而再求高风险水平时的可能最大洪水；第二种方法是先求得研究区低风险水平时的降雨历时，然后根据研究区面积，来确定可能最大降雨量。在研究区修建水库，一般就用第二种方法确定可能最大降雨量。有时，设计洪水的持续时间相对较长，一般用叠加方法估算设计降雨量，可能最大降雨量是防洪设计的关键要素。有时，降雨产生的因素比较少，或者以当地对流雨为主，在这种情况下，设计洪水的持续时间相对较短。

目前，主要有 6 种估算可能最大洪水的方法。

(1) 根据研究区的历史最大降雨量估算可能最大洪水，至少应具备几年的降雨量记录。

(2) 暴雨移置法。借用邻近地区的特大暴雨，需要研究移置暴雨的发生概率，尽量借用与研究区气象条件相似的暴雨，或者对暴雨数据进行修正。该方法适用于暴雨稀少的流域。

(3) 在研究区选取至少两条暴雨记录，对其进行时空组合，形成一条持续时间较长的人工暴雨记录。该方法适用于流域面积较大、降雨历时较长的地区，不过需要丰富的气象知识和记录数据。

(4) 建立研究区的三维暴雨模型，利用几种主要参数，构建简单可行的公式，用理论推导的方法估算可能最大洪水。模型主要有层流模型和产汇流模型两种。

(5) 采用经验公式的方法估算可能最大洪水。

(6) 采用数理统计的方法估算可能最大洪水。

上述6种方法主要适用于中低纬度地区，在低纬度热带地区，需要某些参数才能确定可能最大洪水。下面两种方法适用于流域面积巨大的情况，假定水汽向流域中心汇集，形成暴雨。在层流模型中，假定水汽以一定倾斜角度爬升，然后形成暴雨，这种模型需要丰富的气象资料，适用于面积较大的情况。

(1) 对于面积较大且气象条件基本相同的地区，假定暴雨类型为地形雨，观察暴雨中心的降雨量，分别建立每一种历时情况下的面深关系，然后组合成深度—面积—历时曲线，从而估算出可能最大降雨量和可能最大洪水。

(2) 在气象条件基本相同的地区，在不同气象站选取若干条降雨量记录，采用水文频率分析方法，估算可能最大降雨量。Wang (1984) 认为，这种方法与传统的频率分析方法有所不同。

2.13.5 应用实例

2009年，世界气象组织发布了可能最大降雨量估算手册，利用至少15年的降雨量记录，估算某地区的可能最大降雨量。利用数理统计方法估算可能最大降雨量的方法主要是Hershfield频率公式 (1965)，如式 (2.31) 所示，其中参数主要包括日最大降雨量平均值 $\overline{X}$、日最大降雨量标准差 S_X 和标准差系数 k_m。

$$PMP=\overline{X}+k_m S_X \tag{2.31}$$

k_m 也称之为频率因子。设每年的日最大降雨量记录条数为 n，则删除具有最大值的一条日最大降雨量记录后，每年的日最大降雨量记录条数为 $(n-1)$，则式 (2.31) 改写为

$$R_{max}=\overline{X}_{n-1}+k_m S_{X(n-1)} \tag{2.32}$$

由式 (2.32) 得

$$k_m=\frac{R_{max}-\overline{X}_{n-1}}{S_{X(n-1)}} \tag{2.33}$$

以Jeddah流域为例，假定每个气象站的日最大降雨量符合Gamma分布，表2.3列出了Jeddah流域不同站点的统计参数和Gamma分布参数。

表 2.3　　　　Jeddah 流域降雨量统计参数

气象站编号	降雨量统计参数		Gamma 分布参数	
	平均值（mm）	标准差（mm）	α	β
J102	28.4	20.7	0.88	33.1
J113	46.66	35.51	2.23	21
J114	36.96	27.44	1.53	24.2
J134	28.81	25.4	1.27	22.7
J204	36.5	20.6	2.82	13.1
J205	36.5	20.59	1.9	23.1
J214	32.2	25.11	1.61	20
J219	23.75	20.83	1.29	18.5
J220	21.67	16.55	1.11	19.5
J221	27.51	27.62	1.31	21
J139	24.38	16.37	1.58	15.4
41024	28.94	22.74	1.26	23
最小值	7.1	5.34	0.53	4.96
平均值	31.02	23.29	1.57	21.22
最大值	46.66	35.51	2.82	33.1
标准差	21.67	16.37	0.88	13.1
区域平均值	28.93	22.74	3.57	19.4

根据表 2.3，可以计算出 2 年、5 年、10 年、25 年、50 年、100 年、220 年和 500 年等不同重现期的日最大降雨量，计算结果如表 2.4 所示。表 2.4 中没有计算可能最大降雨量。

表 2.4　　　　Jeddah 流域不同重现期的日最大降雨量

J102	22.68	43.69	58.45	77.26	91.16	104.88	122.78	136.21
J113	39.89	68.97	88.5	112.83	130.53	147.83	170.22	186.89
J114	29.27	57.07	76.69	101.33	120.33	138.66	162.62	180.59
J134	21.71	45.37	62.54	84.79	101.41	117.91	139.58	155.89
J204	32.28	52.45	65.65	81.85	93.52	104.86	119.46	130.27
J205	36.35	65.93	86.19	111.7	130.39	148.74	172.58	190.39
J214	25.84	49.43	65.95	86.97	102.49	117.79	137.77	152.74
J219	17.95	37.34	51.39	69.57	83.15	96.62	114.3	127.62
J220	15.63	34.56	48.61	67.01	80.86	94.65	112.84	126.56
J221	20.92	34.17	59.24	80	95.46	110.86	131.01	146.18
J239	19.48	37.5	50.15	66.27	78.19	89.95	105.31	116.81
41024	21.72	45.62	63	85.53	102.38	119.11	141.08	157.63

续表

最小值	15.63	34.17	48.61	66.27	78.19	89.95	104.31	116.81
平均值	25.31	47.68	65	85.43	100.82	115.99	135.8	150.64
最大值	39.89	68.97	88.5	112.83	130.53	148.74	172.58	190.39
标准差	7.59	11.64	13.14	15.85	17.94	20	22.73	24.81
区域最大值	62.84	96.63	118.22	144.39	163.08	181.11	204.2	221.23

概率分布的选用对于评价日最大降雨量非常重要，用于统计降雨量记录的中间值、样本中所有数值由小到大排列后第 25%的数字、样本中所有数值由小到大排列后第 75%的数字、四分位距和极值等参数。

根据式（2.31）和式（2.32），计算了可能最大降雨量的统计参数，见表 2.5。

表 2.5　Jeddah 流域可能最大降雨量计算结果

气象站编号	记录起止年份	式（2.31）		式（2.32）		频率因子	可能最大降雨量（mm）	
		平均值（mm）	标准差（mm）	平均值（mm）	标准差（mm）		由历史记录推求	由气候变化推求
J102	1966—2011	28.4	20.7	26.3	16.06	4.22	151	173.65
J113	1966—2005	46.66	35.51	42.77	26.55	5.57	244	280.6
J114	1967—2013	36.96	27.44	33.69	23.86	2.73	112.06	128.87
J134	1970—2012	29.39	25.49	26.83	20.3	4.79	151.35	174.05
J204	1966—2005	36.5	20.6	35.1	18.91	2.88	95.87	110.25
J205	1966—2005	43.76	26.77	41.87	24.27	3.11	127.06	146.19
J214	1966—2006	32.2	25.1	30.02	20.99	4.37	141.99	163.29
J219	1970—2006	23.75	20.83	22.14	18.97	2.8	82.01	94.31
J220	1966—2011	21.67	16.55	20.57	15.08	3.13	73.5	84.53
J221	1971—2006	27.51	27.62	23.62	17.91	6.51	207.25	238.34
J239	1976—2011	24.38	16.37	23.24	15.34	2.3	62.1	71.41
41024	1970—2009	28.94	22.74	27.25	20.89	2.67	89.61	103.05

根据式（2.33），利用式（2.32）求得的平均值和标准差，求得了频率因子的值，见表 2.5。结果表明，频率因子为 2.30～6.51。另外，由历史记录推求的日降雨量最大值为 244mm，由 J113 气象站测得，同时也计算了由气候变化产生的可能最大降雨量。最大降雨量的对数与频率因子呈现较好的线性关系，如图 2.35 所示。

可能最大降雨与频率因子的关系为

$$PMP = 70k^{0.757} \tag{2.34}$$

式（2.34）为所有数据的拟合表达式，当然也可以构建只考虑气候变化时的可能最大降雨与频率因子的关系，其拟合直线比式（2.34）略为上移一点。由于与本书主旨无关，此处不具体推求只考虑气候变化时的可能最大降雨与频率因子的关系。

图 2.36 显示了 Jeddah 地区各气象站的频率因子，这些频率因子的平均值为 3.76，标准差为 1.33。

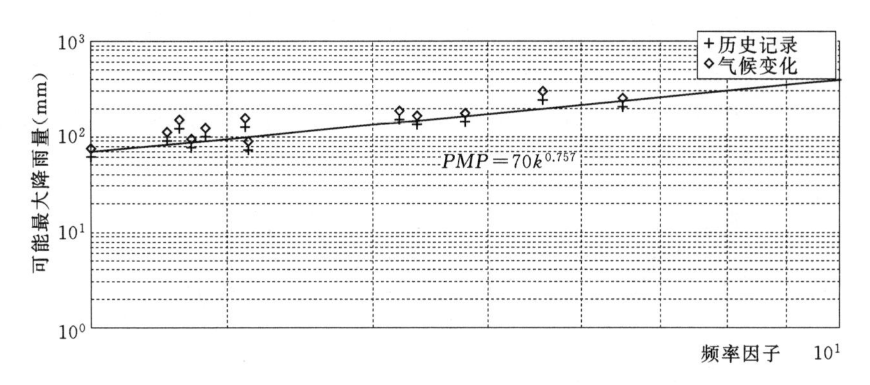

图 2.35 Jeddah 地区可能最大降雨量与频率因子的关系

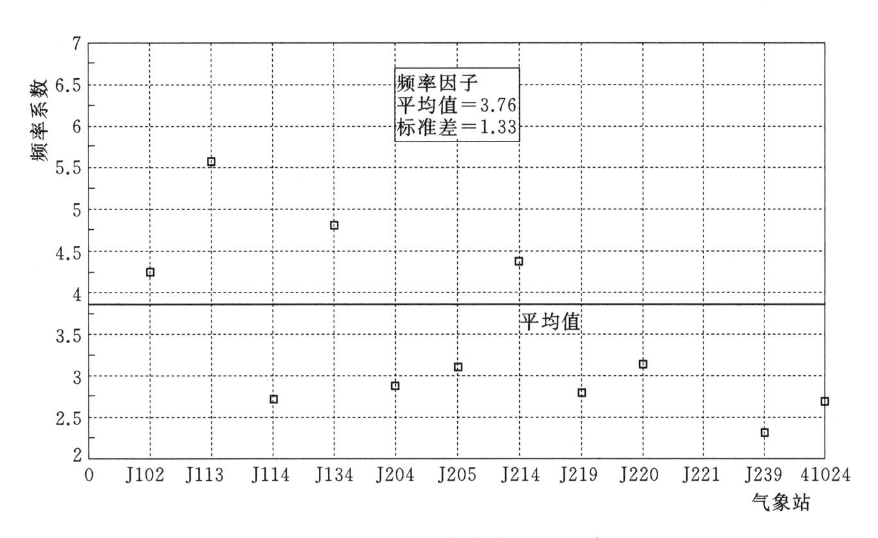

图 2.36 Jeddah 地区各气象站的频率因子

由表 2.5 可以看出，J221 气象站的频率因子最大，J239 气象站的频率因子最小。对区域的可能最大降雨量进行估算时，可以取频率因子的平均值 3.76。表 2.4 列出了不同重现期的区域可能最大降雨量的大小，图 2.37 显示了 Jeddah 地区年最大日降雨量的变化情况。

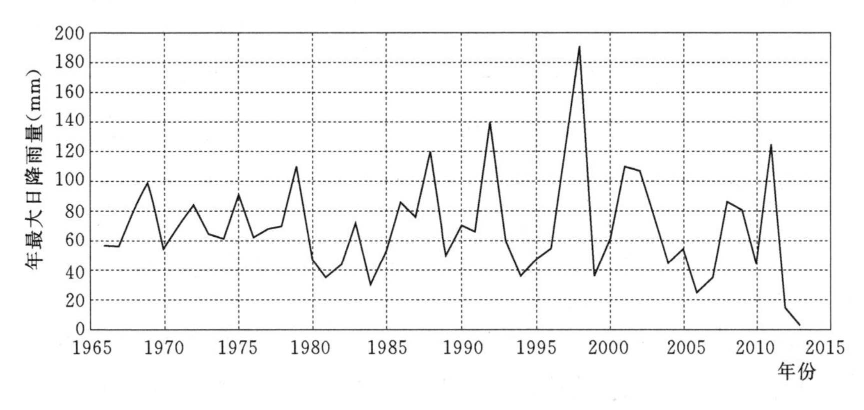

图 2.37 Jeddah 地区年最大日降雨量随年份的变化情况

假定吉达地区降雨量符合 Gamma 分布，则年最大降雨量与超越概率的关系如图 2.38 所示。由图 2.38 中可以看出，求得的可能最大降雨量（～145mm）大于各气象站最大降雨量，但是由于大坝仅靠海岸线，降雨量的空间变化很小，因此设计时并没有采用图 2.38 的计算结果。

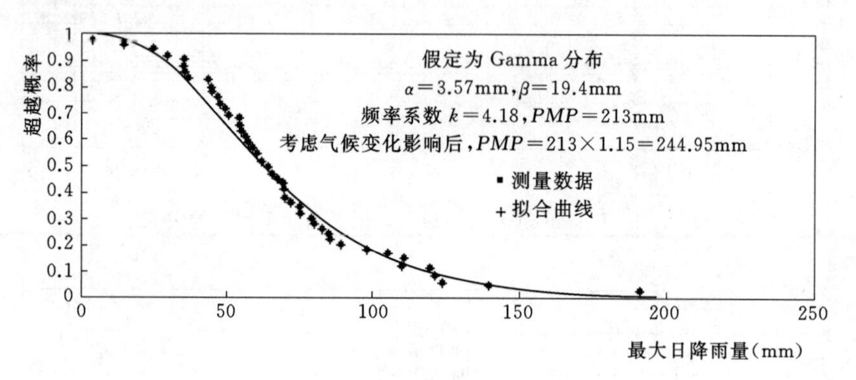

图 2.38 Jeddah 地区日最大降雨量与超越概率的关系

图 2.39 显示了 Jeddah 地区各个气象站的可能最大降雨量情况，图中考虑了历史记录和气候变化两种降雨量情况。

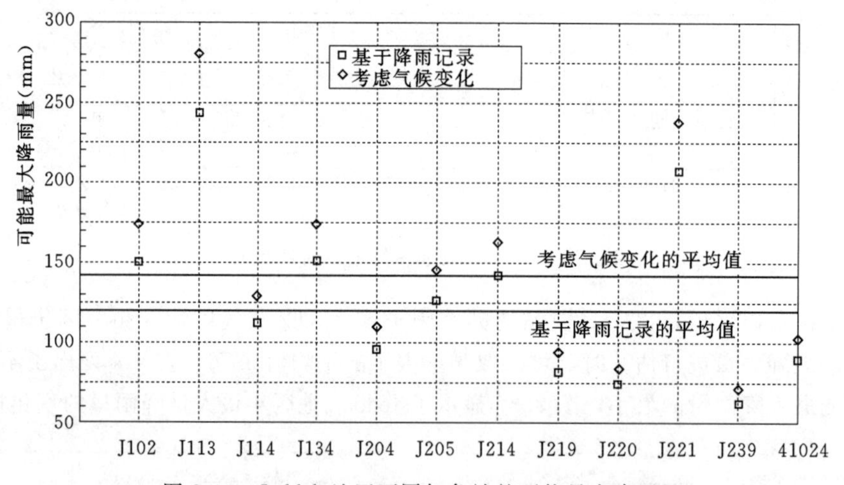

图 2.39 Jeddah 地区不同气象站的可能最大降雨量

根据图 2.39，可以估算 Jeddah 地区的可能最大降雨量。根据历史降雨量记录，在 12 个气象站中，有 7 个气象站（J102、J113、J114、J134、J205、J214 和 J221）的可能最大降雨量大于 100mm。如果考虑到气候变化的影响，有 9 个气象站（J102、J113、J114、J134、J204、J205、J214、J221 和 41024）的可能最大降雨量大于 100mm，3 个气象站（J219、J220 和 J239）小于 100mm。

然而，某些气象站的降雨量异常大。据统计，Jeddah 地区的年平均降雨量约为 55mm，但是根据《沙特阿拉伯地质调查报告》的统计结果，在 2009 年 11 月 25 日，Jeddah 地区降雨量达到了 160mm，降雨历时约为 3h，造成了严重的后果。由表 2.6 可以看出具有最大日降雨量记录的，3 个气象站分别为 J113（190.6mm）、J221（140.2mm）和 J205（117.4mm）。最大日降雨量与向西移动的锋面有关，或者与向西北移动的锋面有关，或者与大面积的低压有关。另外，红海地区形成的湿热气流移动并汇集到研究区上方，易形成强降雨，从而出现最大日降雨量。

2.13.5.1 降雨效率

为表示所记录到的实际最大日降雨量 R_{max} 和估算出的可能最大降雨量的关系，定义了降雨效率 E，如式（2.35）所示，式中 PMP 可以为根据历史记录估算出的可能最大降雨量，也可以为考虑气候变化估算出 PMP，即

$$E=\frac{PMP}{R_{max}} \tag{2.35}$$

表 2.6 列出了 Jeddah 地区各个气象站的降雨效率，其值都大于 1，表明实际降雨量还没有达到理论最大值，将来还可能出现更大的降雨量。有的气象站的 R_{max} 和 PMP 相差 70%以上，在设计构筑物（如大坝、渠道和道路等）时，应认真调研，仔细分析。为安全考虑，最好根据可能最大降雨量来设计构筑物。

表 2.6　　Jeddah 地区各气象站的降雨效率

项　目	气　象　站											
	J102	J113	J114	J134	J204	J205	J214	J219	J220	J221	J239	41024
最大降雨量 R_{max}	110.5	190.6	99	124	89.6	117.4	121.8	75.2	67.8	140.2	58.6	83
可能最大降雨量（根据降雨记录）	151	224	112.1	151.4	95.9	127.1	142	82.01	73.5	207.3	62.1	89.6
可能最大降雨量（考虑气候影响）	173.7	280.6	128.9	174.1	110.3	146.2	163.3	94.3	84.6	238.3	71.4	103.1
降雨效率（根据降雨记录）	1.37	1.18	1.13	1.22	1.07	1.08	1.17	1.09	1.08	1.48	1.06	1.08
降雨效率（考虑气候影响）	1.57	1.47	1.3	1.4	1.23	1.25	1.34	1.25	1.24	1.7	1.22	1.24

2.13.5.2 降雨量空间分布

对于 Jeddah 地区的某地点，确定出可能最大降雨量大小后，继而推求出可能最大洪水。关于可能最大洪水的计算方法，下节进行详细介绍。

在 Jeddah 地区的坝区附近，频率因子沿南北方向变化较大，为 3.2～4.6。

在研究区内，由历史记录推求的可能最大降雨量为 110～170mm，其中最低值位于编号 41024 的 Jeddah 港口气象站。

2.14 可能最大洪水（PMF）

要较为准确地估算出可能最大降雨量和可能最大洪水，不但需要一定数量的降雨量记录资料，而且还需要合适的分析方法。应对各种方法获得的结果进行综合分析和对比，如有必要，可取平均值。进行对比研究时，应注意估算出的可能最大降雨量是否超过了具有相似气象条件的邻近地区的最大降雨量记录。另外，要考虑降雨频率和降雨量严重程度。采用暴雨移置法估算可能最大降雨量时，要注意应用条件的限制。另外，要分析降雨量和气象因素之间关系的可靠性。

完成可能最大降雨量的估算后，利用降雨量—径流关系计算洪峰流量和水文过程线。利用 Snyder 综合单位线法可以计算出日降雨历时，该方法考虑到了主河道长度 L、流域中心到出口断面的距离 L_c，河道纵向坡度等因素，利用降雨历时可以计算出洪峰流量，详细情况参见第 5 章。

计算洪峰流量的方法很多，如 Snyder 综合单位线法、径流曲线（SCS）模型、运动波模型等（Şen，2008）。本书主要采用理论推导的方法计算洪峰流量，该方法进行了简单的假设，尤其适用于小型流域，详细情况参见第 5 章。

为计算可能最大洪水，应测得流域地形参数，如流域面积、主河道长度、主河道中心至河口的长度和主河道纵向坡度等。

表 2.7 列出了大坝的编号和名称，同时列出了干涸河谷的名称。

表 2.7　　Jeddah 地区干涸河谷和大坝情况

序号	大坝编号	大坝名称	干涸河谷名称
D01	Q01	Qaws1 大坝	Qaws 河谷
D02	Q02	Qaws2 大坝	Qaws 河谷
D03	Q03	Qaws3 大坝	Qaws 河谷
D04	M01	Mathwab1 大坝	Mathwab 河谷
D05	M02	Mathwab2 大坝	Mathwab 河谷
D06	GHA2	Ghaya 大坝	Ghaya 河谷
D07	UHA2	Um Hableen 大坝	Um Hableen 河谷
D08	DAG2	Daghabag 大坝	Daghabag 河谷
D09	BRA	Braiman 大坝	Braiman 河谷
D10	GHU3	Ghulil 大坝	Ghulil 河谷
D11	GHU _ N	N _ Ghulil 大坝	North Ghulil 河谷
D12	ASL1	Al Aslaa1 大坝	Al Aslaa 河谷
D13	ASL2	Al Aslaa2 大坝	Al Aslaa 河谷
D14	ASL3	Al Aslaa3 大坝	Al Aslaa 河谷
D15	UKDyke	Um Al Khier 大坝	Mirayyikh 河谷

表 2.8 列出了估算可能最大洪水所涉及的不同流域的特征参数。

表 2.8　　Jeddah 地区不同流域的特征参数

序号	流域名称	干涸峡谷名称	流域面积 (km^2)	地形坡度 (m/m)	主河道长度 (m)	主河道坡度 (m/m)	主河道中心至河口的距离 (m)
1	Qaws01	Qaws 河谷	14.247	0.02215	9519.2	0.0117	4424.5
2	Qaws02	Qaws 河谷	9.408	0.02277	8855.9	0.01244	3941.8
3	Qaws03	Qaws 河谷	38.291	0.03341	12098.6	0.00933	6092.7
4	Mathwab01	Mathwab 河谷	7.062	0.04009	4427.5	0.01097	1896.4
5	Mathwab02	Mathwab 河谷	26.492	0.03599	9087.2	0.00913	3802.9

续表

序号	流域名称	干涸峡谷名称	流域面积（km^2）	地形坡度（m/m）	主河道长度（m）	主河道坡度（m/m）	主河道中心至河口的距离（m）
6	Ghaya	Ghaya 河谷	46.087	0.10729	15239.6	0.0246	6449.8
7	Um ableen	Um Hableen 河谷	39.672	0.11069	11419.7	0.03552	5780.4
8	Daghabag	Daghabag 河谷	46.269	0.10712	13892.3	0.02622	6844.4
9	Braiman	Braiman 河谷	51.269	0.056	20495.2	0.00932	9874.1
10	Ghulil	Ghulil 河谷	23.828	0.04337	8951	0.01139	4218.3
11	N _ Ghulil	N _ Ghulil 河谷	0.856	0.09268	1682.5	0.0436	477
12	Al Mari	Al Mari 河谷	62.601	0.05348	13022.6	0.00657	6998.8
13	Al aharraq	Al Maharraq 河谷	188.261	0.03544	30974.4	0.01805	13099.6
14	Al Aslaa	Al Aslaa 河谷	37.54	0.06054	12596.7	0.0077	4611.4
15	Mirayyikh	Mirayyikh 河谷	38.373	0.04406	10313.2	0.01105	4723.6

根据本节所述的计算步骤，对相关参数进行了分析，得到了相应的结果，见表 2.9，如图 2.40 和图 2.41 所示。

表 2.9　Jeddah 地区流域特征参数计算结果

流域名称	干涸峡谷名称	流域面积（km^2）	主河道长度（m）	主河道中心至河口的距离（m）	Snyder 方法求得的降雨历时（h）	理论流量（m^3/天）	洪峰流量（m^3/s）
Qaws01	Qaws 河谷	14.247	9519.2	4424.5	3.77	18837.98	62.33
Qaws02	Qaws 河谷	9.408	8855.9	3941.8	3.57	11758.44	43.54
Qaws03	Qaws 河谷	38.291	12098.6	6092.7	4.47	59886.95	141.63
Mathwab01	Mathwab 河谷	7.062	4427.5	1896.4	2.33	5756.03	50.12
Mathwab02	Mathwab 河谷	26.492	9087.2	3802.9	3.56	33010.41	122.99
Ghaya	Ghaya 河谷	46.087	15239.6	6449.8	4.87	78579.23	170.16
Um Hableen	Um Hableen 河谷	39.672	11419.7	5780.4	4.32	60026.18	124.91
Daghabag	Daghabag 河谷	46.269	13892.3	6844.4	4.82	78108.16	139.9
Braiman	Braiman 河谷	51.269	20495.2	9874.1	6.05	108560.73	131.82
Ghulil	Ghulil 河谷	23.828	8951	4218.3	3.66	30490.44	107.72
N _ Ghulil	N _ Ghulil 河谷	0.856	1682.5	477	1.15	344.96	12.29
Al Mari	Al Mari 河谷	62.601	13022.6	6998.8	4.76	104344.85	204.48
Al Maharraq	Al Maharraq 河谷	188.261	30974.4	13099.6	7.45	491147.66	392.88
Al Aslaa	Al Aslaa 河谷	37.54	12596.7	4611.4	4.16	54663.26	140.36
Mirayyikh	Mirayyikh 河谷	38.373	10313.2	4723.6	3.94	53002.7	155.98

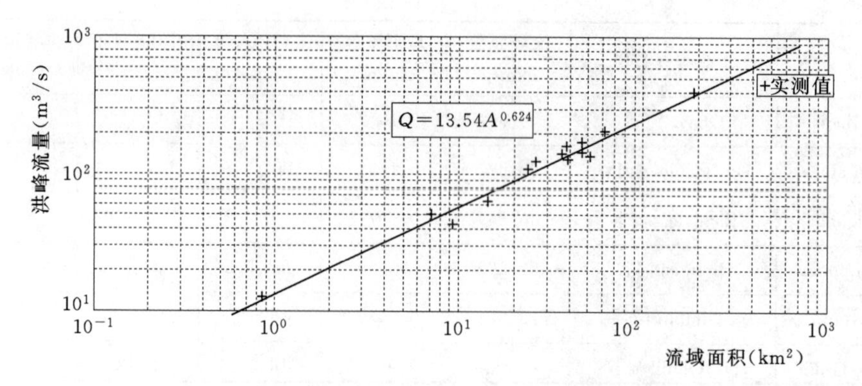

图 2.40　Jeddah 地区流域面积与洪峰流量的关系

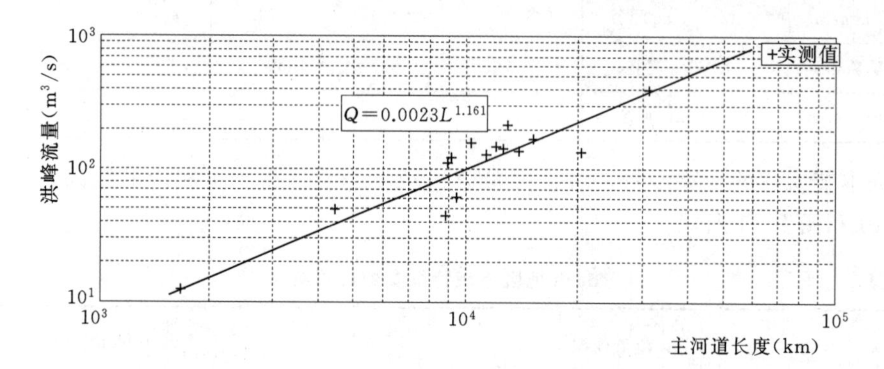

图 2.41　Jeddah 地区主河道长度与洪峰流量的关系

2.15　降雨量计算

本节主要利用地表与云层之间的水汽含量来计算降雨量，继而估算出可能最大洪水。此处可利用简单的模型进行分析，如图 2.42 所示，模型为长方体微元体，底面长和宽都为 1m，高度设为 dz，并假定微元内的水汽全部转化为可能最大降雨量，假设温度 T、压力 p 和比湿度 q 已知。温度 T、压力 p 和比湿度 q 为时空变化的参数，可由无线气象记录仪的观测数据推导其时空演变规律。比湿度和气压的关系如图 2.43 所示。

比湿度为单位体积内的水汽质量与空气质量的比值，应为无量纲单位，但实际中通常用 gr/kg 来表示其单位。根据图 2.42，设 dz 高度内的水汽质量为 ds，如果微元底部距离地面的高度为 h，则某高度处的水汽质量为 $s(h)$，令水汽密度为 ρ_s，则可以推导得

$$s(h)=\int_0^h \mathrm{d}s \overset{h}{\underset{0}{=}} \rho_s \mathrm{d}z \tag{2.36}$$

由静力平衡方程，推得微元体上下表面的压力差为 $\mathrm{d}p=-\rho_H g\,\mathrm{d}z$，代入式 (2.36)，可以推得

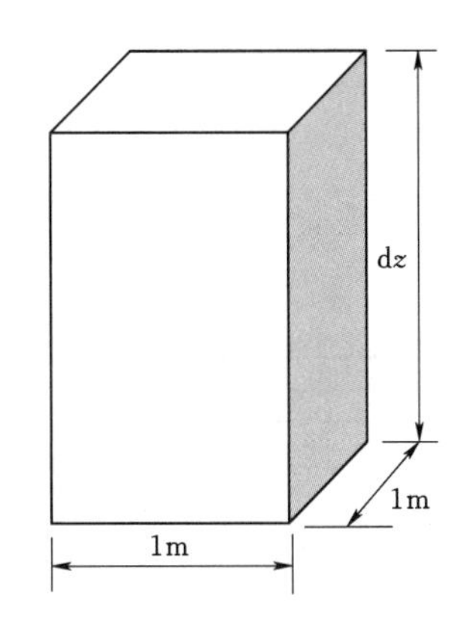

图 2.42 简单的水汽微元模型

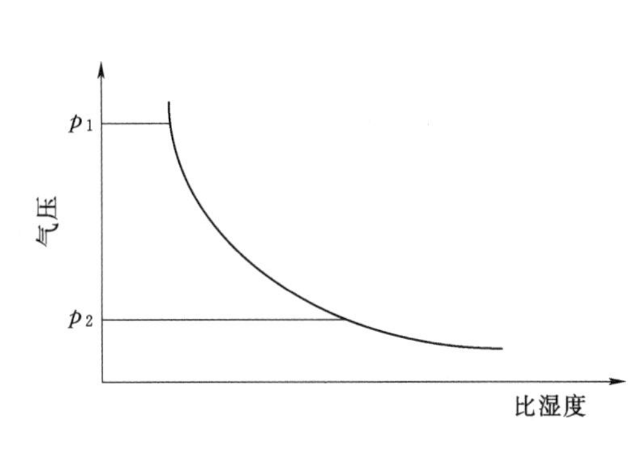

图 2.43 比湿度和气压的关系

$$s(p) = -\frac{1}{\rho g}\int_{p_1}^{p_2} q\,\mathrm{d}p \tag{2.37}$$

其中

$$q = \rho_{\mathrm{w}}/\rho_{\mathrm{H}}$$

式中 q——比湿度；

p_1——低气压值；

p_2——高气压值。

还可以将式（2.37）写为

$$s(p,q) = 0.0001\int_{p_1}^{p_2} q\,\mathrm{d}p \tag{2.38}$$

如果微元体内的 p_1 和 p_2 值已知，则就可以计算出微元体内的可能最大降雨量。图 2.43 中的 p_1、p_2 和曲线围成的面积，乘以 0.0001，即为式（2.38）的所求的可能最大降雨量。为了使降雨量的单位为 cm，比湿度单位必须为 gr/kg，气压单位必须为 mbar。

为简化计算，设微元内水汽密度 ρ_{wv} 为常量，则微元内的降雨量 $\mathrm{d}V = \rho_{\mathrm{wv}}\mathrm{d}z$，从地面到 h 高度进行积分，便得到总降雨量为

$$P(h) = \int_0^h \rho_{\mathrm{sp}}\,\mathrm{d}z \tag{2.39}$$

根据无线气象记录仪的测量结果，绝对湿度 m 为常数，如果降雨量的单位为 g，则可以求得降雨量为

$$V(h) = \int_0^h m\,\mathrm{d}z \tag{2.40}$$

相对湿度 m_{r} 为空气中水汽密度与相同温度下饱和水汽密度 ρ_{swv} 的百分比，即

$$m_{\mathrm{r}} = 100\,\frac{\rho_{\mathrm{wv}}}{\rho_{\mathrm{swv}}} \tag{2.41}$$

由式（2.41），得空气中水汽密度为

$$\rho_{\mathrm{wv}} = \frac{m_{\mathrm{r}}\rho_{\mathrm{swv}}}{100} \tag{2.42}$$

将式（2.42）代入式（2.39），得

$$V(h)=\int_0^h \frac{m_r \rho_{swv}}{100}dz \tag{2.43}$$

式中　ρ_{swv}——露点温度 T_s 的函数，表2.10列出了两者的关系。

表2.10　露点温度和饱和水汽密度的关系

露点温度 T_s	饱和水汽密度 ρ_{swv}	露点温度 T_s	饱和水汽密度 ρ_{swv}
0	4.86	10	9.41
5	6.81	15	12.83

表2.10中的拟合关系为

$$\rho_{swv}=5.0e^{0.0614T_s} \tag{2.44}$$

式（2.43）也可以用有限差分来近似表示

$$V(h)\approx \frac{\rho_{swv}}{100}\sum_{i=1}^{n}(m_r \Delta z)_i \tag{2.45}$$

2.16　面雨量计算

每个气象站记录的降雨量代表的是该站附近区域的平均降雨量，然后，流域内通常存在若干个气象站，这时候需要求得区域面积上的平均降雨量，简称为面雨量（AAR）。估算面雨量的方法众多，应根据流域实际情况加以选用。本节简要介绍4种面雨量的计算方法，这些方法在大部分水文学教材中都有介绍。

2.16.1　算术平均值法

如果流域站点降雨量最大相对误差 $\alpha<10\%$，表明流域内各处降雨量相差很小，此时可以采用所有站点的算术平均值来估算面雨量。在流域所有气象站中，确定出最大降雨量 R_{max} 和最小降雨量 R_{min}，然后根据式（2.2），即可求出最大相对误差 α。假设最大相对误差 $\alpha<10\%$，则可以根据下式计算出面雨量 $\overline{R}_A$，即

$$\overline{R}_A=\frac{1}{n}\sum_{i=1}^{n}R_i \tag{2.46}$$

式中　R_i——第 i 个站点的降雨量。

该方法为加权平均法的一个特例，每个站点的权重都相同。

2.16.2　加权平均值法

本方法将每个站点控制面积与流域面积的比作为权重，从而求得面雨量。每个站点的控制面积通常由若干条直线围成。

2.16.2.1　泰森多边形法

每个气象站的降雨量测量值都代表一定的控制面积，如果流域站点降雨量最大相对误差 α 大于10%，则需要考虑控制面积对待求面雨量的影响。虽然地理信息系统（GIS）有了较大发展，可以准确获得地面地形特征，然而准确获得每个站点的控制面积依旧十分困难，况且有时地理信息系统并不适用于确定控制面积。目前，计算面雨量时，应用最为普

通的是泰森多边形方法。该方法将流域划分为若干个多边形区域，每个站点所在多边形面积即为控制面积，将控制面积与流域面积的比作为权重。

下面以图 2.44 为例，介绍泰森多边形的建立步骤，图中流域内有 3 个站点，流域外有 1 个站点。使用泰森多边形方法时，首先将相邻气象站连成三角形，如果条件允许，尽量绘制成等腰三角形。详细的步骤为：

(1) 首先将每个气象站视为一个点，将相邻点连接成三角形。

(2) 作这些三角形各边的垂直平分线，将每个三角形的三条边的垂直平分线的交点连接起来得到一个多边形，或者与流域边界连接起来形成类似的多边形。

(3) 这样，多边形绘制完成。值得注意的是，流域外的第 4 个站点对计算结果的影响比第 2 个站点小得多。

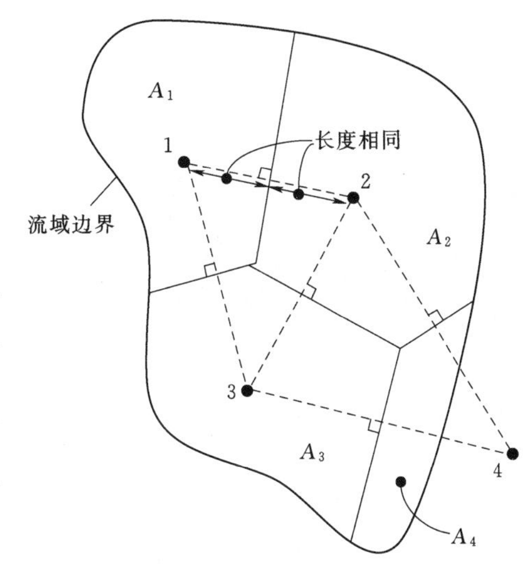

图 2.44 泰森多边形的建立步骤

假设流域内有 n 个气象站，则可以绘制出 n 个多边形，得到 n 个控制面积，令每个气象站的控制面积为 A_i，每个气象站的降雨量记录为 R_i，且每个控制面积已知，则可以根据下式求得面雨量，即

$$\overline{R}_A = \frac{\sum_{i=1}^{n} R_i A_i}{\sum_{i=1}^{n} A_i} = \frac{1}{A}\sum_{i=1}^{n} R_i A_i = \sum_{i=1}^{n} R_i \frac{A_i}{A} = \sum_{i=1}^{n} R_i a_i \tag{2.47}$$

式中 a_i——第 i 个气象站的控制面积与流域面积的比值，则 $0<a_i<1$，且 $a_1+a_2+\cdots+a_n=1$。

如果每个气象站的控制面积相同，都为 A_s，则有 $A_i/A=A_s/nA_s=1/n$，此时式 (2.47) 就退化成了式 (2.46)，即此种情况下与算术平均值法相同。

2.16.2.2 泽凯森多边形法

泰森多边形方法的缺点在于，无论站点降雨量是多大，站点的控制面积始终不变，即多边形的划分只与站点位置有关。然而，有的站点降雨量很小，控制面积很大，这样其权重反而大于降雨量大的站点。为了纠正上述的缺陷，Şen (1998) 认为，面雨量计算权重不但与站点位置有关，还与站点降雨量记录大小有关，该方法称为比例加权多边形 (PWP) 方法，也称之为泽凯森多边形方法，其多边形的建立步骤与泰森方法相同。

站点为三角形的顶点，设三个站点的降雨量分别为 A、B 和 C，则其对应的降雨量比重分别为

$$pA=100A/(A+B+C) \tag{2.48}$$

$$pA=100A/(A+B+C) \tag{2.49}$$

$$pA=100A/(A+B+C) \tag{2.50}$$

可以用三角坐标图将三个站点的降雨量权重方便清晰地显示出来，如图 2.45 所示，三角图在土力学中应用较为广泛（Koch 和 Link，1971）。

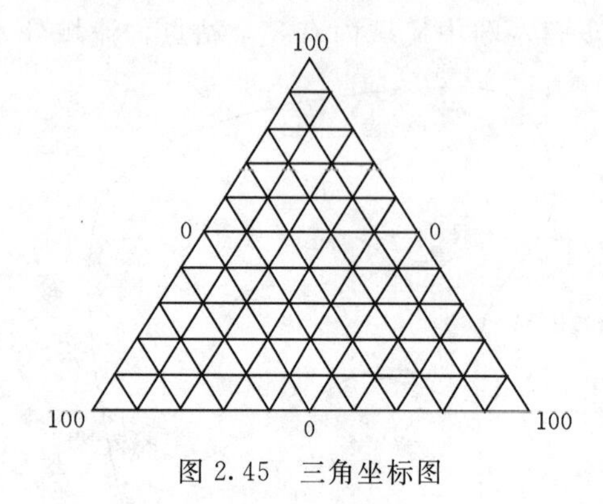

图 2.45　三角坐标图

下面详细阐明泽凯森多边形法的计算步骤。

(1) 将相邻两个站点用直线连接，形成若干个三角形。

(2) 根据式 (2.48)～式 (2.50)，计算出每个三角形顶点的降雨量权重。每个三角形顶点坐标为 100%，对边坐标为 0。

(3) 将每条边的顶点和对边中点的连线均分为 100 等份。

(4) 根据步骤 (2) 求得的降雨量权重，根据数值大小标定在步骤 4 的连线上。

(5) 沿着标定的点，作一条平行于站点对边的直线。

(6) 重复步骤 (4)、(5)，作另一个站点的平行线。

(7) 两条平行线的交点即为三角形三个站点降雨量权重的坐标。

(8) 为检验该坐标是否正确，可以根据步骤 (4)、(5)，作第三个站点的平行线，如果第三条平行线通过步骤 (7) 的交点，则说明该交点坐标正确，否则存在权重计算错误或者作图错误。

(9) 重复步骤 (2)～(8)，作其他三角形的降雨量权重坐标。权重坐标和降雨量大小关系密切，一个站点的降雨量越大，权重坐标就越靠近该站点。此方法没有要求所作三角形为等边三角形。然而，使用泰森多边形法时，如果三角形为钝角，则三条边的垂直平分线的交点将位于三角形的外侧。

(10) 将相邻的权重坐标用直线连接，形成封闭的多边形，每个多边形含有一个站点。

(11) 对于流域边界处的权重点，作权重点与对边的垂直线，与流域边界构成多边形。

最后，利用式 (2.47) 计算出面雨量。

2.16.2.3　等雨量线图方法

等雨量线类似于地形图上的等高线，其绘制过程也和等高线基本相同。不同之处在于，等高线用三角网生成，等雨量线是用站点一定历时下的降雨量数据来生成。为利用等雨量图计算面雨量，需要采取下面两个步骤：

(1) 确定出两条相邻等雨量线之间的平均降雨量 R_i。

(2) 确定出两条相邻等雨量线之间的面积 A_i。

确定完整个流域的 R_i 和 A_i 后，便可以利用式 (2.47) 计算出面雨量。

在所有求解面雨量的方法中，等雨量线图方法是最准确的方法，其准确程度主要取决于等雨量线的绘制精度和准确度。另外，由于绘图者熟悉图纸地形，绘制等雨量线时会根据自然地形情况适当调整等雨量线的位置。在山区，由于经常形成地形雨（参见 2.3.1 节），等雨量线和等高线基本相同。如果某些站点的降雨量异常大，则等雨量线在这些站点周围比较密集。等雨量线图方法的主要优点为：

(1) 分析人员可以根据自己的知识和判断确定某区域的平均降雨量。

（2）可以弥补缺失的降雨量数据，也能修正错误的降雨量记录。

（3）不需要进行权重的计算。

（4）可以根据地形特征调整等雨量线位置。

当然，等雨量线图方法也有若干缺点，如耗费时间长，分析结果的准确程度主要取决于分析人员的专业素质。

参 考 文 献

Aron, G., Wall, D. J., White, E. L., & Dunn, C. N. (1987). Regional rainfall intensity - duration - frequency curves for Pennsylvania. *Water Resources Bulletin*, 23 (3), 479 - 485.

Bell, F. C. (1969). Generalized rainfall - duration - frequency relationships. *Journal of the Hydraulics Division, ASCE*, 95 (1), 311 - 327.

Benjamin, J. R., & Cornell, C. A. (1970). *Probability, statistics, and decision for civil engineers*, Dover Books on Engineering.

Bernard, M. M. (1932). Formulas for rainfall intensities of long durations. *Transactions of the ASCE*, 96, 592 - 624.

BOM. (1994). *Rainfall intensity Bureau of Meteorology* (2015), Accessed June 9, 2015, http://www.bom.gov.au/water/designRainfalls/ifd/index.shtml.

Burlando, P., & Rosso, R. (1996). Scaling and multiscaling models of depth - duration - frequency curves for storm precipitation. *Journal of Hydrology*, 187 (1 - 2), 45 - 64.

Chen, C. I. (1983). Rainfall intensity - duration - frequency formulas. *Journal of Hydraulic Engineering*, 109 (12), 1603 - 1621.

Chow, V. T. (1964). *Handbook of applied hydrology* (Vol. 9 - 49, pp. 9 - 62). New York: McGraw - Hill.

Chow, V. T., Maidment, D. R., & Mays, L. W. (1988). *Applied hydrology*. St. Louis, MO: McGraw - Hill Publishing Company.

Collier, C. G., & Hardaker, P. J. (1996). Estimating probable maximum precipitation using a storm model approach. *Journal of Hydrology*, 183, 277 - 306.

Cooke, G., &Warran, A. (1973). *Geomorphology in deserts*. London: Batsford, 394 pp.

Corrigan, P., Fenn, D. D., Kluck, D. R., & Vogel, J. L. (1999). *Probable Maximum Precipitation for California: Hydrometeorological Report No.* 59, Hydrometeorological Design Study Center, National Weather Service, National Oceanic and Atmospheric Administration, U. S. Department of Commerce, Silver Spring, MD 392 p. SGS.

Court, A. (1961). Area depth rainfall formulas. *Journal Geophysical Research*, 66 (6), 1823 - 1831.

Desa, M. M. N., Noriah, A. B., & Rakhecha, P. R. (2001). Probable maximum precipitation for 24hr duration over Southwest Asian monsoon region—Selangor, Malaysia. *Atmospheric Research*, 58, 41 - 54.

Desa, M. M. N., & Rakhecha, P. R. (2007). Probable maximum precipitation for 24 - h duration over an equatorial region: Part 2 - Johor, Malaysia. *Atmospheric Research*, 84 (1), 84 - 90.

Dhar, O. N., &Damte, P. P. (1969). A pilot study for estimation of probable maximum precipitation using Hershfield technique. *Indian Journal of Meteorology and Geophysics*, 20 (1), 31 - 34.

Foufoula - Georgiou, E. (1989). A probabilistic storm transposition approach for estimating exceedance probabilities of extreme precipitation depths. *Water Resources Research*, 25 (5), 799 - 815.

Froehlich, D. C. (1995a). Intermediate - duration - rainfall equations. *Journal of Hydrologic Engineering ASCE*, 121 (10), 751 - 756.

Froehlich, D. C. (1995b). Long - duration - rainfall intensity equations. *Journal of Irrigation and Drainage Engineering*, 121 (3), 248 - 252.

Froehlich, D. C. (1995c). Short - duration - rainfall intensity equations for drainage design. *Journal of Irrigation and Drainage Engineering*, 121 (4), 310 - 311.

Garcia - Bartual, R., & Schneider, M. (2001). Estimating maximum expected short - duration rainfall intensities from extreme convective storms. *Physics and Chemistry of the Earth, Part B: Hydrology, Oceans and Atmosphere*, 26 (9), 675 - 681.

Gumbel, E. J. (1958). *Statistics of extremes*. New York: Columbia University Press.

Hansen, E. M., Schreiner, L. C., & Miller, J. F. (1982). *Application of probable maximum precipitation estimates*. United States East of 16th meridian. Hydro - meteorological report, No. 52, 228 pp.

Hanson, C. L. (1995). Short - duration - rainfall intensity equations for drainage design. *Journal of Irrigation and Drainage Engineering*, 121 (2), 219 - 221.

Hershfield, D. M. (1961). Estimating the probable maximum precipitation. *Journal Hydraulics Division, ASCE*, 87 (5), part 1, 99 - 116.

Hershfield, D. M. (1965). Method for estimating probable maximum precipitation. *Journal American Water Works Association*, 57, 965 - 972.

Horton, R. E. (1933). The role of infiltration in the hydrologic cycle. In *Transactions, American Geophysical Union, 14th Annual Meeting* (pp. 446 - 460).

Huff, F. A. (1967). Time distribution of rainfall in heavy storms. *Water Resources Research, 3*, 1007 - 1019.

Keers, J. F., & Wescott, P. (1977). *A computer -based model for design rainfall in the United Kingdom*. Meteorol Office Science Paper 36, London.

Koch, G. S., & Link, R. E. (1971). *Statistical analysis of geological data*, Vols I and II. New York: Dower Publications, Inc.

Koutsoyiannis, D., Kozonis, D., & Manetas, A. (1998). A mathematical framework for studying rainfall intensity - duration - frequency relationships. *Journal of Hydrology*, 206, 118 - 135.

Linsley, R. K. (1986). Flood estimates: How good are they? *Water Resources Research*, 22 (9), 159S - 164S.

Linsley, R. K., Kohler, M. A., & Paulhus, J. L. (1988). *Hydrology for Engineers* (p. 492). London: Mc - Graw - Hill Book Co.

Miller, J. F., Frederic, R. H., & Tracey, R. J. (1973). *Precipitation frequency atlas of the conterminous western United States*. NOAA Atlas 2, U. S. Department of Commerce, National Oceanic and Atmospheric Administration, National Weather Service, Silver Springs, Maryland (Vol. 11).

Papalexiou, S. M., & Koutsoyiannis, D. (2006). A probabilistic approach to the concept of Probable Maximum Precipitation. *Advances in Geosciences*, 7 (51 - 54), 1680 - 7359.

Rakhecha, P. R., & Clark, C. (2002). Areal PMP distribution for one - day to three - day duration over India. *Applied Meteorology*, 9, 399 - 406.

Rezacova, D., Sokol, Z., & Pesice, P. (2005). A radar - based verification of precipitation forecast for local convective storms. *Atmospheric Environment*.

Şen, Z. (1998). Average areal precipitation by percentage weighted polygon method. *Journal of Hydrologic Engineering*, 3: 1 (69): 69 - 72.

Şen, Z. (2008). *Wadi hydrology* (346 pp). New York: Taylor and Francis Group, CRC Press.

Şen, Z. (2014) *Philosophical, logical and scientific perspectives in engineering*. Berlin: Springer - Nature, 260 p.

Sherman, C. W. (1931). Frequency and intensity of excessive rainfall at Boston. *Transactions of the ASCE*, 95, 951 - 960.

Svensson, C., & Rakhecha, P. R. (1998). Estimation of probable maximum precipitation for dams in the Hongru River catchment, China. *Theoretical and Applied Climatology*, 59, 79 - 91.

Trapp, R. J., Halvorson, B. A., &Diffenbaugh, N. S. (2007). *Journal of Geophysical Research Atmosphere*, 112, D20109. doi: 10.1029/2006JD008345.

U. S. Weather Bureau. (1960). *Rainfall intensity -frequency regime—Part 5: The Great Lakes Region*, Technical Paper No. 29 (TP - 29), Washington, D. C. Viessman, W., Jr., Lewis, G. L., & Knapp, J. W. (1996). *Introduction to hydrology* (4th ed., p. 760). New York: Harper Collins College Publishers.

WMO. (2009). *Guidelines on analysis of extremes in a changing climate in support of informed decisions for adaptation*. By Klein Tank AMG, Zwiers FW, Zhang X. (WCDMP - 72, WMO - TD/No. 1500), 56.

WMO. (2011). WMO statement on the status of the global climate in 2011 WMO - No. 1085 © World Meteorological Organization, ISBN 978 - 92 - 63 - 11085 - 5.

Yarnell, D. L. (1935). *Rainfall intensity -frequency data*. U. S. Department of Agriculture, Miscellaneous Publication No. 204, 35 pp.

Wang, B. - H. M. (1984). Estimation of probable maximum precipitation: Case studies. *Journal of Hydraulic Engineering*, 110, 1457 - 1472.

第3章

洪水和流域特征

摘要： 洪水的形成不但与降雨量有关，也与地形特征有关。地面径流通过天然河道或者人工渠道进行汇流和分流。使用软件评估和预测洪水时，为分析地形对洪水的影响，需要地形图、卫星影像和数字高程模型（DEM）等资料。本章对不同的地形特征因素进行了定义，并分析了其对洪水流量的影响。为计算地表水流速度，进行洪水预测，需要分析河道断面水力特征，研究水位与流量的关系资料。进行洪水建模时，首先也是最重要的是收集洪水淹没地图等，但是世界很多地区缺乏该地图。其次，分析了标准河道洪水水深比曲线与洪峰流量的关系。最后，利用流域面积，推求了各种洪峰流量的计算方法，并比较了各种方法的优缺点，阐明了各个方法的使用条件。

关键词： 河道纵比降，断面，汇水面积—流量关系，数字高程模型，流域面积，流域，暴洪，洪水，标准河道纵剖面曲线，淹没，水位—流量曲线

3.1 概述

估算洪水时，除了考虑降雨量大小外，还需要考虑流域地表特征，如流域面积、主河道长度、主河道纵比降、流域河网密度和断面特征等。这些地表特征影响降雨量转化为径流的程度。径流从流域高处沿着河道奔涌而下，最终流入大海和湖泊，或者消失在茫茫大漠中。

无论降雨量和降雨强度大小如何，没有一定的地形条件无法形成洪水。只有在一定的地形条件下，雨水才能汇集，淹没某些地区。因此，为减轻洪水灾害，人类对地面特征进行改造，修建了渠道、桥梁、涵洞、导洪渠和蓄洪区等构筑物。利用这些构筑物，将洪水导流至蓄洪区，补充地下水。

洪水淹没地图主要根据流域地形条件绘制，很多流域容易发生暴洪。利用先进的仪器，可以进行洪水预警，但是无法完全控制洪水。另外，洪水风险地图也是政府部门和当地社区的必要参考资料。在城市规划中，需要明确土地用途，确定大坝、隧道、公路、桥涵、桥梁等基础设施的位置，此时洪水淹没地图和洪水风险地图是重要的参考资料。

在山区大型河流所在区域，或者在沿海两岸地势陡峭的河流区域，洪水形成的速度很

快。由于洪水形成速度快，通常没有时间采取预防措施，因此会造成严重的人员伤亡和财产损失。大多数重要城市都会受到这种洪水的威胁。

对于河漫滩，可以多种视角看待它。从地形上来说，河漫滩非常宽阔，紧邻主河道；从地质上来说，其土层主要为河床携带来的泥沙沉积而成，土质松散；从水文上来说，河漫滩可以视为经常遭受周期性洪水侵袭的陆地。因此，河漫滩存在着多种定义（Schmudde，1968）。简单来说，河漫滩可以定义为“位于主河道一侧或两侧，洪水时被淹没的相对平坦的地带”（Leopold 等，1964）。

本章主要阐明各种地形特征，为洪峰流量预测和防洪构筑物设计奠定基础。另外，对径流和某些地形特征的关系进行了研究。

3.2 地形图

在早期，主要利用地形图和航空摄像划定流域边界，用水准仪测量出干涸峡谷的汇流区域。另外，可以在现场的水准标志观察最大洪水位，或者向当地居民询问有关情况。利用经验公式，可以确定河道断面处洪水水位和流量的关系，详细情况参见 3.9 节。一般利用数字高程模型来划分淹没区，如果没有数字高程模型，则利用传统的地形图来确定淹没区。

简单地形图如图 3.1 所示，地形图由若干条等高线构成，可以表示地形的起伏情况，从图中可以确定出很多地形参数，从而计算出洪峰流量，详细过程参见第 5 章。

为估算洪水，首先利用地形图确定出下列几个重要地形参数：

(1) 流域面积 A，流域面积上的地表径流从出口处流走。

(2) 高差 $\Delta H=H_{\mathrm{h}}-H_{\mathrm{o}}$，$H_{\mathrm{o}}$ 为流域最低处（出口）的高程，H_{h} 为流域径流最高处的高程。

(3) 主河道长度 L，雨水汇集到主河道中，然后从出口处流走。

(4) 主河道纵比降 $S=(H_{\mathrm{h}}-H_{\mathrm{o}})/L$，利用该参数可以计算出河水平均流速、最高点的降雨历时和到达出口的时间，具体计算过程参见 3.7.4 节和 3.13 节。

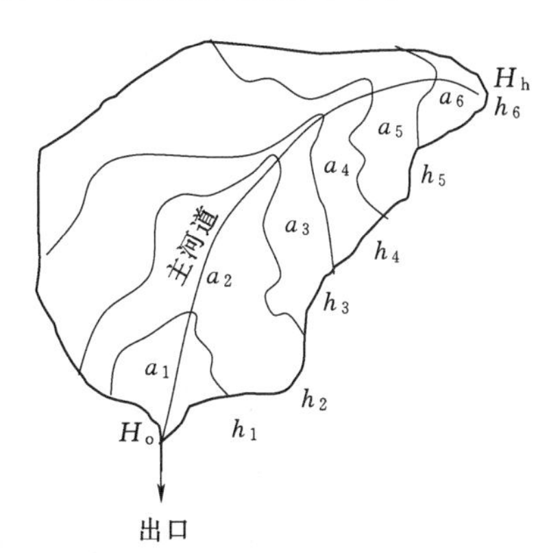

图 3.1 简单地形图

(5) 总河流长度 $\sum L_i$，指天然河道的总长度，雨水从天然河道汇流到出口处。

(6) 河网密度 $D_{\mathrm{d}}=\sum L_i/A$，表示单位面积上的河流长度，河网密度值越高，表示流向出口处的速度越快。

(7) 主河道不同处的断面，如图 3.2 所示，有些断面易形成洪水，或者受到淹没。

以上是估算地表径流和洪峰流量的几个重要参数，当然，利用地形图，还可以确定出其他地形参数，如伸长比、圆度和分叉比等。

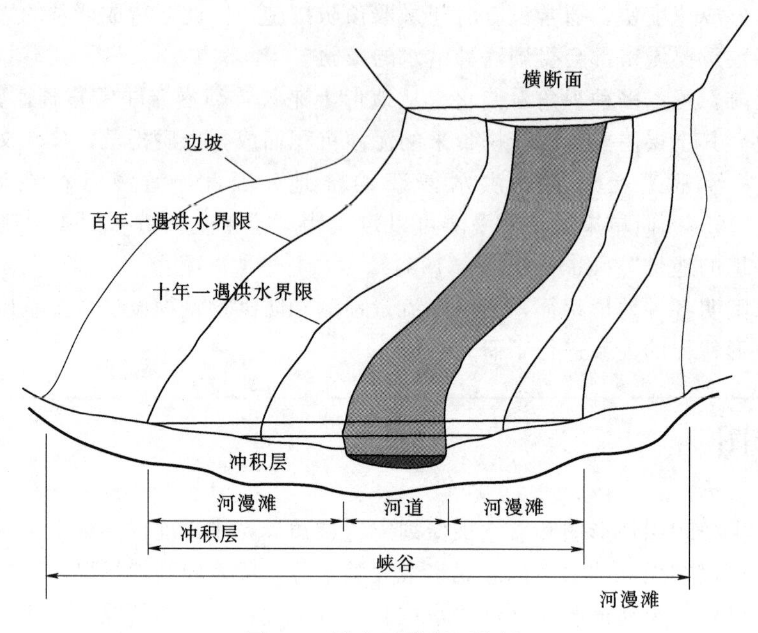

图3.2　洪水区横断面特征

3.2.1　流域高程特征

为准确描述流域的高程特征，将两条相邻等高线之间的区域定义为子流域，如图3.1所示，并计算其面积占整个流域面积的比例，这样可以方便获知低于某条等高线的流域面积所占的比例。令第 i 个子流域的面积为 a_i，平均高程为 e_i，则整个流域的平均高程可以表示为

$$\overline{E}=\left(\frac{a_1}{A}\right)e_1+\left(\frac{a_2}{A}\right)e_2+\cdots+\left(\frac{a_n}{A}\right)e_n \tag{3.1}$$

式（3.1）也可以简写为

$$\overline{E}=p_1e_1+p_2e_2+\cdots+p_ne_n \tag{3.2}$$

式中　p_i——第 i 个子流域占整个流域面积的比例。

由图3.1可以获得等高线与其下流域面积的关系，如图3.3所示。

随着高程的增加，其下笼罩的流域面积也随之增加。利用图3.3，可以分析降雨量、笼罩面积、温度、植被类型随高程的变化情况。

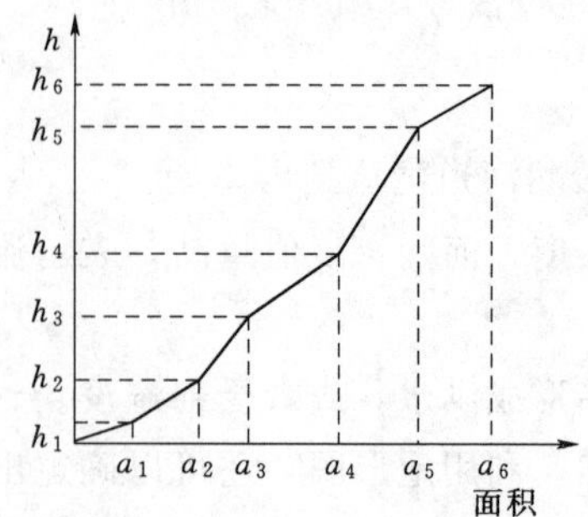

图3.3　高程与其下流域面积的关系

3.2.2　现场调查

仅根据上述资料还难以准确确定洪水淹没边界。最好是利用经纬仪在现场测量地形断面，以获得精确的洪水淹没边界，如图3.4所示。

应对控制性断面进行测量，如支流与主河道交汇处、城市易淤积区、工业区、重要军事区和农业区等，详细情况参见第4章、第5章。

准确确定地形断面的最好方法是现场测量，而不是

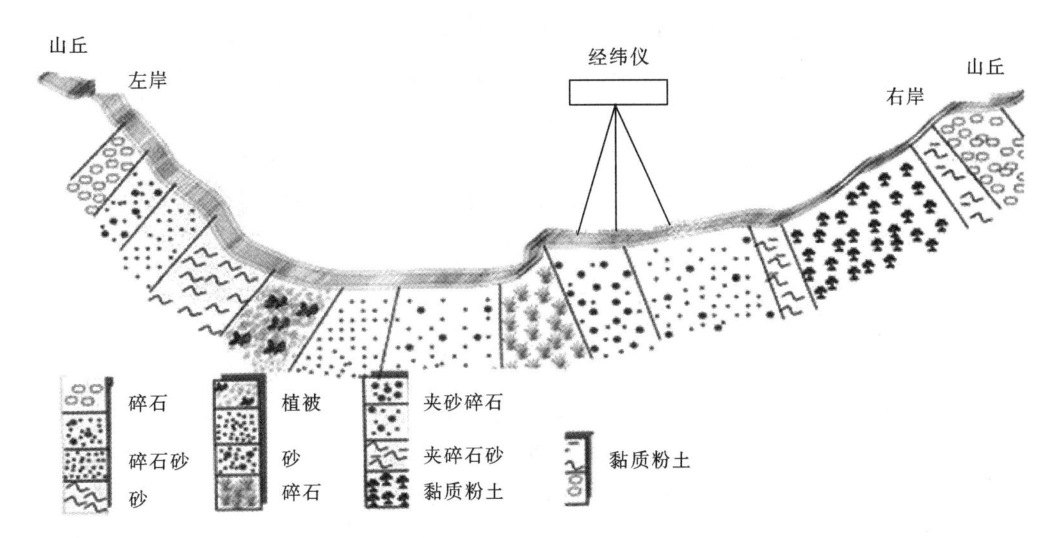

图 3.4 沙特阿拉伯某地区典型剖面（沙特阿拉伯地质调查报告，2007 年）

数字高程模型。在干旱地区，最好的方法是利用经纬仪测量。利用数字高程模型确定地形断面时，要有一定的现场测量数据作为控制参数。如有必要，应对模型进行校核。利用测量数据，绘制出地形剖面图，如图 3.4 所示，并描述出其特征。

3.3 数字地形高程

一般采用栅格数据格式记录遥感数据，将地面分解成一系列等间距的像素，每个像素标记有高程大小。每个像素描述的主要几何特征包括：高程；梯度、坡度、坡向；地表曲率；剖面曲率；山顶点、凹陷点、脊点、鞍点、拐点、间断点、山脊线和峡谷线等特殊地面特征（Jordan，2003）。

数字高程模型是最常用的地形关键数据提取方法，广泛应用于地形数字建模、地形地貌三维视觉分析等方面（Welch，1990；Hirano 等，2003；Kamp，2003）。目前，主要应用数字高程模型提取地表高程，分析地形变化情况（Felicisimo，1994，1995）。数字高程数据（DED）、数字地形数据（DTD）（Campbell，2002）或数字地形模型都用一系列坐标点表示地面地形特征，每个点标明了高程 Z、X 坐标、Y 坐标、东西方向和南北方向等信息（Welch，1990；Bolstad 和 Stowe，1994；Bernhardsen，1999）。

遥感数据格式和数字高程模型基本相同，但是没有亮度值。数字高程模型的分析和显示方法和遥感影像基本相同（Campbell，2002）。对于数字高程模型方面的术语，各个文献有所不同，本书主要采用 Burrough（1986）的定义和术语分析数字高程模型，利用栅格矩阵表示地形空间的连续变化情况（Wood 和 Fisher，1993）。

近几十年来，大力发展了利用卫星遥感数据生成数字地形模型的技术，利用卫星三维影像数据，可以在软件上实现三维地形可视化模型，或者结合 GIS 软件，根据卫星数据、地质和地图资料，分析某地区的地形地貌情况（Polis 等，2004）。然而，仅根据数字高程模型的数据还不能建立高精度的可视化地形（Chrysoulakis 等，2003）。

利用数字高程模型，可以构建任何区域的三维地形，其建模精度取决于卫星数字影像和航空摄像等资料的精确度，也和格栅间距等空间取样距离有关，另外也与数据格式和提取算法等因素有关（Campbell，2002；Sabins，1997）。

随着计算机软件技术和数据库的发展，出现了GIS软件三维地形建模技术。综合利用卫星影像和GIS软件，数字高程建模在地形可视化和地形分析方面得到更加广泛的应用（Welch，1990）。

3.4　洪水地图绘制要素

利用洪水地图，可以在城乡地区找到最小洪水风险的地点，有利于城乡建设规划。在城市地区，洪水危害性不仅源自洪水本身，更主要的是源于缺少洪水淹没地图。然而，城市还是向洪水风险区不断扩展。对于城市中心、城郊地带、军事基地和农业区等重要地区，制定规划时，不但要参考地形地貌图和地质图，更要参考洪水风险图和洪水淹没图。绘制洪水风险图和洪水淹没图时，要准备以下资料：

（1）数字高程模型或者地形图。

（2）对于每个流域内，必须给出以下参数：

1）流域面积。

2）主河道的自然走向。

3）主河道长度。

4）主河道纵比降。

5）如果需要的话，还要给出支流的纵比降和坡度。

（3）河流断面的关键几何参数。主要包括：

1）水位—流量曲线，至少测量5个不同的高程。

2）每个断面的湿周。

3）水力半径。

4）断面坡度。

（4）断面特征。主要包括：

1）每个断面的粗糙程度（Manning系数）。

2）不同水位的平均流速。

3）如果需要的话，绘制出每个断面的水位—流量曲线。

（5）水文气象参数。主要包括：

1）降雨强度。

2）重现期分别为2年、5年、10年、25年、50年和100年时的水利构筑物设计降雨强度。

3）不同重现期的洪水风险分析。

4）重现期分别为2年、5年、10年、25年、50年和100年时的洪峰流量。

5）不同洪峰流量对应的水位。

（6）在地形图上绘制出洪水风险等值线，确定出洪水淹没区。

（7）给出若干个洪水的理论和经验评估公式。一般来说，洪水流量主要受气象条件和地形特征的影响。

气候条件主要包括降雨量、降雨强度、降雨量分布、降雨历时等，地形特征主要包括流域面积、流域形状、地形坡度和主河道长度等。地形特征影响着地表径流的时空分布（Seyhan，1977），由于植被、地层、土壤和气候时空变化等因素的影响，降雨量与地表径流存在着非常复杂的关系。

3.5 流域特征

流域一般用于湿润地区，在干旱和半干旱地区，一般将流域称之为干涸峡谷（Şen，2008）。

3.5.1 分水点

图 3.5 为某山丘的剖面图，图中的降雨为理想的均匀降雨，雨水降落到地面后，被山峰一分为二，一部分雨水汇集到左侧峡谷，另一部分雨水汇集到右侧峡谷。使降雨分别汇集到两条峡谷中去的脊岭线称之为分水点。

有时，分水点和地质上的脊岭线也存在不吻合的现象。如图 3.6 所示，如果山丘中存在断层，则断层露头线以上的雨水会通过断层汇入另一侧峡谷。

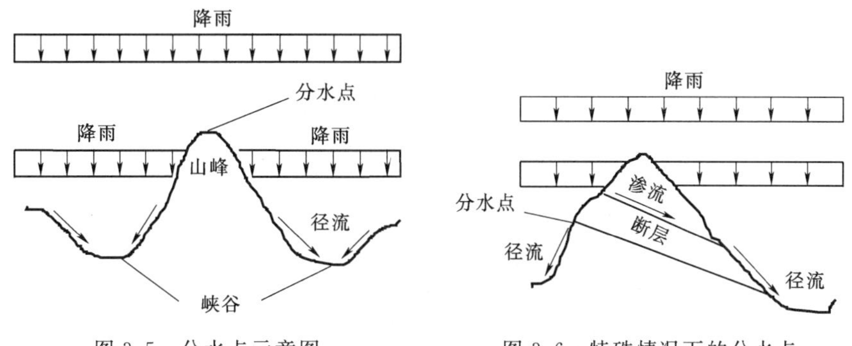

图 3.5 分水点示意图　　图 3.6 特殊情况下的分水点

因此，分水点不但与地形条件有关，也与地质条件有关。在某些地区，地质条件决定了分水点的位置。然而，在大部分情况下，分水点主要由地形条件决定，此时只需要有地形图或数字高程模型即可确定分水点位置。

3.5.2 分水线

任何流域地形图中都存在山脊，尤其是在流域上游地区，即流域内存在很多分水点。现场调研时，可以很容易观察出高程最大的分水点，然后确定出分水线。

分水点相连形成分水线，分水线一般相交于流域出口处，即流域内的高程最低点，所有的地表径流汇集于出口处。图 3.7 显示了各种类型的分水线。

分析洪水时，有两个高程点非常重要。一个是出口点，流域内所有径流都汇集于此，然后流入大海或邻近流域，或者消失在茫茫沙漠中；另一个点是流域内的高程最大点，与出口处呈遥相对立之势。

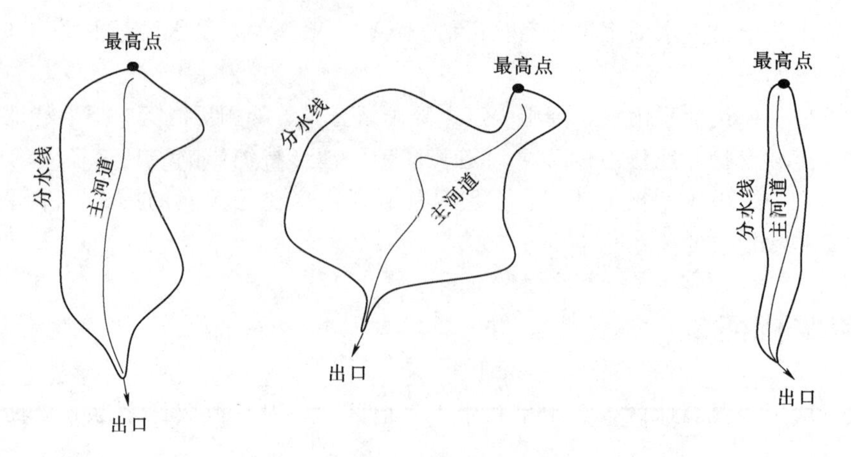

图 3.7　不同类型的分水线

3.5.3　流域

流域的地表特征直接影响着地面径流、洪水、地下水补给和地形雨形成。要分析地面径流，首先需要研究流量和地形特征（如流域面积 A、主河道长度 L、主河道纵比降 S 和河网密度 D_d）的关系。如果有详细的地形图或数字高程模型数据，也可以在室内分析流量和地形特征的关系。最好用 1：50000 比例尺的地形图找出分水线，从而确定出流域范围。图 3.8 为某干涸峡谷的三维地形模型。

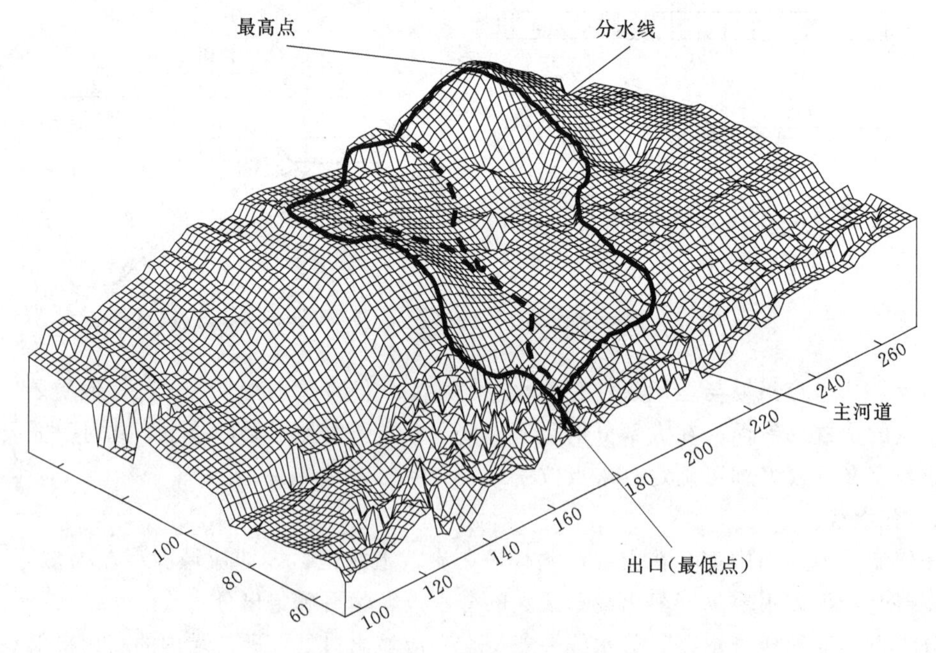

图 3.8　某干涸峡谷的三维模型

流域地形通常是高低起伏不平，主要具有以下特征：

(1) 分水线形状曲折起伏，分水线上每个点都存在两个梯度最大的方向，两个方向与分数线垂直，如图 3.5 所示。

（2）根据气象、水文、地形和地质条件，将流域划分为上游、中游和下游三个区域，如图 3.9 所示。

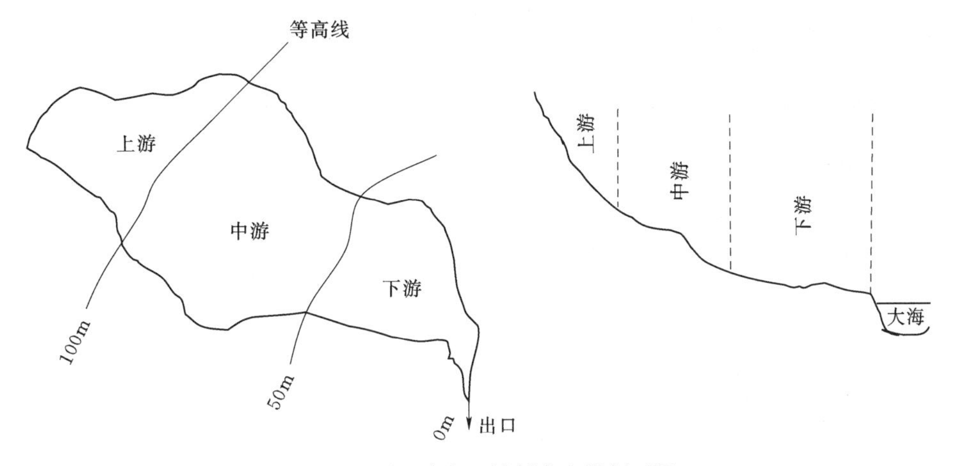

图 3.9 干涸峡谷区域划分和纵剖面图

（3）分水线上存在最高点，与最低点（出口）的距离较远，最低点一般为流域的出口，流域内的径流汇集于此，向下继续奔流而去，如图 3.7 所示。

（4）每个流域的主河道是由上下游之间的一系列断面最低点构成。

（5）流域上游地带一般坡度较陡，径流流速较大，河岸侵蚀较为严重，地下水水质较好，地下水只能得到微弱补充，降雨强度较大。

（6）在干旱和半干旱地区，河道和低洼地带主要由第四纪冲积物构成，其他地带岩石裸露，植被罕见；在湿润地区，地表大部分覆盖有茂密的植被和森林。

（7）在干涸峡谷地区，从上游到下游，沉积物厚度逐渐增大，但地下水水质逐渐恶化。在下游地区，地下水主要赋存在较厚的冲积物地层中，如图 3.10 所示。

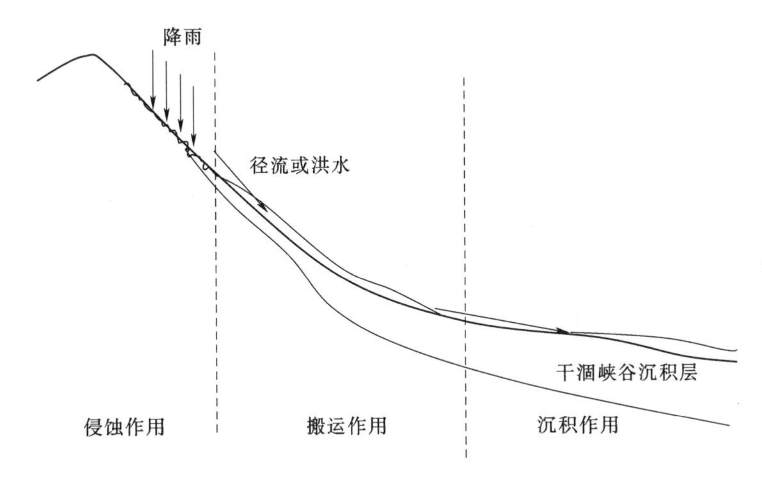

图 3.10 干涸峡谷纵剖面图

（8）侵蚀作用主要发生在海拔较高处，而沉积作用主要发生在主河道下游地区。

（9）上游地区通常海拔较高，在干旱地区，降雨主要发生在上游地带。由于上游地带坡度大，地表水向给地下水补充的时间较少，或面积不大。

在干旱地区，尤其是半干旱地区，干涸峡谷的河道主要由第四纪冲积物构成。干涸峡谷内的地表径流汇集于峡谷河道，然后流到出口处。

在干旱地区，根据地表地层情况，干涸峡谷一般分为两个地带，一个地带由冲积物构成，另一个地带为裂隙岩体或风化岩体，其示意图如图 3.11 所示。

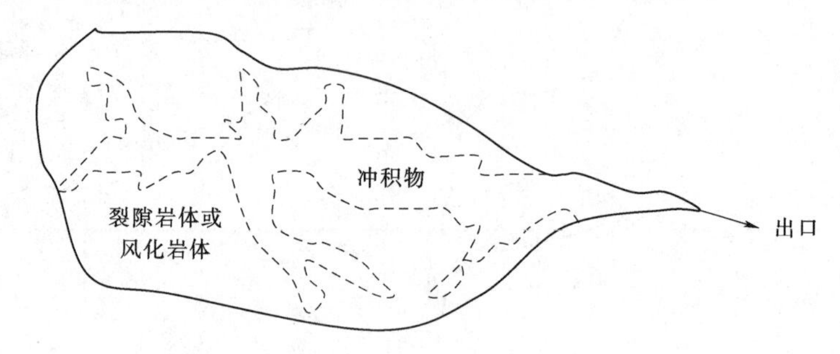

图 3.11　干涸峡谷分区示意图

在湿润地区，河流内基本常年有水；而在干旱和半干旱地区，河流内只是在降雨后暂时性有水，水存在的时长取决于降雨强度，通常以地表径流或洪水的形式出现在下游。

在整个流域内，每次降雨后，在较高处一般形成片流，在河道一般形成河流，如图 3.12 所示。在片流区，下渗到土壤中的雨水不多，大部分雨水流入河道内，其片流路径主要取决于地形特征。河道内的流水是地下水补给的主要来源。

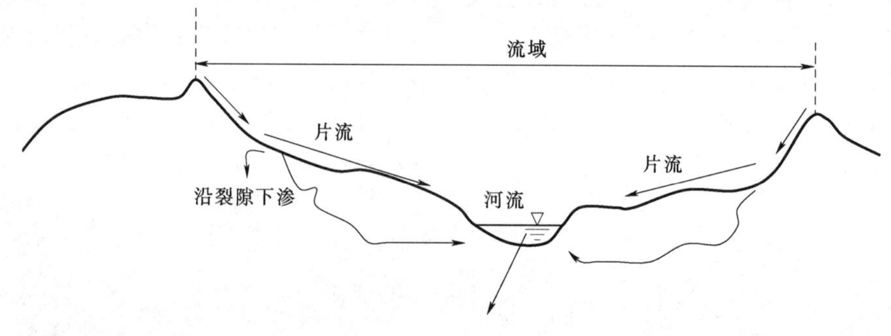

图 3.12　片流和河流

地表特征影响雨水下渗率，而地层情况则影响地下水赋存量。在湿润地区，片流对于计算河水流量非常重要，而在干旱地区，地下水储量主要取决于河道情况。河道越宽越深，地下水储量就越丰富，地下水赋存范围就越广泛。然而，估算地下水储量时，传统的方法不考虑片流区、地层裂隙、地层风化和结构面等情况。对于地下水储量进行规划时，必须采用简单的方法估算地质条件对地下水储量的影响。

3.6　流域特征参数

可以对流域几何特征进行测量和定量分析，一般分析流域和河流几何特征和流量的关系，有时也会分析流域和河流几何特征和泥沙运移的关系，详细情况参见第 7 章。流域面积影响汇水水量，而流域长度、形状和坡度则影响汇流速度和泥沙沉积量，河道的长度等几何特征会影响流量和泥沙输送量。径流模式的影响因素包括地质构造、地形特征、气象、土壤类型、植被和人类活动等。

3.6.1 流域面积

流域面积是指流域的水平投影面积，可以根据地形图上的分水线来计算。一般来说，流域面积越大，降雨总量就越大，地表水和地下水水量也随之增加。根据面积大小，将流域分为4类，见表3.1。

表3.1　流　域　分　类

面积（km^2）	流　域　类　别	面积（km^2）	流　域　类　别
大于1000	超大型	5～100	中型
100～1000	大型	小于5	小型

根据流域面积 A 估算洪峰流量的经验公式较多，其中最常用的为

$$Q_p = cA^n \tag{3.3}$$

式中　c、n——经验系数，详细情况参见第5章。

流域之间一般以分水线为界（Al-Abed 和 Al-Sharif，2008）。通常根据 1：50000 地形图、卫星影像（ETM^+ 卫星、SPOT 卫星和 SRTM 卫星）和现场测量数据建立模型，采用概率和统计等数学方法分析流域地形参数。

流域面积不但影响雨量大小，而且还决定了径流和洪峰流量的大小，因此是一个很重要的水文参数。然而，单位面积的洪峰流量与流域面积成反比关系（Chorley 等，1957）。Strahler（1950）认为，面积特征相似的流域，其地形地貌也往往相似。

3.6.2 主河道长度

主河道从流域上游延伸至出口处，其长度对于河流和洪水特征有重要影响。图3.13为某流域主河道的示意图。

测量主河道长度的方法很多，常见的方法是测量出口至流域最高点或最远点的直线距离（Schumm，1959），也可以利用 GIS 软件在数字高程模型中自动测量出主河道长度。

3.6.3 主河道纵比降

主河道纵比降为单位水平距离河床高程差，是影响河流速度和洪水流速的主要因素。一般而言，在流域上游，主河道纵比降较大，在下游地带，纵比降较小。主河道河床纵剖面通常为凹曲线。在上游地带，由于比降大，河流流速快，水流侵蚀现象比较严重，通常形成峡谷深切的地貌。比降越大，径流速度就越快。因此，上游形成洪峰的时间快，流量也大。另外，比降越大，下渗的雨水就越少。

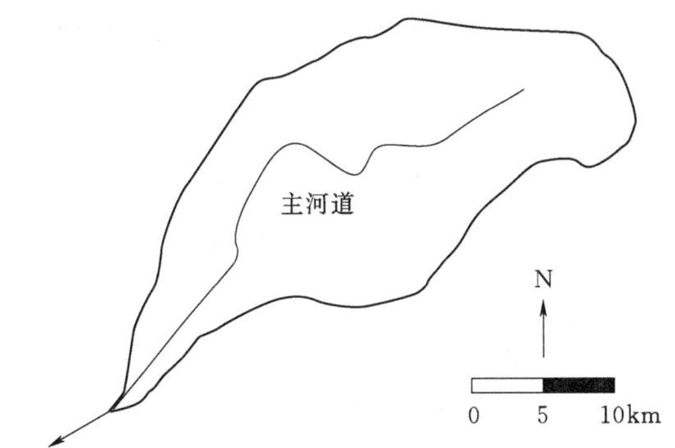

图3.13　某流域主河道示意图

计算主河道纵比降的方法很到，比较简单的计算方法为

$$S=\frac{H_h-H_o}{L} \tag{3.4}$$

式中　S——主河道纵比降；

H_h——流域内最高点的高程；

H_o——流域出口处的高程；

L——主河道长度。

主河道纵比降越大，流域径流到达出口处的时间越短。除了主河道，流域内的支流也有纵比降，支流纵比降也对流域的地表水流动、河水运动、雨水下渗、植被生长、泥沙运移和洪水淹没等产生重要影响。可以定义总平均比降 S_a 为

$$S_a=\frac{\Delta H}{A}W_T \tag{3.5}$$

其中 $$W_T=(W_1+W_2+\cdots+W_n)$$

式中　ΔH——相邻等高线之间的高程差；

W_T——流域内等高线的总长度；

A——流域面积。

在干旱地区，可以大致将河道分为三种类型（联合国粮食及农业组织，1981），具体如下：

（1）第一种河道。稳定的深切岩质河道，河床崎岖不平，基本完全影响着河水和泥沙的流动特性。

（2）第二种河道。辫状冲积河道，处于不稳定无序状态，其比降、深度、断面形状、弯曲系数和河床形状主要受河水和泥沙流动特性的影响，处于一种动态平衡状态。

（3）第三种河道。平坦平原上的小型河道或流域下游的河道，此处的水深—流量关系主要受植被的影响。这些河道经常变动位置，主要沿着较大的山丘间流淌。

第一种河道的河水流速快，处于湍流状态，通常夹杂有碎屑物质，河床不断深切，测量流量时会产生较大误差。第二种和第三种河道的河床处于不断沉积的状态，测量流量时也会产生较大误差。在预测洪峰流量和评价洪水风险时，要考虑到这种不确定性，详细情况参见第6章。

3.6.4　河网密度

Horton（1945）将河网密度定义为单位面积上的总河道长度，表示为

$$D_d=\frac{\sum L_i}{A} \tag{3.6}$$

式中　D_d——河网密度，km/km^2；

$\sum L_i$——流域内河道总长度；

A——流域面积。

河网密度越小，径流速度就越慢，同时下渗量增多，形成洪峰的时间长，洪峰流量也较小。仅根据河网密度还无法描述流域内的径流情况。具有相同面积和河网密度的两个流域，即使一个流域比另一个径流情况好，根据河网密度无法区分其径流情况，如图3.14所示。

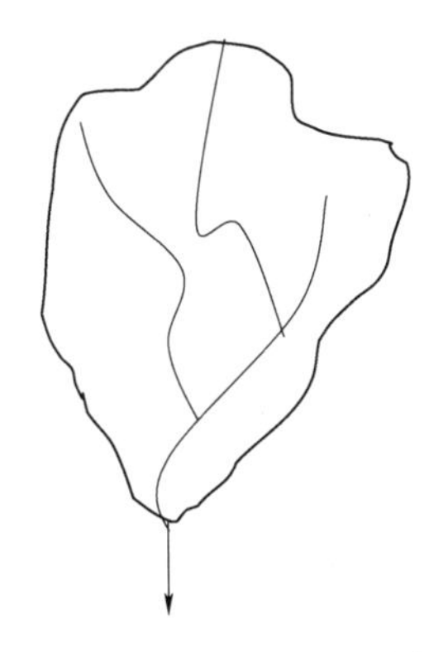
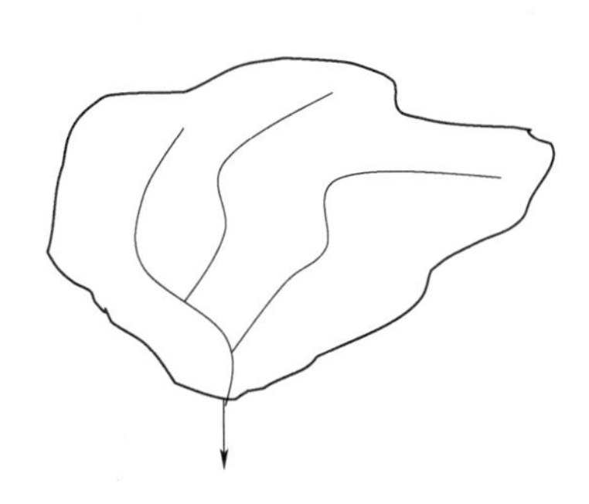

图 3.14　具有相同面积和河网密度的两个流域

河网密度表示流域内河流的稠密程度，用以衡量整个流域的河道平均长度。对各种地质和气候的流域进行河网密度分析，结果表明，在植被茂密、渗透性好的平原地区，河网密度通常较小；而在植被稀少、风化轻微或渗透性小的山区，河网密度通常较大。河网密度小表示排水路径少，河网密度大表示排水路径多（Strahler，1964）。

3.6.5　形状系数

流域形状会影响径流和洪水的大小和时空分布。形状系数的定义较多，一般为无量纲量，形式上较为简单。在面积和降雨强度相同的条件下，流域形状对径流有一定影响。例如，狭长的流域形成的洪峰流量通常较小，而相同面积的圆形流域形成的洪峰流量通常较大。形状系数可以定义为主河道长度的平方与流域面积的比值，即

$$S_1=\frac{L^2}{A} \tag{3.7}$$

形状系数越大，表示流域形状越狭长。一般来说，随着流域面积的增加，形状系数也有所增大。

形状系数还可以定义为流域面积当量圆的直径 D 与主河道长度 L 的比值，即

$$S_2=\frac{D}{L} \tag{3.8}$$

此外，形状系数还可以定义为流域周长 P_w 和流域面积当量圆的周长 P_c 的比值，即

$$S_3=\frac{P_w}{P_c} \tag{3.9}$$

根据形状系数，在降雨量和流域面积相同的情况下，不同形状的流域，其水文过程线也各不相同，如图 3.15 所示。

如果流域形状比较狭长，则水文过程线的持续时间比较长，曲线较为平缓，如图 3.15（a）所示。如果流域形状比较宽大，则水文过程线的持续时间比较短，洪峰流量也比较大，如图 3.15（c）所示。

流域坡度越陡峭，其形状一般就越狭长。因此，流域宽度是研究流域形状很重要的一个参数，可以根据 L/W 来描述流域的形状（Muller，1974）。至少有 3 种描述流域宽度的方式：①流域的平均宽度；②流域面积与流域长度的比值 A/L；③流域最大宽度 W_{max} 和最大长度 L_{max} 的比值。

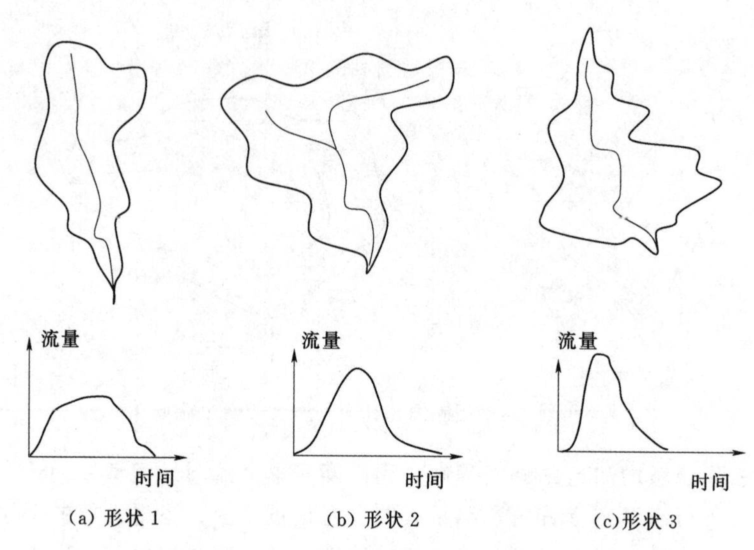

(a) 形状1　　(b) 形状2　　(c)形状3

图 3.15　流域形状对水文过程线的影响

3.6.6 河流等级

流域内的河流由干流和各种不同的支流构成，如图 3.16 所示。Horton（1945）研究了河网的等级情况，提出了河网干流和支流等级的分级和编号规则。

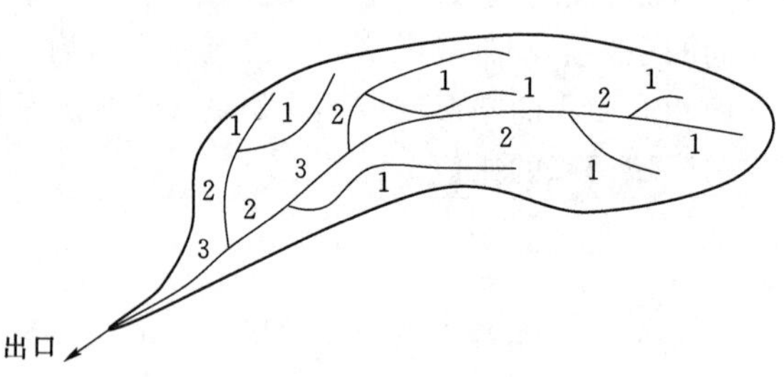

图 3.16　河流等级示意图

按照 Horton 的编号规则，最初形成地表地表水流的小型支流成为一级支流。一级支流一般只在雨季出现河水。两条一级支流汇合后，边形成二级支流。如果不同等级的河流汇合在一起，则以高等级的河流进行编号。河流划分的等级数量为该流域河流的最大编号，如图 3.16 所示，河流分为了 3 个等级。

3.6.7 分叉比

经过观察和分析，Horton（1945）提出了河流分叉比的概念，即

$$R_{\mathrm{N}}=\frac{N_i}{N_{i+1}} \tag{3.10}$$

式中　R_{N}——河流分叉比；

N_i——按照 Horton 分级规则确定的第 i 级支流的数量。

按照此种理念，还可以定义河流的长度分叉比和面积分叉比，分别为

$$R_{\mathrm{L}}=\frac{L_i}{L_{i+1}} \tag{3.11}$$

$$R_{\mathrm{A}}=\frac{A_i}{A_{i+1}} \tag{3.12}$$

可以利用一定比例尺的地形图来确定以上的各种分叉比。如图不同流域的分叉比彼此接近，则认为这些流域的特征基本相同。

3.6.8　伸长比

如图 3.17 所示，将流域当量为一个圆，求得圆直径 D，定义圆直径 D 与流域最大河道长度 L 的比值为伸长比，用 E_r 表示，流域的伸长比一般为 0.25～1.00。

$$E_r = \frac{D}{L} \tag{3.13}$$

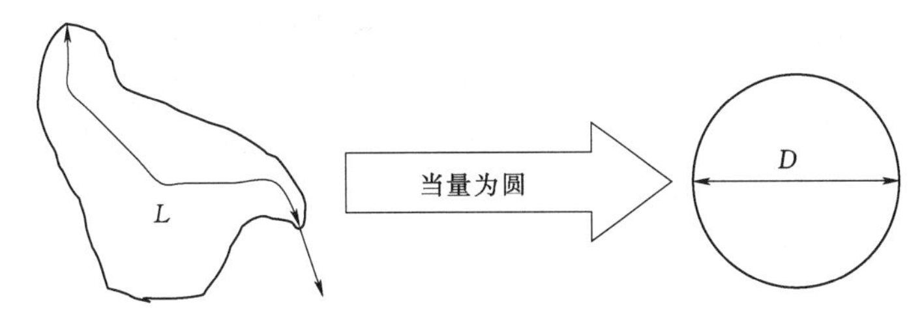

图 3.17　伸长比计算过程

3.6.9　河流频率

为表示流域内单位面积的河流条数，分析下渗情况，定义了河流频率 D_f，表示为

$$D_f = \frac{N_s}{A} \tag{3.14}$$

式中　N_s——流域内河流的总数量；

A——流域面积。

可以根据流域特征计算出河流的数量，如图 3.16 所示。河流频率表示单位面积的河流数量，河流频率大，表示下渗性能好。分析河流数量时，也计入各级支流。另外，河流频率大，表示洪峰形成的时间快，流量大。

3.6.10　主河道中心至河口的长度

主河道的流域中心至河口（出口）的距离 L_c，是分析水文过程线的重要参数，详细情况参见第 5 章。主河道形心可以用挂绳法确定，将均质等厚流域模型板用绳子悬吊，两条不同的垂直线相交点即为流域的形心，靠近流域形心最近的主河道内的点即为主河道中心。如图 3.18 所示，L_c 为主河道中心至出口处的距离。

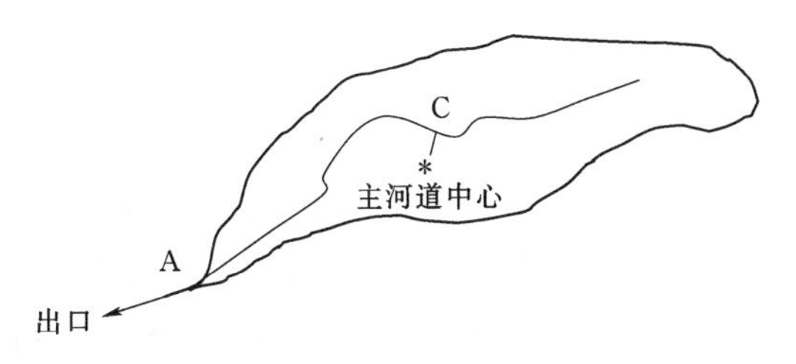

图 3.18　主河道中心至河口的长度

3.7　河道断面特征

为了确定洪水淹没范围，需要分析主河道不同断面处的洪水淹没深度。洪水危险性分析主要针对下游地区，因此研究主河道下游的断面特征非常重要。进行分析断面选择时，应注意以下方面：

（1）流域内每条河流最好选择 3 条具有代表性的断面，如果时间或资金紧张，也可以选择 2 条具有代表性的断面，此时一般在上下游段各选择一条断面。

(2) 应重点在下游地区选择河道断面。如果条件具备，可以进行现场踏勘，向当地居民询问有关情况，并咨询有关专家的建议。

(3) 在主河道上，必须选择稳定的断面，尽量选择主河道直线段的断面，以方便计算。岩质河道断面稳定，可以多年保持断面形状不变。如果为土质河道，则可以修建钢筋混凝土构筑物，人为形成规则的河道断面，最好为梯形断面。

为确定河道断面几何特征，应利用仪器在现场测量河道断面形状，仪器一般放置于河道中心，按照从左岸到右岸的顺序，依次关键点和仪器之间的距离，如图 3.4 所示。应根据地形和地质特点确定关键点的位置，例如细砂和碎石的交界处、贫瘠地表和植被茂密区的交界点等。用这种测量方法，可以获得关键点的坐标和高程，从而绘制出河道断面形状，典型的断面形状如图 3.19 所示。

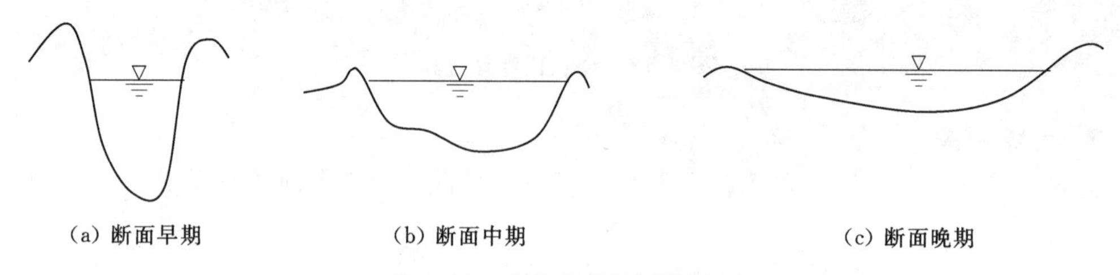

图 3.19　几种典型的河道断面

在断面形成过程的早期，两岸陡峭，流水不断侵蚀河岸，洪水侵蚀河床，这样，河道宽度增加，河床淤积，河水变浅，流速也逐渐降低，如图 3.19 (a) 所示，这种河道断面主要出现在流域上游地区。图 3.19 (b) 为断面形成过程的中期形状，由于断面形状和河道纵比降的影响，该断面处的流速小于上游流速。图 3.19 (c) 为断面的老年期，河床宽阔，河水较浅，主要出现在下游地区，流速也很缓慢。图 3.19 (c) 中的断面由于地处下游，是最容易发生洪水危险性的地方。除了地形和降雨强度，人类活动也是影响洪水风险和危险性的重要因素。

3.7.1　河道坡降

在 3.6.3 节，介绍了主河道纵比降的概念和计算方法。河道坡降和主河道纵比降的概念基本类似，不同之处是河道坡降主要研究一段河道的高程差。如图 3.20 (a) 所示，就是沿着河道中心线取 100m 长的河段研究河道坡降情况。

在湿润地区，主要以河水水面高程差来分析河道坡降 S_{cs}，如图 3.20 (b) 所示。由图中可以推导出河道坡降 S_{cs} 为

$$S_{cs}=\frac{2\Delta L}{\Delta H} \tag{3.15}$$

由图 3.20 (b) 可以看出，研究区段的长度为 2×100＝200m。当然，也可以根据现场实际情况调整研究区段长度。

3.7.2　水位—流量曲线

在湿润地区，可以将河流断面划分为若干个类似于梯形和三角形的区域，如图 3.21 所示。这些区域的面积总和即为河流断面的总面积。河水水位有变化时，再重新划分区域。可以利用流量计测量第 i 个区域的平均流速 $\overline{v}_i$，平均流量为 $Q_i=A_i\overline{v}_i$ ($i=1,2,\cdots,$

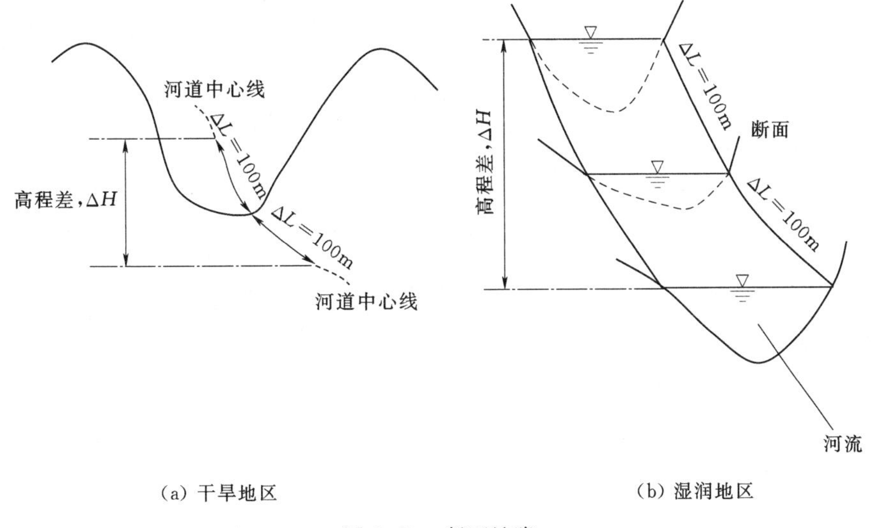

图 3.20　断面坡降

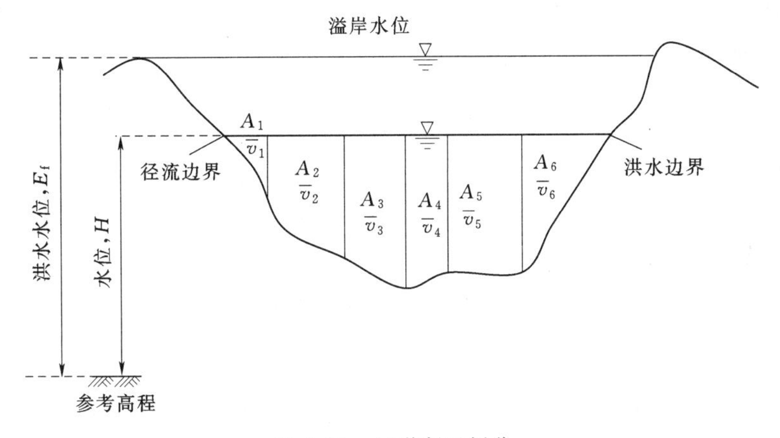

图 3.21　河道断面划分

6)。每个区域的平均流量之和即为河道断面的流量。

在该断面处，计算出不同重现期的洪水水位的流量，从而得到水位和流量的关系。图 3.22 显示了水位—流量关系的典型曲线。

一般而言，流域内不同断面处的水位—流量曲线各不相同。利用水位—流量曲线，可以估算洪水流量和溢岸水位时的临界流量 Q_{cr}，如图 3.21 和图 3.22 所示。

在干旱和半干旱地区，河道内一般没有水，难以绘制出像湿润地区那样的水位—流量曲线。图 3.23 为某水文过程线示意图，可分为上升部分、波峰和下降部分。

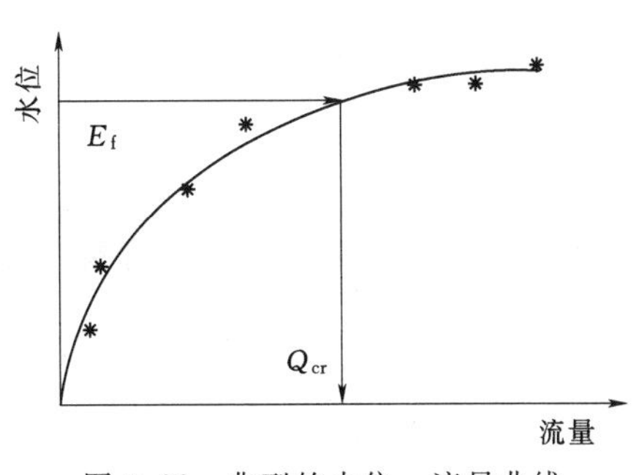

图 3.22　典型的水位—流量曲线

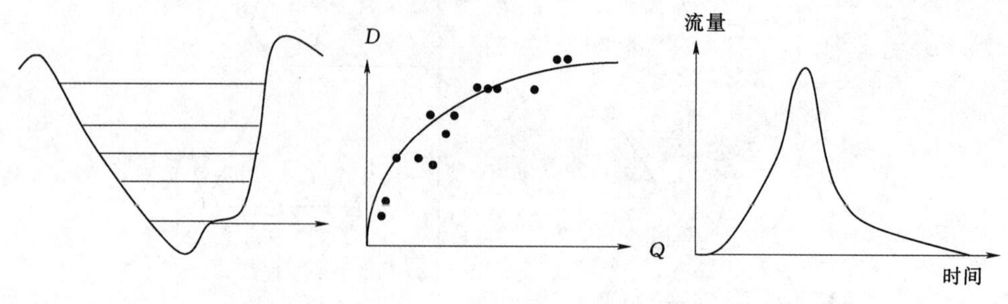

图 3.23　水文过程线

3.7.3　湿周和水力半径

湿周 P_w 与断面宽度 W 和深度 D 的关系为

$$P_w = W + 2D \tag{3.16}$$

式（3.16）还可以表示为

$$P_w = W\left(1 + \frac{2D}{W}\right) \tag{3.17}$$

在河床宽阔的地带，由于 W 远大于 D，则 $P_w \approx W$。水力半径可以表示为断面面积和湿周的比值，即

$$R = \frac{A}{W} \tag{3.18}$$

由 $A = WD$，代入式（3.18），得

$$R = D \tag{3.19}$$

3.7.4　断面流量

断面流量 Q 是指单位时间内通过的水量大小，表示为

$$Q = \frac{V}{\Delta t} \tag{3.20}$$

水量可以认为是断面面积与其在某时间段内移动的距离的乘积，因此式（3.20）也可以表示为

$$Q = \frac{AL}{\Delta t} \tag{3.21}$$

式（3.20）中，$L/\Delta t$ 表示河水在断面处的平均流速 $\overline{v}$，因此式（3.21）可以表示为

$$Q = A\overline{v} \tag{3.22}$$

另外，断面面积可以表示为水深 D 和断面宽度 W 的乘积，因此式（3.22）可以表示为

$$Q = WD\overline{v} \tag{3.23}$$

由式（3.23）可以求得断面宽度为

$$W = \frac{Q}{D\overline{v}} \tag{3.24}$$

通常，需要在河道现场测量出河流流速后，才能计算出断面流量大小。根据式（3.22）可知，欲求得断面流量，需要测量断面水深 D、断面流水面积 A 和平均流速 $\overline{v}$。

绘制完断面几何形状后，还要确定河床的土层构成情况（岩石、碎石、砂、黏土、植被或树木等），以便计算 Manning 系数，如图 3.4 所示。由于摩擦作用，流水在断面湿周存在能量损失，土层类型对湿周的摩擦系数有重要影响。湿周表面越粗糙，摩擦损失就越严重。图 3.24 显示了某河道断面由不同土层构成，其在湿周的长度用 L_1，L_2，…，L_6 表示。

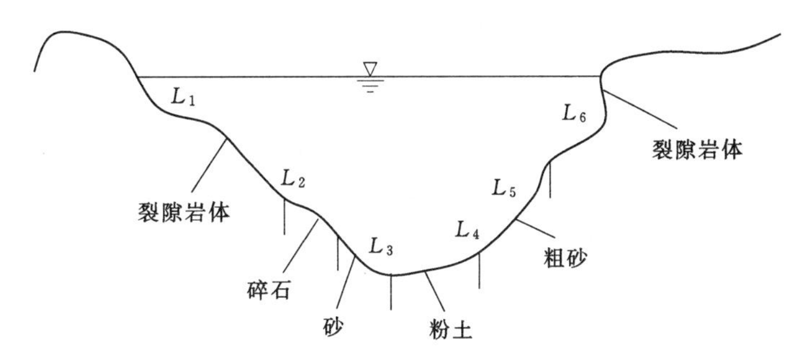

图 3.24 断面湿周及其土层构成

可以通过查表的方法获得不同土层的 Manning 系数（Şen，2008），对于河道断面的 Manning 系数，可以取算术平均值，也可以根据湿周不同土层长度取加权平均值。为计算断面流量，首先要确定不同重现期情况下的水深 D、过水面积和湿周，然后根据湿周不同土层的长度和土质类型查表确定 Manning 系数。

求得上述参数后，可以根据 Manning 公式求得断面的平均流速 $\overline{v}$，即

$$\overline{v}=\frac{1}{n}R^{\frac{2}{3}}S^{\frac{1}{2}} \tag{3.25}$$

Manning 粗糙系数 n 主要取决于断面的地质条件，可以根据表 3.2 查得 n 值。

表 3.2　　Manning 系数

河床材料	Manning 系数 n	河床材料	Manning 系数 n
石棉水泥	0.011	镀锌铁	0.016
沥青	0.016	玻璃	0.01
黄铜	0.011	碎石	0.029
砌砖	0.015	铅	0.011
崭新铸铁	0.012	圬工构造	0.025
黏土瓦	0.014	波状金属表面	0.022
混凝土，用刮刀抹平	0.011	天然河道，清洁，平直	0.03
混凝土，表面磨光	0.012	天然主河道	0.035
混凝土，表面粗糙	0.015	天然河道，流动较慢，有深潭	0.04
离心浇注混凝土管	0.013	塑料	0.009
铜	0.011	PE 管，内壁光滑	0.009～0.015
波纹状金属表面	0.022	PE 管，内壁波状	0.018～0.025
土	0.025	PVC 管，内壁光滑	0.009～0.011

续表

河　床　材　料	Manning 系数 n	河　床　材　料	Manning 系数 n
土质河道，河床干净	0.022	钢，涂抹煤焦油瓷漆	0.01
土质河道，含有碎石	0.025	钢，表面光滑	0.012
土质河道，杂草丛生	0.03	新轧制钢，平直	0.011
土质河道，夹杂石块或卵石	0.035	钢，铆接	0.019
河漫滩，为草地或农田	0.035	木质平直表面	0.012
河漫滩，灌木稀疏	0.05	木质弯曲表面	0.013
河漫滩，灌木稠密	0.075	木质管道	0.012

如果河道断面的宽度远大于深度，则式（3.25）可以简化为

$$\overline{v}=\frac{1}{n}D^{\frac{2}{3}}S^{\frac{1}{2}} \tag{3.26}$$

将式（3.25）代入式（3.22），得

$$Q=A\ \frac{1}{n}D^{\frac{2}{3}}S^{\frac{1}{2}} \tag{3.27}$$

为绘制出流域的洪水淹没地图，需要若干个不同断面的水位—流量曲线。

3.8　洪水的定义

并非所有的地表径流都会形成洪水，小雨和中雨一般形成较浅的水深。雨水沿着河床深泓线流动，越聚越多，越到下游，水位越深。深泓线是横断面上的最大水深点连线。因此，进行洪水危险性分析时，水位是很重要的参数。

有时，同样的大雨，在某地不会产生洪水，而在其他地方就会形成洪水，这说明洪水的形成与地形因素也有关系。如果没有一定的地形条件，强降雨不一定会形成洪水。比较重要的地形参数包括流域面积、坡度和主河道断面面积等。图 3.25 显示了径流水位和洪水水位的情况。从水力学的角度看，断面面积和湿周是计算洪水流量的重要参数。如果河床的曼宁粗糙系数较大，则水位容易高涨，形成溢岸现象，产生洪水危险。

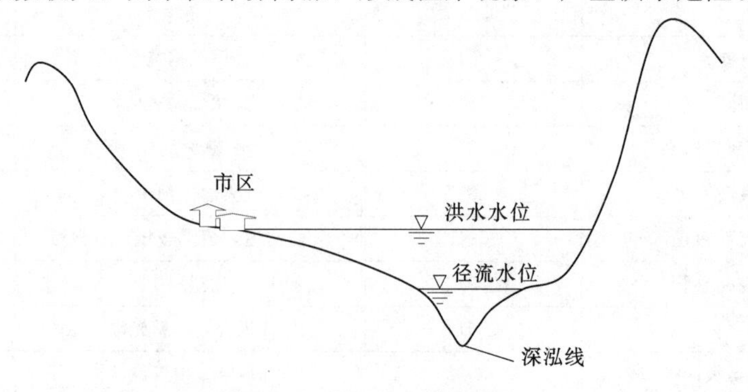

图 3.25　深泓线和洪水水位

另外，也可以从河水在河道内的流动难易程度方面来分析洪水产生的原因。河床粗糙情况对河水水位有重要影响。大部分河道的摩擦阻力较大，河水难以从上游快速流走，因此容易积聚形成洪水。如果河水可以迅速流经河道，无论降雨强度多大，此断面处也不会形成洪水。如果流域内各个断面的河床阻力都很小，则整个流域不会发生洪水，也不用绘制洪水淹没地图。如果某些断面河床阻力较大，则流域局部地区可能会形成洪水。有时需要根据降雨强度和地形特征绘制洪水淹没地图。河道最危险的区域是洪水水位和径流水位之间的部分，如图 3.21 和图 3.25 所示。

洪水的产生不仅有自然因素，实际上，人类活动也是洪水产生的一个重要因素。例如，世界上很多城市和农村就修建在河漫滩上，时刻处于洪水的威胁之下。越靠近主河道进行土地开发和利用，受淹没的概率就越大，还使得本来不受淹没的邻近地区也容易遭受洪水的危害。可以绘制出不同淹没风险水平的淹没范围，如图 3.26 所示。

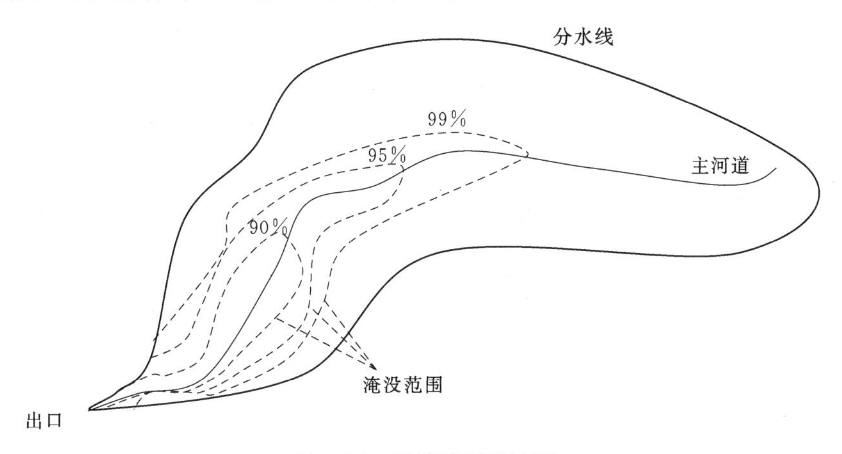

图 3.26　淹没范围平面图

另外，可以分析洪水对自然和人类的影响。洪水会侵蚀河岸和河漫滩，同时也会在河岸和河漫滩上沉积所携带的碎屑物质和泥沙，因此有必要分析洪水的危害程度和范围。洪水风险是指洪水造成损失与伤害的可能性。如果某地区洪水脆弱性较小，则其洪水风险也比较小。洪水脆弱性用以衡量人类活动遭受洪水危害的程度。

暴洪属于持续时间较短的极端事件，通常发生于缓慢移动或静止不动的暴雨云团条件，持续时间一般不会超过 24h。由于降雨量远大于下渗量，地表径流形成的速度非常快。暴洪通常携带大量碎屑物质，从而造成巨大的危害。

暴洪的淹没面积通常较小，通常发生于支流或溪流地带，比如淹没村镇或者城市的一隅。有的地方数星期或者数月没有降雨，但大雨会不期而遇。如果在较大范围内大雨频发，则主河道水位大涨，淹没河漫滩区大片区域，在大雨停止后仍可能长时间水位不降。

暴洪在干旱地区较为常见，通常造成人员伤亡和财产损失，会摧毁小型坝体、桥梁、涵洞、水井和堤防等构筑物。短时间的强降雨即可快速形成暴洪，暴洪沿着干涸河道奔涌而下，速度可达 1.5m，如果发生在崎岖不平的砂质干旱河床中，人很难逃生（Dein，1985）。

虽然暴洪的危害性巨大，但在渗透性较好的地区，暴洪是地下水补充的重要来源。如果修建有坝体或者梯级堤防，地下水得到的补充量会更大。研究洪水问题，除了关心地表水和地下水的水力联系外，更重要的是关注洪水对大坝、桥梁、涵洞和溢洪道等构筑物的影响，详细情况参见第7章。

暴洪的发生通常毫无征兆，而且可以在短时间内达到洪峰流量。产生暴洪的因素较多，例如，良好的城市生态系数可以减少雨水下渗量，从而容易导致暴洪；河岸植被稀少，流水侵蚀加强，容易在低洼平坦地带形成暴洪；排水设施年久失修，也容易导致暴洪。在世界上很多地区，尤其是群山环抱的地区，由于城市化进程的影响，很多城区已经扩展到了洪水易发区。

近年来，欧洲发生了多次严重的洪灾，既有暴洪灾害，也有出现在大型河流且面积广泛的洪灾。特大暴雨可以使大江大湖中出现大范围的暴洪。洪水造成了数百人丧生，近百万人流离失所，这说明发展洪水早期预警系统已经势在必行。

世界上很多地区都出现过暴洪，造成了巨大的人员伤亡和财产损失。在坚硬岩石裸露的地区，洪水可以很快形成，然后沿着砂质和碎石河床奔涌而下。在崎岖的河道中，洪水速度通常比人快。暴洪最终排入大海，或者消失在内陆茫茫沙漠中。暴洪可以渗入干涸峡谷的冲积层中，成为地下水补充的重要来源，有益于当地农业发展或城市繁荣。

暴洪主要出现在干旱和半干旱地区，这是因为这些地区地形陡峭，植被稀少，短时间内降雨量大。另外，在狭窄的干涸峡谷，由于地表径流速度快，容易发生暴洪；在城市地区，由于地表硬化的影响，雨水下渗能力变差，也容易发生暴洪。

3.9　洪水危险性地图

要衡量洪水造成的损失，首先应确定洪水出现的概率。洪水危险性与洪水风险、流域面积、降雨强度、主河道特性等因素有关，其中，洪水风险也是一个非常复杂的因素。

洪水风险分析的重点是确定不同重现期的洪水淹没面积，这需要搜集大量的历史降雨、精确的高程、流域断面特征和断面流量等数据。

绘制洪水淹没地图，需要搜集地形图、数字地形高程或现场测量数据等资料，必须有一定精度和数量的等高线，主河道区域的等高线更要精细和准确。等高线的间距最好为0.5m或1m。主要根据下列步骤绘制沿海和内陆流域的洪水淹没地图：

(1) 确定流域内的等高线（C_1，C_2，C_3，…，C_n），如图3.27所示，并按照从大到小的顺序将高程表示为E_1，E_2，E_3，…，E_n。

(2) 依次测量相邻等高线之间的面积，并测量出等高线和海岸线之间的面积，测得的面积分别表示为A_1，A_2，A_3，…，A_n，显然有$A_1>A_2>A_3>\cdots>A_n$。

(3) 测量两条相邻等高线所围成的体积，即面A_i和A_{i+1}所夹的体积，如图3.28所示，图中ΔE_i为等高线E_i和E_{i+1}之间的高差，即$\Delta E_i=E_{i+1}-E_i$。

(4) 可以根据下式计算图3.28中的体积，即

$$v_i=\frac{A_i+A_{i+1}}{2}\Delta E_i \tag{3.28}$$

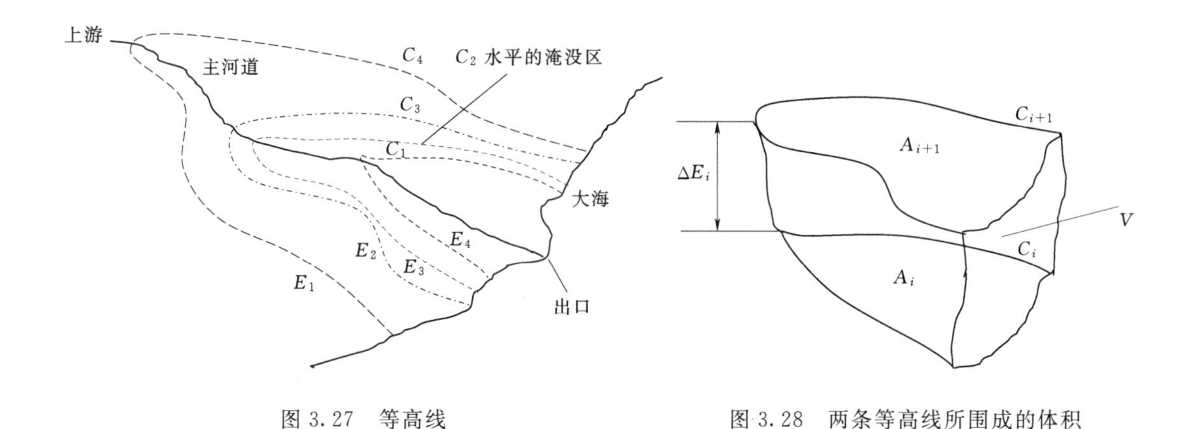

图 3.27　等高线　　　　图 3.28　两条等高线所围成的体积

依次求得各个相邻等高线围成的体积，显然有 $v_1>v_2>v_3>\cdots>v_n$。

(5) 计算每条等高线与流域最低点所围成的体积，即

$$
\begin{aligned}
V_1 &= v_1 \\
V_2 &= V_1 + v_2 = v_1 + v_2 \\
V_3 &= V_2 + v_3 = v_1 + v_2 + v_3 \\
V_4 &= V_3 + v_4 = v_1 + v_2 + v_3 + v_4 \\
&\vdots \\
V_n &= V_{n-1} + \sum_{i=1}^{n} v_i
\end{aligned}
\tag{3.29}
$$

(6) 减去下渗雨量的体积，得

$$
\begin{aligned}
V_{i1} &= V_1 - I_1 \\
V_{i2} &= V_2 - I_2 \\
V_{i3} &= V_3 - I_3 \\
V_{i4} &= V_4 - I_4 \\
&\vdots \\
V_{in} &= V_n - I_n
\end{aligned}
\tag{3.30}
$$

式中　I_i——下渗雨量的体积。

(7) 绘制出淹没体积—高程曲线，如图 3.29 所示。

(8) 根据洪水流量，计算出洪水体积，根据图 3.29 的淹没体积—高程曲线，确定出淹没水位。

(9) 根据淹没水位，可以确定出不同风险水平的淹没面积。

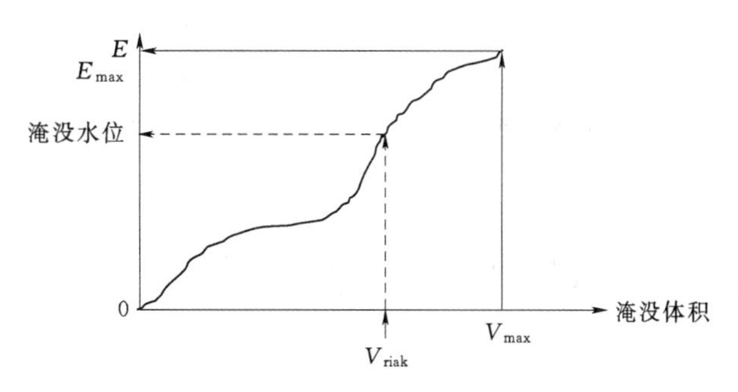

图 3.29　淹没体积—高程曲线

3.10　洪水流量

在湿润地区，可以根据水文记录来估算洪峰流量。然而，在干旱地区，由于缺乏水文记录，只能根据经验或间接方法来估算洪峰流量。如图 3.30 所示，可以根据剖面特性和上游地表特征来分析洪峰流量的情况。

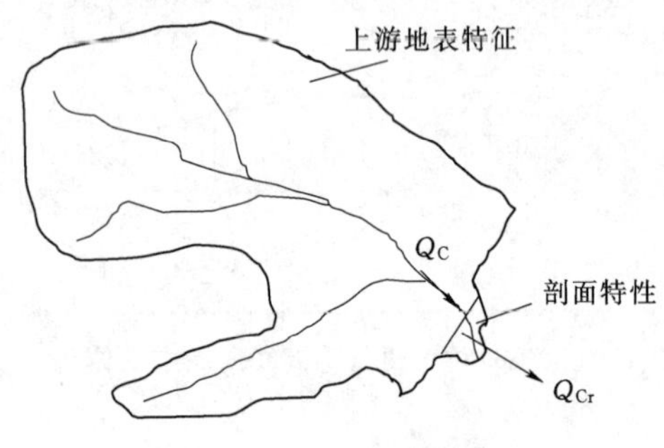

图 3.30　洪水流量和临界流量

可以根据下列步骤来估计洪峰流量和淹没范围的关系：

（1）计算出洪峰流量 Q_p，详细情况参见第 2 章和第 5 章。

（2）根据图 3.21 和图 3.22 确定出溢岸水位对应的临界流量 Q_{Cr}。

（3）如果 $Q_p > Q_{Cr}$，则会发生洪水，否则不会发生洪水。

根据河道断面，可以计算出各种情况下的洪水流量。如图 3.31（a）所示，可以计算出临界流量。图 3.31（b）显示了各种风险水平的水位，从而可以计算出不同重现期的流量。实际上，一般先计算各种不同风险水平的水位和流量，然后在推算出临界水位和流量。确定水位和流量时，断面几何形状是一个重要的影响因素。

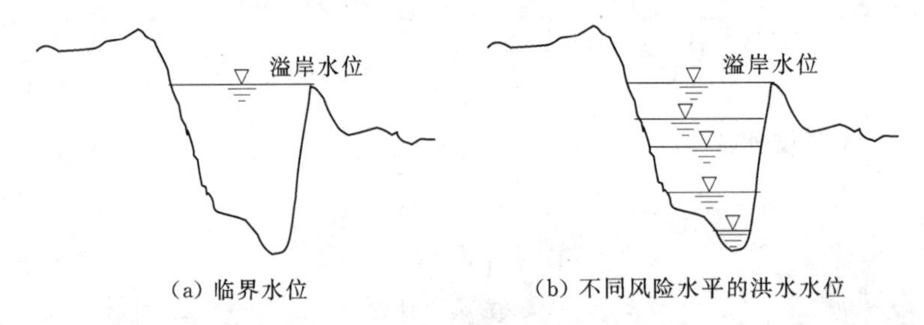

图 3.31　洪水流量

传统方法是利用 Q_p 和 Q_{Cr}的相对大小来判断是否会发生洪水（（Kohler 等，1948；Maidment，1983），该方法考虑了降雨量的概率分布（耿贝尔分布、皮尔逊广义极值分布或对数皮尔逊Ⅱ型分布等），详细情况参见第 6 章。然而，对于干旱和半干旱地区，由于缺乏降雨量记录，无法应用上述方法判断是否能够发生洪水。

绘制不同风险水平的洪水淹没地图，对于建立早期预警系统非常重要。利用洪水淹没地图，当地政府和民众可以制定合理的土地开发规划，尽量将洪水灾害造成的损失降到最低。

3.11　标准河道纵剖面曲线

设流域最高点为 H_h，最低点为 H_o，在最高点，流水水量为零，最低点位于主河道出口，河水流量达到最大值。设主河道内任一横剖面的高程为 h_i，设横剖面与高程最大点之间的流域面积为 A_i，令 A_i 除以流域总面积 A_T 的比值为横坐标，令高程 h_i 除以 H_h 的比值为纵坐标，则可以绘制出该流域的标准河道纵剖面曲线，该曲线一般表现为三种形式，如图 3.32 所示。三种形式分别代表流域所处的不同形成阶段，即早期阶段、中期阶段和晚期阶段。

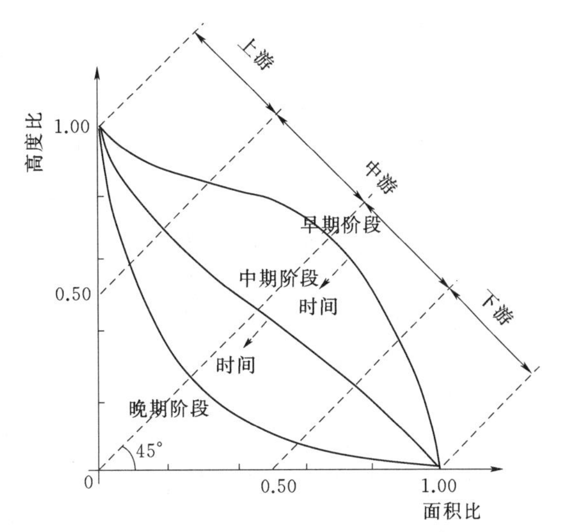

图 3.32 不同类型的标准河道纵剖面曲线

根据高程特征，每条标准河道纵剖面曲线又可以划分为上游、中游和下游三个部分。利用标准河道纵剖面曲线，可以判别出流域的地形特征，分析其蕴藏的水电能源。不同部位蕴藏的水电能源特点为：

（1）上游地区。早期阶段河流的高差很小，晚期阶段河流的高差最大。因此，在上游地区，早期阶段河流蕴藏的水电能源较少，中期阶段河流蕴藏的水电能源为中等，而晚期阶段河流蕴藏的水电能源较大。

（2）中游地区。在中游地区，早期阶段河流蕴藏的水电能源比上游地区多；中期阶段河流蕴藏的水电能源和上游地区基本相同；晚期阶段河流蕴藏的水电能源比上游地区少。随着高程不断降低，早期和晚期阶段河流蕴藏的水电能源有所增加。

（3）下游地区。早期阶段河流蕴藏的水电能源较高，晚期阶段河流蕴藏的水电能源较少，而中期阶段河流蕴藏的水电能源和上中游基本相同。

例如，根据上述判断标准，幼发拉底河和底格里斯河属于晚期发育阶段的河流（Şen，1999）。从农业发展的角度看，最好在流域中游地区种植农作物，或者退而求其次，在流域下游发展农业。目前，世界上已经修建了很多大型水电站。

3.12 洪峰流量理论表达式

如果某地区缺少降雨量和地面径流记录，则需要采用理论分析的方法分析洪水参数。采用理论分析方法分析洪峰流量 Q_p 时，需要考虑流域面积 A、主河道长度 L、主河道纵比降 S、主河道中心至河口的长度 L_c、河网密度 D_d 和降雨历时 t_c，即可以表示为 $Q_p=f(A, L, S, L_c, D_d, t_c)$ 的函数形式。

为推导出函数的通用表达式，首先应分析洪峰流量 Q_p 与各变量的升降关系，其分析结果见表 3.3。

表 3.3 洪峰流量与各变量的升降关系

	A	L	L_c	S	D_d	t_c
Q_p	↗	↗	↗	↘	↘	↘

表 3.3 中的箭头表明了洪峰流量和各变量的升降情况，但明确将函数表示出来，还存在很多困难。对此，先构建一个通用的函数关系，即

$$Q_p=\frac{\alpha A^{\beta}L^{\gamma}L_c^{\delta}}{S^{\eta}D_d^{\lambda}t_c^{\nu}} \tag{3.31}$$

α、β、γ、δ、η、λ 和 ν 为系数，洪峰流量与每个变量都有可能呈非线性关系，考虑到洪峰流量的单位为 L^3/T，式（3.31）可以简化为

$$Q_p=\alpha\frac{AL}{t_c} \tag{3.32}$$

式（3.32）的详细应用请参见第4章和第5章。

3.13　洪峰流量经验公式

在早期，由于测量洪峰流量非常困难，很多学者致力于建立经验公式来估算洪峰流量，如最早时假设洪峰流量 Q_p 与流域面积 A 呈简单的线性关系。经验方法不胜枚举，很多方法难以知晓其建立过程，可靠性也较低，而且无法计算不同重现期的洪峰流量。

在无法测量降雨量的年代，首先提出了估算印度次大陆的洪峰流量的公式，即

$$Q_p=C_1A^{\frac{3}{4}} \tag{3.33}$$

式中　A——流域面积，洪峰流量与流域面积呈非线性关系。

设流域面积的单位为 km^2，则洪峰流量的单位为 m^3/s，C_1 的取值与流域地表特征和降雨情况有关，一般取 $10<C_1<25$，通常可以令 $C_1=15$。然而，随着流域地表坡度的增加，洪峰流量也随之增加。

下列公式考虑了流域与海岸线的距离和高程等因素，即

$$Q_p=C_2A^{\frac{2}{3}} \tag{3.34}$$

C_2 的平均值约为6.8，其取值和流域与海岸线的距离及高程有关，如表3.4所示。

表3.4　系数 C_2 的取值

流域面积与海岸线的距离	C_2	流域面积与海岸线的距离	C_2
约80km	6.8	流域内群山起伏	10.1
80～2400km	8.8		

令式（3.33）和式（3.34）的系数取不同的值，可以绘制出不同情况的流域面积—洪峰流量曲线，如图3.33（a）所示。从图3.33中可以看出，式（3.34）得到的各种曲线彼此相互接近，且其洪峰流量值均小于式（3.33）求得的洪峰流量值。

如果令图3.33（a）中横坐标和纵坐标取对数，则可以绘制出流域面积—洪峰流量对数坐标曲线，如图3.34（a）所示。从图3.33（a）中可以看出，流域面积和洪峰流量基本呈直线关系。

第三个经验公式为

$$Q_p=60C_3\sqrt{A} \tag{3.35}$$

C_3 为系数，一般为0～1，对于平原地区，$0.25<C_3<0.35$；对于丘陵地区，$0.35<C_3<0.50$；对于山区，$0.50<C_3<0.70$。绘制不同的流域面积—洪峰流量曲线，如图3.33（b）所示，从图中可以看出，曲线为下凸型，表明洪峰流量比流域面积增加的程度更高。

第四个经验公式为

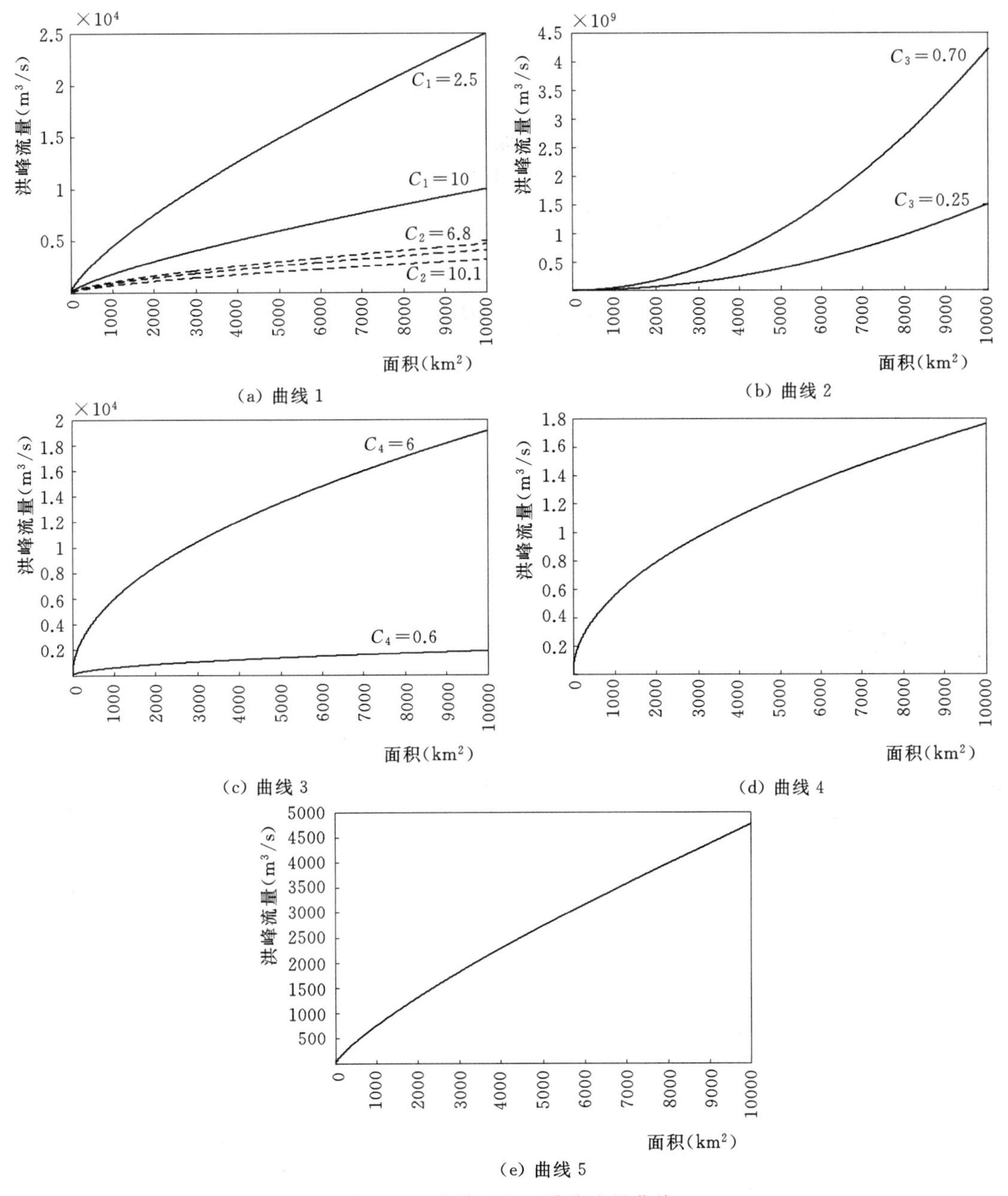

(a) 曲线 1

(b) 曲线 2

(c) 曲线 3

(d) 曲线 4

(e) 曲线 5

图 3.33 流域面积—洪峰流量曲线

$$Q_{\mathrm{p}}=\frac{32C_4A}{0.5+\sqrt{A}} \tag{3.36}$$

C_4 为系数，一般为 0.6～6，绘制不同的流域面积—洪峰流量曲线，如图 3.33 (c) 所示，从图中可以看出，曲线为上凸型，与图 3.33 (a) 中曲线类似。

第五个经验公式为

$$Q_{\mathrm{p}}=0.0176\sqrt{A} \tag{3.37}$$

绘制不同的流域面积—洪峰流量曲线，如图 3.33（d）所示。

第六个经验公式为

$$Q_p = 3A/(1+A)^{0.29} \tag{3.38}$$

绘制不同的流域面积—洪峰流量曲线，如图 3.33（e）所示。

如果令图 3.33 中横坐标和纵坐标取对数，则可以绘制出流域面积—洪峰流量对数坐标曲线，如图 3.34 所示。从图 3.34 中可以看出，所有的流域面积和洪峰流量基本呈直线关系。

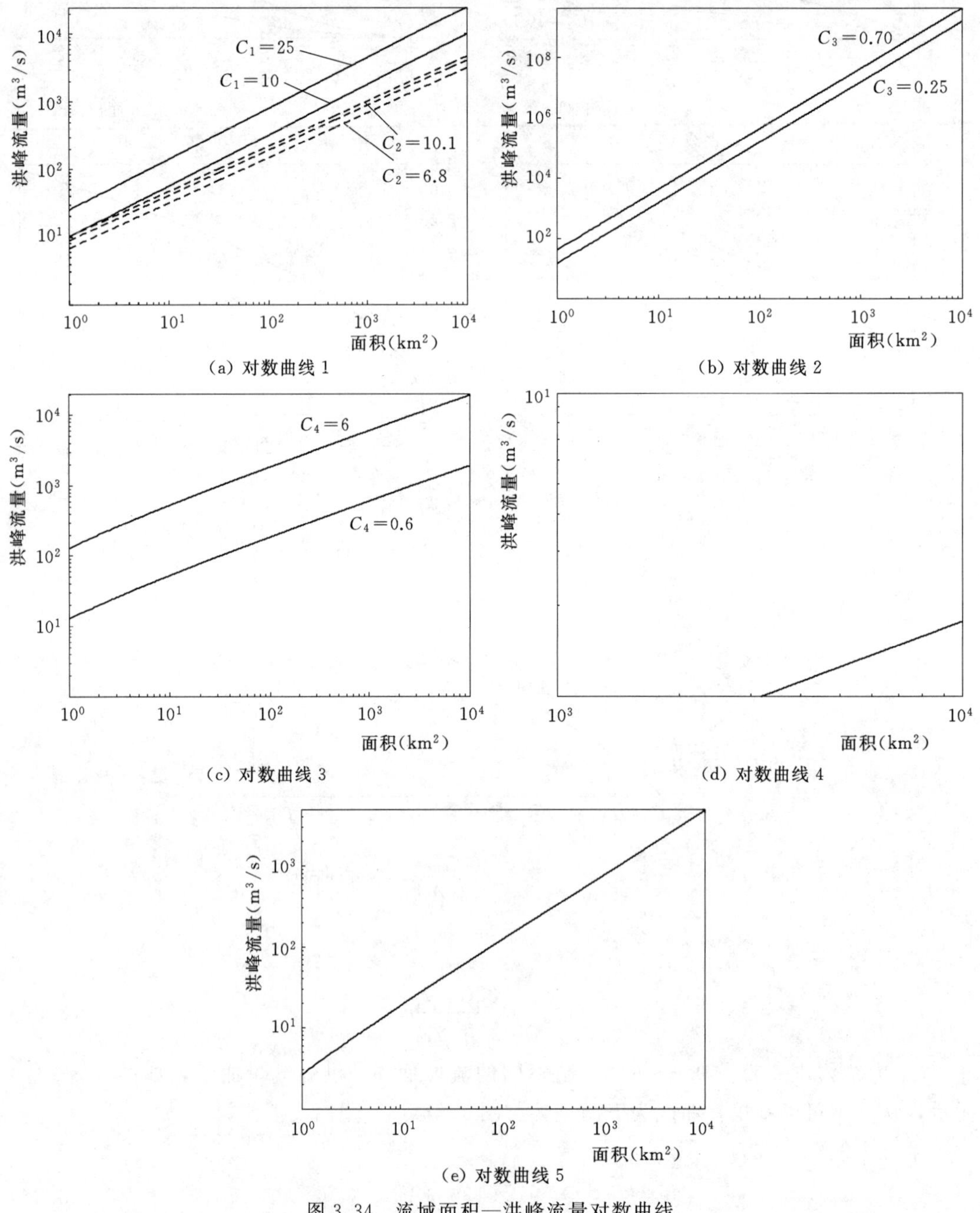

图 3.34　流域面积—洪峰流量对数曲线

从图 3.34 可以看出，有的经验公式有上限值和下限值，而有的公式只表示为一根直线关系。在对数坐标中，可以将流域面积与洪峰流量的关系统一表示为

$$Q_{\mathrm{p}}=aA^{b} \tag{3.39}$$

式（3.39）目前在全球广为应用，需要测量数据才可以确定参数 a 和 b 的值，详细情况参见第 4 章和第 5 章。式（3.39）也是分形几何的基本表达式（Mandelbrot，1992），该公式适用于全球所有流域。分形表示流域几何图形有自相似的特性。在式（3.39）中，b 为对数坐标的直线斜率，对应于单位面积增加引起的洪峰流量增加量。

参 考 文 献

Al-Abed, N., Al-Sharif, M. (2008). Hydrological modeling of Zarqa river basin - Jordan using the hydrologicalsimulation program - FORTRAN (HSPF) Model. *Water Resoures Management*, 22: 1203-1220.

Alashan, S., Şen, Z., & Toprak, Z. F. (2016). Hydroelectric energy potential of Turkey: a refined calculation method. *Arabian Journal for Science and Engineering*, Vol. 41 (4), 1511-1520.

Bernhardsen, T. (1999). *Geographic information systems: An introduction* (2nd ed.). New York: Wiley.

Bolstad, P. V., & Stowe, A. (1994). An evaluation of DEM accuracy: Elevation, slope, and aspects. *Photogrammetric Engineering and Remote Sensing*, 60 (11), 1327-1332.

Burrough, P. A. (1986). *Principles of geographical information systems for land resources assessment*. Oxford: Clarendon Press.

Campbell, L. B. (2002). *Introduction to remote sensing* (3rd ed.). New York: The Guilford Press.

Chrysoulakis, N., Spiliotopoulos, M., Domenikiotis, C., & Dalezios, N. (2003). Towards monitoring of regional atmospheric instability through MODIS/Aqua images. In: *Proceedings of the International Symposium held at Volos*, (pp. 7-9). Greece.

Chorley, R. J., Malm, D. E., & Pogorzelski, H. A. (1957). A new standard for estimating drainage basin shape. American Journal of Science, Vol. 255, 138-141.

Dein, M. A. (1985). *Estimation of floods and recharge volumes in wadis Fatimah, Na' man and Turabah. Unpublished M. Sc*. thesis, Faculty of Earth Sciences, King Abdulaziz University, Saudi Arabia, 127 pp.

Felicisimo, A. M. (1994). Parametric statistical method for error detection in digital elevation models. *ISPRS Journal of Photogrammetry and Remote Sensing*, 49, 29-33.

Felicisimo, A. M. (1995). Error propagation analysis in slope estimation by means of digital elevation models. In *Cartography Crossing Borders: Proceedings of the 17th International Cartographic Conference and 10th General Assembly of International Cartographic Association*, (pp. 9-94). InstitutCartogra®cdeCatalunya: Barcelona.

Hirano, A., Welch, R., & Lang, H. (2003). Mapping from ASTER stereo image data: DEM validation and accuracy assessment. *ISPRS Journal of Photogrammetry and Remote Sensing*, 57, 356-370.

Horton, R. E. (1945). Erosional development of stream & their drainage basin; Hydrogeological approach to quantitative morphology. Geological Society of America Bulletin, Vol. 56: 75-370.

Jordan, G. (2003). Morphometric analysis and tectonic interpretation of digital terrain data: A case study.

Earth Surface Processes and Landforms, 28, 807 - 822.

Kamp, U., Bolch, T., & Olsenholler, J. (2003). DEM generation from ASTER satellite data for geomorphic analysis of Cerro Sillajhuay Chile/Bolivia. In *Proceedings of ASPRS Annual Conference*, Anchorage, Alaska.

Leopold, L. B., et al., (1964). "Fluvial Processes in Geomorphology". W. H. Freeman and Company San Francisco and London.

Maidment, D. R. (1983). Handbook of hydrology. McGraw - Hill, New York.

Muller, A. B. (1974). Desalination by salt replacement and ultrafiltration. Desalination Research Report No. 1, Department of Hydrology and Water Resources, University of Arizona, Tucson.

Polis, G. A., Power, M. E., &Huxel, G. R. (Eds.). (2004). *Food webs at the landscape level*. Chicago: University of Chicago Press.

Sabins, F. F. (1997). Remote Sensing Principles and interpretation. (3rd ed., p. 448). W. H. Freeman and Company: New York.

Schmudde, T. H. (1968). "Floodplain". In R. W. Fairbridge (Ed.), "The Encyclopedia of Geomorphology". New York: Reinhold: 359 - 362.

Schumm, S. A. (1959). The relation of drainage basin relief to sediment loss. *International Association of Scientific Hydrology*, Vol. 36, 216 - 219.

Şen, Z. (1999). Terrain topography classification for wind energy generation. *Renewable Energy*, 16 (1 - 4), 904 - 907.

Şen, Z. (2008). *Wadi Hydrology* (p. 346). New York: Taylor and Francis Group, CRC Press.

Seyhan, E. (1977). *The Watershed as an Hydrology Unit*. Geografisch Instituut Transitorium Ⅱ Heidelberglaan 2, Utrecht, Netherland.

Strahler, A. N. (1950). Equilibrium theory of erosional slopes approached by frequency distribution analyses, *American Journal of Science*, 248, 673 - 696.

Strahler, A. N. (1964). Quantitative geomorphology of drainage basin and channel network. In VT Chow (Ed.), *Handbook of Applied Hydrology*, sec - 4 - Ⅱ, McGraw Hill, New York.

Weibel, R, & Heller, M. (1991). Digital terrain modelling. In Goodchild MF, Maguire D J, Rhind D W (Eds.), *Geographical information systems: principles and applications*, (Vol. 2, pp. 269 - 297). John Wiley & Sons Inc.: Harlow, Longman/New York.

Wood, J. D., & Fisher, P. J. (1993). Assessing interpolation accuracy in elevation models. *IEEE Computer Graphics and Applications*, 13, 48 - 56.

Welch, R. (1990). 3 - D terrain modeling for GIS applications. *GIS World*, 3 (5), 26 - 30.

第 4 章

水文过程线

摘要：水文过程线可以反映某断面地表径流随时间的变化情况，是进行洪水预测的非常重要的参数。水文过程线主要参考历史降雨量资料绘制，通常只有一个峰值流量。水文过程线包括自然过程线、单位过程线、无量纲过程线、瞬时过程线和人工合成过程线等，其特性对洪水估算结果影响较大。采用理论方法估算洪峰流量时：首先，从最简单的理论模型入手，逐步展开；然后，推导出更多复杂的理论方法，如 Snyder 方法、径流曲线模型（SCS）方法和地形因子计算方法等；最后，详细阐明了常用的理论方法的诸多不合理之处，并提出了修正的理论方法。

关键词：瞬时过程线，不合理，水文过程线，地形因子计算方法，单位过程线，人工合成过程线，天然过程线，径流曲线模型（SCS）方法，Snyder 方法

4.1 概述

水文过程线用以反映某河道断面一定时间内的流量变化情况，其横坐标为时间，纵坐标为河水流量，其曲线形状主要受流域地形特征和降雨强度随时间变化情况的影响。不同断面的水文过程线截然不同，但在同一断面，主要研究流量随时间的变化。本章只研究流量随时间的变化情况，重点分析水文过程线的特点及其影响因素。

虽然可以通过测量降雨量来绘制水文过程线，然而这种测量的过程线通常只是针对一次特定的降雨过程（参见 2.6 节）。在工程设计中，通常要研究不同风险水平的水文过程线。另外，测量的过程线通常为特定的降雨历时，无法给出任一降雨历时的水文过程线。在同一流域，即使降雨持续时间、降雨强度和地表状况相同，由于其他因素的影响，每次测得的水文过程线也略有差别。因此，有必要根据多条测量的过程线生成一条标准的水文过程线。在同一个流域，由于地形和地质条件的差异，不同河道断面处的水文过程线也有所不同，因此，研究这些过程线的相互关系也是一个重要的课题。

如果可以生成一条普遍适用的标准过程线，上述问题可迎刃而解。这种标准过程线即为单位过程线（UH），是根据多条测量的过程线合成的。在无降雨量记录的地区，可以利用经验方法，通过流域地形特征推求出单位过程线。

本章主要介绍水文过程线的基本特点及各种过程线的确定方法。

4.2　水文过程线确定

在 3.7.4 节，已经阐明了断面流量的定义，且断面流量为断面面积和平均流速的乘积，如式（3.22）所示。根据式（3.22）可知，只要已知断面面积和平均流速，就可以确定断面流量。由于断面不同点出的流速截然不同，因此需要利用平均流速来计算断面流量。

绘制水文过程线时，关键之处是确定断面的流量。在湿润地区，可以采用理论方法、经验方法、现场测量或综合方法来确定单位过程线，同时需要注意以下几点：

（1）时间—地表流量曲线主要的影响因素是地形地貌。

（2）在没有降雨的时段内，由于有地下水的补充，湿润地区河道内仍有河水；然而，在干旱和干旱地区，没有降雨的时段内，河道内通常没有水流。

（3）降雨发生一定时间后，河道内流量逐渐上涨。

（4）降雨停止后一段时间内，流量仍持续上涨，继而开始逐渐下降。因此，在降雨停止后的某一时间点，会形成一次峰值流量。

（5）流量达到峰值之后，开始逐渐下降，一定时间之后恢复到没有降雨时段内的基准流量状态，所需要的时间取决于上游的地下水补充情况，如可以通过泉水的方式补充河水。

（6）有时水文过程线可能存在多个峰值流量。

在湿润地区，无论何时，河道内总是有水流。然而，在干旱和半干旱地区，只有降雨和降雨后一定时段内河道存在水流。因此，湿润地区的水文过程线可以分为两部分：一部分为无降雨时段的基准流量，另一部分为降雨产生的流量，如图 4.1（a）所示；在干旱和半干旱地区，一般不存在基准流量，只有降雨产生的流量，如图 4.1（b）所示。

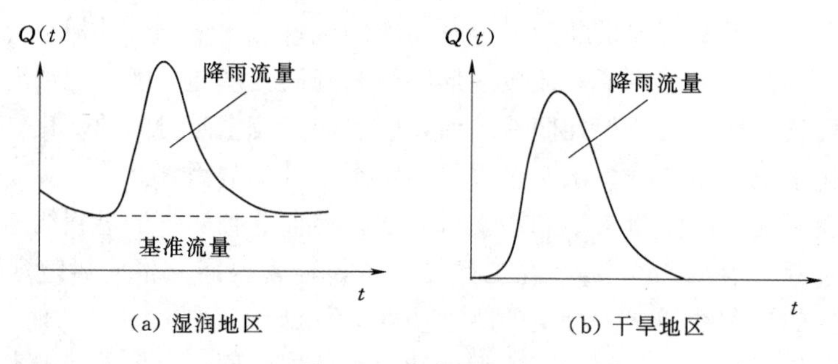

图 4.1　水文过程线

在干旱和半干旱地区，洪水通常沿着河道奔涌而下，河道内一般没有水流，或者水流很少。水文过程线在降雨 15～30min 后就陡然上升。然而，在洪水奔流向下的过程中，会产生大量的雨水下渗现象，致使洪水流量减少，令水文过程线变得较为复杂。通常在上游发生了洪水，但由于下渗严重，下游地区的气象站反而没有观测到洪水现象。

水文过程线也反映了降雨量转化为地表径流的情况，如图 4.2 所示。无论是湿润地区

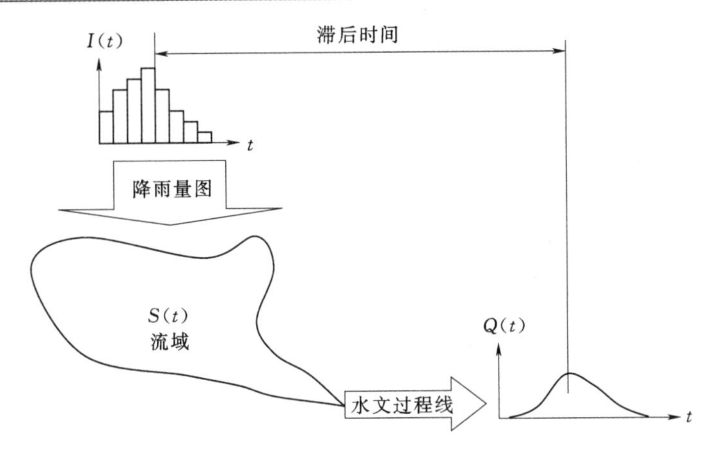

图 4.2 降雨量图与水文过程线的关系

还是干旱地区，降雨量记录只是反映了降雨时段内的水量情况。

水文过程线的上升段为降雨时段，下降段为无雨时段。通过水文过程线，可以确定水资源规划和设计所需要的很多参数如下：

（1）在湿润地区，基准流量为无降雨时段由泉水产生的流量，一般也随着时间略有下降，如图 4.3 所示，基准流量曲线与横坐标所围成的面积表示泉水产生的水量大小。

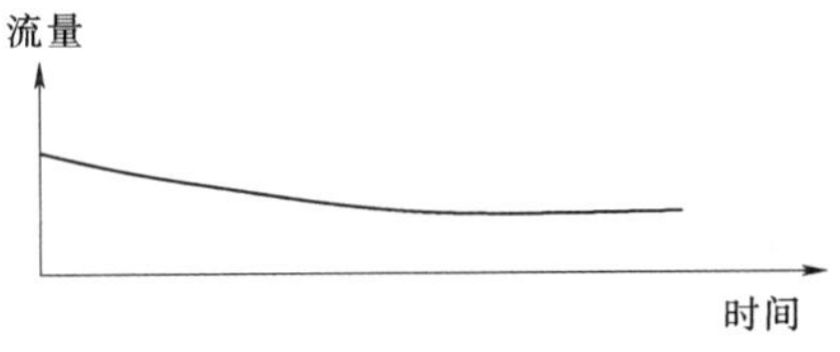

图 4.3 基准流量

（2）基准流量线和水文过程线之间的面积代表一次暴雨产生的地表径流量，降雨后经过蒸发、下渗、洼地存留和植物截留，剩余的水量即为地表径流量。

（3）如果降雨历时长，则水文过程线的上升段包围的面积就越大，降雨停止后，水文过程线继续上升，在一定时间后才达到峰值流量。也就是说，降雨量峰值和水文过程线峰值并不是同时出现的，而是存在一定的时间差，如图 4.2 所示。

（4）水文过程线的下降段反映了地表片流在降雨停止后汇入河道的流量。

（5）峰值流量反映了地表径流的最大值，水文过程线的时间段为上游最高点降雨流到流域出口所需要的时间，即汇流时间（Şen，2010）。

降雨移动方向也会影响水文过程线的形状，如图 4.4 所示，如果降雨从出口向中上游移动，则洪峰流量会提前达到，且数值也比较大。

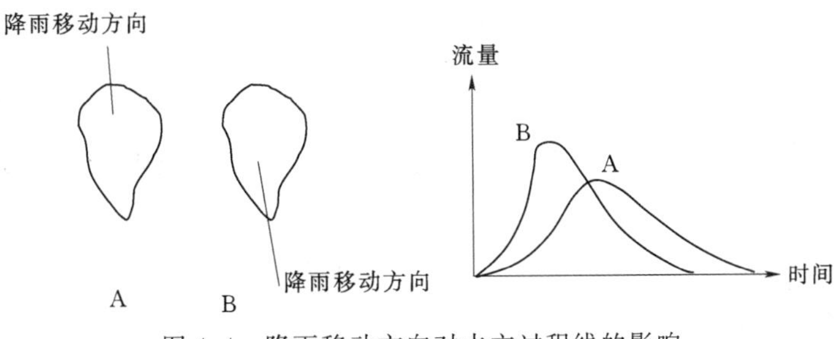

图 4.4 降雨移动方向对水文过程线的影响

虽然实际降雨的空间分布是不均匀的，但为简化计算，通常假定降雨为均匀分布模式，如图 4.5 和图 4.6 所示。如果降雨中心靠近流域出口，则水文过程线的上升段和下降段非常陡峭，且峰值流量也比较大；如果降雨主要发生在流域上游地区，则水文过程线上升段比较缓倾，且峰值流量比较小。降雨移动方向也会影响峰值流量大小和径流持续时间，尤其是严重影响狭长型流域的水文过程线形状。如果降雨从出口向上游移动，则水文过程线持续时间短，峰值流量大；如果降雨从上游向下游移动，在水文过程线持续时间长，峰值流量较小。小型流域容易发生雷暴，而大型流域通常发生气旋雨或锋面雨。如果降雨的空间变异性较小，则实际设计中一般采用雨量图来表示降雨强度和时间的关系。然而，在容易发生雷暴的小型流域，将降雨量假定为均匀分布，尚存在很多问题。

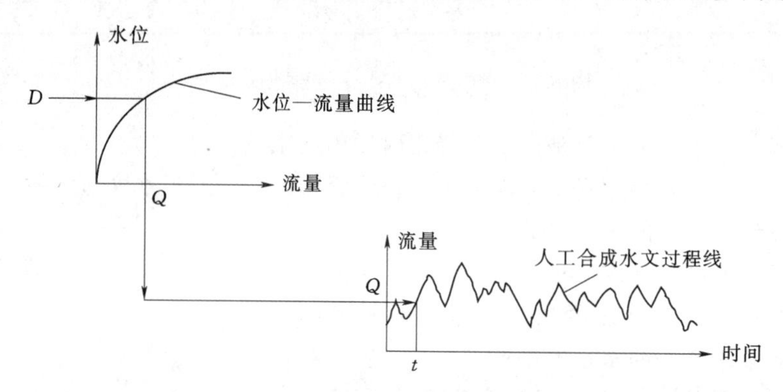

图 4.5　由水位—流量曲线推导出水文过程线

在湿润地区，可以通过现场测量和室内分析绘制出水位—流量曲线，在干旱地区，可以根据经验公式或人工合成的方法绘制出水位—流量曲线。

在干旱地区，根据水位—流量曲线和不同时间测得的洪水水位，可以人工合成一条水文过程线，如图 4.5 所示。

4.3　理论过程线

对降雨过程进行某些科学合理的数学和物理假设，从理论上进行分析而得到的水文过程线，称为理论过程线（Şen，2014）。首先，假定降雨强度的时空分布是均匀的，降雨过程没有下渗损失，整个流域的单位面积降雨量为 R_e，降雨历时为 t_e，沿着主河道长度将流域均匀分为 4 个区域，即 W_1、W_2、W_3 和 W_4，河水通过每个区域的时间相同，都为 t_t，如图 4.6 所示。

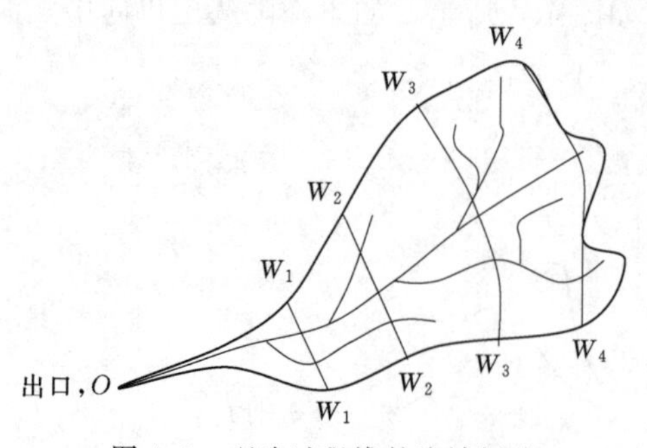

图 4.6　理论过程线的流域划分

如图 4.6 所示，W_1-W_1、W_2-W_2、W_3-W_3 和 W_4-W_4 分别和出口围成一定的面积。首先假定只有第一个区域 OW_1W_1 发生降雨，在出口处的流量为 $Q(t)$，假设在 t_p 时刻流量达到峰值 Q_P，在 $2t_p$ 时刻流量恢复为零，如图

4.7（a）所示。从 W_1W_1 的径流需要 t_p 时间达到流域出口。

OW_1W_1 区域的水文过程线为三角形，根据 OW_1W_1 区域的面积 A_1、单位面积降雨量 R_e 和流量到达峰值的时刻 t_p，可以推导出峰值流量为

$$Q_{P1}=\frac{A_1R_e}{t_p} \tag{4.1}$$

由于降雨历时为 t_p，降落到 W_1W_1 的最后一滴雨水，经过 t_p 时间到达流域出口，因此出口处在 $2t_p$ 时刻流量为零。值得注意的是，降雨历时为 t_p，流域出口处的径流持续时间为 $2t_p$。

设 W_1W_1 和 W_2W_2 之间区域的降雨历时也为 t_p，则最后一滴雨水经过 $4t_p$ 时间到达流域出口，流量峰值出现在 $2t_p$ 时刻，其值为

$$Q_{P2}=\frac{A_2R_e}{2t_p} \tag{4.2}$$

式中　A_2——OW_2W_2 区域的面积。

整个 OW_2W_2 区域的理论过程线如图 4.7（b）所示。

同样，可以推导出 OW_3W_3 区域的理论过程线，如图 4.7（c）所示。流量峰值出现在 $3t_p$ 时刻，其值为

$$Q_{P3}=\frac{A_3R_e}{3t_p} \tag{4.3}$$

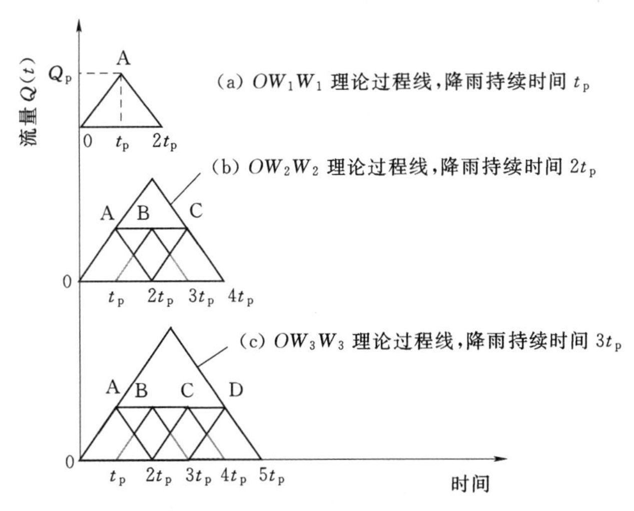

图 4.7　理论过程线分析示意图

假设流域内每个地方的降雨和径流时空分布都相同，则流域出口的理论过程线为三角形，只存在一个峰值流量。

4.4　水文过程线的性质

雨量、水文过程线和流域特征之间存在一定的关系，为便于理解，特作如下假定：

（1）降雨量指一次降雨产生的雨量，降雨面积覆盖整个流域，流域面积设为 A。

(2) 降雨量 R_e 在整个流域内均匀分布，降雨历时设为 $t_{re}=t_b$。

(3) 地面径流的持续时间和降雨量相同，因此，水文过程线只存在一个峰值流量 Q_p。

(4) 流域内的水文、地形和地质条件不发生变化。

根据上述假设，降雨量在降雨时间内为常量，水文过程线不考虑基准流量，典型结果如图 4.8 所示。

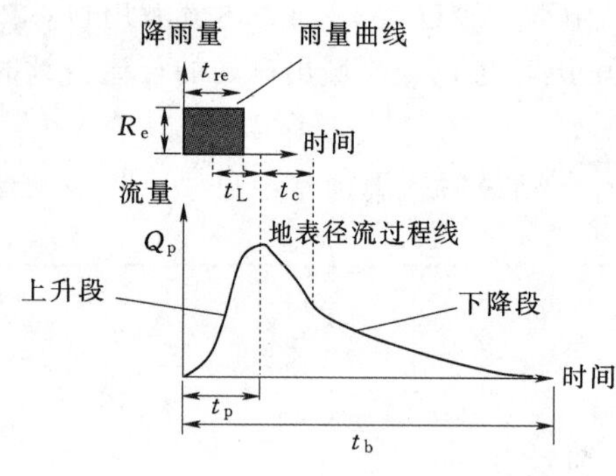

图 4.8　雨量曲线和地表径流过程线

峰值流量点将水文过程线分为两段，即上升段和下降段。地表径流过程线受降雨强度和流域特征的影响比较大，主要有以下几个参数：

(1) 流域滞留时间 t_L。t_L 指雨量曲线的中心点和地表径流过程线线的峰值流量点之间的时间差。

(2) 峰值时间 t_p。t_p 指开始降雨到出现峰值流量所需要的时间。

(3) 汇流时间 t_c。t_c 指降雨结束到地表径流过程线下降段出现拐点的所需时间，等于上游最高点降雨流到流域出口所需要的时间。

根据上述假设，可以得知地表径流总体积 V_R 为有效降雨量 R_e 与流域面积 A 的乘积，即

$$V_R=AR_e \tag{4.4}$$

由此得到流域出口处的流量为

$$Q=\frac{V_R}{t_{re}}=\frac{AR_e}{t_{re}}$$

根据第 2 章的内容可知，降雨强度 $I=R/t_{re}$，因此，流域出口处的流量也可以表示为

$$Q=AI \tag{4.5}$$

4.5　单位过程线

1931 年，Sherman 提出了单位过程线的概念，指 1cm 单位深度降雨量在流域出口处形成的水文过程线，假定整个流域面积上的降雨量分布均匀，降雨历时为 T。值得注意的是，此处的“单位”指降雨深度为 1cm，而不是指降雨历时取单位时间。如果已知单位过程线的持续时间，则可以推算出一般水文过程线的曲线特征。为研究单位过程线，需要进行下列假设：

(1) 有效降雨量在整个流域面积上均匀分布。一般尽量选取降雨历时较短的降雨过程进行分析，以便获得较为均匀的降雨强度，形成的单位过程线也只有一个峰值流量 (Chow 等，1988)。

(2) 如果整个流域的降雨分布不均匀，则单位过程线难以具有代表性，此时可以将流域划分为若干子流域，确保每个子流域的降雨应较为均匀。

(3) 基准流量的持续时间为常量，且大于有效降雨时间，即 $t_b > t_{re}$。基准流量的持续时间受基准流量的影响较大，其取值存在某些不确定性。

(4) 由于降雨时间为常量，因此过程线的形状仅与流域地形特征有关，该假设也方便采用放大法和叠加法。

如果在降雨历时 T 内，有效降雨量为 1cm，在该水文过程线称之为持续时间为 T 的单位过程线。不同降雨历时的单位过程线有所不同，典型的降雨时间—降雨强度曲线如图 4.9 所示。

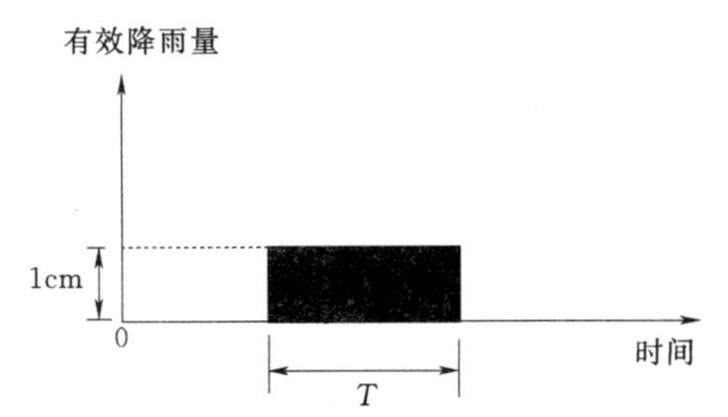

图 4.9 典型的降雨时间—有效降雨强度曲线

由图 4.9 可以看出，降雨强度为常量，等于 $1/T$（参见 2.5 节）。曲线所包围的面积为矩形，且降雨量假设在整个流域内均匀分布，其值为 1cm。这也说明在径流发生前，整个流域内均匀分布着深度为 1cm 的雨水，因此，整个流域内的水量 V_{UH} 为

$$V_{UH} = 1 \times A = A \tag{4.6}$$

式 (4.6) 表明，单位过程线与横坐标所围成的面积等于流域内有效降雨的体积。如前所述，水文过程线与横坐标所围成的面积等于流域面积与有效降雨深度的乘积。因此，为绘制出单位过程线，横坐标保持不变，只需要将水文过程线纵坐标同时除以有效降雨量 R_e 即可。图 4.10 显示了水文过程线及对应的单位过程线，从图中可以看出，两者在形状上基本相似，单位过程线对应的有效降雨量为 1cm。

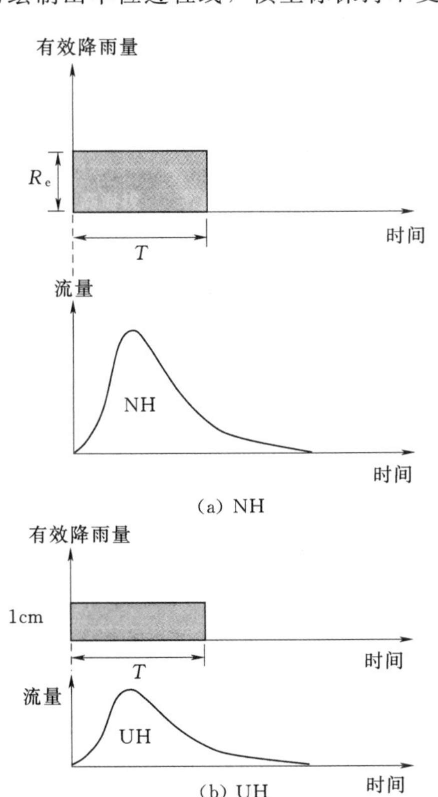

图 4.10 水文过程线及单位过程线

如果已知单位过程线，则可以推求得任意有效降雨量为 R_e 的水文过程线，只需要将单位过程线的纵坐标乘以有效降雨量 R_e 即可。

实际上，水文过程线和单位过程线通常不具有相同的持续时间，因此需要根据已知水文过程线推求不同持续时间的单位过程线，或者根据已知单位过程线推求不同持续时间的水文过程线。如果某单位过程线已经确定，且其持续时间为 T，则可以将未知的单位过程线分为两种情况，一种是持续时间为 T 的整数倍，如 $2T$ 或 $5T$ 等；另一种是持续时间为 T 的非整数倍，如 $1.5T$ 或 $0.6T$ 等。图 4.11 的左侧为已知的单位过程线，其持续时间为 T，右侧有效降雨量持续时间为 $2T$，其单位过程线未知。

为求得持续时间为 $2T$ 的单位过程线，可以先绘制出两个持续时间为 T 的单位过程线，然后进行叠加合成，如图 4.12 所示。合成后的曲线与

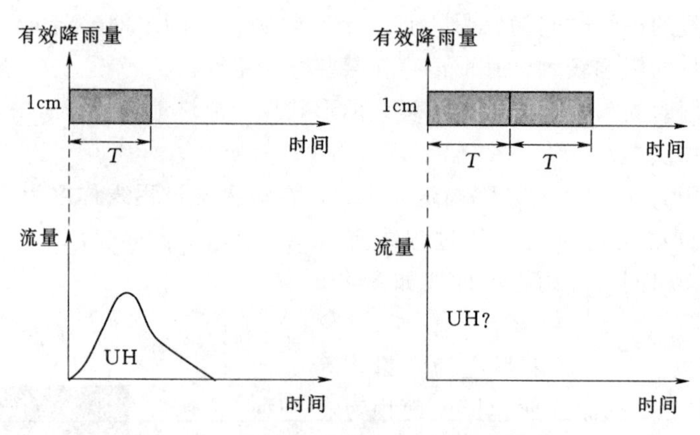

图 4.11　两种不同持续时间的单位过程线

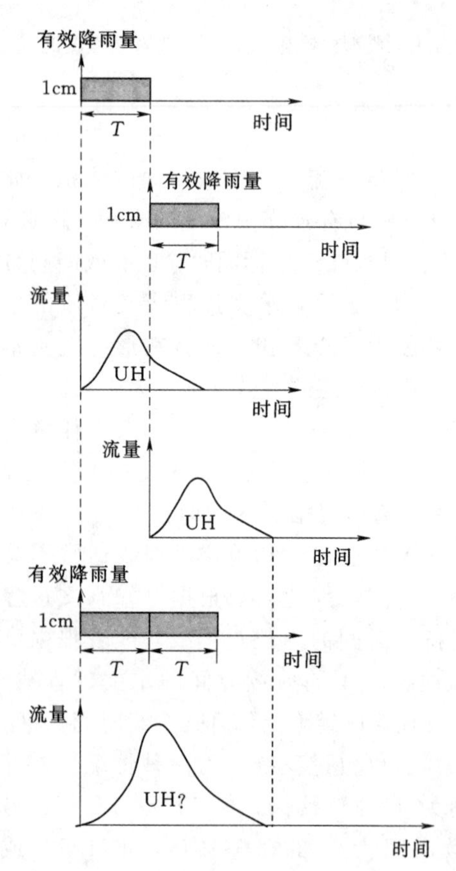

图 4.12　持续时间为 $2T$ 的单位过程线绘制过程

横坐标所围成的面积 V_{UH} 应等于流域面积 A。如果 $V_{UH} \neq A$，则需要将合成曲线的纵坐标除以 V_{UH}/A。

理论上，两个持续时间为 T 的单位过程线进行叠加合成后的曲线即为持续时间为 $2T$ 的单位过程线。值得注意的是，两个持续时间为 T 的单位过程线的横坐标应该相差 T。对于持续时间为 nT 的降雨过程，其中 n 为整数，可以根据下列步骤绘制其单位过程线：

(1) 绘制出持续时间为 T 的单位过程线。

(2) 在同一个坐标内，依次绘制出其余 $(n-1)$ 个持续时间为 T 的单位过程线，注意两个相邻单位过程线的横坐标应该相差 T。

(3) 将 n 个单位过程线进行叠加合成。

(4) 检查合成后的曲线与横坐标所围成的面积是否等于流域面积。

(5) 如果曲线与横坐标所围成的面积不等于流域面积，则要乘以相应的系数，使其等于流域面积。这样，所得到的曲线即为所求的持续时间为 nT 的单位过程线。

由于单位过程线作了一些严格的假设，因此在进行水文设计和洪水评估时，存在着某些问题或者某些局限性，主要包括以下几个方面：

(1) 单位过程线假设降雨量在整个流域内均匀分布，然而，当流域面积超过 5000km^2 时，单位过程线就会产生较大的误差，此时应该将流域划分为若干个子流域。另外，应用单位过程线时，流域面积也不得小于 2km^2。

(2) 单位过程线不适用于形状狭长的流域。

(3) 单位过程线只考虑了降雨情况，没有考虑降雪等类型的降水情况。

(4) 有效降雨量的持续时间应为流域滞留时间的 20%～30%，否则就会产生较大误差。

(5) 当流域内存在可以存储大量水源的大坝等构筑物时，单位过程线不适用。

(6) 流域内各个地点的降雨量不得存在较大的空间分布差异。

(7) 单位过程线没有考虑降雨强度的影响。

4.6 S形过程线及持续时间为非整数倍的单位过程线

利用持续时间为 T 的单位过程线，通过平移、放大和叠加，可以得到不同的水文过程线或单位过程线，但是无法求得持续时间为 T 的非整数倍的单位过程线。如果已知持续时间为无限小的单位过程线，此处称之为瞬时过程线，则可以根据平移、放大和叠加的方法，得到任意持续时间的单位过程线。瞬时过程线的持续时间假设为 ΔT，降雨量为 1cm，其形状和图 4.10（b）基本相似。假设持续时间为 T 的单位过程线已经确定，为求得持续时间为 T_D 的单位过程线，此处 T_D 为 T 的非整数倍，首先根据下列步骤分析有关问题：

(1) 绘制出持续时间为 T 的单位过程线。

(2) 将绘制出的单位过程线沿着横坐标平移 T_D。

(3) 用第一个单位过程线减去第二个单位过程线，会发现在 T_U-t_u 区间，降雨量为负值。

根据上述步骤，无法得到瞬时过程线。为求得瞬时过程线，假设单位过程线的持续时间为无限长。根据求持续时间为 nT 的单位过程线的方法，需要将持续时间为 T 的单位过程线平移无数次，然而值得注意的是，平移到一定次数，之后叠加的结果为常数。叠加后的结果如图 4.14 所示，由于该水文过程线形状类似于字母 S，因此称之为 S 形过程线。利用 S 形过程线，可以得到持续时间为 T_D 的水文过程线，此处持续时间 T_D 为非整数倍。

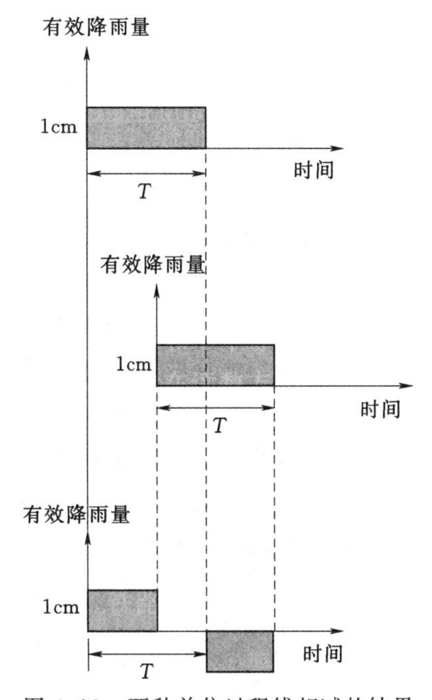

图 4.13 两种单位过程线相减的结果

将两个无限长的单位过程线进行相减，便得到了持续时间为 T_D 的水文过程线，为判断该水文过程线是否为单位过程线，需要从以下方面进行考虑：

(1) 从有效降雨量方面进行判断。S 形过程线是从持续时间为 T 的单位过程线生成的，因此其降雨强度为 $1/T$，然而持续时间为 T_D 的水文过程线的降雨量为 T_D/T，这与单位过程线的降雨量不相等，说明生成的过程线并非单位过程线。可以将生产的过程

线纵坐标除以 T_D/T，便得到单位过程线，即

$$Q(T,t)=\frac{\Delta S}{T_D/T} \tag{4.7}$$

（2）从流域面积上进行判断。单位过程线与横坐标所围成的面积应等于流域面积。如果生成的过程线与横坐标所围成的面积应不等于流域面积，则需要调整过程线的纵坐标值。设生成的过程线与横坐标所围成的面积为 A_U，流域面积为 A，如果 $A_U \neq A$，则需要将所生成的过程线纵坐标乘以 A/A_U。

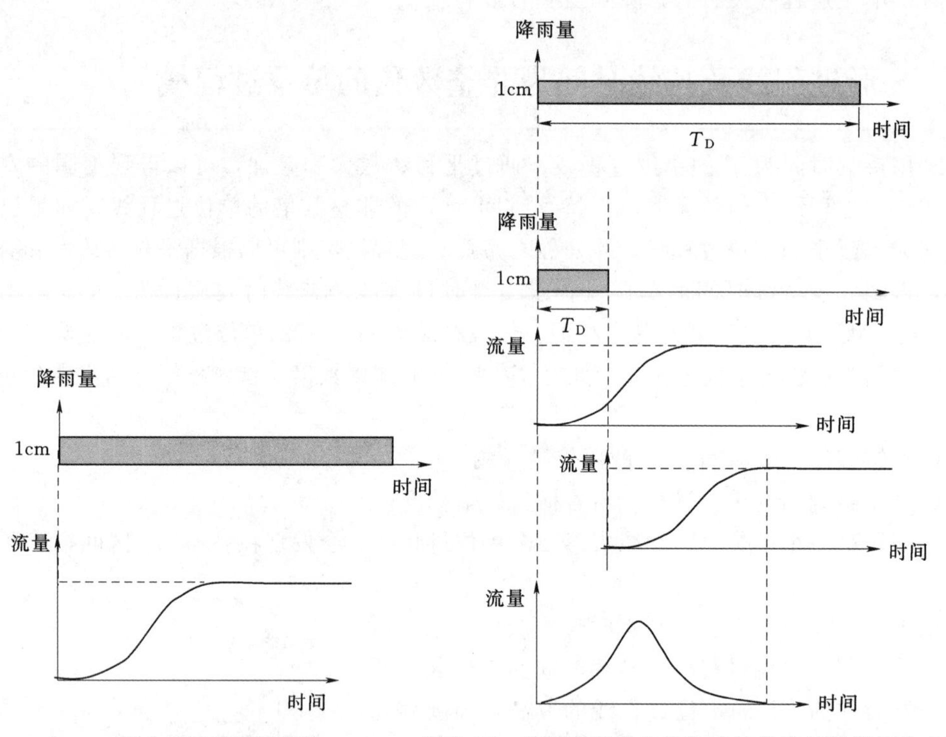

图 4.14　S 形过程线

图 4.15　持续时间为非整数倍的单位过程线的推求过程

4.7　瞬时过程线

瞬时过程线为持续时间为无限小的单位过程线。单位过程线的持续时间越短，其峰值流量就越接近纵坐标轴，即随着持续时间不断变短，峰值流量不断向左移动。当持续时间为无限小时，1cm 深的降雨量瞬间均匀地降落在流域地表，所形成的地表径流水文过程线即为瞬时过程线。实际上，不可能在无限小的时间内发生 1cm 深的降雨量，瞬时过程线主要在理论上研究降雨与地表径流的关系。大部分水文过程线都需要考虑有效降雨历时，瞬时过程线的优点在于不用考虑有效降雨历时。如前所述，利用 S 形过程线，可以求得任意持续时间的水文过程线。在式（4.7）中，降雨强度 $i=1/T$，因此，式（4.7）也可以写为

$$Q(T,t)=\frac{\Delta S}{iT_D} \tag{4.8}$$

如果降雨历时为无限小，即 $T_D=\Delta t$，则式（4.8）可以写为

$$Q(T,t)=\frac{\Delta S}{i\Delta t} \tag{4.9}$$

如果 T 趋向于 0，则 $i=1$，此时式（4.9）可以写为

$$Q(0,t)=\frac{\Delta S}{\mathrm{d}t} \tag{4.10}$$

式（4.10）表明，对 S 形过程线进行求导，便可以得到瞬时过程线。图 4.16 显示了一条典型的瞬时过程线，其有效降雨历时为零。瞬时过程线是唯一的一种降雨历时为 0 的过程线。

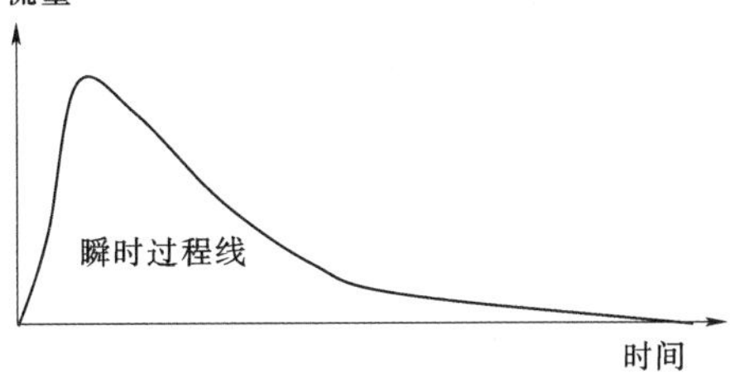

图 4.16 典型的瞬时过程线

瞬时过程线假定降雨瞬间均匀分布在流域面积上。图 4.17 列出了雨量图、瞬时过程线和水文过程线的关系，瞬时过程线的作用是将雨量图 $I(t)$ 转化为水文过程线。

瞬时过程线主要有如下特点：

（1）在任意时间，流量都为正值。

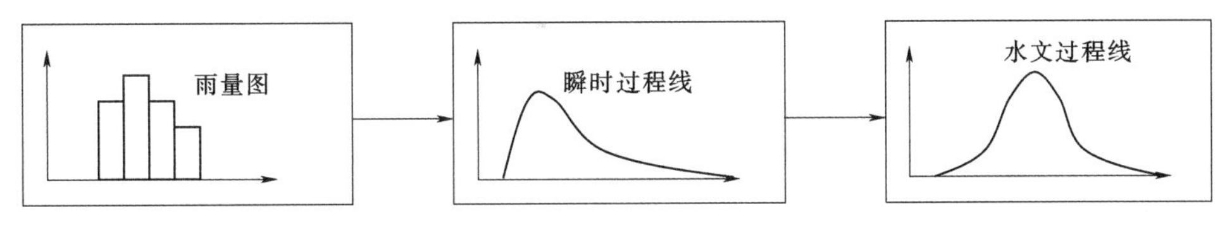

图 4.17 雨量图、瞬时过程线和水文过程线的关系

（2）时间为负数时，流量为零。

（3）随着时间不断增长，流量趋向于零。

（4）瞬时过程线与横坐标所围成的面积等于流域面积。

（5）对 $U(t)t\mathrm{d}t$ 进行积分，结果为流域滞留时间，即雨量曲线的中心点和地表径流过程线线的峰值流量点之间的时间差。

（6）峰值流量出现的时间通常小于瞬时过程线质心所在的时间。

将两条 S 形过程线相减，可以得到持续时间为 $\mathrm{d}t$ 的水文过程线，注意两条 S 形过程线的原点横坐标之差为 $\mathrm{d}t$。将所得的水文过程线的纵坐标除以 $\mathrm{d}t/T$，即可得到持续时间为 $\mathrm{d}t$ 的单位过程线。假设两条 S 形过程线的纵坐标分别为 S_1 和 S_2，则持续时间为 $\mathrm{d}t$ 的单位过程线的纵坐标可以表示为

$$\frac{S_1-S_2}{\mathrm{d}t/T}=\frac{S_1-S_2}{i\mathrm{d}t} \tag{4.11}$$

式中 i——降雨强度，cm/h，$i=1/T$。

随着 $\mathrm{d}t$ 接近于无限小，式（4.11）可以表示为

$$\frac{\mathrm{d}S}{i\mathrm{d}t} \tag{4.12}$$

如果降雨强度 $i=1\mathrm{cm/h}$，则表示瞬时过程线，表达式为

$$U(t)=\frac{\mathrm{d}S}{\mathrm{d}t} \tag{4.13}$$

式（4.13）表明，对单位过程线进行求导，即可得到瞬时过程线，如图 4.18 所示。

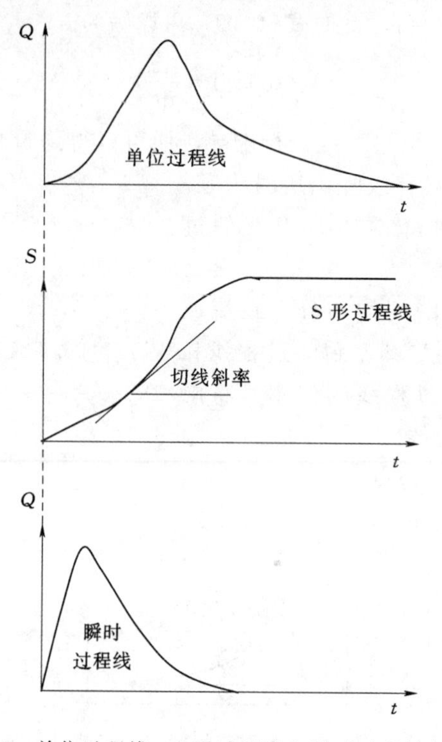

图 4.18　单位过程线、S 形过程线和瞬时过程线的关系

4.8　无量纲单位过程线

峰值流量 Q_{p} 和峰值时刻 t_{p} 是水文过程线中最重要的两个参数。将单位过程线的纵坐标除以 Q_{p}，横坐标除以 t_{p}，即可得到无量纲单位过程线，如图 4.19 所示。

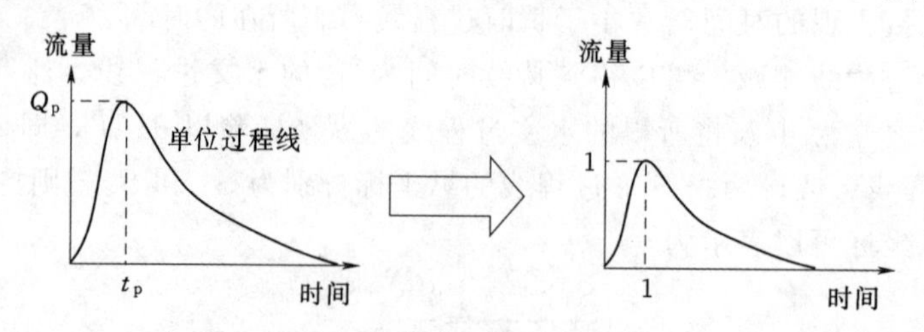

图 4.19　无量纲单位过程线

无量纲单位过程线的形状和单位过程线相似。如果求得了峰值流量 Q_{p} 和峰值时刻 t_{p}，就可以利用无量纲单位过程线确定出单位过程线。通常利用经验方法估算峰值流量 Q_{p} 和峰值时刻 t_{p}，继而确定单位过程线和设计水文过程线。第 5 章将详细阐述无量纲单位过程线。

主要根据流域特征来确定无量纲单位过程线，一般不考虑降雨和径流情况。在干旱和半干旱地区，降雨和径流资料很难获取。无量纲单位过程线一般假定为单峰值流量光滑曲线，且其参数符合两参数伽马分布。Nash（1958，1959a，b）和 Doodge（1959）通过分析梯级水库的水文资料，提出了类似于伽马分布的水文过程线。Croley（1980）、Aron 和 White（1982）提出了两参数伽马分布，可以用于构建无量纲单位过程线。有些流域，如干旱地区的峡谷，难以监测到水文数据，可以利用两参数伽马分布来构建单位过程线。Singh（1988）和 Bhunya（2003）认为，可以根据流域特征来估算单位过程线的参数，详细情况参见第 5 章。

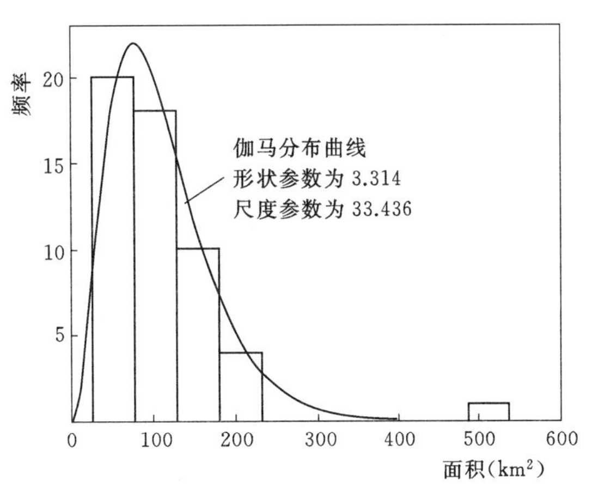

图 4.20 两参数伽马分布曲线

水文过程线的形状与流域面积有关，图 4.20 显示了某干旱流域的面积与频率的关系。

根据伽马分布，表 4.1 列出了某无量纲单位过程线的横坐标和纵坐标值。

表 4.1 某无量纲单位过程线的横坐标和纵坐标值（选自《沙特阿拉伯地质调查报告》）

t/t_b	q/q_b	t/t_b	q/q_b	t/t_b	q/q_b	t/t_b	q/q_b
0	0	3.4974	0.0558	1.8135	0.6019	5.3109	0.0022
0.1295	0.0662	3.6269	0.0449	1.9430	0.5232	5.4404	0.0017
0.2591	0.2439	3.7565	0.0361	2.0725	0.4500	5.5699	0.0013
0.3886	0.4617	3.8860	0.0289	2.2021	0.3836	5.6995	0.0011
0.5181	0.6655	4.0155	0.0231	2.3316	0.3244	5.829	0.0008
0.6477	0.8263	4.1451	0.0184	2.4611	0.2724	5.9585	0.0006
0.7772	0.9335	4.2746	0.0147	2.5907	0.2272	6.0881	0.0005
0.9067	0.988	4.4041	0.0117	2.7202	0.1885	6.2176	0.0004
1.0000	1.0000	4.5337	0.0092	2.8497	0.1555	6.3472	0.0003
1.1658	0.9701	4.6632	0.0073	2.9793	0.1277	6.4767	0.0002
1.2953	0.9171	4.7927	0.0058	3.1088	0.1044	6.6062	0.0002
1.4249	0.8471	4.9223	0.0045	3.2383	0.0850	6.7358	0.0001
1.5544	0.7676	5.0518	0.0036	3.3679	0.0690		
1.6839	0.6844	5.1813	0.0028				

一般采用径流曲线（SCS）模型来计算峰值流量，表 4.2 列出了某无量纲单位过程线的横坐标和纵坐标值，其中峰值流量采用径流曲线（SCS）模型计算而得。

表4.2　某无量纲单位过程线的横坐标和纵坐标值

0	0	1.8	0.42
0.2	0.075	2	0.32
0.4	0.28	2.5	0.22
0.6	0.6	2.75	0.155
0.8	0.9	3	0.075
1	1	3.5	0.036
1.2	0.92	4	0.018
1.4	0.75	4.5	0.009
1.6	0.56	5	0.004

图4.21分别绘制了某流域采用两种不同方法得到的单位过程线，一种是《沙特阿拉伯地质调查报告》（As－Sefry等，2004）中所用的方法（SGS），另一种是美国径流曲线（SCS）模型（1971，1986）。

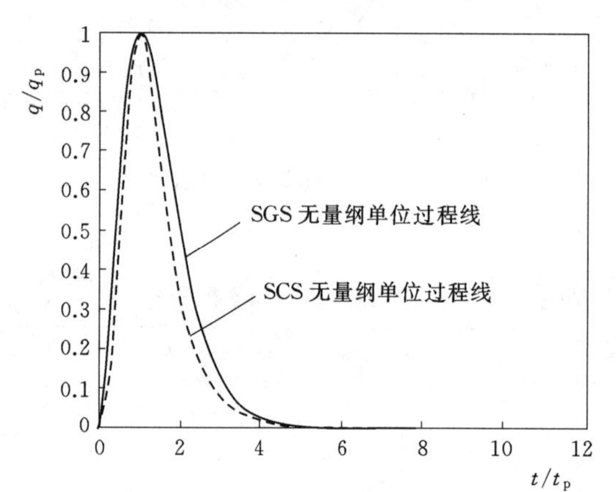

图4.21　SGS和SCS无量纲单位过程线

由图4.21可以看出，两种方法所形成的曲线基本相同，SGS无量纲单位过程线的纵坐标比SCS无量纲单位过程线略大，且持续时间也比SCS无量纲单位过程线略长。也就是说，在曲线下降段，SGS无量纲单位过程线的径流量稍微大于SCS无量纲单位过程线。对于干旱地区而言，如沙特阿拉伯地区，SCS无量纲单位过程线应用起来十分不便。虽然普通单位过程线与横坐标所围成的面积等于1，但是无量纲单位过程线与横坐标所围成的面积不一定是1。

无量纲单位过程线的峰值流量Q_t与单位过程线的峰值流量Q_p呈一定的比例关系。通过参考文献，可以查阅到不同的无量纲单位过程线。

美国农业部水土保持局（SCS）认为，单位过程线的峰值流量和峰值时刻存在的关系为

$$Q_p = C\frac{A}{T_p} \tag{4.14}$$

式中　A——流域面积；

C——常数，若该计算采用国际单位制m时，一般取2.08。

峰值时刻和有效降雨持续时间Δt有关，可以表示为

$$t_p = \frac{\Delta t}{2} + t_{lag} \tag{4.15}$$

式中　t_{lag}——流域滞留时间，即雨量曲线的中心点和地表径流过程线线的峰值流量点之间的时间差（图4.8）。

如果上游有水文测量数据，则可以计算出流域滞留时间。如果上游没有水文测量数据，则可以根据美国农业部水土保持局的经验公式计算流域滞留时间，即

$$t_{\mathrm{lag}}=0.6t_{\mathrm{c}} \tag{4.16}$$

式中 t_{c}——汇流时间，指降雨结束到地表径流过程线下降段出现拐点的所需时间，等于上游最高点降雨流到流域出口所需要的时间。

4.9 人工合成过程线

人工合成过程线一般采用经验方法确定，适用于存在多种水文过程线的地区。人工合成过程线不但可以适用于气候和水文条件相似的地区，也适用于其他地区。然而，若是应用不当，会得出错误的结果，而工程师、水文学家等使用者却浑然不觉。因此，为正确使用人工合成过程线，应仔细检查假定条件和实际条件是否较为相符。

在世界上很多地区，由于各种原因，很难对地表流水进行测量，其中最重要的原因是流域的规划发生了变化。如果流域内的地表水流无法测量，可以根据流域面积、主河道纵比降和主河道长度等容易测量的流域特征参数来推求过程线，这种方法得到的过程线称之为人工合成过程线。确定人工合成过程线的方法众多，作者提出了两种新颖的人工合成过程线确定方法，分别阐述于第 7 章和第 8 章。

4.9.1 Snyder 方法

Snyder 方法为经验方法，主要适用于美国阿巴拉契亚山脉的流域。该方法认为峰值流量和峰值时刻与流域地形特征存在某种关系。一旦确定了峰值流量和峰值时刻，就可以根据无量纲单位过程线或者简单的单位过程线来人工合成某种过程线。Synder（1938）认为峰值时刻 t_{p} 取决于主河道长度 L 和主河道中心点至出口的距离 L_{c}，表示为

$$t_{\mathrm{p}}=C_{\mathrm{t}}(LL_{\mathrm{c}})^{0.3} \tag{4.17}$$

式中 C_{t}——经验系数，一般取 1.35～1.60。

有效降雨的持续时间 t_{r} 可以表示为

$$t_{\mathrm{r}}=\frac{t_{\mathrm{p}}}{5.5} \tag{4.18}$$

峰值流量 Q_{p} 与流域面积 A 呈正比，与峰值时刻 t_{p} 呈反比，表示为

$$Q_{\mathrm{p}}=\frac{2.78C_{\mathrm{p}}A}{t_{\mathrm{p}}} \tag{4.19}$$

式中 C_{p}——系数，一般取 0.23～0.67。

主河道纵比降 S 对峰值时刻有重要影响，Linsley 等（1958）建议采用下列公式估算峰值时刻，即

$$t_{\mathrm{p}}=C\left(\frac{LL_{\mathrm{c}}}{\sqrt{s}}\right)^{0.38} \tag{4.20}$$

式中　C——系数，山区流域取1.72，丘陵流域取1.0，峡谷流域取0.5。

另外，流域滞后时间可以表示为

$$t_l = t_p 0.25(t_r - t_e) \tag{4.21}$$

t_r 可以根据经验取值。类似于式（4.19），峰值流量还可以表示为

$$Q_p = \frac{2.78C_pA}{t_l} \tag{4.22}$$

Taylor和Schwartz（1952）建议，人工合成过程线的基准流量的持续时间可以表示为

$$t_b = 5(t_l + 0.5t_r) \tag{4.23}$$

t_t 也可取峰值时刻的4～5倍。采用Snyder经验方法，根据下列步骤，可以绘制出单位过程线。

（1）应尽量参照水文和气象条件相似流域的情况，来构建单位过程线。分别根据式（4.17）～式（4.19）计算出 t_p、t_e 和 Q_p 的值，然后根据下列公式分别计算出 W_{50} 和 W_{75}，即

$$W_{50} = \frac{5.87}{q_{pu}^{1.08}} \tag{4.24}$$

$$W_{75} = \frac{3.35}{q_{pu}^{1.08}} \tag{4.25}$$

式中　W_{50}、W_{75}——峰值流量的50%和75%流量所对应的时刻。

（2）利用 W_{50} 和 W_{75}，将人工合成过程线平均等分为三部分：一部分位于峰值流量的左侧；另外两部分位于峰值流量的右侧。也有学者认为，40%的时间位于峰值流量的左侧，其余时间位于峰值流量的右侧。

（3）如果人工合成过程线与横坐标所围成的面积不等于流域面积，则调整人工合成过程线的纵坐标，使其符合要求。

另外，也可以构建标准人工合成过程线，其降雨历时 t_e 和流域滞留时间 t_L 的关系为

$$t_L = 5.5t_e \tag{4.26}$$

式中　t_L——雨量曲线的中心点和地表径流过程线线的峰值流量点之间的时间差，如图4.22所示。

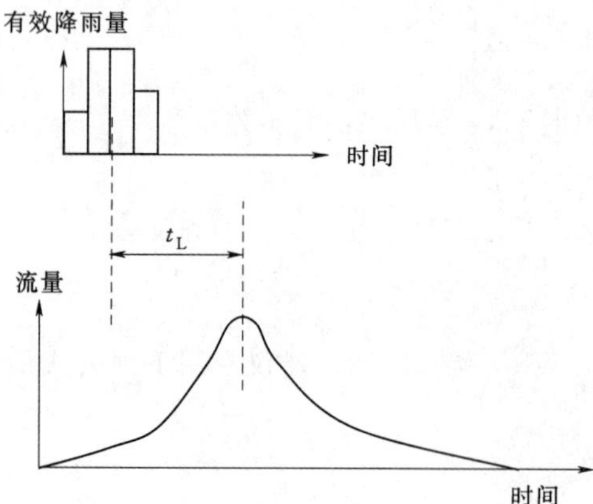

图4.22　Snyder方法绘制的单位过程线

如果初步生成的人工合成过程线的持续时间严重不符合式（4.26），则可以根据下式调整峰值时刻 t_p，即

$$t_p = t_p - \frac{t_r - t_u}{4} \tag{4.27}$$

式中　t_r——有效降雨量的持续时间；

t_u——人工合成过程线的持续时间。

Synder（1938）发现，t_p 和 Q_p 存在下列关系

$$\frac{Q_p}{A} = C\frac{C_p}{t_p} \tag{4.28}$$

式中 Q_p——人工合成过程线的峰值流量；

A——流域面积；

C_p——与峰值流量有关的系数；

C——常数，在使用国际单位值时，C 取 2.75。

在阿拉伯半岛，分布着很多干涸峡谷，主要位于北纬 18°～19°，东经 40°30′～42°，发生洪水时，会汇入红海。上游最高峰海拔约为 2000m。

研究区为吉达港地区，在冬季，从地中海吹来的西北风横穿峡谷，到达研究区。在春季，东南季风盛行于研究区。在夏季和秋季，由于极端气温的影响，经常发生地形雨。

对于研究区，主要根据理论方法进行洪水分析，同时也利用经验方法或试验方法进行修正。洪水流量是非常复杂的问题，通常与气象和地形条件有关。气象条件主要包括降雨强度、降雨分布情况、降雨历时和频率等。地形条件主要包括流域面积、河网密度、主河道纵比降和主河道长度等。流域地形特征极大影响降雨量—地面径流的关系，降雨量—地面径流的关系也非常复杂，主要取决于植被、地质、土地利用和土壤情况。

可以利用数字高程模型来获取研究区的地形特征，其主要参数见表 4.3。表中 A 为流域面积，L 为主河道长度，L_c 为主河道中心至河口的距离，Δh 为高差，S_o 为主河道的纵比降。

表 4.3　　　研究区的地形参数

子流域名称	子流域编号	A(km^2)	L_c(km)	L(km)	Δh(km)	S_o
Hali 干涸峡谷						
Mamdah	1	99.41	9.5	19.13	0.386	0.02
Qada	3	346.04	17.75	32.44	1.126	0.035
Ralah	4	376.15	15.25	35.24	0.863	0.024
Uraun	5	442.87	23	47.59	0.998	0.021
Al-Hamd	6	450.11	23.75	39.37	0.738	0.019
Ar-Raysh	7	507.9	21.25	37.18	0.802	0.022
Tayyah	8	628.57	30.05	50.9	1.685	0.033
Hali	9	672.98	27	39.7	2.557	0.064
Baqarah	10	725.14	33	49.54	1.117	0.023
Qana	11	810.05	34.5	67	0.835	0.012
Ghargharah	12	160.64	8.25	20.86	0.287	0.014
Yibah 干涸峡谷						
Al-Qawz	1	752.99	19.25	43.93	0.41	0.01
Sayfir	2	231.26	13.25	22.4	0.34	0.02
Urf	3	181.36	14	28.77	0.58	0.02
Mafal	4	291.86	10	24.73	1.45	0.06
Khat	5	578.78	20.75	40.79	1.69	0.04
Biyan	6	527.59	19.75	28.19	0.9	0.03
Al-Jawf	7	284.75	15.25	22.93	1.63	0.07
Jafn	8	334.99	16.5	29.84	1.34	0.05

图 4.23 绘制了 L 和 L_c 的对数坐标关系。

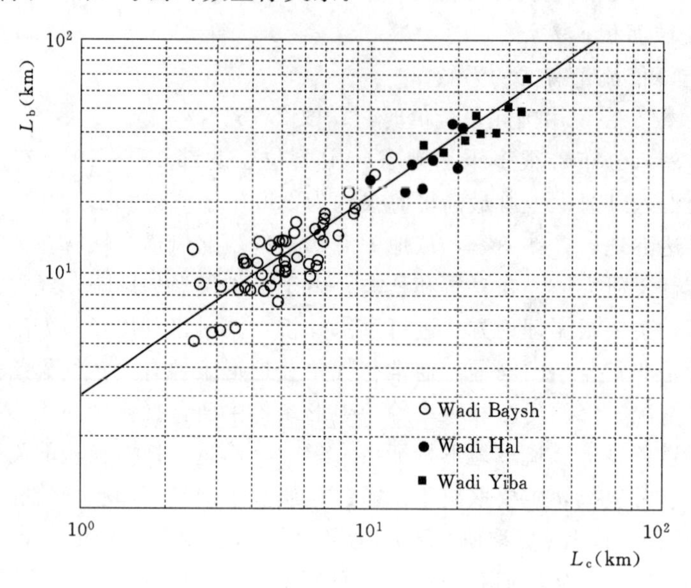

图 4.23　L 和 L_c 的对数坐标关系

由于求解 L_c 的过程比较繁琐，一般采用下式求得 L_c，即

$$L_c = 0.2682L^{1.198} \tag{4.29}$$

由式（4.29）和式（4.20），可以得到峰值时刻的表达式为

$$t_p = C\left(\frac{0.2682L^{2.198}}{\sqrt{s}}\right)^{0.38} \tag{4.30}$$

Linsley 等研究了不同土壤的 C_p 和 C_t 值，见表 4.4。

表 4.4　　不同土壤 C_p 和 C_t 的取值

土壤类型	C_t	C_p
砂	1.65	0.56
中砂和黏土	1.50	0.63
高黏性土和岩石	1.35	0.69
平均值	1.5	0.63

将式（4.18）代入式（4.19），并令 $C_p=1$，$S=1$，在可以在对数坐标上表示出流域面积和峰值流量的各种直线关系，如图 4.24 所示。

例题 4.1

在 Hali 干涸峡谷中，子流域 Mamdah 的土壤类型为中砂和黏土，见表 4.3，求子流域 Mamdah 的峰值流量。

解： 由表 4.3 可知，$A=99.1\text{km}^2$，$L_c=9.5\text{km}$，$L=19.13\text{km}$，故 $LL_c=181.73\text{km}^2$。由图 4.25 可以查得，在 $C_p=1$ 和 $S=1$ 时，峰值流量为 $15\text{m}^3/\text{s}$。由表 4.4 可知，$C_p=0.63$，故峰值流量为

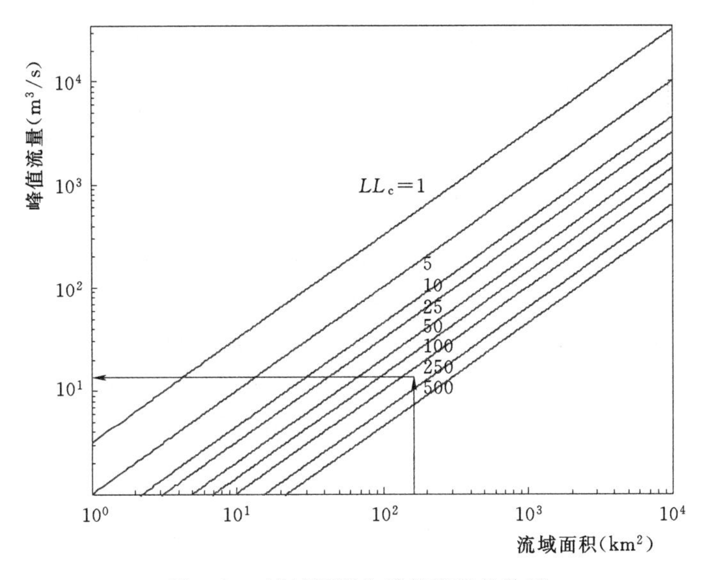

图 4.24 流域面积和峰值流量的关系

$$Q_p=15\times0.63=9.45\text{m}^3/\text{s}$$

4.9.2 径流曲线（SCS）模型方法

该方法较为简单，主要应用了水文学的基本原理来求解径流参数。该方法假设降雨需要时间，形成的径流主要取决于土壤类型，且径流量小于降雨量，即径流量 r 和降雨量 P 的比值小于 1。径流曲线（SCS，1971，1986）模型方法认为 r/P 等于地面水的储量 F 除以地面的潜在蓄水能力 S，即

$$\frac{r}{P}=\frac{F}{S} \tag{4.31}$$

式（4.31）简单易懂，并且降雨量、径流量和地面水的储量存在下列关系

$$P=r+F \tag{4.32}$$

将式（4.32）代入式（4.31），整理得

$$r=\frac{P^2}{P+S} \tag{4.33}$$

如果考虑到下渗量 I_a 的影响，则要从降雨量中减去下渗量，则式（4.33）应表示为

$$r_e=\frac{(P-I_a)^2}{P-I_a+S} \tag{4.34}$$

式中 r——径流量；

P——有效降雨量；

S——流域的潜在蓄水能力。

美国农业部水土保持局（SCS）分析了大量小型流域资料，发现 I_a 和 S 的存在下列关系

$$I_a=0.2S \tag{4.35}$$

因此，式（4.34）可以写为

$$r_e=\frac{(P-0.2S)^2}{P+0.8S} \tag{4.36}$$

根据式（4.36），可以计算出微小时间增量内的径流量。另外，流域最大储水量 S 和径流曲线数 CN 值的关系为

$$S=\frac{25400-254CN}{CN}\quad（国际单位制） \tag{4.37}$$

径流曲线数 CN 值一般取 30～100，在水中取 100，在高渗透性土壤中取 30。

影响径流曲线数 CN 值的因素主要包括土地利用情况、土壤类型和前期湿度条件等，可以根据美国农业部水土保持局 TR－55 报告中的表格取值。查表时，需要确定土壤类型、土地利用情况和前期湿度条件。如果流域内存在多种土壤类型，或者土地利用多种多样，此时可以将流域划分为若干个区域，从而求得当量径流曲线数 CN 值，其计算公式为

$$CN_{\text{composite}}=\frac{\sum A_i CN_i}{\sum A_i} \tag{4.38}$$

式中　i——第 i 个土地利用和土壤类型；

CN_i——第 i 个区域的径流曲线数 CN 值；

A_i——第 i 个区域的面积。

4.9.3　地貌瞬时单位线

有些流域缺乏径流测量数据，为确定这些流域的单位过程线，Rodriguez－Iturbe 和 Valdes（1979）提出了地貌瞬时单位线（GIUH）的概念。该方法主要通过概率和随机模型来分析降雨量和水质点传播时间。

分析地貌瞬时单位线时，假设水质点传播时间符合某种概率分布，水质点传播时间为雨滴降落到流域表面，然后流动到达河口的时间历程。水质点传播时间的概率密度函数通常假定为指数型分布，称之为指数型地貌瞬时单位线（ED－GIUH）。流域内的河流通常划分为若干种级别，详细情况参见 3.6.7 节。Kirshen 和 Bras 利用运动方程的线性化方法分析了水质点传播时间的指数分布，发现水质点并不是严格遵循指数型概率分布，从而提出了线性地貌瞬时单位线（LR－GIUH）方法。

指数型地貌瞬时单位线（ED－GIUH）和线性地貌瞬时单位线（LR－GIUH）的主要缺点是没有考虑下渗的影响。Diaz－Granados 和 Bras（1989）修正了这个缺陷，并认为下渗量和径流量呈线性关系。利用指数型地貌瞬时单位线方法，Diaz－Granados 和 Bras 分析了埃及和波多黎各自治邦不同流域的情况，结果表明，这些流域的峰值流量、峰值时刻和水文过程线形状相差不大。另外，由于指数型地貌瞬时单位线（ED－GIUH）求导简便，从而得到广泛应用。然而，利用指数型地貌瞬时单位线时，从现场监测数据中提取模型参数较为困难，而且也没有考虑到两个因素：①雨水下渗量；②下渗损失的概率分布问题。

指数型地貌瞬时单位线（ED－GIUH）的水质点传播时间假定等于河流长度除以流水速度的值，其表达式类似于式（3.34）。需要注意的是，即使同一条河流，每次降雨产生的流水速度通常也各不相同。Rodriguez－Iturbe 和 Valdes（1979）发现，如果流水速

度是变量，则会使过程线的计算变得非常复杂，且难以进行理论分析。为此，众多学者（Rodriguez - Iturbe 和 Valdes，1979；Kirshen 和 Bras，1983；Troutman 和 Karlinger，1985）研究了峰值时刻的流水速度，但是难以达成一致意见，成为 ED - GIUH 方法的一大缺点。

通常采用网络拓扑结构和概率方法来分析地貌瞬时单位线。在第 3 章，分别阐述了河流分级、河流长度和河流面积的概念，根据式（3.10）～式（3.12），可以分别求得河流分叉比、长度分叉比和面积分叉比。河流分叉比一般取 3～5，长度分叉比一般取 1.5～3.5，面积分叉比一般取 3～6。通常采用 Strahler 方法进行河流分级和参数计算，如图 4.25 所示。

流水从一级河流向二级、三级等河流流动，利用 Strahler 方法，可以计算出水质点传播时间和概率分布参数。地貌瞬时单位线的概率分布类似于瞬时单位线，但忽略了地表水和地下水的水质点传播时间。由此，可以得到地貌瞬时单位线的峰值流量和峰值时刻为

$$q_{\mathrm{p}}=\frac{1.31}{L_{\Omega}}R_{\mathrm{L}}^{0.43}V \tag{4.39}$$

$$t_{\mathrm{p}}=\frac{0.44L_{\Omega}}{V}\left(\frac{R_{\mathrm{B}}}{R_{\mathrm{A}}}\right)^{0.55}R_{\mathrm{L}}^{-0.38} \tag{4.40}$$

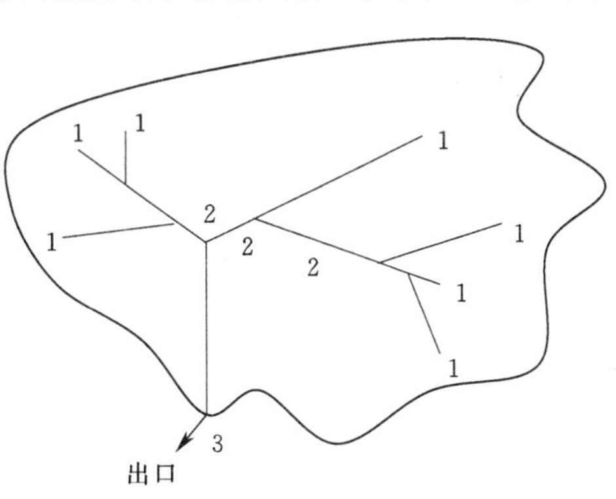

图 4.25 Strahler 河流分级方法

4.9.3.1 水质点传播时间

雨滴降落到流域内某地点后，通过若干级河流达到出口。此处需要考虑两种概率情况，一种是雨滴降落某 i 级河流的概率 P_i，另一种是水质点在某 i 级河流的传播时间概率 P_{ti}。为便于计算，假设雨滴降落某 i 级河流的概率 P_i 及在此河流中的传播时间概率 P_{ti} 为独立变量，如果流域河流分为 S 级，则水质点的传播时间可以表示为

$$P_{\mathrm{t}}=\sum_{j=i}^{S}P_jP_{\mathrm{t}j} \tag{4.41}$$

为便于计算，一般只考虑水质点在河流中运动的时间，忽略水质点在岸上的运动时间。因此，将不同级别河流中的运动时间累加，便得到水质点的传播时间。在 t 时刻，水质点在第 i 级河流中的传播时间概率为

$$P_{\mathrm{t}i}=P_{\mathrm{A}_i}P_{ij}P_{j\mathrm{k}}\cdots P_{\mathrm{mS}} \tag{4.42}$$

式中 P_{A_i}——雨滴降落到第 i 级河流的概率，右侧其他参数的乘积表示雨滴运动到下一级河流的概率，其中

$$P_{\mathrm{A}_i}=\frac{\text{第 } i \text{ 级河流面积}}{\text{流域面积}} \tag{4.43}$$

$$P_{\mathrm{A}_i}=\frac{\text{第 } i \text{ 级河流中流入下一级河流的条数}}{\text{第 } i \text{ 级河流的条数}} \tag{4.44}$$

可以根据下式计算 P_{A_i} 为

$$P_{\mathrm{A}_i}=\frac{N_i\overline{A}_i}{AS} \tag{4.45}$$

式（4.45）也可以详细地表示为

$$P_{A_i}=\frac{N_i}{AS}\left(\overline{A}_i-\sum_{k=1}^{i-1}\frac{\overline{A}_k N_k P_{ki}}{N_i}\right)\quad(i=2,3,\cdots,S)\tag{4.46}$$

另外，P_{ij} 可以表示为

$$P_{ij}=\frac{(N_i-2N_{i+1})E(j,S)}{\sum\limits_{k=j}^{S}E(k,S)N_i}+\frac{2N_{i+1}}{N^i}\delta_{i+1,j}\quad(1<i<j<S)\tag{4.47}$$

式中　$\overline{A}_i$——第 i 级河流及前级河流的平均径流面积，如果 $j=i+1$，则 $\delta_{i+1,j}=1$，其他情况下 $\delta_{i+1,j}=0$；

$E(j，S)$——第 i 级河流的内部联系的平均数量；

S——流域内的河流级数。

$E(j，S)$ 表示为

$$E(j,S)=N_i\prod_{k=2}^{j}\frac{(N_{k-1}-1)}{2N_k-1}\quad(i=2,3,\cdots,S)\tag{4.48}$$

在分析地貌瞬时单位线时，式（4.46）～式（4.48）仅为近似计算，有时会导致较大的计算误差。因此，也可以用平均面积来表示 $\overline{A}_i$，即

$$\frac{A_{i,j}^T}{N_{i,j}}=\frac{A_{i,l}^T}{N_{i,l}}=\frac{A_{i,S}^T}{N_{i,S}}=\overline{A}_i\tag{4.49}$$

式中　$A_{i,j}^T$——第 i 级河流流入第 j 级河流的平均面积。

Rodriguez - Iturbe 和 Valdes（1979）提出了水质点传播时间的指数计算公式，即

$$P(T_i)=\lambda_i e^{-\lambda_i t}\tag{4.50}$$

其中
$$\lambda_i=\frac{V}{\overline{L}_i}$$

式中　V——第 i 级河流的平均流速；

$\overline{L}_i$——第 i 级河流的平均长度。

值得注意的是，当 $t=0$ 时，式（4.50）的初始值并不为 0。因此，也有学者建议使用下列公式计算水质点传播时间

$$P(T_i)=\lambda_S^{*2}te^{-\lambda_S^* t}\tag{4.51}$$

其中
$$\lambda_S^*=2\lambda_S$$

4.9.3.2　下渗损失量

Diaz - Granados 等研究了下渗损失量的时空分布 $i(x，t)$，提出了下列的表达式

$$i(x,t)=kq(x,t)\tag{4.52}$$

式中　k——常数；

$q(x，t)$——河流单位宽度内的流量。

根据式（4.52），可以求得第 i 级河流的下渗损失量为

$$I_i=1-\frac{(1-e^{-k\overline{L}_i})}{k\overline{L}_i}\tag{4.53}$$

则水质点传播时间的指数表达式（4.50）可以修正为

$$P(T_i)=\lambda_i e^{-\mu_i t}\quad i<S\tag{4.54}$$

$$P(T_S)=\mu_S^*\lambda_S^* te^{-\mu_S^* t} \tag{4.55}$$

其中
$$\mu_i=V_i/\overline{L}_i(1-I_i)$$
$$\mu_S^*=2\mu_S$$

$P(T_i)$ 曲线与横坐标所围成的面积等于 $(1-I_i)$。

如果某第 i 级河流的降雨量为 1，且下渗量均匀，则在第 i 级河流出口处的流量为 $(1-I_i)$。下一级河流的下渗量为 $(1-I)I_i$，j 则第 j 级河流出口处的流量为 $(1-I_i)(1-I_j)$。以此类推，整个流域出口处的流量为 $(1-I_i)(1-I_j)\cdots(1-I_S)$。如果流域面积为 A_S，降雨量（降雨深度）为 h，则某点处的地面径流量 r 可以表示为

$$r=A_S h\sum_{s\in S}P(s)(1-I_s) \tag{4.56}$$

在上式中，如果流域面积和地形特征已知，则可以根据式（4.53）计算出未知量 I_i。

4.9.3.3 平均流域滞留时间

Gupta 等（1980）提出了平均流域滞留时间的表达式，即

$$\overline{T}=\sum_{s\in S}P(s)\overline{T}_s \tag{4.57}$$

式中 $\overline{T}_s$——雨滴沿着路径 s 所需要的平均传播时间，等于路径 s 沿途所有河流水质点平均传播时间的累加值，即

$$\overline{T}=\overline{T}_i+\overline{T}_j+\cdots+\overline{T}_S \tag{4.58}$$

由式（4.50）可知，$\overline{T}_i=1/\lambda_i$。但是根据修正的指数型地貌瞬时单位线的式（4.54）可知，$\overline{T}_i=(1-I_i)^2/\lambda_i$。由于 $P(T_i)$ 曲线与横坐标所围成的面积等于 $(1-I_i)$，对过程线进行无量纲归一化时，需要除以 $(1-I_i)$。因此，式（4.58）可以修正为

$$\overline{T}=\frac{1}{V}\sum_{s\in S}P(T_S)(\overline{L}_i+\overline{L}_j+\cdots+\overline{L}_S) \tag{4.59}$$

Diaz - Granados 等也提出了一个类似的表达式

$$\overline{T}=\frac{1}{W}\sum_{s\in S}P(T_S)[\overline{L}_i(1-I_i)+\overline{L}_j(1-I_j)+\cdots+\overline{L}_S(1-I_S)]$$

由式（4.58）和式（4.59）可以得知

$$W=\beta V \tag{4.60}$$

此处 β 为

$$\beta=\frac{\sum_{s\in S}P(T_S)[\overline{L}_i(1-I_i)+\overline{L}_j(1-I_j)+\cdots+\overline{L}_S(1-I_S)]}{\sum_{s\in S}P(T_S)(\overline{L}_i+\overline{L}_j+\cdots+\overline{L}_S)} \tag{4.61}$$

4.10 SantaBarbara 过程线

该过程线主要适用于加利福尼亚州 SantaBarbara 防洪和水土保持区，可以用笔算轻松确定所需参数，没有单位过程线那样的繁琐求解过程。该方法类似于 4.3 节的求解过程，首先求得子流域的水文过程线，然后确定出流域出口的水文过程线。SantaBarbara 过

程线的主要求解步骤如下：

（1）流域分为两个区域，一个区域为土壤不可渗透区域，设所占面积比例为 α，另一个区域为土壤可渗透区域，则所占面积比例为（$1-\alpha$）。如果在 Δt 时间内，降雨量为 $P_{\Delta t}$，下渗量为 $I_{\Delta t}$，则不可渗透区的径流深度为

$$R_I=\alpha P_{\Delta t} \tag{4.62}$$

渗透区的径流深度为

$$R_P=(1-\alpha)(P_{\Delta t}-I_{\Delta t}) \tag{4.63}$$

总径流深度为

$$R_T=R_I+R_P=P_{\Delta t}+(1-\alpha)I_{\Delta t} \tag{4.64}$$

Δt 通常可以取 0.25h 或 0.5h 等。

（2）先求瞬时单位线，在 Δt 时间内，径流体积为总径流深度 R_T 与流域面积 A 的乘积，即

$$V_{\Delta t}=AR_T \tag{4.65}$$

则瞬时单位线在 Δt 时间内的流量 $Q'_{\Delta t}$ 为

$$Q'_{\Delta t}=\frac{V_{\Delta t}}{\Delta t} \tag{4.66}$$

将式（4.65）和式（4.64）代入式（4.66），得

$$Q'_{\Delta t}=A\frac{R_T}{\Delta t}=A\frac{P_{\Delta t}+(1-\alpha)I_{\Delta t}}{\Delta t} \tag{4.67}$$

令 $i_{\Delta t}=P_{\Delta t}/\Delta t$ 表示降雨强度，$f_{\Delta t}=I_{\Delta t}/\Delta t$ 表示下渗速度，则式（4.67）可以改写为

$$Q'_{\Delta t}=A[i_{\Delta t}+(1-\alpha)f_{\Delta t}] \tag{4.68}$$

则单位面积上的流量为

$$q_{\Delta t}=i_{\Delta t}+(1-\alpha)f_{\Delta t} \tag{4.69}$$

（3）根据汇流时间 t_c，计算出流域滞留时间，接着计算出瞬时单位线流量 $Q'_{\Delta t}$，最终求得瞬时单位线设计流量 $Q_{\Delta t}$ 为

$$Q_{\Delta t}(j)=Q_{\Delta t}(j-1)+K_r[Q'_{\Delta t}(j-1)+Q'_{\Delta t}(j)-2Q_{\Delta t}(j)] \tag{4.70}$$

其中

$$K_r=\frac{\Delta t}{(2t_c+\Delta t)} \tag{4.71}$$

常数 K_r 对水文过程线的形状有较大的影响。也可以考虑洼地存留或蒸发的影响，将 SantaBarbara 公式修正为

$$R_I=\alpha(P_{\Delta t}-D_{\Delta t})e_{\Delta t} \tag{4.72}$$

式中　$D_{\Delta t}$——在 Δt 时间内的洼地存留水量；

　　$e_{\Delta t}$——径流前的蒸发量。

4.11　单位过程线的概念模型

主要采用一系列水库模型来模拟不同区域的水量输入—输出情况，如图 4.26 所示。

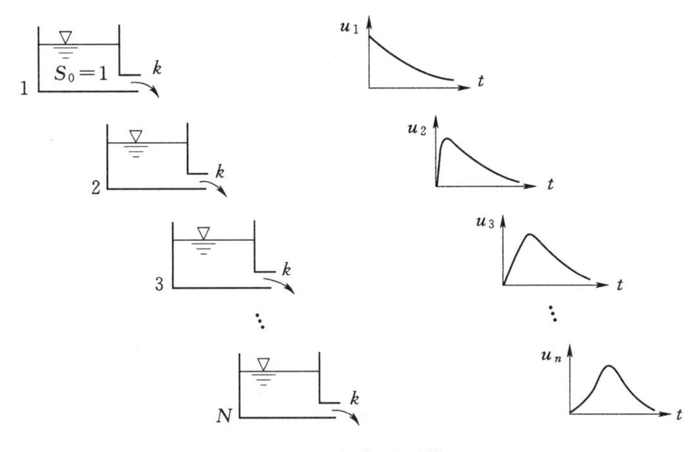

图 4.26 水库系列模型

每个水库模型的输出量一般小于输入量，这使得水文过程线的有效基准时间变长。在实际应用中，存在若干种概念模型。

这些概念模型都具有一定的理论基础，大部分以首次提出者的名字来命名。首先确定瞬时过程线，然后将瞬时过程线转化为单位过程线，具体情况可以参见 4.7 节。

Nash（1957a，b）假定所有的水库模型都具有相同的尺寸和水力参数，其中最重要的参数为存储系数 K，该参数表示水库的储水能力。存储系数越大，表示水库的储水能力越强。这一系列水库模型是相互联系的，其输出水量和输入水量随时间而变化，水库模型的数量主要取决于有效降雨量和直接径流水文过程线。

Nash 概念模型假定第一个水库模型瞬间出现 1cm 深的有效降雨量。第一个水库模型没有输入雨量，从第一个水库输出后，水量进行第二个水库，以此类推，直到从最后一个水库流出。最后一个水库出口形成的时间—流量过程即为瞬时单位过程线。由水文学的基本原理可知，输入流量减去输出流量等于单位时间内存储量的变化，即

$$I-O=\frac{\mathrm{d}S}{\mathrm{d}t} \tag{4.73}$$

式中 I——输入流量；

O——输出流量；

S——水库内的雨水量。

第一个水库的雨水量 S 与输出流量 O 呈线性关系，即

$$S=KO \tag{4.74}$$

将式（4.74）代入式（4.73），并令初始条件 $I=0$，则可以求得

$$-O=\frac{\mathrm{d}S}{\mathrm{d}t}=\frac{\mathrm{d}(KO)}{\mathrm{d}t}=K\frac{\mathrm{d}O}{\mathrm{d}t}$$

整理，得

$$\frac{\mathrm{d}t}{K}=-\frac{\mathrm{d}O}{O}$$

对上式进行积分，得

$$-\frac{t}{K}=\ln O+C$$

式中　C——积分常数。

由初始条件可知，$t\to 0$ 时，$O\to O_0$，代入上式，整理得

$$O=O_0 e^{-\frac{t}{K}} \tag{4.75}$$

另外，由式（4.74）可知，$S_0=KO_0$，且 $S_0=1$，则式（4.75）可以表示为

$$O=\frac{1}{K}e^{-\frac{t}{K}} \tag{4.76}$$

式（4.76）为第一个水库模型的输出函数。第二个水库模型的输入—输出公式为

$$I_2-O_2=\frac{dS_2}{dt}$$

其中
$$I_2=O_1=\frac{1}{K}e^{-\frac{t}{K}}$$

另外，由式（4.74）可知，$S_2=KO_2$，整理得

$$O_2=\frac{1}{K^2}e^{-\frac{t}{K}} \tag{4.77}$$

同理，可以求得第3个和第4个水库模型的输出函数为

$$O_3=\frac{1}{2.1}\cdot\frac{1}{K}\left(\frac{t}{K}\right)^2 e^{-\frac{t}{K}}$$

$$O_4=\frac{1}{3.2.1}\cdot\frac{1}{K}\left(\frac{t}{K}\right)^3 e^{-\frac{t}{K}}$$

第 n 个水库模型的输出函数为

$$O_n=\frac{1}{(n-1)}\frac{1}{K}\left(\frac{t}{K}\right)^{n-1} e^{-\frac{t}{K}}$$

由此推得瞬时单位过程线的通用表达式为

$$O(t)=\frac{1}{(n-1)}\frac{1}{K}\left(\frac{t}{K}\right)^{n-1} e^{-\frac{t}{K}} \tag{4.78}$$

由式（4.78）可知，只需要存储系数 K 和水库模型数量 n 便可以确定瞬时单位过程线。可以由对坐标轴的一次矩 M_1 求得瞬时单位过程线的质心，M_1 可以表示为

$$M_1=nK \tag{4.79}$$

式中　K——每个水库模型的滞留时间。

式（4.79）也可以表示为有效降雨量图一次矩和直接径流水文过程线一次矩的差，即

$$M_{1-\text{直接径流水文过程线}}-M_{1-\text{有效降雨量图}}=nK \tag{4.80}$$

参 考 文 献

Aron, G., & White, E.L. (1982). Fitting a gamma distribution over a synthetic unit hydrograph. *Water Resources Bulletin*, 18 (1), 95-98.

As-Sefry, S., Şen, Z., Al-Ghamdi, S.A., Al-Ashi, W., & Al-Baradi, W. (2004). *Strategic groundwater storage of Wadi Fatimah - Makkah region Saudi Arabia*. Saudi Geological Survey, Hydrogeology Project Team, Final.

Bhunya, P. K., Mishra, S. K., & Berndtsson, R., (2003). Simplified two parameter gamma distributions for derivation of synthetic unit hydrograph. *Journal of Hydrologic Engineering*, *ASCE*, 8 (4), 226 - 230.

Bras, R. L. (1989). *Hydrology: An Introduction to Hydrological Sciences*. Reading, M. A: Addison - Wasley.

Chow, V. T., Maidment, D. R., & Mays, L. W. (1988). *Applied hydrology*. St. Louis, MO: McGraw - Hill Publishing Company.

Croley, T. E. (1980). Gamma synthetic hydrographs. *Journal of Amsterdam Hydrology*, 47, 41 - 52.

Diaz - Granados, M. A., Valdes, J. B., & Bras, R. L. (1983). *A derived flood frequency distribution based on the geomorphologic - climatic IUH and density function of rainfall excess*. Report No. 292, Massachusetts Institute of Technology, Cambridge, MA.

Doodge, J. C. I. (1959). A general theory of the unit hydrograph. *Journal Geophysical Research*, 64, 241 - 256.

Gupta, V. K., Waymire, E., & Wang, C. T. (1980). A representative of an instantaneous unit hydrograph from geomorphology. *Water Resources Research*, 16 (5), 855 - 862.

Kirshen, D. M., & Bras, R. L. (1983). The linear channel and its effect on the geomorphologic IUH. *Journal of Hydrology*, 65, 175 - 208.

Linsley, R. K., Kohler, M. A., & Paulhus, J. L. H. (1958). *Hydrology for engineers* (pp. 150 - 160). New York: McGraw - Hill.

Linsley, R. K., Kohler, M. A., & Paulhus, J. L. H. (1982). *Hydrology for engineers* (3rd ed., p. 508). New York: McGraw - Hill.

Nash, J. E. (1957a). Discussion of "Frequency of discharges from ungaged catchments". *Eos* (*Transactions*, *American Geophysical Union*), 38 (6), 963 - 969.

Nash, J. E. (1957b). The form of the instantaneous unit hydrograph. *International Association of Science Hydrology* 45.

Nash, J. E. (1958). Determining run - off from rainfall. *P. I. Civil Engineering*, 10, 163 - 184.

Nash, J. E. (1959a). The effect of flood - elimination works on the flood frequency of the river Wandle. *Proceedings of the Institution of Civil Engineers*, 13, 317 - 338.

Nash, J. E. (1959b). Systematic determination of unit hydrograph parameters. *Journal of Geophysical Research*, 64 (1), 111 - 115.

Rodriguez - Iturbe, I., & Valdes, J. B. (1979). The geomorphic structure of hydrologic response. *Water Resources Research*, 18 (4), 877 - 886.

Şen, Z. (2010). *Fuzzy logic and hydrological modeling* (pp. 340). Taylor and Francis Group, CRC Press Publishers.

Şen, Z. (2014) *Philosophical, logical and scientific perspectives in engineering* (p. 260). Berlin: Springer - Nature.

Sherman, C. W. (1931). Frequency and Intensity of Excessive Rainfall at Boston. *Transactions ASCE*, 95, 951 - 960.

Singh, V. P. (1988). *Hydrologic systems: Rainfall - runoff modeling*, vol. 1. Englewood: NJ Prentice Hall.

Snyder, F. F. (1938). Synthetic unit hydrographs. *Transactions American Geophysics Union*, 19, 447 - 454.

Soil Conservation Service (SCS). (1971). *National engineering handbook*, *section* 4: *Hydrology*. Springfield, VA: USDA.

Soil Conservation Service (SCS). (1986). *Urban hydrology for small watersheds* (Technical Report 55). Springfield, VA.

Strahler, A. N. (1950). Equilibrium theory of slopes approached by frequency distribution analysis. *American Journal of Science*, 248 (673 - 696), 800 - 814.

Strahler, A. N. (1952). Hypsometric (area - altitude) analysis of erosional topography. *Geological Society of America Bulletin*, 63, 1117 - 1142.

Taylor, A. B., & Schwartz, H. E. (1952). Unit - hydrograph lag and peak flow related to basin characteristics. *Transactions American Geophysical Union*, 33, 235 - 246.

Troutman, B. M., & Karlinger, M. R. (1985). Unit hydrograph approximations assuming linear flow through topologically random channel networks. *Water Resources Research*, 21, 743 - 754.

第 5 章

推理公式法

摘要：100 多年前，已经有人开始研究洪水流量的计算，并提出了多种洪水流量计算方法。由于缺乏雨量测量仪器，早期的洪水流量计算方法都是基于理论分析。求洪峰流量的推理公式法只考虑了流域面积这个单一因素，没有考虑土壤类型和土地利用等地表特征和降雨特征。本章对比了推理公式法和近代新提出的方法之间的优缺点，并利用外包络线法计算了洪水流量，并给出了外包络线法在世界不同地区的使用步骤。根据推理公式，本章提出了径流经验系数法计算干旱地区的洪水流量，并成功应用于阿拉伯半岛西南部某些流域。本章探讨了推理公式法的缺点，并提出了修正公式，给出了应用实例。同时，考虑了流域面积、河水平均流量和水文记录标准差，给出了几种地表水流量的计算方法。
关键词：干旱地区，暴洪，洪水外包络线法，修正方法，推理公式法，流量，无实测记录的流域

5.1 概述

本章主要阐明了推理公式法的基本原理。由于缺乏雨量测量仪器，早期的洪水流量计算方法主要基于理论分析，没有考虑到时间因素。早期的分析中，认为洪水流量和流域面积呈线性关系，详细情况参见第 3 章。自从降雨量记录出现以后，开始将洪水流量表示为流域面积和降雨强度的函数，详细情况参见第 4 章。由于确定径流系数的方法较多，导致出现了多种洪水流量的估算方法。实际上，影响洪水流量的因素非常多，包括地形、水文、地质、土地利用、土壤类型和植被覆盖情况等，但由于有些因素难以准确测量或取样，因此估算洪水流量时，通常只考虑其中几种因素，即降雨量、蒸发量、下渗量、径流量一般是可以准确测量的，数据较为可靠。

估算洪峰流量的方法也多种多样。有些方法是根据降雨-径流过程理论推导而得，而有些公式则是根据经验构建。这些公式主要根据流域面积、主河道纵比降和主河道长度等参数来估算洪峰流量。

水文预测是一个重要的科学和工程领域，主要根据水文气象资料和水文模型，分析和预测当前和未来流域的水文情况，主要分析流域内河道的水文情况。主要根据水文学和气

象学原理进行水文预测，可以将降雨量预测方法和水文模型结合。相比于地震、滑坡和火山爆发预测，洪水预测还是较为容易和可靠。即使是同样的气象条件和降雨情况，在不同的流域也会产生不同的洪水，或者在同一流域的不同时间也会产生不同的洪水。

5.2　早期的洪水流量估算方法

自古以来，暴雨和洪水都会导致严重的人员伤亡和财产损失。在峡谷地带的河漫滩地区，由于地表水和地下水丰富，吸引大量人口定居于此，但也容易受到洪水的威胁。随着社会的发展，人们开始修建渠道等引水构筑物，或者修建大坝和堤防等储水构筑物，但缺乏科学的计算方法。18 世纪末，学者们提出了各种洪水流量的计算方法。工程师们通过对现有构筑物的观察，考虑到洪峰流量的各种影响因素，提出了不同的设计参数。在早期，水文数据匮乏，主要依赖于简单的逻辑推理估算洪水流量。

Chow（1962）最早整理了设计洪水流量的计算方法，共整理出 12 个河道面积计算公式和 62 个设计流量计算公式，但只有少数公式受到工程师的广泛接受，其中最广为应用的是 Talbo（1887—1888）公式。在缺乏测试资料的早期，学者们也发现了影响洪水流量的主要因素。Byrne（1902）在进行河道设计时，首先认识到下列因素可以影响洪水流量：①降雨强度；②土壤条件；③地表条件及地形起伏特征；④河床条件及河床地形起伏特征；⑤流域平面形状及河流位置；⑥河口情况及河床坡度；⑦河水是否可以升至涵洞以上水位；⑧对水工构筑物的水压；

如果无法分析出以上每个因素对设计流量的具体影响，则进行工程设计时，还是难以准确考虑。对于水工构筑物，尤其是涵洞和桥梁，为准确估算洪水流量，应采取下列措施：

（1）对设计河道进行观察。

（2）如果条件允许，在高水位时进行测量，在河道狭窄处进行断面测量。

（3）根据河水流动情况和附近居民情况确定设计高水位。

Byrne（1902）认为，针对上述措施、假说进行全面分析，综合考虑，基本可以确定出较为可靠的河道设计参数。

即使是现在的工程设计，也要考虑安全和经济的关系。在早期，主要根据观察资料和专家意见确定工程风险性。如今，需要用概率风险来表示工程的风险程度，如 0.002 概率风险（对应于 500 年重现期）、0.005 概率风险（对应于 200 年重现期）、0.01 概率风险（对应于 100 年重现期）、0.02 概率风险（对应于 50 年重现期）、0.04 概率风险（对应于 250 年重现期）和 0.10 概率风险（对应于 10 年重现期）。在设计涵洞和桥梁等水工构筑物时，如果安全系数较小，则容易产生交通中断、高速道路维修费用高昂和构筑物损毁等问题，详细情况请参见第 7 章。然而，如果安全系数偏大，则会产生工程造价高昂的问题。

然而，要获得良好的安全和经济目标，需要正确估算出构筑物所承受的最大洪峰流量。有些水工构筑物，如涵洞和桥梁等，一旦破坏，会造成严重的人员伤亡，此时需要提高安全系数，有时甚至完全不用考虑工程造价问题。

5.2.1 Talbot 方法

Talbot（1887—1889）任教于美国伊利诺伊大学时，提出了较为实用的洪水流量计算公式，该公式不需要气象实测资料，其表达式为

$$Q_p = CA^{3/4} \tag{5.1}$$

式中 A——流域面积，英亩；

C——系数，一般取 0.3～1。

Talbot 建议，可以根据下列情况确定 C 值：

（1）在地形起伏的农业区，如果峡谷的长度是宽度的 3～4 倍，由于融雪发生洪水时，$C=1/3$；

（2）如果不会发生融雪洪水，且峡谷长度是宽度的若干倍时，$C=1/5$，或 $C=1/6$，或者取更小的值。

（3）如果地形坡度变陡，则 C 值增大。尤其在上游，其水位落差比涵洞场地大，C 取较大值。

Talbot（1887—1888）认为，对相似洪水进行观察和总结，要远胜于公式的研究。另外，Talbot 建议，在地形陡峭和岩石地表区域，C 值取 2/3～1。

Talbot 公式主要应用于铁路和公路构筑物设计方面。1953 年，美国伊利诺伊大学分析了相关资料，发现美国 25 个州在公路设计方面采用 Talbot 公式（Chow，1962）。

沙特阿拉伯交通部提出了修正的 Talbot 公式。未修正的公式为

$$Q_5 = 0.6Q_{25} \tag{5.2}$$

$$Q_{10} = 0.8Q_{25} \tag{5.3}$$

$$Q_{25} = 1.0Q_{25} \tag{5.4}$$

$$Q_{50} = 1.2Q_{25} \tag{5.5}$$

$$Q_{100} = 1.4Q_{25} \tag{5.6}$$

Q_{25}为重现期为 25 年的设计洪水流量，是其他重现期设计洪水流量的基础，其取值如表 5.1 所示。在表 5.1 中，A 为流域面积，SF 为流域内的边坡系数。

表 5.1　Talbot 公式的参数取值

流域面积（单位：英亩）	重现期为 25 年的设计洪水流量	流域面积（单位：英亩）	重现期为 25 年的设计洪水流量
$0<A<400$（小型流域）	$Q=A\cdot SF$	$1258<A<35944$	$Q=4.985CA^{1/2}$
$400<A<1258$	$Q=0.837CA^{3/4}$	$A>35944$	$Q=14.232CA^{2/5}$

C 的取值主要由 3 部分构成，表示为

$$C = C_1 + C_2 + C_3 \tag{5.7}$$

C_1、C_2 和 C_3 主要根据表 5.2 进行取值（Wilson Murrow Consultant，1971）。

表 5.2　式（5.7）中各参数的取值

根据地形条件对 C_1 进行取值	
山区	0.30
丘陵	0.20

续表

根据地形条件对 C_1 进行取值	
低洼平地	0.10
根据河床纵比降 S 对 C_2 进行取值	
$S>0.15$	0.50
$0.10<S<0.15$	0.40
$0.05<S<0.10$	0.30
$0.02<S<0.05$	0.25
$0.01<S<0.02$	0.20
$0.005<S<0.01$	0.15
根据河道宽度 W 对 C_3 进行取值	
$W=L$	0.30
$W=0.40L$	0.20
$W=0.20L$	0.10

注： L 表示河道的长度。

修正的 Talbot 公式可以较容易地确定不同类型流域的 C 值，尤其适用于降雨强度为 20～70mm/h 的流域。该公式在沙特阿拉伯进行了数年的检验，结果表明，效果良好，工程师可以准确地确定设计流域的 C 值。

当然，修正的 Talbot 公式也存在某些缺点，该公式不适用于雨量很大或很少的地区(如半干旱地区)。如果流域内较大的雨水存留区，或者由高大的农业堤防等构筑物，由于雨水被存储或者延缓了径流发生时间，此时该公式也不适用。

根据 Al－Suba'i 和《沙特阿拉伯地质调查报告》的研究结果，对于沙特阿拉伯，其洪峰流量 Q_p 和流域面积 A 的关系为

$$Q_p=43A^{0.522} \tag{5.8}$$

相比于式（5.8），式（5.1）只是粗略表示了洪峰流量。对于流域内的某块区域，设面积为 a_i，则该区域内的洪峰流量 Q_{pi} 为

$$Q_{pi}=Q_p\left(\frac{a_i}{A}\right)^{0.522} \tag{5.9}$$

Talbot 公式是 100 多年前提出了，在水文和洪水流量计算的相关文献中并不多见。在早期，由于缺乏降雨量记录，不得不使用简单的经验方法。如今，气象测试仪器不断涌现，世界上大部分地区都有降雨量记录。任何洪水流量的计算方法，都难免有主观取值的方面。Talbot 公式虽然简单，但是缺乏机理解释。使用 Talbot 公式时，最好用其他现代计算方法再检验一次。利用现有的大量水文数据，也可以对 Talbot 公式进行修正。Talbot 公式主要存在如下缺点：

（1）该方法只考虑了流域面积，根据流域大小、坡度和形状缺点参数取值，难免有主观的成分。该方法先确定重现期为 25 年的洪峰流量，然后再计算其他重现期（如 50 年或 100 年等）的洪峰流量。

（2）虽然该方法也考虑了流域平面形状的影响，但只考虑了河道宽度的影响，没有考

虑河道长度的影响。实际上，河道长度对洪水流量的影响远大于其他流域地形参数。

（3）该方法没有考虑降雨强度的影响。虽然很多现代提出的方法也没有考虑降雨强度的影响，如 Snyder 方法，但是基本都具备理论基础。在估算洪水时，建议考虑降雨强度的影响。

（4）C 值最大为 0.9，其取值具有一定的主观性，且没有考虑基岩、河道纵比降等地质和地形因素的影响。近代提出的很多方法都考虑了地表土壤类型、植被、土地利用、地质、地形等因素的影响，但是 Talbot 公式却没有考虑这些影响。

（5）在对数坐标上，洪水流量 Q 和流域面积 A 呈线性关系，但无法弄清楚其绘制原理。另外，$Q_{25}=Q_{\text{basic}}SF$，该式只考虑了流域面积的影响，没有明确 SF 如何取值，只知道 SF 与边坡系数有关。

（6）W 反映了流域长度的影响，但没有考虑河网密度和主河道纵比降的影响，而后两个因素对洪水流量的影响还是非常大的。

（7）尚不清楚为何幂指数取 3/4＝0.75，可能是根据经验取值。

（8）C_1、C_2 和 C_3 主要根据专家的建议进行取值。然而，流域内可能同时存在高山、低洼平地和植被覆盖等多种情况，这些参数在整个流域内不是一个常数，很难准确确定其值。当然可以采取加权平均值，但是 Talbot 公式没有给予明确说明。

（9）由 $Q_{50}=1.2Q_{25}$ 和 $Q_{100}=1.4Q_{25}$ 可知，系数为常数。然而，根据概率知识可知，不同重现期的洪水流量应符合一定的概率分布，如伽马分布、皮尔逊-Ⅱ型分布或对数皮尔逊分布等，而不应该对不同的流域都取同样的常数。另外，不同重现期的洪水流量还和降雨量的概率分布有关。

（10）在对数坐标上，基准流量不应该为 0，但 Talbot 公式的基准流量不符合这个要求。另外，实测数据表明，在对数坐标上，流域面积和洪水流量并不是呈线性关系。

（11）对于重现期为 25 年的洪水流量，有 $Q_{25}=Q_{\text{basic}}S$，此处 S 为干涸峡谷的坡度系数。该公式表明，只要不同流域具有相同的面积和坡度系数，则洪水流量估算结果就是相同的。实际上，干旱地区的洪水流量和湿润地区的洪水流量在计算上存在很大的不同（Şen，2008）。

Quraisi 和 Al-Hasoun（1996）提出了修正的 Talbot 公式，适用于面积较大的流域，表示为

$$Q_{25}=4.985C(A)^{0.5} \tag{5.10}$$

$$Q_{50}=1.2Q_{25} \tag{5.11}$$

$$Q_{100}=1.17Q_{50} \tag{5.12}$$

式中 Q_{25}、Q_{50} 和 Q_{100}——重现期为 25 年、50 年和 100 年的洪水流量，m^3/s。

5.2.2 Lacey 方法

如果河床非常宽阔，则河道宽度基本等于湿周 P_w。Lacey 公式认为湿周 P_w 与洪水流量的平方根呈正比关系，即

$$P_w=4.84\sqrt{Q} \tag{5.13}$$

该公式虽然目前较为符合实际情况，但是缺乏理论机理。另外，Lacey 公式采用湿周 P_w 求解洪水流量，而不是采用河道宽度 W 求解。然而，有时候，湿周会远大于河道宽

度，如河道断面为矩形时，$P_w=W+2D$，D 为河水深度。在冲积河床中，河道宽度 W 一般远大于河水深度 D，此时 $P_w \approx W$，详细情况参见 3.7.3 节。当 $P_w \approx W$ 时，式（5.13）可以改写为

$$P_w \approx W = 4.84\sqrt{Q} \tag{5.14}$$

溢岸流量是河水开始漫过天然河岸时的洪水流量，此时河岸上开始有冲积物沉积，详细情况参见 3.7.1 节的图 3.20。发生洪水时，漫过河岸是经常发生的事情。使用 Lacey 方法时，要注意以下方面：

（1）如果桥下的水路小于 Lacey 公式要求的水路，则该水路称为“狭窄水路”。

（2）如果桥下的水路大于 Lacey 公式要求的水路，则该水路称为“宽阔水路”。

计算桥下洪水流量的方法众多，但由于测试数据不准确，都无法给出准确的计算结果（Byrne，1902）。

5.2.3　早期方法的可靠性

早期的洪水流量估算公式大部分是根据经验建立的，工程师进行水文设计时，难免怀疑所用公式的可靠性。如果工程师多方搜集资料，认真研究水文参数，就可以提高计算结构的可靠性。确定水文参数时，不但要考虑公式的选用问题，还要考虑未来最大降雨量和地表条件可能会发生变化的问题。

早期的洪水流量公式中的参数基本靠主观判断来确定，其误差可达 100%～200%，有时误差甚至更大。实际上，数学上的精度并不是问题所在，参数取值增加 10%或者 20%也无关紧要。例如，如果管道取 2 英尺太小，则可以试着取 3 英尺，尺寸增加了 225%；如果涵洞取 6 英尺略小，则可以试着取 8 英尺，尺寸增加了 180%。此处真正的核心问题是，是否需要设置 2 英尺的管道或者 6 英尺的涵洞。

Blanchard 和 Drowne（1913）认为，经验公式基本只适用于局部地区，由于早期公式只考虑了流域面积的影响，因此计算结果往往并不准确。

虽然经验公式结果存在一些误差，但是胜过没有公式的随意取值。如果某经验公式经过长期的检验，不断进行资料的积累和分析，则会使公式的参数取值和计算结果趋于准确，虽然公式还是适用于局部地区。

早期经验公式数量繁多，对同一流域，得到的结果也各不相同。有的公式适用于某种条件的流域，但另一个流域条件变化时，通常就难以适用。大部分公式只有流域面积一个变量，有的公式可以考虑土壤条件和坡度等因素的影响，两种公式得到的结果通常有较大的差距。

由于影响洪水流量的因素众多，如流域面积、年降雨量、降雨强度、降雨范围、降雨历时、河道纵比降、土壤类型和植被覆盖等，且这些因素往往也变化较大，使得各种公式的计算结果大相径庭。在使用这些公式时，工程师应注意到这一点。

5.3　外包络线法

类似于式（5.8）的公式主要适用于计算流域出口处的洪水流量。可以在对数坐标上绘制流域面积 A 和洪水流量 Q_p 的关系曲线，两者基本呈直线关系。表 5.3 列出了有关数据。

表 5.3　　不同国家或地区的洪峰流量记录（Costa，1987a，b）

位置	面积 $A(km^2)$	洪峰流 $Q_p(m^3/s)$	位置	面积 $A(km^2)$	洪峰流 $Q_p(m^3/s)$
美国	55.34	2523.48	美国	2009.09	12941.96
古巴	69.34	2055.89	中国台湾	1757.92	15885.47
塔希提岛	77.45	2208	日本	1945.36	17782.79
墨西哥	80.17	3162.28	朝鲜	2460.37	13335.21
加勒多尼亚地区	156.68	4178.3	日本	2910.72	13740.42
中国台湾	287.08	8053.78	菲律宾	3556.31	17418.07
加勒多尼亚地区	459.2	6902.4	日本	4017.91	16032.45
加勒多尼亚地区	383.71	10209.39	美国	4255.98	16710.91
美国	561.05	6839.12	美国	6729.77	19319.68
新西兰	839.46	7888.6	美国	7194.49	24210.29
美国	1086.43	8669.62	马达加斯加	8709.64	21183.61
澳大利亚	1216.19	9594.01	朝鲜	9099.13	25468.30
日本	1358.31	10209.39	韩国	16826.74	31622.78
中国台湾	1227.44	11428.78	巴基斯坦	20606.30	27101.92
墨西哥	1111.73	12022.64	中国	29444.22	36559.48
日本	1300.17	12676.52	马达加斯加	35645.11	34673.69
美国	1435.49	14321.88	中国	68233.87	62950.62
印度	1698.24	13614.45			

根据表 5.3 的数据，绘制了世界上主要地区的流域面积和洪峰流量的对数坐标关系，如图 5.1 所示。

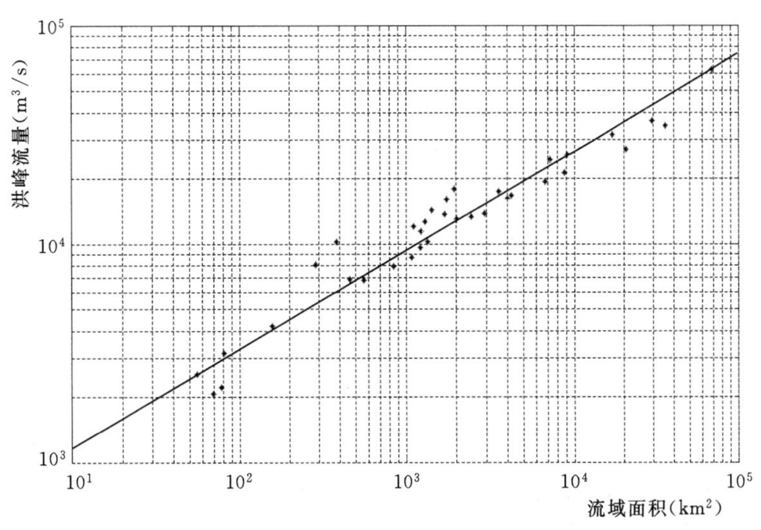

图 5.1　世界上主要地区的流域面积和洪峰流量的对数坐标关系

由图 5.1 可以得到流域面积和洪峰流量的关系为

$$Q_p=500A^{0.4} \tag{5.15}$$

由式（5.15）可以看出，两者呈幂函数关系。表5.3的统计结果表明，山丘对洪峰流量的影响大于洼地，降雨强度大时，降雨量可以迅速转化为地表径流。

Bayazıt 和 Önöz（2008）研究了土耳其地区的洪水情况，发现流域面积和洪峰流量的关系为

$$Q_p=1.81A^{1.22} \quad A\leqslant 300 \tag{5.16}$$

$$Q_p=1.81A^{1.22} \quad 300\leqslant A\leqslant 10000 \tag{5.17}$$

美国学者（Costa，1987a，b，c）首次提出了外包络线法计算洪峰流量，Bayazıt 和 Önöz（2007）对外包络线法进行了深入研究和详细分析。研究发现，在同一流域，洪水记录可以屡创新高。例如，美国某流域的面积为 $10km^2$，1850 年洪峰流量为 $55m^3/s$，1939 年洪峰流量为 $397m^3/s$，而 1986 年高达 $740m^3/s$，如果流域面积为 $100km^2$，其对应的洪峰流量分别为 $304m^3/s$、$2430m^3/s$ 和 $3250m^3/s$。在美国，当流域面积超过 $100km^2$ 时，外包络线法就难以适用。当流域面积非常大时，用外包络线法计算的结果误差很大。对于小型流域，洪峰流量受地形和气象条件的影响较大。在干旱和半干旱地区，也会出现较大的洪峰流量。当流域面积超过 $1000km^2$ 时，流域出口处的洪峰流量来自各个子流域的洪水，因此受主要受各个子流域的地形和气象因素的影响较大。

对图5.1中的流域面积和洪峰流量数据进行拟合，可以得到类似于式（5.8）的关系式，即

$$Q_p=500A^{0.40} \tag{5.18}$$

式（5.18）可适用于世界任何地区，但最适用于表5.3所列国家或地区。当然，不同的地区还是略有差距的，详细情况如图5.1和图5.2所示。

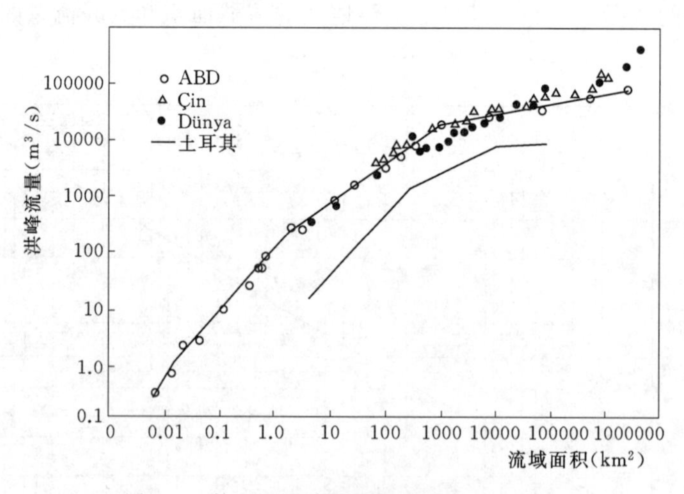

图5.2　某地区流域面积和洪峰流量的关系

由图5.1和图5.2可以看出，洪峰流量呈现以下特点：

（1）表5.3所列国家或地区大部分处于热带地区，洪水流量大，可以根据式（5.15）求得其洪峰流量。

（2）当流域面积超过 $10km^2$ 时，洪峰流量的增长率就开始低于流域面积的增加率。

(3) 当流域面积小于 100km^2 时，洪峰流量的增长率就大于流域面积的增加率。

阿拉伯半岛是典型的干旱地区，其平均洪峰流量低于世界平均水平，如图 5.3 所示。

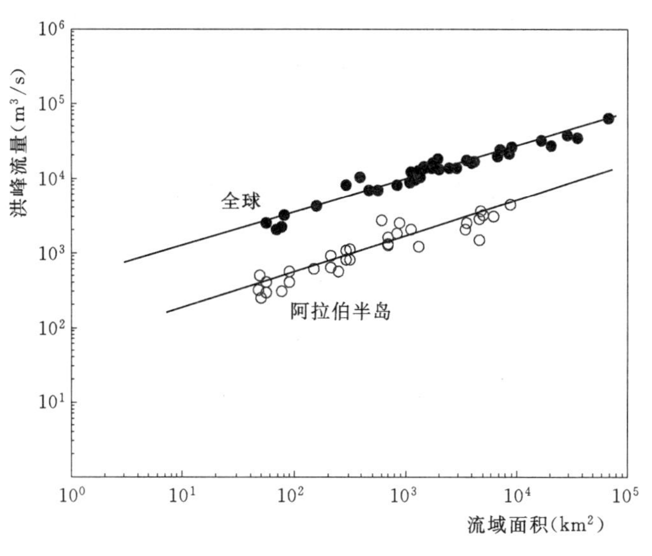

图 5.3 阿拉伯半岛的流域面积和洪峰流量关系

由图 5.3 中可以看出，阿拉伯半岛的洪峰流量小于世界平均水平，但在对数坐标上，其流域面积和洪峰流量关系基本平行于世界平均水平。也就是说，两者的直线斜率 b 相同，但单位流域面积（$A=1$）的洪峰流量却不相同。在式（5.15）中，对世界平均水平而言，常数为 500，对阿拉伯半岛而言，该常数约为 430。

在沙特阿拉伯的干旱地区，有时也会发生洪水，主要集中在红海沿岸的干旱地带（Şen，2008）。这些干旱地区虽然长时间处于旱季，但是也存在短期的热带气候特征，有时会形成短暂的暴洪，令人始料未及。图 5.4 显示了世界几个主要地区的流域面积—洪峰流量关系，同时显示了世界平均水平。由图 5.4 可以看出，当流域面积较大时，沙特阿拉

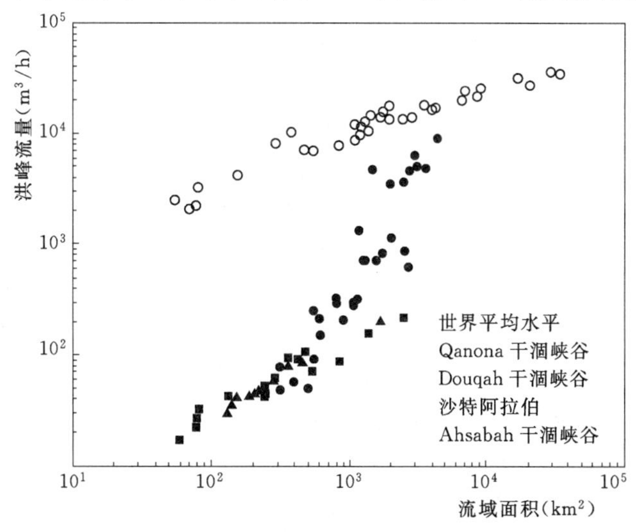

图 5.4 沙特阿拉伯与世界其他地区的流域面积—洪峰流量关系

伯的流域面积—洪峰流量关系的斜率比较大。

造成沙特阿拉伯斜率比较大的原因，主要在于以下几点：

(1) 阿拉伯半岛的降雨强度比较大，短时间内可以迅速形成地表径流。

(2) 阿拉伯半岛的植被稀少，地表水的流速较大。

(3) 阿拉伯半岛西部的上下游高差非常大，上游海拔超过2000m，可以形成很高的径流速度。

(4) 在流域上游，没有涵养水分的土壤，地表主要为不渗透水的岩石，且地形陡峭，从而使得下渗量和洼地存留水量很少，可以迅速形成洪水。

(5) 在山脚地带，由于降雨强度大，只有少量雨水渗入地表，使得洪水很快形成。

(6) 由于蒸发量比较大，阿拉伯半岛的洪峰流量小于世界平均洪峰流量。

5.4　洪峰流量—流域面积—降雨强度理论分析方法

对水文模型进行适当简化，可以方便理论分析，但是有时未免与实际情况有较大差距，尤其是流域面积较大时，差距更为显著。在计算洪峰流量时，通常假定降雨强度为常数，降雨历时等于汇流时间。当然，为便于计算，在其他方面也存在一定的假设。采用传统的推理公式法计算洪峰流量时，有时结果明显不合理。为计算洪峰流量，对流域内的各种条件一般作如下假设：

(1) 平均有效降雨强度和洪峰流量具有相同的重现期。

(2) 降雨量在整个流域上均匀分布。

(3) 降雨强度在汇流时间内为常数。

(4) 洪峰水量在整个流域上均匀分布，与降雨强度呈正比例关系。任意时段内的径流深度（或径流总量）与同一时段内的降雨深度（或降雨总量）的比值称之为径流系数。

(5) 有效降雨时间为流域内最远点到设计地点的径流时间。

(6) 所有的假设不可能同时满足实际情况，况且假设的降雨强度将来也不一定出现，因此水文设计时不设置安全系数。

(7) 设计上，整个流域和流域内某个地点的洪峰流量也是不同的，传统的推理公式法所得的计算结果，应该乘以一个流域面积折减系数（Omolayo，1993；Sirdaş 和 Şen，2007)，详细情况参见5.8节。不过，很难合理确定流域面积折减系数的取值。

(8) 如果流域面积不规则，则部分区域的洪水短时间就可以达到峰值，其实际洪峰流量大于整个流域的公式估算值。对于狭长的流域，由于汇流时间比较长，降雨强度对洪峰流量的影响不大。

(9) 有时流域内部分区域渗透系数小，其形成的径流量大于整个流域的公式估算值。为消除最后这三个情况的影响，最好将整个流域划分为若干个子流域。

如果忽略各种不确定因素，对某些参数取平均值也是可取的。例如，计算洪峰流量时，就采用经典的二值逻辑方法确定参数 C 的值。实际上，在水文计算时，地形和地质情况存在诸多不确定性，而 C 的取值没有考虑这些影响因素的不确定性。利用模糊逻辑方法可以处理这些不确定性问题，而不用考虑 C 的取值问题（Şen，2010)。

可以根据下列布置计算流域出口处的洪峰流量：

（1）假设降雨量在整个流域内均匀分布，则在降雨历时 T 内，总降雨量体积 V 可以表示

$$V=AP$$

式中　A——流域面积；

P——有效降雨深度。

（2）将上述公式两侧同时除以降雨历时 T，由洪峰流量 $Q_{\mathrm{p}}=V/T$ 和降雨强度 $I=P/T$，

可以求得

$$Q_{\mathrm{p}}=AI$$

（3）由于蒸发、洼地截留和下渗等作用，地表径流存在水量损失，因此洪峰流量应乘以一个小于 1 的径流系数 C，最终得到洪峰流量的表达式为

$$Q_{\mathrm{p}}=CIA \tag{5.19}$$

利用式（5.19）计算洪峰流量时，最关键的是确定降雨强度的大小。利用降雨强度—历时—频率曲线，可以确定降雨强度的值，详细情况参见第 2 章。值得注意的是，利用降雨强度计算地表径流和洪峰流量时，应根据汇流时间确定降雨强度，而不是根据降雨历时确定降雨强度。汇流时间为上游最高点降雨流到流域出口所需要的时间。另外，在降雨历时内，径流系数假定为常数，地形条件也不发生变化。

美股农业部自然资源保护局根据土壤的水文特性，提出了土壤水文分组的方法，详细情况参见编号 630《美国农业部自然资源保护局工程水文手册》（*Hydrology National Engineering Handbook*）。该方法将土壤分为 4 组，分别叙述如下：

（1）A 组。雨量较大时，该组土壤地表径流量较小，雨水可以轻易下渗至该组土壤中。A 组土壤中的黏土含量低于 10%，砂土或碎石含量大于 90%。在表观密度较小，或者碎石含量达 35%以上时，A 组土壤呈现壤质砂土、砂质壤土、壤土或粉质壤土结构。

（2）B 组。雨量较大时，该组土壤地表径流量为中等偏小，雨水可以较为容易地下渗至该组土壤中。B 组土壤中的黏土含量为 10%～20%，砂土含量为 50%～90%，呈壤质砂土或砂质壤土结构。在表观密度较小，或者碎石含量达 35%以上时，B 组土壤呈现壤土、粉质壤土、粉土、或黏土砂质壤土结构。

（3）C 组。雨量较大时，该组土壤地表径流量为中等偏大，雨水下渗至该组土壤中时较为困难。C 组土壤中的黏土含量为 20%～40%，砂土含量低于 50%，呈壤土、粉质壤土、黏土砂质壤土、黏土壤土或粉质黏土壤土结构。在表观密度较小，或者碎石含量达 35%以上时，C 组土壤呈现黏土、粉质黏土或砂质黏土结构。

（4）D 组。雨量较大时，该组土壤地表径流量较大，雨水下渗至该组土壤中时非常困难。D 组土壤中的黏土含量大于 40%，砂土含量低于 50%，呈黏土结构。有时，D 组土壤具有很高的膨胀收缩特性。如果表层土厚度小于 50cm 且其下为不透水层，即使渗透性较好，则该表层土也属于 D 组土壤。

另外，如果地下水位埋深小于 60cm，即使渗透性较好，在该表层土也属于 D 组土壤。

可以根据表 5.4 确定径流系数，然后根据式（5.19）计算洪峰流量。

表 5.4　　根据土壤水文分组确定径流系数

土壤水文分组	A			B			C			D		
重现期	5	10	100	5	10	100	5	10	100	5	10	100
土地利用情况或地表特征												
商　业　情　况												
A-商业区	0.75	0.80	0.95	0.80	0.85	0.95	0.80	0.85	0.95	0.85	0.90	0.95
B-居民社区	0.50	0.55	0.65	0.55	0.60	0.70	0.60	0.65	0.75	0.65	0.70	0.80
居 民 居 住 情 况												
A-独立住户	0.25	0.25	0.30	0.30	0.35	0.40	0.40	0.45	0.50	0.45	0.50	0.55
B-多个住户（分散）	0.35	0.40	0.45	0.40	0.45	0.50	0.45	0.50	0.55	0.50	0.55	0.65
C-多个住户（紧邻）	0.45	0.50	0.55	0.50	0.55	0.65	0.55	0.60	0.70	0.60	0.65	0.75
D-小片区域集中居住	0.20	0.20	0.25	0.25	0.25	0.30	0.35	0.40	0.45	0.40	0.45	0.50
D-较大的区域集中居住	0.50	0.55	0.60	0.60	0.60	0.70	0.60	0.65	0.75	0.65	0.70	0.80
工　业　情　况												
A-轻工业区	0.55	0.60	0.70	0.60	0.65	0.75	0.65	0.70	0.80	0.70	0.75	0.90
B-重工业区	0.75	0.80	0.95	0.80	0.85	0.95	0.80	0.85	0.95	0.80	0.85	0.95
公 园 和 坟 墓												
运动场	0.10	0.10	0.15	0.20	0.20	0.25	0.30	0.35	0.40	0.35	0.40	0.45
学校	0.30	0.35	0.40	0.40	0.45	0.50	0.45	0.50	0.55	0.50	0.55	0.65
铁路	0.20	0.20	0.25	0.30	0.35	0.40	0.40	0.45	0.45	0.45	0.50	0.55
街　　道												
A-砖石	0.85	0.90	0.95	0.85	0.90	0.95	0.85	0.90	0.95	0.85	0.90	0.95
B-碎石	0.25	0.25	0.30	0.35	0.40	0.45	0.40	0.45	0.50	0.40	0.45	0.50
人行道	0.85	0.90	0.95	0.85	0.90	0.95	0.85	0.90	0.95	0.85	0.90	0.95
草　　地												
A-草皮覆盖率50%～75%	0.10	0.109	0.15	0.20	0.20	0.25	0.30	0.35	0.40	0.30	0.35	0.40
B-草皮覆盖率大于75%	0.05	0.05	0.10	0.15	0.15	0.20	0.25	0.25	0.30	0.30	0.35	0.40
未 开 发 区 域												
A-地形平坦（坡度0～1%）	0.04～0.09			0.07～0.12			0.11～0.16			0.15～0.20		
B-地形略有起伏（坡度2%～6%）	0.10～0.14			0.12～0.17			0.16～0.21			0.20～0.25		
C-地形陡峭	0.13～0.18			0.18～0.24			0.23～0.31			0.28～0.38		

根据式（5.19），可以计算出洪峰流量，在对数坐标图上，绘制流域面积和洪峰流量的关系曲线，发现两者呈直线关系。在不同的降雨强度下，各组流域面积和洪峰流量直线相互平行，如图5.5所示。图中，$R_D = Ci$，表示有效降雨深度。

图5.5中的曲线情况和图5.1中相似，表明早期的方法也是有一定的可靠性的。

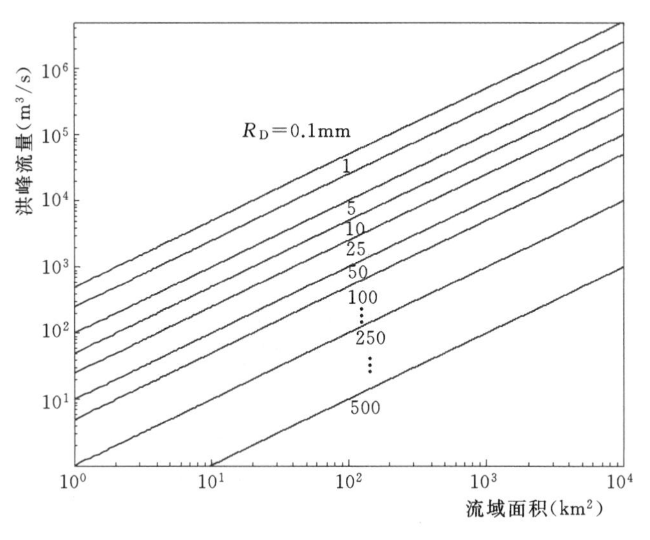

图 5.5 不同降雨强度时的流域面积—洪峰流量关系

5.5 季节变化对径流系数的影响

由于各种不确定性因素的影响，正确估计径流系数非常困难。影响径流系数的影响因素主要包括流域面积、汇流时间和平均降雨强度等。在水工构筑物设计时，一般根据表5.4确定径流系数，其取值主要和土壤类型有关，取值时带有一定的主观性。有研究表明，在同一流域，每次降雨产生的径流系数也有所不同。随着重现期的增大，径流系数而呈非线性增加。要合理确定径流系数，需要大量搜集资料，认真分析。在进行桥涵和水库等工程设计时，或者进行地下水补充评估和洪水预测时，需要研究径流量大小。当降雨或融雪量超过下渗量时，地表会形成径流。计算地表径流量时，径流系数是非常重要的参数。径流系数的影响因素主要包括降雨强度、季节情况、降雨类型（地形雨、对流雨、气旋雨或锋面雨）、地质条件、土层渗透系数和地表地形特征等。另外，人类活动对径流量的影响也很大，尤其是靠近城市的区域，城市化、灌溉、跨流域调水工程、水库和人工地下水回灌等人类活动会极大影响地表径流量。

径流系数为无量纲参数，指任意时段内的径流深度（或径流总量）与同一时段内的降雨深度（或降雨总量）的比值。绘制降雨量—径流量关系曲线，直线的斜率即为径流系数。图5.6为一典型的月降雨量—径流量关系曲线。然而，用这种方法确定径流系数，存在着以下缺点：

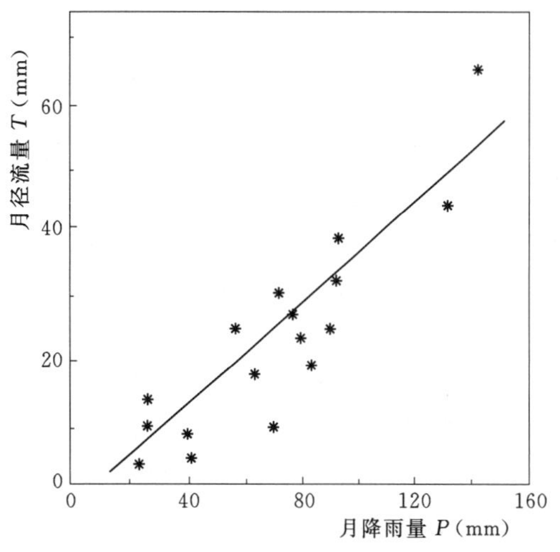

图 5.6 月降雨量—径流量关系曲线示意图

(1) 该直线斜率只是对径流系数的大致估计，没有考虑季节或年度等时间因素。

(2) 进行拟合时，假定降雨量和径流量呈线性关系，这样便于进行叠加计算。实际上，降雨量和径流量呈非线性关系，但是如果不假定为线性关系，就很难进行叠加计算(Kundzewicz 和 Napiorkowski，1986)。

(3) 采用直线拟合关系，简单易行，求得的径流系数适用于所有时间段，详细情况参见 Maidment (1993) 的有关著作。

5.5.1 多边形法求解径流系数

将各月份的降雨量和径流量绘制在笛卡尔坐标上，将各点用直线相连，就形成了封闭的多边形。利用该多边形，可以求得各种径流系数。Kadioğlu 和Şen (2001) 对多边形法求解径流系数进行了深入研究，并给出了详细的计算步骤。

值得注意的是，降雨量和径流量数据应来自同一流域。由于降雨量和径流量受到降雨类型、气象、地质、人类活动等诸多因素的影响，很难准确确定降雨量和径流量的取值。为便于计算，一般取降雨量和径流量的月平均值。根据月降雨量和径流量，可以绘制出一个封闭的多边形，典型的多边形曲线如图 5.7 所示，多边形的每个边的边长和斜率各不相同。

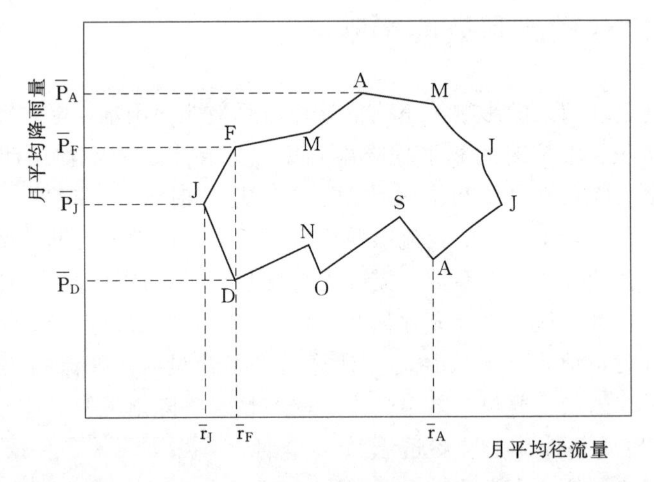

图 5.7 典型的月降雨量—径流量多边形曲线

(1) 一般利用直线关系对降雨量和径流量数据进行拟合，如图 5.6 所示，其直线斜率为年径流系数。实际上，降雨量和径流量呈非线性关系。利用图 5.7 中的多边形，可以计算出流域的径流系数，具体计算步骤如下所述：

1) 整个多边形是封闭的，代表着降雨量和径流量在一年内的均衡变化。

2) 多边形的边长代表相邻月份降雨量和径流量的差值。

3) 边长的斜率表示降雨量变化和径流量变化的相互关系，一般来说，平均降雨量对平均径流量的影响并不大。利用各月的降雨量和径流量，可以估计出年径流系数。

(2) 每个边都为直线，表明径流量和降雨量呈线性关系。交点表示月平均降雨量和径流量。以相邻月之间为线性关系取径流系数，而不是以年为单位进行线性拟合取径流系数，使得计算结果更为准确。也就是说，将年径流系数用 12 个月径流系数表示。如果各交点与某拟合直线的偏差小于±5%或±10%，则该拟合直线为年降雨量—径流量拟合直线。多边形的形状越狭长，表明年径流系数越具有代表性。多边形的形状越宽大，表明月径流系数相差就越大，即降雨量和径流量呈非线性关系。

(3) 如图5.7所示，从A(8月)点开始，沿着S(9月)、O(10月)、N(11月)、D(12月)、J(翌年1月)点，月平均径流量不断增长。从J(1月)点开始，沿着F(2月)、M(3月)、A(4月)、M(5月)、J(6月)、J(7月)点，径流量不断下降。当月平均径流量不断增长时，流域处于雨季，流域表面较为湿润，径流系数较大；当月平均径流量不断降低时，流域处于旱季，流域表面较为干燥，径流系数较小。然而，在旱季，有时地下水会补充到地表水中，此时径流系数反而会大于1。

(4) 利用多边形，可以确定出月径流量和月降雨量的上限和下限，如图5.7中的虚线所示。

(5) 多边形的面积越小，说明各个月降雨量越相近，径流系数越接近于常数。

(6) 多边形的总体斜率越小，说明降雨量转化为径流量的效率越高。

(7) 利用多边形法确定径流系数，可以方便地用于各种流域水资源利用项目。

(8) 利用多边形，可以求得流域降雨量和径流量的很多参数。

5.5.2 多边形法的应用实例

伊斯坦布尔市主要依赖6个水库进行供水，这六个水库分布在欧洲和亚洲不同的流域。按照供水能力进行排列，位于欧洲的3个水库分别是Durusu水库、Buyukçekmece水库和Alibeykoy水库，位于亚洲的3个水库分别是Ömerli水库、Darlik水库和Elmali水库。表5.5列出了流域的特征参数，表中的径流系数为年平均径流系数，采用线性回归法求得。在城市化范围较大的流域，径流系数取较大值。

表5.5 为伊斯坦布尔市供水的6个流域的特征参数

流域特征参数	亚 洲			欧 洲			平均值
流域面积(km^2)	600	207	76	619	621	160	380
降雨量(mm/年)	850	850	820	750	700	830	800
径流量($\times10^3 m^3$/年)	236	108	32	163	219	54	135
径流系数(%)	45	59	51	35	40	46	

为绘制多边形，计算了每个流域的月平均径流系数，见表5.6。

表5.6 不同流域的月平均径流系数(%)

流域名称	月平均径流系数												年径流系数
	1月	2月	3月	4月	5月	6月	7月	8月	9月	10月	11月	12月	
Ömerli	74	78	74	54	38	32	34	28	21	30	49	69	48
Darlik	90	94	80	52	31	19	17	14	22	40	64	85	51
Elmali	33	38	36	28	35	20	13	10	13	17	20	26	23
Durusu	45	56	51	34	28	23	19	12	13	18	20	31	29
Buyukçekmece	118	136	123	88	64	56	53	37	41	56	76	102	79
Alibeykoy	60	66	63	64	71	81	76	54	41	35	40	58	59

根据表5.6中数据，可以分别绘制出每个流域的多边形。图5.8为亚洲3个流域的多边形，图5.9为欧洲3个流域的多边形。

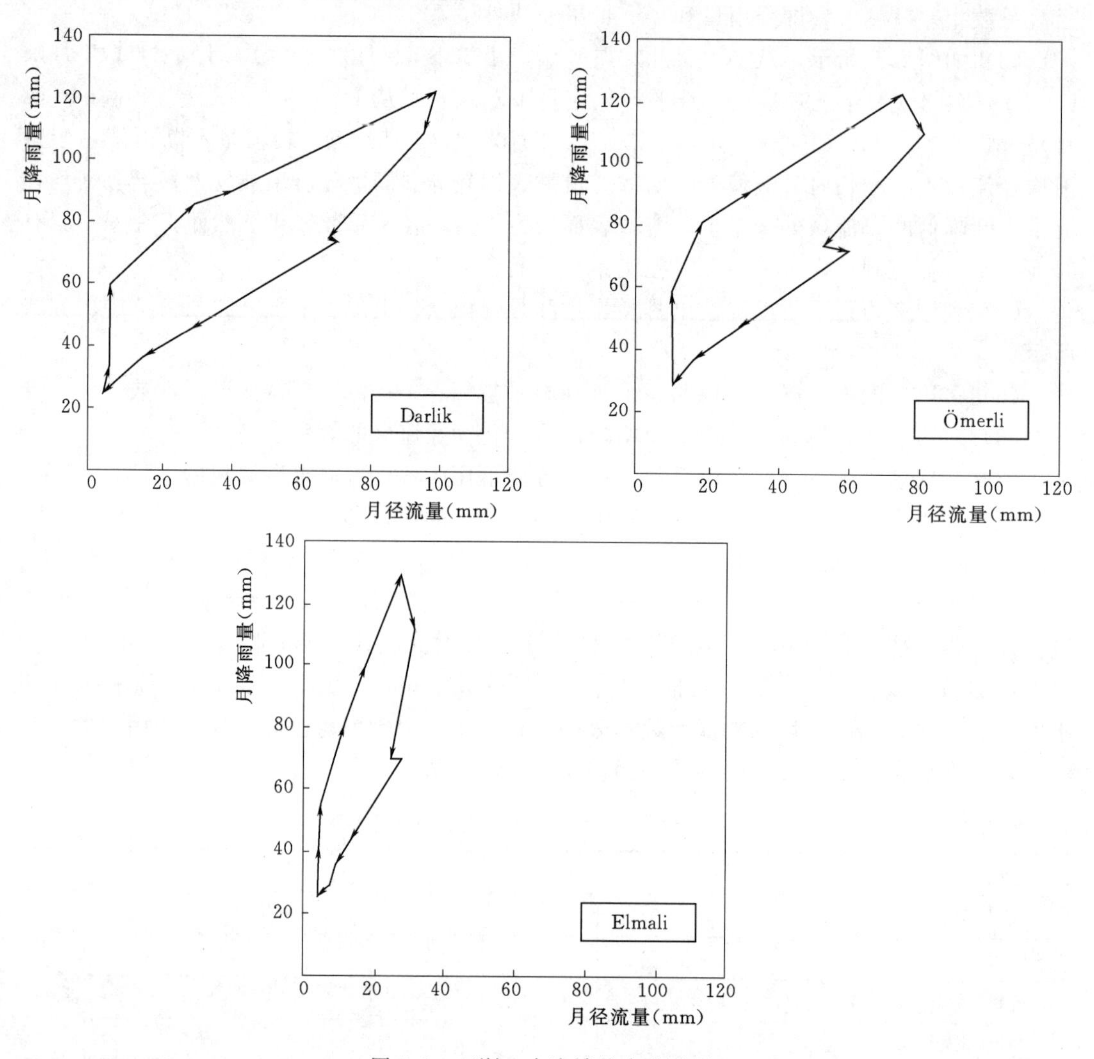

图5.8 亚洲3个流域的多边形图

根据上述6个多边形，可以计算出每个流域的降雨和径流参数。

(1) 图5.9、图5.10中多边形顶点的横坐标为月平均径流量，纵坐标为月平均降雨量，由此可以计算出月径流系数，分别标示在顶点处的括号内。下月和本月的径流系数的平均值为该月的月平均径流系数，各流域的月平均系数如图5.9和图5.10所示。对12个月的月平均径流系数取平均值，即为年径流系数，结果见表5.6。

例如，对于Ömerli流域，1月的径流系数为0.73，2月为0.75，则1月的平均径流系数为(0.73+0.75)/2=0.74。由表5.6可以看出，Buyukçekmece流域的某些月平均径流系数大于1，这主要是水库的水源除了降雨外，还来自地下水或融雪的补充。值得注意的是，径流系数大于1时，降雨量持续稳定减少，地下水开始补充地表水。

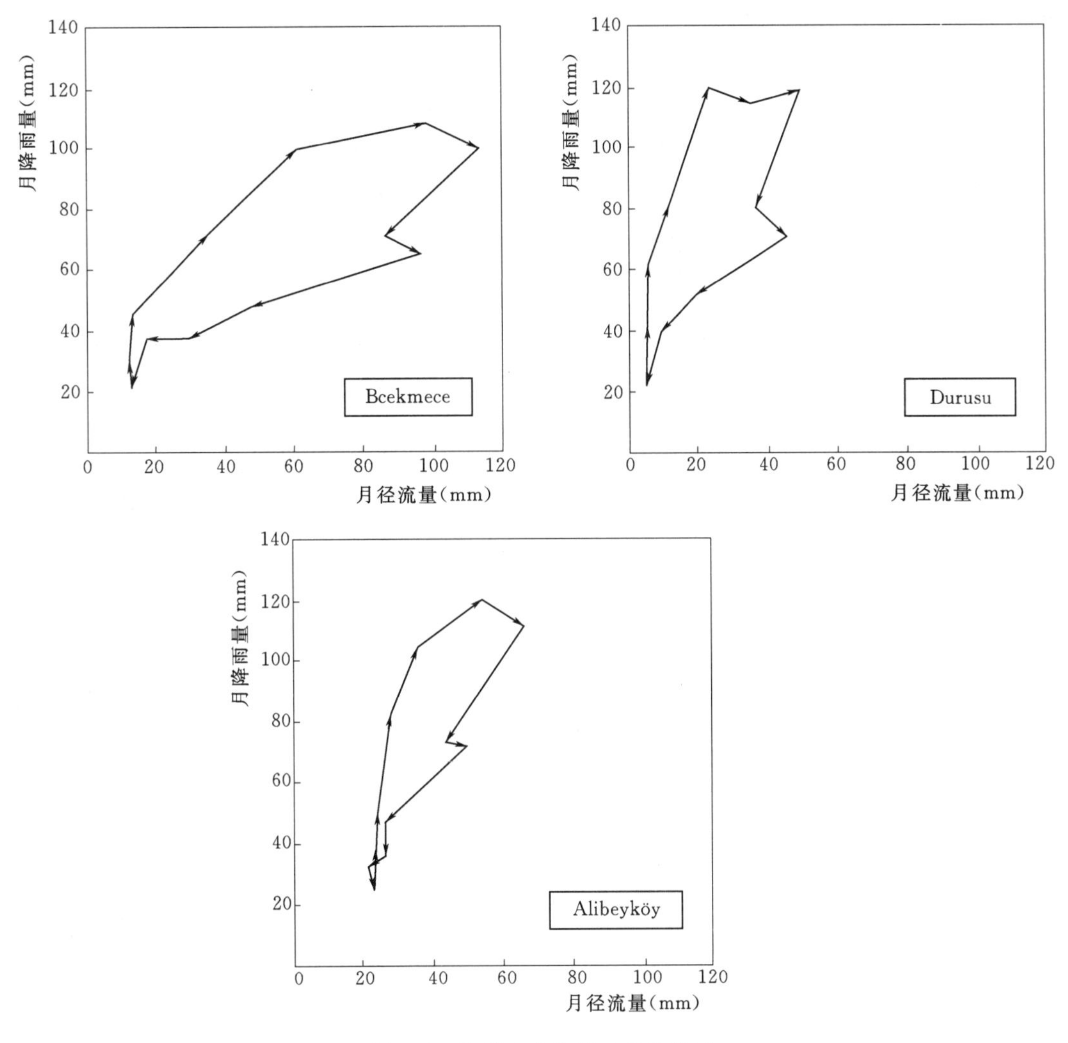

图 5.9 欧洲 3 个流域的多边形图

Buyukçekmece 流域地表主要为灰岩和白云岩，可以存储大量的地下水。也有学者认为，流域面积很大时，远处的雨水需要很长时间才能达到监测站，存在滞后效应，导致计算出的月平均径流系数大于 1。另外，融雪肯定是需要一定时间才能产生径流。

(2) 由图 5.9 可以看出，Elmali 流域的形状非常狭长，坡度非常陡峭，说明月径流量的变化较小。由图 5.10 可以看出，欧洲的 Durusu 和 Alibeyköy 流域坡度也比较陡峭，但形状稍显宽阔，月径流量也变化较大。

(3) 在 7—9 月，虽然 6 个流域的降雨量变化较大，但由于大量雨水补充到地下水中，还有部分雨水蒸发，因此径流量变化很小。在 9—12 月，除 Durusu 流域外，其他流域的径流量的变化越来越大。在 11 月至次年 7 月，开始时，Durusu 流域径流量变小，然后又稍微变大，继而又开始下降。12 月以后，除 Durusu 流域外，其他流域的降雨量和径流量开始上升，继而下降，在 11—12 月，Durusu 流域的降雨量处于下降趋势。

(4) Darlik 和 Buyukcekmece 流域的径流系数变化最大，尤其是在 11 月底至 12 月期间，降雨量变化微小，但径流量变化非常大，因此该段边长的斜率很小。

（5）在霜冻季节，由于地面冰封，降雨很难下渗入地表土层中，绝大部分雨水从而形成径流。这样，就会发生降雨量减少而径流量上升的现象。

（6）Elmali 流域的多边形面积和周长最小，因此其降雨和径流的时间较短。在 Elmali 流域，雨水能够很快汇流至水库中，在水库设计和运营中需要考虑这种情况。

5.6　干旱地区的径流系数与流域面积的关系

干旱地区具有常年水量偏少的特点，对干旱地区的洪水记录进行分析时，需要研究其测定方法和合理确定年平均洪水量的方法（Farquharson 等，1992）。设计灌溉和防洪设施时，需要确定径流量大小。另外，设计大坝、防洪设施和灌溉设施等构筑物时，需要确定年洪水量和洪水频率（Şen 和 Al - Suba'I，2002）。本节给出了估算坝址洪水参数的方法。

从降雨量测定仪器的成本和布设难度方面看，对流域内所有河流都进行测定是非常困难的。对于没有测量数据的河流和区域，可以采取某些方法估算径流系数和径流量。径流系数 C 定义为流域内年径流量与年降雨量的比值。

表 5.7 列出了沙特阿拉伯 4 条干涸峡谷的径流系数等水文参数。

表 5.7　　　　沙特阿拉伯某些干涸峡谷的径流系数

流域特征参数	干涸峡谷名称			
	Baysh	Damad	Jizan	Khulab
流域面积（km^2）	4652	1108	1430	900
年平均径流量（$\times 10^6 m^3$）	76	40	57	32
年平均降雨量（$\times 10^6 m^3$）	1586	570	755	405
径流系数	0.048	0.071	0.076	0.078

实际设计时，一般采用年径流系数。在阿拉伯半岛西南部等干旱地区，根据水文测试数据，绘制了径流系数与流域面积的对数坐标曲线，如图 5.10 所示，发现两者具有如下关系

$$C=\frac{1}{A^{0.359}} \tag{5.20}$$

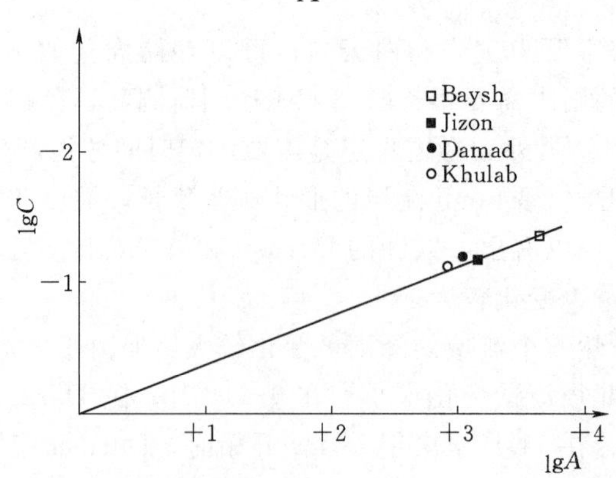

图 5.10　干旱地区的径流系数与流域面积的关系（对数坐标）

阿拉伯半岛西南部的径流系数大约在 0.048～0.078 之间。

5.7 干旱地区的洪水估算

在干旱地区进行水库设计或防洪设计时，降雨量和径流量测量数据是非常重要的参考资料。如果某流域缺乏降雨量和径流量记录，则需要采用地区经验公式或者修正的地区经验公式来估算水文参数。在干旱地区，偶尔会突然发生强度较大的降雨，从而诱发暴洪。暴洪的计算十分复杂和困难。无论设计水库的场地条件如何，也必须采用基本的洪水分析方法。

根据式（5.20）和流域面积，可以计算出径流系数。图 5.11 显示了流域面积和年降雨量的关系。

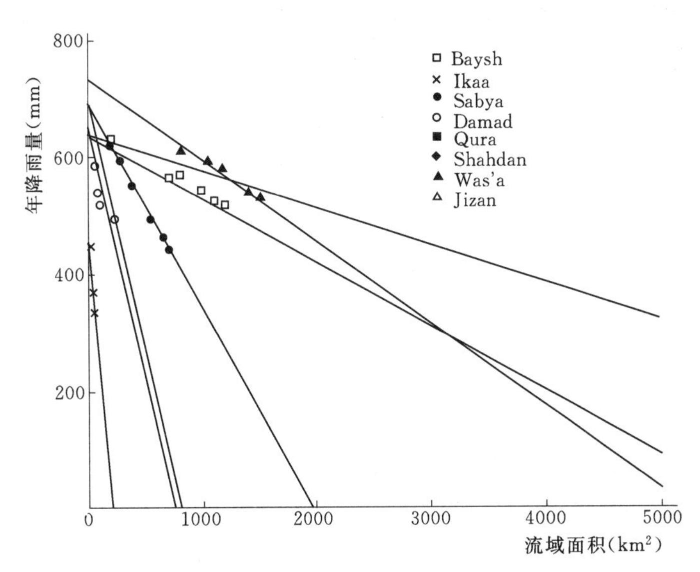

图 5.11 干旱地区的流域面积—年降雨量关系

表 5.8 列出了阿拉伯半岛西南部若干个流域的降雨量等水文参数。

表 5.8 阿拉伯半岛西南部不同流域的水文参数

干涸峡谷名称	流域面积 A (km^2)	年平均降雨深度 P (mm)	年平均降雨量 V_A ($10^3 m^3$)	平均径流系数 C		径流量 V_R ($10^6 m^3$)	
				测量值	计算值	测量值	计算值
Baysh	4652	342	1591	0.05	0.05	76	76
Ikas	68	370	25	—	0.22	—	6
Qura	309	423	131	—	0.13	—	17
Shahdan	213	510	109	—	0.15	—	16
Was' a	324	446	145	—	0.13	—	18
Sabya	675	453	306	—	0.10	—	29
Damad	1108	515	571	0.07	0.08	40	46
Jizan	1430	528	75	0.07	0.07	57	58

注： 上述结果主要根据公式 $V_A = AP$ 及 $V_R = CV_A$ 计算而得。

年径流量 V_A 等于流域面积和年平均降雨深度的乘积。表 5.8 中最后一列为径流量的计算值。在干旱地区，年径流量变化非常大。图 5.12 显示了阿拉伯半岛某些流域的洪峰

流量计算值、测量值和流域面积的关系（Şen 和 Al - Suba'I，2002）。

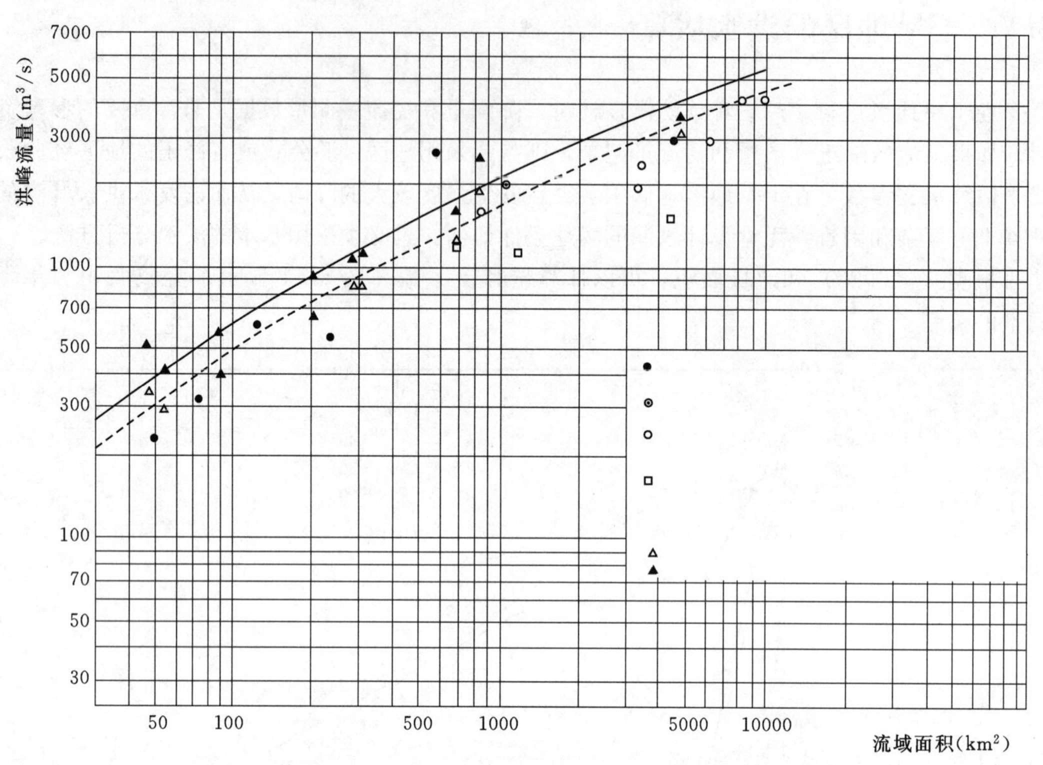

图 5.12　阿拉伯半岛某些流域的洪峰流量计算值和测量值

在分析流域水土流失、泥沙沉积和水库库容时，50 年、100 年和 200 年一遇的洪峰流量是重要的设计参数。图 5.13 显示了 100 年一遇的洪峰流量情况。

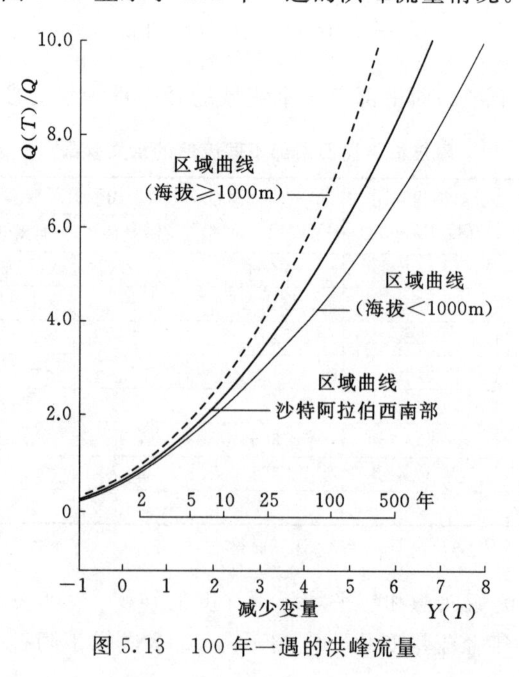

图 5.13　100 年一遇的洪峰流量

5.8 推理公式法的缺点和修正

推理公式法是计算洪峰流量的最简单的方法，但是由于存在某些不合理的假设，致使计算结果难以与实际相符。其最大的缺点是，该方法只适合于小型流域，但有时也适用于地形平坦的大型流域。然而，大部分流域地形是起伏的。另外，该方法假定在整个降雨历时内和整个流域内，降雨强度均匀分布。本节阐明了推理公式法的各种缺点，同时考虑了流域的地形和降雨特征，对推理公式法进行了修正。修正公式认为洪峰流量与流域面积和地形坡度呈非线性关系，并给出了在沙特阿拉伯的应用实例。

在水资源的规划、设计、运营和维护中，降雨量—径流量关系曲线是非常重要的参考资料。在小型流域内修建大坝、堤防、桥涵和水土保持设施等构筑物时，需要进行洪水分析。要设计经济且安全的水工构筑物，仅靠大量的降雨监测数据和地形测量数据是不够的，还需要简单可行的洪峰流量计算方法（Linsley，1982）。

洪峰流量是水工构筑物设计中必不可少的参数。近年来，由于气候变化，在世界很多地区发生了洪水，但是很难预测，这就需要提出一些简单的洪水估算方法，便于工程师的使用。对于小型流域的洪水估算，最常用的方法是推理公式法和 SCS 法（美国农业部水土保持局，1971，1986），具体情况请参考相关文献（Chow 等，1998；Linsley，1982）。对于推理公式法，主要的参数为径流系数 C；对于 SCS 法，主要的参数为径流曲线数 CN。要使用这些公式计算洪峰流量，必须事先确定降雨量大小（Şen，2008）。

Pilgrim 和 Cordery（1993）提议将推理公式法用于工程设计。在大部分设计中，径流系数 C 视为常数，但是实际上其随时间是变化的，尤其是对不同的重现期，C 的取值是不同的。为准确描述降雨量和径流量的关系，必须考虑 C 值随时间变化的情况（Kadioglu 和Şen，2001）。在水资源分析中，由于很难准确确定 C 值，致使计算结果存在某些不确定性。C 值应综合反映各种因素对洪峰流量的影响，应考虑有效降雨强度、流域面积和降雨历时对 C 值的影响。一般根据流域特征，采用查表方法确定 C 值（Maidment，1993），但取值过程中存在一定的主观性。研究结果表明，即使同一流域，每场暴雨的 C 值也各有不同，降雨前的土壤湿度和地形特征对 C 值影响很大（Hjelmfelt，1991；Ponce 和 Hawkins，1996；Kadioglu 和Şen，2001）。一般来说，C 值随着重现期的增大而增大，这使得径流量和 C 值呈非线性关系。在设计中，根据经验，通过认真分析，可以确定出较为合理的 C 值，但也需要仔细核实径流量测量数据。

为合理确定洪峰流量，本节对传统的推理公式法进行了修正，认为洪峰流量和流域面积呈非线性关系，并考虑了地形坡度和降雨强度的影响。最后，列举了一个实例，采用修正的推理公式对沙特阿拉伯的 54 个子流域进行了计算。

5.8.1 推理公式法的缺点

为方便理论分析，推理公式法对水文模型进行了适当简化，但是有时未免与实际情况有较大差距。在计算洪峰流量时，通常假定降雨强度为常数，降雨历时等于汇流时间。汇流时间为上游最高点降雨流到设计构筑物地点所需要的时间，实际上无法在现场测量，只能借助于经验进行估计（Kirpitch，1940；Şen，2010）。当然，为便于计算，在其他方面也存在一定的假设。采用传统的推理公式法计算洪峰流量时，有时结果明显不合理。为计算洪峰流量，对流域内的各种条件一般作如下假设：

（1）平均有效降雨强度和洪峰流量具有相同的重现期。

（2）降雨量在整个流域上均匀分布。

（3）降雨强度在汇流时间内为常数。

（4）洪峰水量在整个流域上均匀分布，与降雨强度呈正比例关系。任意时段内的径流深度（或径流总量）与同一时段内的降雨深度（或降雨总量）的比值称之为径流系数。

（5）有效降雨时间为流域内最远点到设计地点的径流时间。

（6）所有的假设不可能同时满足实际情况，况且假设的降雨强度将来也不一定出现，因此水文设计时不设置安全系数。

（7）设计上，整个流域和流域内某个地点的洪峰流量也是不同的，传统的推理公式法所得的计算结果，应该乘以一个流域面积折减系数（Omolayo，1993；Sirdaş 和Şen，2007），详细情况参见 5.8 节。不过，很难合理确定流域面积折减系数的取值。

（8）如果流域面积不规则，则部分区域的洪水短时间就可以达到峰值，其实际洪峰流量大于整个流域的公式估算值。对于狭长的流域，由于汇流时间比较长，降雨强度对洪峰流量的影响不大。

（9）有时流域内部分区域渗透系数小，其形成的径流量大于整个流域的公式估算值。为消除最后这 3 个情况的影响，最好将整个流域划分为若干个子流域。

如果忽略各种不确定因素，对某些参数取平均值也是可取的。例如，计算洪峰流量时，就采用经典的二值逻辑方法确定参数 C 的值。实际上，在水文计算时，地形和地质情况存在诸多不确定性，而 C 的取值没有考虑这些影响因素的不确定性。利用模糊逻辑方法可以处理这些不确定性问题，而不用考虑 C 的取值问题（Şen，2010）。

5.8.2　修正的推理公式法

本节采用下列方式对传统的推理公式法进行修正。

5.8.2.1　洪峰流量和流域面积的关系

传统方法认为洪峰流量 Q_p 和流域面积 A 呈线性关系。然而，根据这个假定，流域面积越大，洪峰流量就越大，这不符合实际情况。实际上，流域面积和洪峰流量的关系呈非线性，理论上来所，可能存在两种非线性曲线，分别为Ⅰ型和Ⅱ型关系曲线，如图 5.14 所示。

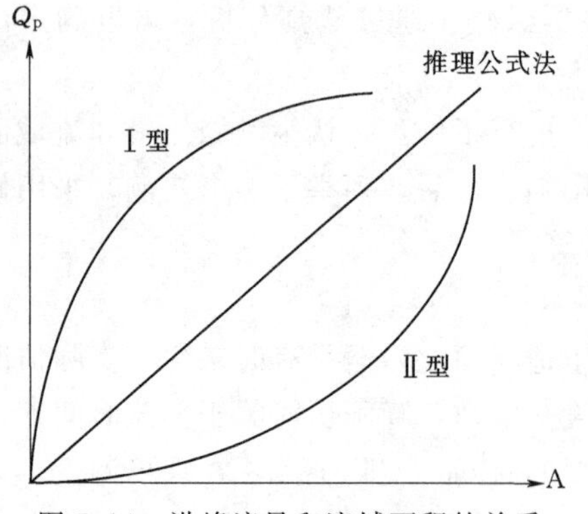

图 5.14　洪峰流量和流域面积的关系

日常经验和理论分析表明，降雨量较小时，洪峰流量增长很快，大于传统推理公式法的计算结果，当流域面积大于一定值时，洪峰流量的增速开始降低。也就是说，dQ_p/dA 并不是常数，在流域面积上较小时，dQ_p/dA 值较大，而当流域面积大于一定值时，dQ_p/dA 值逐渐变小。以此分析，Ⅱ型关系曲线是不符合实际情况的，而Ⅰ型关系曲线是合理的。可以用下列公式表示Ⅰ型关系曲线，即

$$Q_p = \alpha_A A^n \tag{5.21}$$

式中 α_A——系数；

n——小于1的幂指数，可以根据流域面积和洪峰流量测量数据确定 n 的取值。如果流域内存在山丘和洼地，则会导致流域面积和洪峰流量呈非线性关系。对于图5.15中的Ⅰ型关系曲线，如果流域内以山丘为主，则 n 的取值小于1；如果流域内以洼地为主，则 n 的取值大于1。如果 $n=1$，则退化为传统的推理公式法，即不考虑地形起伏对洪峰流量的影响。

在式（5.21）中，如果 $n=1$，则流域为平坦地形；如果 $n\not\approx 1$，则流域为起伏地形。如果 $n>1$，则流域地形以山丘为主；如果 $n<1$，则流域地形以洼地为主。除此之外，还应考虑地形起伏高差和分布面积的影响，山丘面积越大，则 n 的取值越大；洼地面积越大，则 n 的取值越小。表5.9列出了不同地形情况下 n 的取值。

表5.9　　不同地形情况下 n 的取值

地形情况	n	地形情况	n
山丘，起伏非常大	2.00	洼地，轻微起伏	0.90
山丘，起伏较大	1.75	洼地，起伏一般	0.75
山丘，起伏一般	1.50	洼地，起伏较大	0.50
山丘，轻微起伏	1.25	洼地，起伏非常大	0.25
平地	1.0		

5.8.2.2 洪峰流量和降雨强度的关系

在某些情况下，洪峰流量 Q_p 和降雨强度 I 呈线性关系。然而，在土壤湿度、地表覆盖物、地质、蒸发蒸腾等条件影响下，洪峰流量 Q_p 和降雨强度 I 通常呈非线性关系，可以用下式表示 Q_p-I 的非线性关系，如图5.15所示。

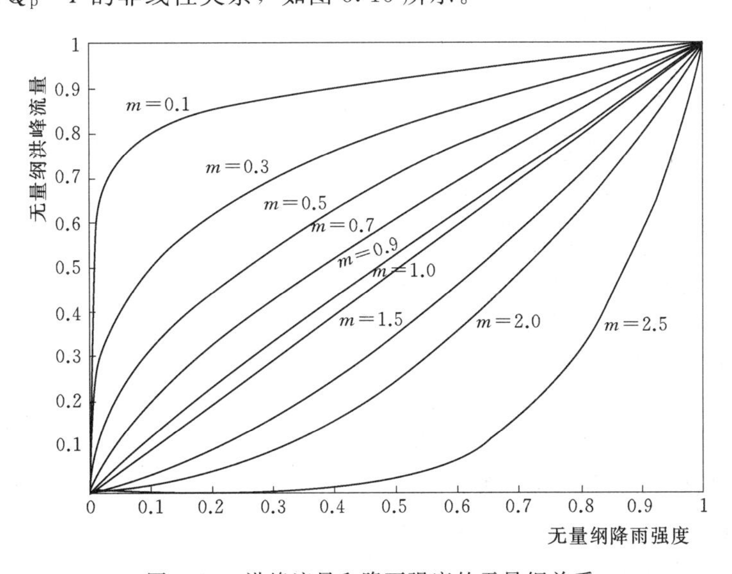

图5.15　洪峰流量和降雨强度的无量纲关系

$$Q_p = \alpha I_i^m \tag{5.22}$$

式中，m 用以衡量两者的非线性程度，其值主要取决于流域地表特征。在商业、居民和沥青路面区，渗透系数较小，m 值较小；当 m 值较大时，如果降雨强度较小，等地表土壤饱和后，方可形成地表径流，如图5.16所示。由图5.16可以看出，洪峰流量和降雨强度的关系具有以下特点：

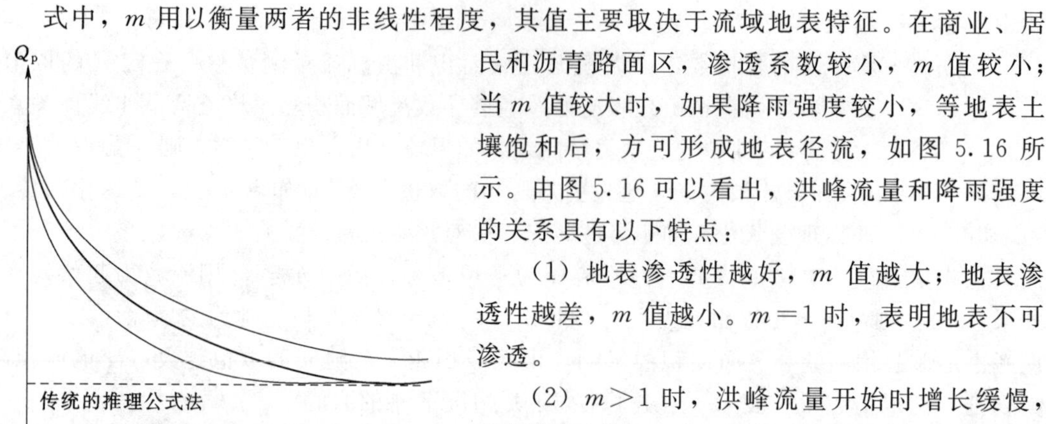

图5.16　洪峰流量和地形坡度的关系

(1) 地表渗透性越好，m 值越大；地表渗透性越差，m 值越小。$m=1$ 时，表明地表不可渗透。

(2) $m>1$ 时，洪峰流量开始时增长缓慢，后期增长迅速；$m<1$ 时，洪峰流量开始时增长十分迅速，后期增长缓慢。

5.8.2.3　洪峰流量和地形坡度的关系

传统的推理公式法没有考虑地形坡度的影响，其认为流域为平坦地形。实际上，地形坡度对洪峰流量是有一定影响的。研究发现，地形坡度越大，洪峰流量就越小，两者呈非线性关系，如图5.17所示。

由图5.16可以看出，洪峰流量和地形坡度呈指数函数关系，可以表示为

$$Q_p = \alpha_S e^{-kS} \tag{5.23}$$

式中　α_S——系数；

　　k——大于0的系数。

在式(5.23)中，如果 $S=0$，则洪峰流量为常数，就退化为传统的推理公式法。

5.8.2.4　修正的推理公式法

根据上述分析，对传统的推理公式法进行修正，用一个公式综合表达各个因素对洪峰流量的影响，修正后的公式为

$$Q_p = \alpha A_G^n I^m e^{-kS}$$

令 $\alpha_G = C_p$，修正公式可以写为

$$Q_p = CA_p^n I^m e^{-kS} \tag{5.24}$$

当流域面积为 1km^2，降雨强度为1mm，且地形平坦（$S=0$）时，有 $Q_p=C_p$。

如果 $n=m=1$，且 $S=0$，则式(5.24)就退化为传统的推理公式法，此时 C_p 等于径流系数 C。在传统的推理公式中，径流系数 C 为任意时段内的径流深度（或径流总量）与同一时段内的降雨深度（或降水总量）的比值，其取值和地表土壤渗透情况有关，可以通过查表确定（Meidment，1993）。然而，C_p 很难有明确的定义，其取值不但和地表土壤渗透性有关，还与流域面积、降雨强度和地形坡度有关。

5.8.3　修正推理公式法的应用实例

利用修正的推理公式，对沙特阿拉伯西南部Baish流域的洪峰流量进行了估算。Baish流域面积大约 5970km^2，为大型流域。通过现场调研，测得了岩土性质、植被覆盖情况和地形特征等数据，并利用相关数据和公式，生成了单位过程线，详细情况请参阅

《沙特阿拉伯地质调查报告》(Al－Zahrani 等，2007)。

Baish 流域由 54 个子流域构成，其分布范围如图 5.17 所示。利用 SCS 方法，确定了每个子流域的面积、地形坡度和洪峰流量等参数，见表 5.10。

表 5.10　　Baish 流域的子流域的地形特征参数

子流域编号	流域面积 (km^2)	地形坡度系数 S_0	洪峰流量 (m^3/s)	子流域编号	流域面积 (km^2)	地形坡度系数 S_0	洪峰流量 (m^3/s)
1	146.5	0.048	466.066	28	153	0.058	610.9423
2	134	0.058	511.7341	29	146.8	0.045	605.7025
3	100.9	0.064	590.4745	30	51.21	0.068	270.3481
4	51.61	0.098	334.2873	31	112.5	0.051	481.911
5	176.3	0.052	668.0169	32	168.9	0.079	565.8286
6	27.06	0.079	236.0097	33	44.77	0.039	290.6617
7	135.3	0.059	540.8138	34	49.21	0.031	363.7294
8	181.4	0.067	570.6024	35	52.45	0.074	357.2733
9	78.22	0.115	359.756	36	90.7	0.085	447.4473
10	69.96	0.047	339.687	37	108.3	0.051	657.7244
11	118.7	0.041	512.5776	38	74.42	0.032	526.4656
12	58.15	0.044	414.2175	39	93.51	0.007	485.4893
13	113.8	0.079	500.6066	40	53.7	0.041	387.1429
14	126.3	0.071	606.3679	41	41.48	0.018	339.3307
15	104.9	0.074	479.2184	42	535.9	0.002	1239.822
16	146.1	0.065	595.2061	43	49.01	0.021	484.3066
17	123.2	0.046	449.2771	44	112.4	0.023	552.1155
18	57.41	0.039	390.3996	45	60.27	0.016	414.1791
19	144.5	0.033	520.5371	47	53.73	0.029	372.6239
20	128.2	0.042	548.0393	48	43.15	0.095	240.9954
21	99.57	0.026	637.634	49	89.15	0.076	380.698
22	132.1	0.044	526.0269	50	107.7	0.055	434.3845
23	71.45	0.04	358.0542	51	38.3	0.08	269.1822
24	125.3	0.055	495.3614	52	71.45	0.056	371.5351
25	219.6	0.037	903.6417	53	124	0.087	429.8804
26	194.7	0.026	880.6327	54	73.32	0.078	375.4878
27	207.6	0.025	799.1697				

注：原著未提供 46 号子流域数据。

图 5.18 (a) 和 (b) 分别显示了 54 个子流域的洪峰流量和流域面积在自然坐标和对数坐标上的关系。由图 5.18 (b) 可知，拟合直线的斜率 $n=0.55$。

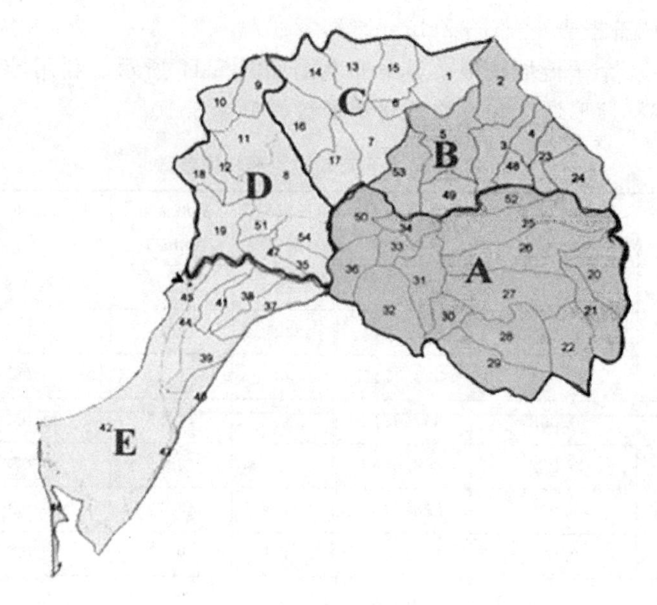

图 5.17 Baish 流域的 54 个子流域分布图

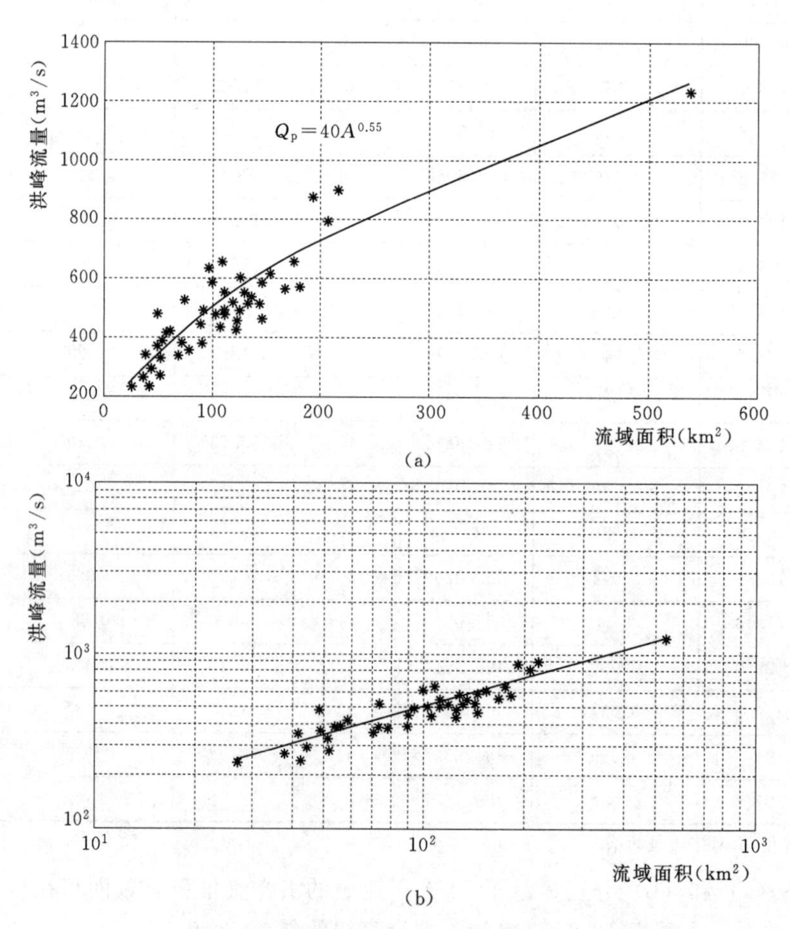

图 5.18 洪峰流量和流域面积的关系

当流域面积 A 为 100km^2 时，洪峰流量 $Q_p=500\text{m}^3/\text{s}$，代入式（5.22），得常数项为40。因此，Baish 流域的面积和洪峰流量的关系为 $Q_p=40A^{0.55}$。

图 5.19 显示了洪峰流量和地形坡度在对数坐标上的关系，由拟合直线的斜率，得 $k=7.63$。当 $S=0.00$ 时，$Q_p=700\text{m}^3/\text{s}$；当 $S=0.12$ 时，$Q_p=275\text{m}^3/\text{s}$，将此两点代入式（5.24），可以求得常数项约为 700。因此，Baish 流域的地形坡度和洪峰流量的关系为 $Q_p=700e^{-0.7.63S}$。

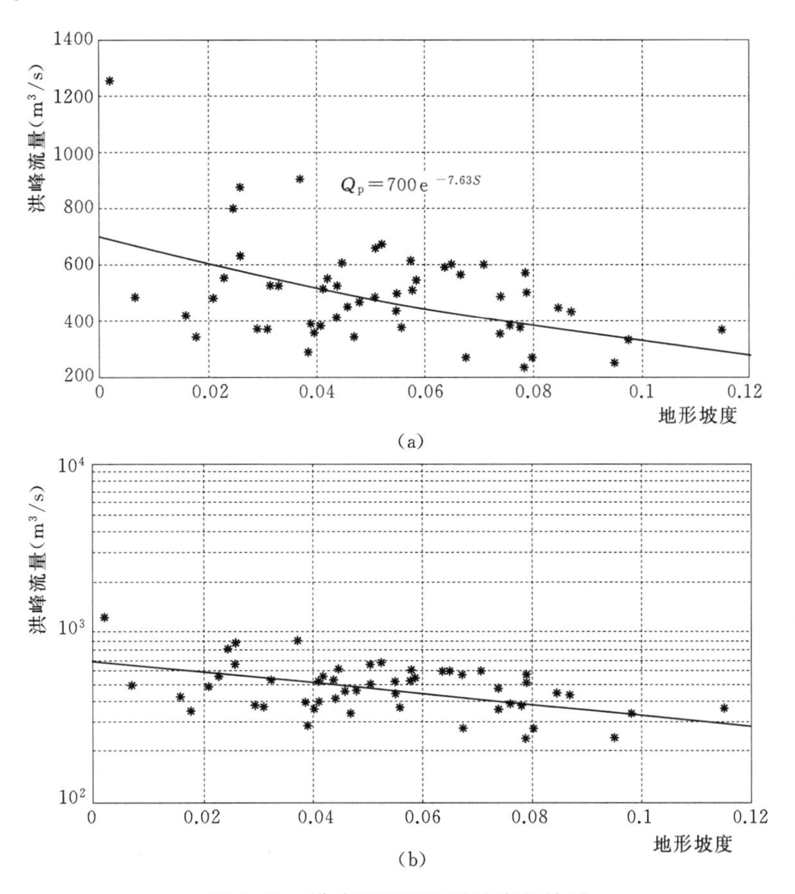

图 5.19　洪峰流量和地形坡度的关系

根据子流域的面积和洪峰流量，可以求得式（5.24）中的综合径流系数 C_p（Şen 和 Al-Suba'I，2002）。在式（5.24）中，令 $i=1$，则流域面积和洪峰流量在对数坐标中呈线性关系。

根据求得的常数项的值，可以得到 Baish 流域的洪峰流量表达式为

$$Q_p=55A^{0.55}i^m e^{-7.63S} \tag{5.25}$$

在最大有效降雨量条件下，式（5.25）可以视为由两个独立的部分构成，一部分是平坦地形条件下的流域面积的影响，另一部分是单位面积上的地形坡度的影响，如图 5.20 所示，其中直线角度为 45°。由图 5.20 可以看出，流域面积对洪峰流量的影响大于地形坡度。然而，仅根据流域面积计算洪峰流量，由于面积影响部分位于直线上方，其计算值大

于实际值。地形坡度对洪峰流量的影响总体较小。

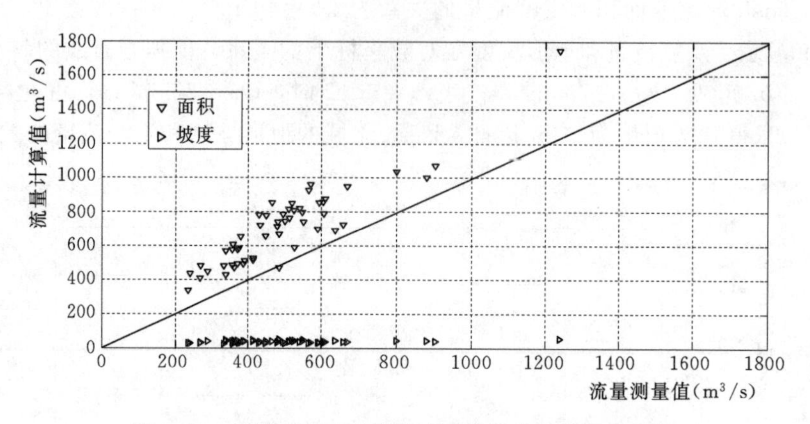

图 5.20 流域面积和地形坡度对洪峰流量的各自影响

图 5.21 显示了流域面积和地形坡度对洪峰流量的综合影响，假设最大有效降雨量在流域内均匀分布。由图中可以看出，坐标点基本分布在 45°直线周。然而，根据传统的推理公式法，可以求得 C 为 0.8，由图 5.21 可以看出，传统方法误差很大，需要进行修正。而采用本节的修正方法，计算结果较为符合实际情况。

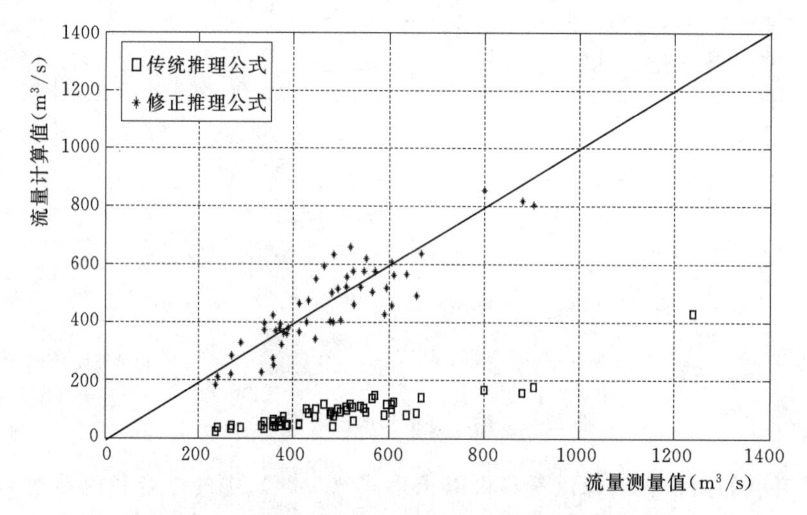

图 5.21 流域面积和地形坡度对洪峰流量的综合影响

图 5.22 显示了修正的推理公式法的误差分布情况。

推理公式法一直被工程设计界奉为圭臬，许多学者也不敢提出质疑。然而，传统的推理公式只适用于小型流域。研究结果发现，洪峰流量不但受流域面积的影响，同时也受到降雨强度和地形坡度的影响。洪峰流量与流域面积、降雨强度和地形坡度呈非线性关系，本节根据这三个影响因素对传统推理公式进行了修正，并利用修正的推理公式对沙特阿拉伯西南地区的 Baish 流域进行了分析，证明了该修正方法的有效性。

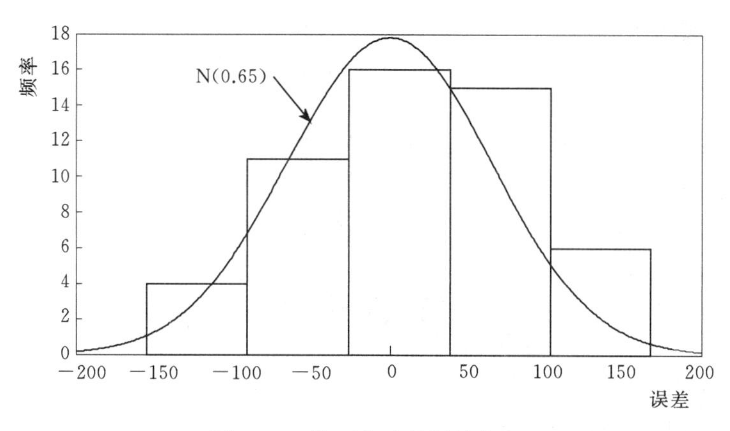

图 5.22 修正方法的误差分布

5.9 无测量数据流域的流量估算

在干旱地区，如果某流域缺乏测量数据，那么进行水资源评估时，很难估算其径流量。对于无测量数据的流域，虽然有很多方法可以估算其径流量，但是这些方法局限于小型流域，且对地形和气候条件有一定的要求（Snyder，1938；Gray，1961；SCS，1986）。另外，这些方法最初由湿润或半湿润地区发展而来，很难直接应用于无测量数据的干旱地区。在大部分情况下，地表径流沿着不同的路径汇集到流域出口处（Beven 和 Kirby，1979；Takeuchi 等，1999）。为估算水质点在陆地和河道中的平均传播时间，Lee 和 Yen（1997）提出了基于运动波的地貌瞬时单位线方法，仅根据降雨量和地形特征就可以确定降雨量和径流量的关系（Lee 等，2001）。

Farmer 和 Vogel（2013）借鉴了相似流域的水文记录，分析了无测量数据流域面临的各种工程水文实际问题。没有流量测试记录，很难有效进行流域的水资源调查和管理工作，这时需要借鉴周边相似流域的测量数据进行分析。估算无测量数据流域的流量时，既可以采用确定性方法，也可以采用随机方法，当然，将确定性方法和随机方法结合起来效果更好。

估算水文参数时，应该遵循基本的水文原理。实际上，每个流量估算公式都采用了简单的水文原理（Şen，2013）。本节详细介绍了三个主要的流量估算公式，这些公式得到了众多学者的认可（Farmer 和 Vogel，2013），希望今后这些公式能够不断地完善。

5.9.1 采用流域面积估算洪峰流量

对于两个相似的流域，假定其洪峰流量的比例与流域面积的比例呈一定的线性关系，定义两个流域的单位面积的流量比为流域面积比（DAR）。可以采用式（5.19）推导流域面积比。

设有两个相似的流域 X 和 Y，根据式（5.19），可以求得各自的洪峰流量为

$$Q_X = C_X I_X A_X$$
$$Q_Y = C_Y I_Y A_Y$$

上述两个公式的比值为

$$\frac{Q_X}{Q_Y}=\frac{C_X I_X A_X}{C_Y I_Y A_Y} \tag{5.26}$$

要应用式（5.26），需要已知两个流域的降雨强度和径流系数。另外，气象条件对洪峰流量也有一定的影响。

在式（5.26）中，C_X/C_Y 和 I_X/I_Y 为两个非常重要的比例参数。关于式（5.26），可能存在三种情况。第一种情况是，$I_X/I_Y=1$，但是两个流域的土地利用、地形、植被、土壤类型和地质情况有所不同，也就是说径流系数不同，此时式（5.26）可以表示为

$$\frac{Q_X}{Q_Y}=\frac{C_X A_X}{C_Y A_Y}=\alpha\frac{A_X}{A_Y} \tag{5.27}$$

式中，α 为两个流域的径流系数的比值，可以根据表5.11（Wanielista等，1997），查得两个草地流域各自的径流系数，从而计算出 α。

表5.4详细列出了商业、居住、工业、农业等不同类型的土地利用情况对径流系数的影响。表5.12列出了两种不同草地流域的径流系数比值情况。

表5.11　　不同草地流域的径流系数

土地利用情况	C	土地利用情况	C
砂土，地形平坦（<2%）	0.05～0.10	致密土，地形平坦（<2%）	0.13～0.17
砂土，地形略有起伏（2%～7%）	0.10～0.15	致密土，地形略有起伏（2%～7%）	0.18～0.22
砂土，地形陡峭（>7%）	0.15～0.20	致密土，地形陡峭（>7%）	0.25～0.35

表5.12　　不同草地流域的径流系数比值

		无测量数据的流域X					
		砂土，地形平坦（<2%）	砂土，地形略有起伏（2%～7%）	砂土，地形陡峭（>7%）	致密土，地形平坦（<2%）	致密土，地形略有起伏（2%～7%）	致密土，地形陡峭（>7%）
有测量数据的流域Y	砂土，地形平坦（<2%）	1	0.5～0.67（0.59）	0.33～0.50（0.43）	0.77～0.59（0.69）	0.28～0.57（0.43）	0.20～0.29（0.25）
	砂土，地形略有起伏（2%～7%）		1	0.67～0.75（0.71）	0.77～0.88（0.83）	0.56～0.68（0.62）	0.40～0.43（0.42）
	砂土，地形陡峭（>7%）			1	1.15～1.18（1.17）	0.83～0.91（0.87）	0.60～0.57（0.59）
	致密土，地形平坦（<2%）				1	0.72～0.77（0.75）	0.53～0.49（0.51）
	致密土，地形略有起伏（2%～7%）					1	0.72～0.63（0.68）
	致密土，地形陡峭（>7%）						1

表5.12中括号内为平均值，设计时可取平均值。例如，有测量数据的流域Y和无测量数据的流域X具有相同的土壤类型（都为砂土），但地形坡度不同，分别为0.015和0.075，则根据表5.12可知两者的径流系数比值为0.33～0.50，其平均值为0.42。

第二种情况是，两个流域的径流系数和降雨强度都相同，则式（5.26）此时为

$$\frac{Q_X}{Q_Y}=\frac{A_X}{A_Y} \tag{5.28}$$

即此时 Q_X/Q_Y 等于流域面积比 DAR（Farmer 和 Vogel，2013），且径流系数之比等于1。使用式（5.28）时，需要注意以下几点：

（1）由于地形、土地利用、地质和植被覆盖等情况差异，两个流域的径流系数不可能完全相同。

（2）两个流域的降雨强度是相同的。

（3）由于传统的推理公式法只适用于小型流域（Chow 等，1998），因此式（5.28）也只适用于小型流域。

第三种情况是，两个流域的洪峰流量比值呈下列关系

$$\frac{Q_X}{Q_Y}=\left(\frac{A_X}{A_Y}\right)^n \tag{5.29}$$

式中，$0<n<1$，当两个流域的条件相似时，n 值接近于1，当条件完全相同时，$n=1$。当 $n=1$ 时，就退化为式（5.28）。

除了上述几种情况外，也可以将式（5.28）加上一个误差项 ε，即

$$\frac{Q_X}{Q_Y}=\frac{A_X}{A_Y}+\varepsilon \tag{5.30}$$

式中　ε——符合正态分布，其平均值为0，标准差为1。

5.9.2 采用平均值估算洪峰流量

Farmer 和 Vogel（2013）提出了平均值统计法（SM）估算无测量数据流域的洪峰流量，该方法将洪水过程视为一阶马尔可夫过程，将某地区 i 的洪峰流量表示为

$$Q_{X_1}=\mu_{X_i}+\rho_{X_i}Q_{X_{i-1}}+\sigma_{X_i}\sqrt{1-\rho_{X_i}^2}\varepsilon_{X_i} \tag{5.31}$$

式中，μ_{X_i}——算术平均值；

σ_{X_i}——标准差；

ρ_{X_i}——一阶自相关系数；

ε_{X_i}——标准正态分布。Farmer 和 Vogel（2013）认为，上式主要用于洪水频率分析，此时一阶自相关系数 ρ_{X_i} 等于0，式（5.31）可以表示为

$$Q_{X_i}=\mu_{X_i}+\sigma_{X_i}\varepsilon_{X_i} \tag{5.32}$$

假如忽略标准差的影响，只考虑平均值的影响，则式（5.32）可以表示为

$$Q_{X_i}=\mu_{X_i}$$

依据上式，可以将无测量数据流域的洪峰流量表示为

$$Q_{Y_i}=\mu_{Y_i}$$

由 $Q_{X_i}=\mu_{X_i}$ 和 $Q_{Y_i}=\mu_{Y_i}$，可以推得

$$\frac{Q_X}{\mu_{Q_X}}=\frac{Q_Y}{\mu_{Q_Y}} \tag{5.33}$$

式（5.33）可以适用于任何面积的流域，而式（5.28）只适用于小型流域。

5.9.3 采用平均值和标准差估算洪峰流量

可以采用平均值和标准差的方法（SMS）来估算洪峰流量。假设洪水过程为一阶马

尔可夫过程，各个洪水过程相互独立，由式（6.32），可以推求得

$$\frac{Q_i-\mu_i}{\sigma_i}=\varepsilon_i \tag{5.34}$$

式（5.34）同时考虑了平均值和标准差。Farmer 和 Vogel（2013）认为，ε_i 为标准正态分布，其平均值为0，标准差为1。由式（5.34），可以求得有测量数据流域X和无测量数据Y的关系为

$$\frac{\dfrac{Q_X-\mu_X}{\sigma_X}}{\dfrac{Q_Y-\mu_Y}{\sigma_Y}}=\frac{\varepsilon_X}{\varepsilon_Y} \tag{5.35}$$

如果两个流域的误差项相同，则式（5.35）可以表示为

$$\frac{Q_X-\mu_X}{\sigma_X}=\frac{Q_Y-\mu_Y}{\sigma_Y} \tag{5.36}$$

Farmer 和 Vogel（2013）认为，由于SMS方法同时考虑了平均值和标准差，因此计算结果比DAR和SM方法准确。Farmer 和 Vogel（2013）进行了大量分析和计算，结果表明，三种方法的计算准确程度分别是DAR<SM<SMS。

参　考　文　献

Al-Suba'i，K.（1992）. Erosion-sedimentation and seismic considerations to dam sitting in the central Tihamat Asir region. Ph. D dissertation，Faculty of Earth Science，King Abdulaziz University，Saudi Arabia.

Al-Zahrani，M. K.，Al-Harthi，S. G.，Hawsawi，H. M.，Al-Ammawi，F. A.，Theban，M. S.，Khiyami，H. A.，& et al.（2007）. Potential flood hazard in Wadi Baish Southwest，Saudi Arabia. Saudi Geological Survey Confidential Report，216 pp.

Bayazit，M.，& Önöz，B.（2007）. To prewhiten or not to prewhiten in trend analysis? *Hydrological Sciences Journal*，52，611-624.

Bayazıt，M.，& Önöz，B.（2008）. *Taşkın ve Kuraklık Hidrolojisi*，Nobel Yayınevi，（in Turkish）（Flood and Drought Hydrology）.

Beven，K. J.，& Kirkby，M. J.（1979）. A physically based variable contributing area model of basin hydrology. *Hydrological Sciences Bulletin*，24（1），43-69.

Blanchard，A. H.，& Drowne，H. B.（1913）. *Text-book on highway engineering*. New York：Wiley.

Byrne，A.（1902）. *Treatise on highway construction*，4th ed.

Chow，V. T.（1962）. *Hydrologic determination of waterway areas for the design of drainage structures in small drainage basins，experimental station bull*. Illinois：University of Illinois，Engrg.

Chow，V.，Maidment，D.，& Mays，L.（1998）. *Applied hydrology*（p. 572）. New York：McGraw-Hill.

Costa，J. E.（1987a）. Hydraulics and basin morphometry of the largest flash floods in the conterminous United States. *Journal of Hydrology*，93，313-318.

Costa，J. E.（1987b）. A comparison of the largest rainfall-runoff floods in the United States with those of the People's Republic of China and the world. *Journal of Hydrology*，96，101-115.

Costa，J. E.（1987c）. A comparison of the largest rainfall-runoff floods in the United States with those of the People' s Republic of China and the world. *Journal of Hydrology*, 96 (101), 115.

Farmer, W., & Vogel, R. M. (2013). Performance-weighted methods for estimating monthly streamflow at ungauged sites. *Journal of Hydrology*, 477, 240-250.

Farquharsen, F. A. K., Meigh, J. R., & Sutcliffe, J. V. (1992). Regional flood frequency analysis in arid and semi-arid areas. *Journal of Hydrology*, 138, 487-501.

Gray, D. M. (1961). Interrelationships of watershed characteristics. *Journal Geophysical Research*, 66 (4), 1215-1223.

Hjelmfelt, A. T., Jr. (1991). Investigation of curve number procedure. *Journal of Hydrologic Engineering*, *ASCE*, 117 (6), 725-737.

Kadioglu, M., & Şen, Z. (2001). Monthly precipitation-runoff polygons and mean runoff coefficients. *Hydrological Sciences Journal*, 46 (1), 3-11.

Kirpich, Z. P. (1940). Time of concentration of small agricultural watersheds. *Civil Engineering*, 10 (6), 362.

Kundzewicz, Z. W., & Napiorkowski, J. J. (1986). Nonlinear models of dynamic hydrology. *Hydrological Soil Journal*, 37, 163-185.

Lacey, G. (1930). Stable channels in alluvium. *Proceedings of the Institution of Civil Engineers*, 229, 259-384.

Lee, K. T., Chang, G. H., Yang, M. S., & Yu, W. S. (2001). Reservoir attenuation of floods from ungauged basins. *Hydrological Sciences Journal*, 46 (3), 349-362.

Lee, K. T., & Yen, B. C. (1997). Geomorphology and kinematic wave based hydrograph derivation. *Journal of Hydraulic Engineering*, *ASCE*, 123 (1), 73-80.

Linsley R. K. (1982). Rainfall-runoff models—an overview. In Singh V. P. (Ed.), *Proceedings of the International Symposium on Rainfall - Runoff Relationship*. Water Resources Publications: Littleton, CO.

Maidment, D. R. (1993). *Handbook of hydrology*. New York: McGraw-Hill Inc.

Omolayo, A. S. (1993). On the transformation of areal reduction factors for rainfall frequency estimations. *Journal of Hydrology*, 145, 191-205.

Pilgrim, D. H., & Cordery, I. (1993). Flood runoff. In D. R. Maidment (Ed.), *Handbook of hydrology* (9.1-9.42). McGraw-Hill: New York.

Ponce, V. M., & Hawkins, R. H. (1996). Runoff curve number: Has it reached maturity? *Journal of Hydrologic Engineering*, *ASCE*, 1 (1), 11-19.

Quraishi, A., & Al-Hasoun, S. (1996). Use of Talbot formula for estimating peak discharge in Saudi Arabia. *Journal of King Abdulaziz University*: *Engineering Science*, 8, 73-85.

Şen, Z. (2008). Wadi hydrology (346 pp). New York: Taylor and Francis Group, CRC Press.

Şen, Z. (2010). Fuzzy logic and hydrological modeling (340 pp). Taylor and Francis Group, CRC Press Publishers.

Şen, Z. (2013). *Philosophical, logical and scientific perspectives in engineering* (p. 260). New York: Springer.

Şen, Z., & Al-Suba' I, K. (2002). Hydrological considerations for dam siting in arid regions: Saudi Arabia study. *Hydrological Sciences Journal*, 47 (2), 173-186.

Sirdaş, S., & Şen, Z. (2007). Determination of flash floods in Western Arabian Peninsula. *Journal of Hydrologic Engineering ASCE*, 12 (6), 676-681.

Snyder, F. F. (1938). Synthetic unit hydrographs. *Transactions American Geophysics Union*, 19, 447-454.

Soil Conservation Service (SCS). (1971). *National engineering handbook*, *Section* 4: *hydrology*. USDA:

Springfield, VA.

Soil Conservation Service (SCS). (1986). Urban hydrology for small watersheds. Technical Report 55. USDA: Springfield, VA.

Takeuchi, K., Ao, T., & Ishidaira, H. (1999). Interpretation of block - wise use of TOPMODEL and Muskingum - Cunge method for the hydro - environmental simulation of a large ungagged basin. *Hydrological Sciences*, 44 (4), 636 - 656.

Talbot, A. N. (1887 - 88). The determination of water - way for bridges and culverts (pp. 14 - 22). Selected papers of the Engineers' Club, Technograph No. 2, University of Illinois.

Wanielista, M., Kersten, R., & Eaglin, R. (1997). *Hydrology: Water quantity and quality control* (2nd ed.). New York, NY: Wiley and Sons Inc.

Wilson Murrow Consultant, Drainage Report. (1971). A report submitted to the Ministry of Communications, Riyadh, Saudi Arabia: 217 pp.

第 6 章

概率与统计法

摘要： 在洪水频率分析和洪峰流量估算时，主要存在两类方法，一类方法为概率统计法，另一类为确定性方法。前几章详细阐述了确定性方法的基本原理和若干种公式，本章主要介绍洪峰流量估算的概率、统计与随机方法。可以采用年峰值流量法、阈值峰值流量法和综合峰值流量法来确定最大洪峰流量。本章分析了 2 年重现期（超越概率 0.50）、5 年重现期（超越概率 0.20）、10 年重现期（超越概率 0.10）、25 年重现期（超越概率 0.04）、50 年重现期（超越概率 0.02）、100 年重现期（超越概率 0.01）和 500 年重现期（超越概率 0.002）等不同风险水平下的洪峰流量的计算问题，阐明了几种不同概率计算方法的基本原理和计算步骤，并给出了若干计算实例。

关键词： 重现期，洪水频率，分布概率，综合峰值流量法，阈值峰值流量法，概率方法，风险水平，安全性

6.1 概述

人类生活容易受到极端自然灾害的侵袭，这就需要运用科学技术来减轻极端自然灾害对人类的危害。在工农业规划、设计和运营中，需要获取各种水文和气象参数的极端值。确定合理的参数极值，减少估算误差，是目前概率和统计理论的发展目标（Gumbel，1958；Fisher 和 Tippett，1928）。要合理估算各种参数，首先要构建简单易用的模型。目前，气候变化对一些参数的极值大小和出现频率产生了重要影响（Flohn，1989）。

进行洪水计算时，通常假定不同洪水之间相互独立，这在早期是合理的，因为两次洪水之间基本相隔一年多之久。然而，由于气候变化的影响，目前一年中可以发生多次洪水，上述假定有些不符合实际情况了。由于近年来极端洪水频发，一些学者开始研究不同洪水之间的相关性，对传统的计算方法进行了改进。假定不同洪水相互独立时，可以采用概率方法计算洪水的发生时间和洪峰流量。然而，假定不同洪水相互影响时，需要采用随机方法进行洪水分析。

自 20 世纪 40 年代，开始了对洪水频率的研究，Gumbel 发表了多篇关于洪水频率的论文。在此之前，主要以图表的形式分析洪水数据。Gumbel 将年洪峰流量视为极值 Ⅰ 型

分布函数，这种认识较为符合实际情况。

20 世纪 70 年代，美国水资源协会（USWRC）提出了洪水频率分析的方法和步骤。1976 年，美国水资源协会在第 17 号公报中发布了洪水频率分析指南，首次提出了洪水频率分析的方法和步骤。1977 年，水务数据咨询委员会在第17A 号公报中提出了修正方法，1981 年，该委员会在第 17B 号公报中再次提出了新的修正方法。美国水资源协会认为，年洪峰流量符合皮尔逊Ⅲ型对数分布，不符合耿贝尔极值分布。

为进行概率和统计分析，水文测量数据应准确及时。假设水文参数符合某种概率分布，从而分析不同重现期情况下洪峰流量的大小，详细情况参见第 2 章和第 9 章。一般根据年洪峰流量的测量值或估算值进行统计分析，如果某流域缺乏洪水记录，则可以根据年降雨量记录来推测洪峰流量。超越概率 P 为洪峰流量超过 X_0 的概率，重现期 T 为超越概率 P 的倒数。通过洪水频率分析，可以根据以往的洪水记录，推测未来某特定重现期条件下的洪峰流量大小。

搜集水文数据是非常重要的事情，但也非常耗时。利用多年的测试数据，可以根据概率和统计方法确定某特定洪峰流量的发生概率。然而，没有 20～30 年的水文测试记录，难以进行这种分析和计算。

本章假定各个洪峰流量相互独立，分析了不同重现期的洪峰流量概率分布，研究了计算结果的可靠性。最后，利用简便的方法分析了洪峰流量相互影响的问题。

6.2　洪水频率分析

洪峰流量是指一年中洪水流量的最大值，通过洪水频率分析，可以根据历史水文记录，从理论上估算出不同超越概率的洪峰流量。为合理分析洪水频率，需要作如下假设：

（1）选取的历史洪水记录应具有一定的代表性。

（2）未来洪水发生的概率和历史洪水发生概率相同。然而，由于气候变化的影响，这种假设目前已经难以成立。

（3）各个年度的洪水记录相互独立，即洪峰流量是随机分布的。

洪水是一种自然现象，经常发生在河流中，具有反复发生的特点。根据统计分析，每隔 2.33 年就会发生一次不小于年平均洪水流量的洪水（Leopold 等，1964）。当降雨量很大且超过土壤涵水能力和河流输送能力后，就容易发生洪水现象。发生洪水时，河水会漫过河岸，淹没河岸附近的田地。

进行洪水频率分析前，首先检查历史洪水记录是否正确可靠，研究洪水流量的上升和下降趋势及突变情况。植树造林或砍伐森林等人类活动及气候变化会影响洪水流量变化趋势。在遭受偶尔极端事件后，如发生森林大火、地震、滑坡等灾害后，由于这些灾害极大地改变了流域地表条件，会使得洪峰流量发生突变。

研究洪水记录的趋势、突变和季节性变化等情况后，接下来应选定合适的分布概率。一般假定未来洪峰流量发生的概率和历史洪峰流量发生概率相同。设历史记录的集合为 X，集合中的变量表示为 x。

设记录中有 n 个变量，每个变量出现的概率为 P，则所有变量出现概率的累加和为

1，即 $\sum_{i=1}^{n} P_i = 1$，通常将变量 x 的概率分布表示为 $f(x)$，如图 6.1 所示。

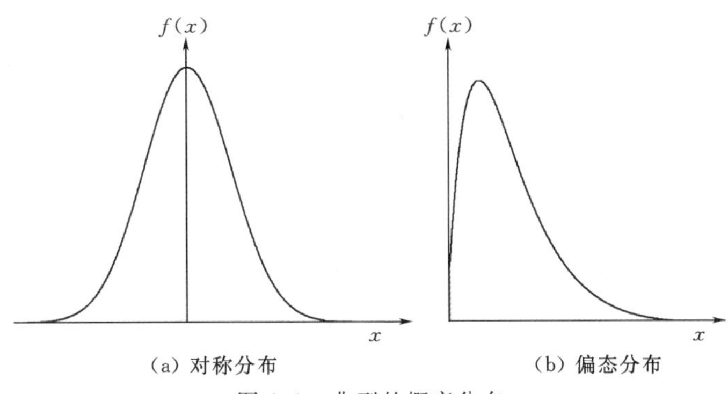

图 6.1　典型的概率分布

累积概率分布是指小于某值 x 的概率 $P(x \leqslant x)$，或大于某值 x 的概率 $P(x > x)$。典型的累积概率分布 $P(x)$ 如图 6.2 所示。

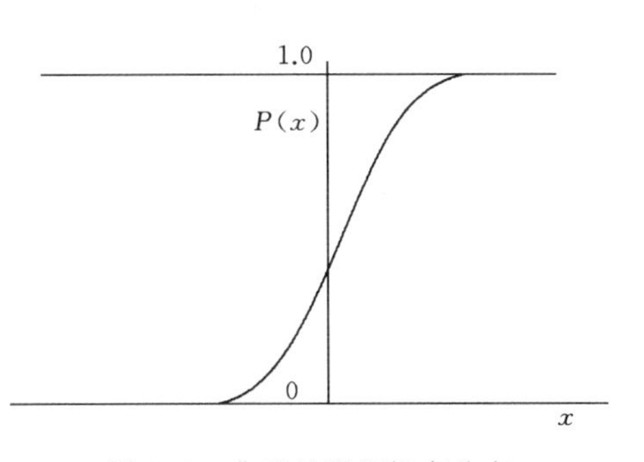

图 6.2　典型的累积概率分布

如果已知 $f(x)$ 或 $P(x)$ 概率分布情况，则可利用上述概念分析某特定洪峰流量的发生概率，或者估算出某超越概率（如百年一遇）的洪峰流量。

概率分布 $f(x)$ 表达式很多，最常用的包括对数正态分布、PearsonⅢ型分布和 Gumbel 分布。

通过统计检验，可以确定出最适合洪峰流量记录的概率分布模式，然后可以估算出不同重现期的洪峰流量。

6.2.1　数据整理

利用已有的洪水记录，根据某种概率分布假设，可以推测出未来某超越概率的洪峰流量。首先，根据历史洪水记录，按照从小到大或者从大到小的顺序，整理出不同洪峰流量对应的发生概率，并绘制在图纸上。表 6.1 列出了常用的三种累积概率分布模式，分别是 California 分布、Hazen 分布和 Weibull 分布。假设有 n 个数据，则可以从表 6.1 中选择一个大于第 m 个数据值的概率分布模式。

表 6.1　　三种典型的累积概率分布

X 超过某特定值的累积概率分布 $P(X \geqslant X_0)$	名称	$P(x \geqslant x)$
1	California 分布	m/n
2	Hazen 分布	$(m-0.5)/n$
3	Weibull 分布	$m/(n+1)$

本书主要采用 Weibull 分布分析洪水频率。

6.2.2　典型的概率分布函数

为绘制降雨强度—历时—频率曲线或洪水概率曲线，可以采用 Gumbel 极值分布、广义极值分布、双参数对数正态分布、三参数对数正态分布、Gamma 分布、Pearson Ⅲ型分布或对数 Pearson Ⅲ型分布等描述某流域的年最大降雨量情况。通常根据降雨强度特征选择合适的概率分布描述方式，先观察水文数据特征，挑选出若干个合理的概率分布模式，然后利用卡方检验或 Kolmogorov - Smirnov 检验来确定最适宜的概率分布模式。Jenkinson（1969）给出了广义极值分布的通用表达式，即

$$f(x)=\frac{1}{\alpha}\left[1-k\left(\frac{x-u}{\alpha}\right)\right]^{1/k-1}e^{-\left[1-k\left(\frac{x-u}{\alpha}\right)\right]_{1/k}} \tag{6.1}$$

式中　α、u 和 k——系数。

Gumbel 极值Ⅰ型分布（Gumbel，1958；Yevjevich，1972；Chow，1964）表示为

$$f(x)=\frac{1}{\alpha}\exp\left[\left(-\frac{x-u}{\alpha}\right)-\exp\left(-\frac{x-u}{\alpha}\right)\right] \tag{6.2}$$

Hazen（1914）采用了正态分布来分析水文参数，其表达式为

$$f(x)=\frac{1}{\sigma\sqrt{2\pi}}e^{\frac{1}{2}\left(\frac{x-\mu}{\sigma^2}\right)^2} \tag{6.3}$$

式中　μ——平均值；

σ——标准差。

双参数对数正态分布表示为

$$f(x)=\frac{1}{x\sigma_x\sqrt{2\pi}}\exp\left[-\frac{(\ln x-\mu_x)^2}{2\sigma_x^2}\right] \tag{6.4}$$

三参数对数正态分布的表达方式与双参数对数正态分布基本相似，但在 x 轴上平移了 m 个单位，函数具有下限值（Kite，1977），三参数对数正态分布表示为

$$f(x)=\frac{1}{(x-m)\sigma_x\sqrt{2\pi}}\exp\left[-\frac{[\ln(x-m)-u_x]^2}{2\sigma_x^2}\right] \tag{6.5}$$

式中　μ_x——平均值；

σ_x——标准差。

也有概率分布将幂函数与指数函数结合起来作为表达式，即

$$f(x)=\frac{1}{\alpha^{\beta}\Gamma(\beta)}x^{\beta-1}e^{-(x/\alpha)} \tag{6.6}$$

当 $\beta=1$ 时，式（6.6）就退化为双参数 Gamma 分布。

Pearson（1930）提出了 Pearson Ⅲ型分布和对数 Pearson Ⅲ型分布，分别表示为

$$f(x)=\frac{1}{\alpha\Gamma(\beta)}\left(\frac{x-\gamma}{\alpha}\right)^{\beta-1}e^{-\left(\frac{x-\gamma}{\alpha}\right)} \tag{6.7}$$

$$f(x)=\frac{1}{\alpha x\Gamma(\beta)}\left(\frac{\ln x-\gamma}{\alpha}\right)^{\beta-1}e^{-\frac{\ln x-\gamma}{\alpha}} \tag{6.8}$$

通常采用“百年一遇”等概率方式来描述洪水发生的频率。当然，百年一遇不是表示每隔100年发生一次相同的大洪水，而是说该洪水可以出现在任何时候，只是发生概率只有1%。根据估算出的百年一遇洪峰流量，可以在地图上确定出河漫滩的淹没范围，以便制定合理的防洪措施。同时，也可以估算出5年、20年、50年等不同重现期的洪峰流量。

河漫滩的淹没次数主要受气候、河岸地质和河道纵比降等因素影响。每年的某段时间总会形成大量雨水，融雪有时也会导致洪水发生。有些河漫滩几乎每年都被洪水淹没，即使纵比降很小的大型河流的河漫滩也会受到洪水淹没。如果某流域没有结冰期，则在降雨量最大时容易发生洪水。在某些地区的春季或初夏，融雪伴随着降雨，容易诱发洪水。

通过水文过程线，可以估算出洪峰流量，为河漫滩规划和桥梁防洪设计等项目提供合理的设计参数（Al-Zhrani，2007）。

6.3　洪水数据分析

在一次水文过程中，一般会存在多个峰值流量，可以表示为Q_i（$i=1, 2, \cdots, n$），且会出现若干个$Q_{i-1}<Q_i<Q_{i+1}$的情况，图6.3的箭头指明了各种不同大小的峰值流量。

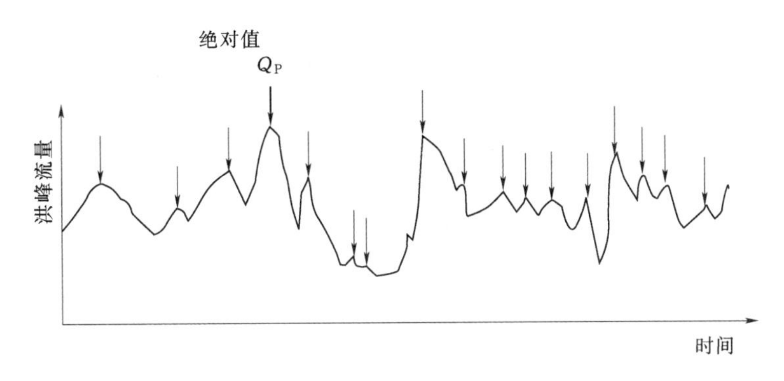

图6.3　峰值流量示意图

在Q_i（$i=1, 2, \cdots, n$）中，绝对值的最大值称之为洪峰流量Q_P，一般根据某些假设，采用确定性方法估算未来发生的大小。然而，确定性方法忽略了洪水的不确定性和随机性。另外，由于某流域洪峰流量的出现情况各异，分析未来洪水趋势时，应选用合适的历史洪水记录。如果某流域存在连续的径流量测量记录，则可以根据年峰值流量法、阈值峰值流量法和综合峰值流量法来确定洪水记录的峰值流量。

6.3.1　年峰值流量

如图6.4所示，以年为单位，确定出历史洪水记录中每年的最大峰值流量，就构成了一系列年峰值流量。

以此方式确定的峰值流量，彼此之间认为是相互独立的。例如，在图6.4中，第2年和第3年的峰值流量发生时间非常接近，第5年和第6年的峰值流量发生时间也同样非常接近，理论上，这些流量应具有一定的相关性。然而，不论何种情况，所有峰值流量均假定为相互独立。年峰值流量的数量等于测量数据的记录年数。

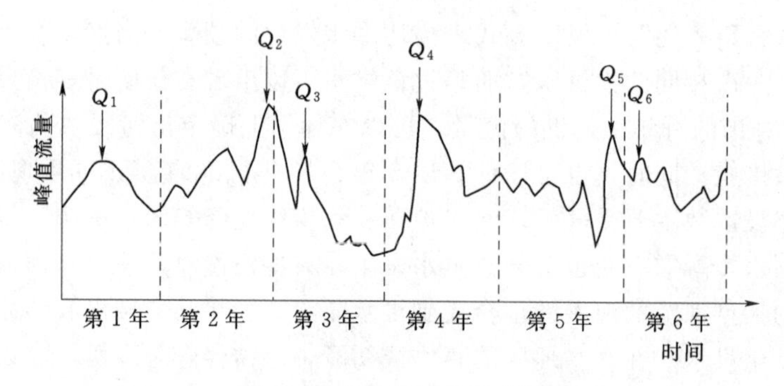

图6.4 年峰值流量示意图

6.3.2 阈值峰值流量

可以设置一个流量阈值 Q_0，大于 Q_0 的峰值流量称之为阈值峰值流量，如图6.5所示。应根据某种标准确定流量阈值 Q_0。

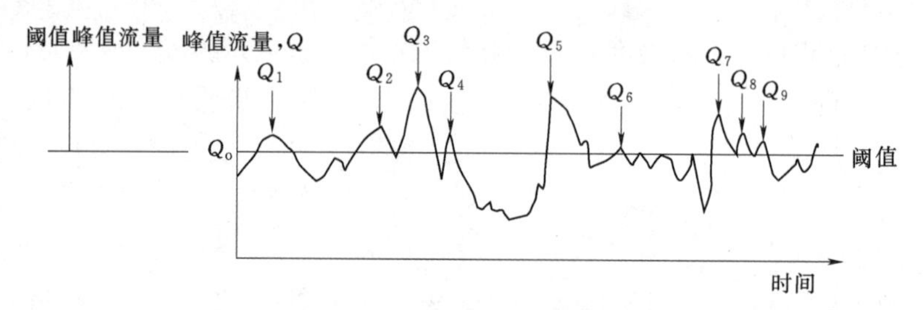

图6.5 阈值峰值流量示意图

当两个阈值峰值流量发生时间很接近时，两者具有一定的相关性，但通常假定为所有的阈值峰值流量相互独立。6.10节提出了一种考虑阈值峰值流量相互影响的计算方法。用阈值流量法确定出的峰值流量数量通常多余年峰值流量。可以根据下列准则确定流量阈值：

(1) 根据流域的径流能力确定。

(2) 根据流域的储水能力确定。

(3) 在居民区，流域阈值不得形成洪水和淹没区。

采用该方法确定峰值流量时，有时某年份没有峰值流量，有时某年份存在多个峰值流量。

6.3.3 综合峰值流量

将年峰值流量法和阈值峰值流量法结合起来，便形成了综合峰值流量法，即确定一个流量阈值 Q_0，使得确定的峰值流量数量等于水文记录年数，如图6.6所示。

采用该方法确定流量阈值 Q_0 时，Q_0 与工程设计没有任何关系。采用该方法确定峰值流量时，有时某年份存在多个峰值流量。如果两个峰值流量发生时间非常接近，该方法认为两者具有一定的相关性。

如果流量阈值 Q_0 对流域有重要影响，则应按照上节所述原则重新确定流量阈值。

如果水文记录时长为2～10年，采用年峰值流量比较合适。如果水文记录时长超过

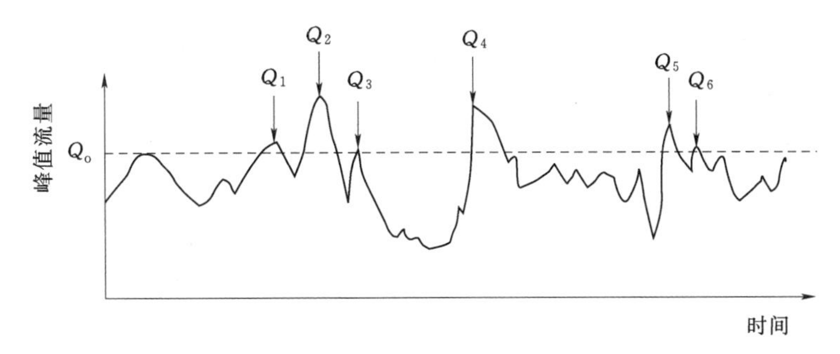

图 6.6　综合峰值流量示意图

10 年，则采用综合峰值流量比较合适。当水文记录时长非常大时，三种方法确定的峰值流量结果一致。

6.4　洪水风险分析

为减轻洪水灾害，按照 50 年、100 年、200 年或 500 年等不同重现期标准修建了大坝、涵洞、桥梁和河道等各种构筑物。一般采用经验方法或理论方法来处理洪水数据，采用理论方法分析时，一般假定两次洪水相互独立。重现期 T 是指重新出现一次大于或等于该洪峰流量平均相隔的年数，重现期和洪水风险水平 R 呈倒数关系，即

$$R=\frac{1}{T} \tag{6.9}$$

理论上，重现期为 T 的洪水，每年发生的概率为 $1/T$，则每年不发生的概率为 $(1-1/T)$，即安全系数 S 为

$$S=1-R=\left(1-\frac{1}{T}\right) \tag{6.10}$$

设在 n 年内，洪水出现的频率相互独立，根据概率理论，n 年内一直不出现洪水的概率，即 n 年内的安全系数 S_n 为

$$S_n=\left(1-\frac{1}{T}\right)^n \tag{6.11}$$

则 n 年内会发生洪水的概率为

$$R_n=1-\left(1-\frac{1}{T}\right)^n \tag{6.12}$$

式中　n——构筑物的设计使用年限，并以此确定构筑物所能承受的洪峰流量，详细过程参见第 7 章。

图 6.7 显示了重现期 T 和风险水平 R 的关系。由图中可以确定 n 年内重现期为 T 的风险水平 R_n。如果设计洪峰流量为 Q_D，则风险水平为 $R=P(Q\geqslant Q_D)$，安全系数为 $S=P(Q<Q_D)$。风险水平指洪水流量 Q 大于 Q_D 的概率，安全系数指洪水流量 Q 小于 Q_D 的概率。

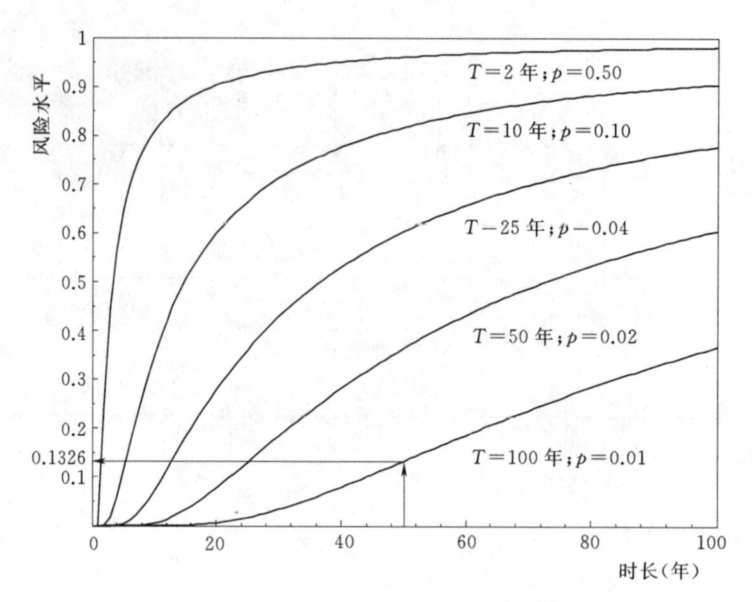

图6.7 设计使用年限和洪水风险水平的关系

例题6.1

某流域洪水记录相互独立，在该流域拟建一大坝，按照百年一遇的洪水设计，大坝设计使用年限为50年。试确定大坝的风险水平和设计洪峰流量。

解：在图中找到百年一遇的设计使用年限和洪水风险水平关系曲线，由横坐标为50年，读出纵坐标为0.1326，即大坝的风险水平 $r_n=0.1326$。可以根据洪峰流量的概率分布，求得设计洪峰流量。

6.5 年洪峰流量的计算

如果构筑物的设计使用年限为 n 年，则每年发生洪水的超越概率为 $1/n$，$i(i<n)$ 年内发生洪水的超越概率为 i/n，n 年内发生洪水的超越概率为 n/n。即使超越概率计算结果为1，也不一定代表肯定发生，还是存在某些不确定性。假设洪水的发生是相互独立的事件，且符合相同的概率分布，将洪水记录按照从小到大的顺序进行排列，根据表6.1的Weibull公式，第 m（$m=1,2,3,\cdots,n$）个洪峰流量小于设计洪峰流量 Q_D 的概率为

$$P(Q_m<Q_D)=\frac{m}{n+1}\quad(m=1,2,\cdots,n)\tag{6.13}$$

式（6.13）表明，洪水流量越小，其概率越低，反之就越高。式（6.13）计算出的结果即为安全系数。图6.8显示了不同设计使用年限的超越概率情况，超越概率 P 和洪水大小排列序号 m 呈线性关系。

图6.8显示了设计使用年限为10年、25年、50年和100年的超越概率情况。由图中可以看出，所有的超越概率都小于1。图6.8是根据式（6.13）绘制而得，可以查得不同洪峰流量对应的超越概率。式（6.13）是根据洪水记录和概率理论推导而得。实际上，不

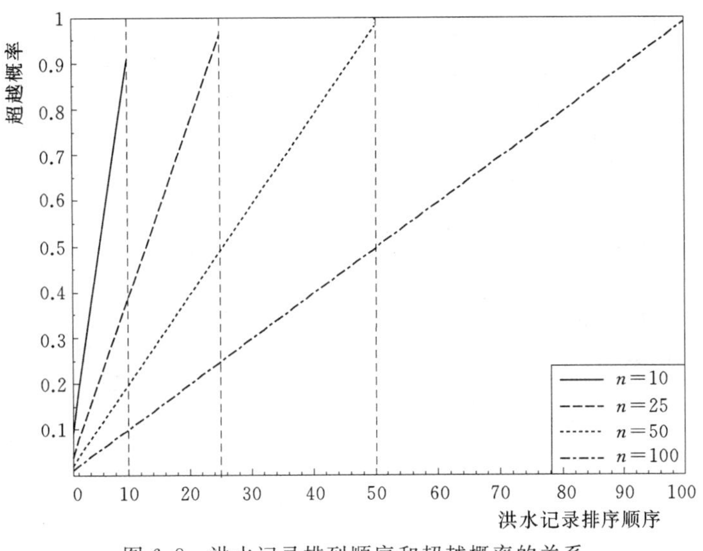

图 6.8 洪水记录排列顺序和超越概率的关系

同洪水发生的概率是不同的，并不是均匀分布的概率。小洪水和极端洪水都是发生概率很低的事件，大部分洪水为中等规模大小。由此，可以将洪水大小分为大、中和小三种不同的情况，可以用偏态分布来表示。常用的洪水概率分布包括 Gamma 分布、对数正态分布、Gumbel 极值分布、广义极值分布等，详细情况参见 6.6.2 节。

6.5.1 图件绘制

可以利用特定图纸绘制各种参数的概率分布情况。图 6.9 为几种绘制超越概率和洪峰流量的关系的图纸。

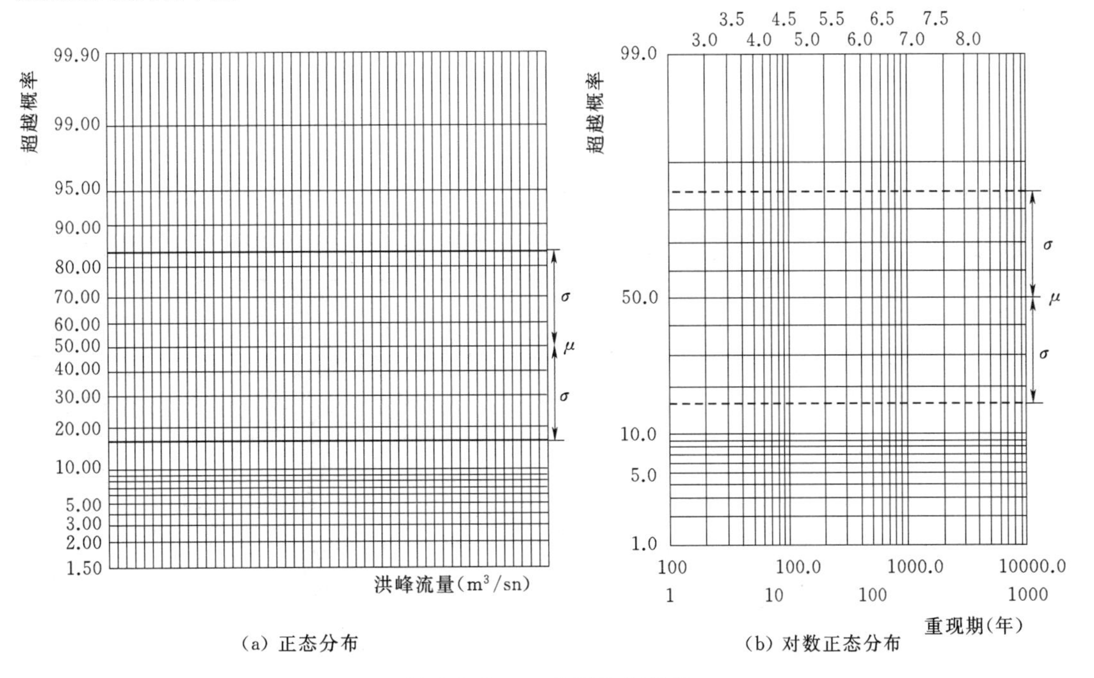

图 6.9（一） 概率分布图纸

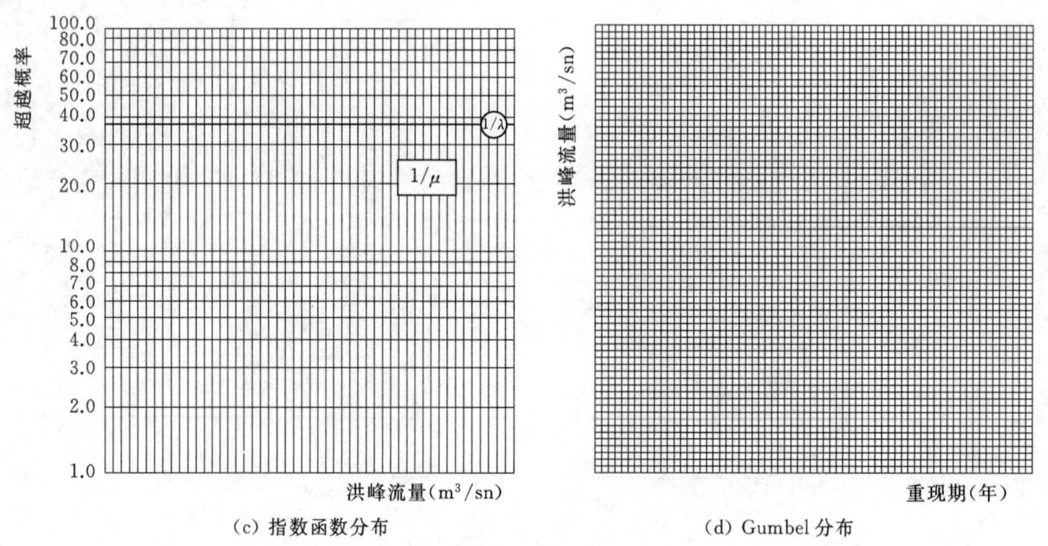

(c) 指数函数分布　　(d) Gumbel分布

图 6.9（二） 概率分布图纸

在概率和统计分析中，正态分布应用最为广泛，但该分布不适用于洪峰流量分析。分析极端洪水时，通常采用广义极值分布、Gumbel 极值分布、Weibull 分布和 Gamma 分布。可以试着在不同图纸绘制出洪峰流量的各种分布情况，最后选取两个参数呈直线关系的图纸作为分析资料。根据式（6.13）绘制曲线的方法也称为 Weibull 绘图方法。

例题 6.2

表 6.2 列出了某流域年洪峰流量的记录，试采用 Weibull 作图方法绘制出重现期为200年的洪峰流量概率分布。

解：根据有关公式，计算出年洪峰流量的风险水平和重现期，列于表 6.2。由表中可以看出洪峰流量大于 3320m³/s 的超越概率为 5.88%，而超越概率为 94.12%的洪峰流量为 690m³/s。

目前，主要采用计算机绘图，较少采用手工绘图。可以根据表 6.2 中的数据，绘制出不同类型的累积概率分布曲线，如图 6.10 所示。

表 6.2　　年洪峰流量记录及计算结果

年份	年洪峰流量 (m^3/s)	超越概率 r (%)	重现期 $1/r$ (年)	年份	年洪峰流量 (m^3/s)	超越概率 r (%)	重现期 $1/r$ (年)
1982	2520	5.88	17	1990	820	52.94	1.89
1983	1850	11.76	8.5	1991	690	58.82	1.70
1984	750	17.65	5.62	1992	1240	64.71	1.55
1985	1100	23.53	4.25	1993	1730	70.59	1.42
1986	1380	29.41	3.40	1994	1950	76.47	1.31
1987	1910	35.29	2.83	1995	2160	82.35	1.21
1988	3170	41.18	2.43	1996	3320	88.24	1.13
1989	1200	47.06	2.13	1997	1480	94.12	1.06

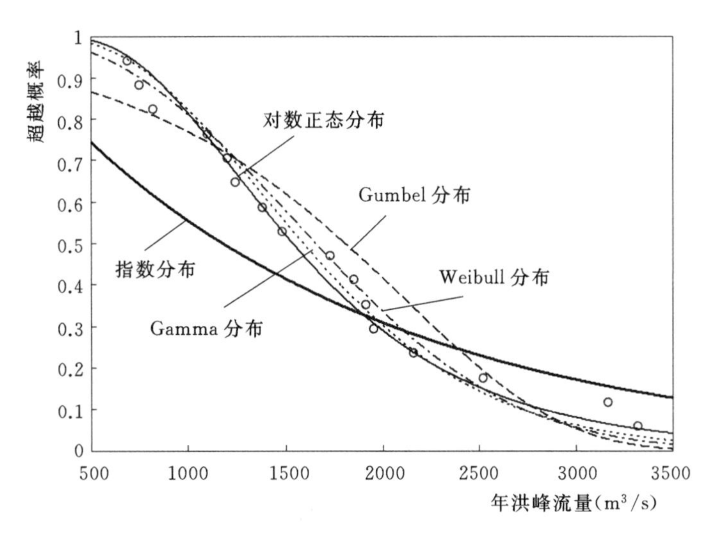

图 6.10 不同的年洪峰流量概率分布

由图 6.10 可以看出，适合表 6.2 中数据的概率分布为 Weibull 分布。作者利用 MATLAB 软件编制了绘图程序，关键参数和命令如表 6.3 所示，具体步骤如下：

(1) 将洪峰流量测量值按照从大到小的顺序进行排列，如表 6.2 第 3 列所示。在 MATLAB 软件中，可以用 sort (data) 命令对数据进行排序。

表 6.3 MATLAB 命令及相关参数

概率分布类型	相关参数	累积概率分布	风险水平	绘图命令
Weibull 分布	wblfit (data)	gw=wblcdf (data, A, B)	rw=1.0−gw	plot (data, rw)
	A=1930.4 B=2.4			
Gumbel 分布	evfit (data) A=2111.9 B=827.2	ggu=evcdf (data, A, B)	rgu=1.0−ggu	plot (data, rgu)
Gamma 分布	gamfit (data) A=4.994 B=341.290	gga=gamcdf (data, A, B)	rga=1.0−gga	plot (data, rga)
指数函数分布	expfit (data) A=1074.4	ge=expcdf (data, A)	re=1.0−ge	plot (data, re)
对数正态分布	lognfit (data) A=7.337 B=0.477	gl=logncdf (data, A, B)	rl=1.0−gl	plot (data, rl)

(2) 由式 (6.13) 计算出不同洪峰流量的安全系数，继而求得不同洪峰流量的超越概率。

(3) 以洪峰流量为横坐标，超越概率为纵坐标，在 MATLAB 软件中，利用 scatter (data, risk)命令，可以绘制出洪峰流量 x 和洪水发生概率 $f(x)$ 的关系曲线，如图 6.11 所示。

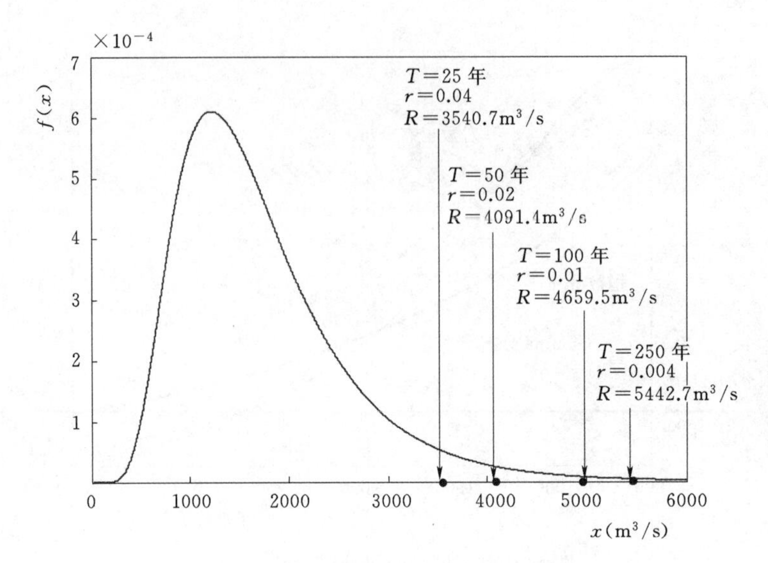

图6.11　洪峰流量和洪水发生概率的关系

(4) 利用MATLAB软件可以得到每种概率分布的相关参数，结果见表6.3第2列。

(5) 根据步骤4得到的相关参数，计算出累积概率分布。

(6) 由于安全系数和洪水风险水平之和为1，由此计算出不同洪峰流量的安全系数和风险水平。

(7) 图6.10显示了每种累积概率分布的曲线，输入命令“hold on”，可以保存绘制的图形。利用软件，可以方便地绘制出每种累积概率分布，从而较为容易地选取合理的概率分布。

(8) 可以根据下列准则，确定合理的概率分布：

1) 通常根据肉眼观察，选取形状接近直线的概率分布。

2) 根据最小二乘法确定。

3) 根据矩估计法确定。

4) 根据最大似然原理确定。

6.5.2　洪峰流量和洪水发生概率的关系

分析洪水危险性时，关键的参数是不同洪峰流量出现的概率大小，该参数具有不确定性的特点。影响不确定性的因素很多，其中包括人类活动的影响。在构筑物的规划、防护、运营、修建和维护过程中，需要利用洪水危险性地图进行洪水分析。

进行洪水危险性分析时，一般假定各变量间相互独立，不但要计算洪峰流量的大小，也要估算洪峰流量出现的超越概率。根据历史洪水记录，选择合适的概率分布描述，从而估算出未来不同重现期的洪峰流量概率。

如图6.11所示，右侧竖线将概率分布曲线分为两部分。假定曲线为对数正态分布，采用表6.3中的数据，可以根据命令y=logncdf (x, 7.3375, 0.477) 在MATLAB软件中绘制出相应概率分布曲线。另外，也可以采用logpdf () 命令绘制相关曲线。根据表6.4中的数据，也可以绘制出图6.11中的曲线，其中洪峰流量的范围为$0<x<$

6000m^3/s。

表 6.4 不同分布概率的参数

概率分布类型	重现期（风险水平）							
	2（0.5）	5（0.2）	10（0.1）	25（0.04）	50（0.02）	100（0.01）	250（0.004）	500（0.002）
Gumbel 分布	−0.367	0.476	0.834	1.169	1.364	1.527	1.709	1.827
Gamma 分布	0.693	1.609	2.303	3.219	3.912	4.605	5.522	6.215
正态分布	0.500	1.342	1.782	2.251	2.554	2.826	3.152	3.378
对数正态分布	1.000	2.320	3.602	5.759	7.797	10.240	14.183	17.782
Weibull 分布	0.693	1.609	2.303	3.219	3.912	4.605	5.522	6.215

在图 6.11 中，以重现期为 25 年为例，由式（6.9）可求得 $R=0.04$，由式（6.10）可求得 $S=0.96$。假设洪峰流量呈对数正态分布，则在 MATLAB 软件中可以用命令 logninv（0.96，7.337，0.477）求得所需的洪峰流量，其中 0.96 表示安全系数，7.337 和 0.477 表示相关参数。值得注意的是，此处所用命令为 logninv，而在表 6.3 中，所用命令为 logncdf。

6.5.3 频率系数

如前所述，对于不同的情况，每次都需要重新利用若干个公式计算出风险水平。为了较为方便求得洪峰流量和风险水平，可以将各种统计参数标准化。前面所述的概率分布都没有进行标准化，通过进行标准化，可以令各种概率分布的平均值为 0，标准差为 1。假设某流域的年洪峰流量记录为 Q_1、Q_2、…、Q_n，其平均值为 μ_Q，标准差为 σ_Q，则可以通过下式将该记录标准化，即

$$q_i=\frac{Q_i-\mu_Q}{\sigma_Q} \tag{6.14}$$

以表 6.2 中的洪峰流量记录为例，可以求得其平均值 $\overline{Q}$ 和标准差 S，如图 6.12 所示。

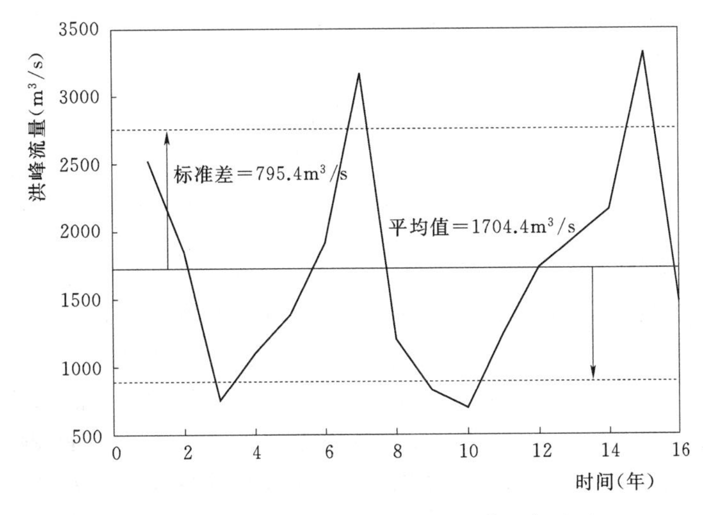

图 6.12 某流域年洪峰流量的平均值和标准差

令 $S_i=Q_i-\overline{Q}$（$i=1, 2, \cdots, n$）表示第 i 个洪峰流量记录 Q_i 和平均值$\overline{Q}$的偏差，则洪峰流量可以表示为

$$Q_i=\overline{Q}+S_i \tag{6.15}$$

如果将平均值看作参考标准，则洪水记录视为在平均值附近符合某种概率分布的一系列数值。

利用式（6.14），可以将洪水记录标准化，使其平均值为 0，标准差为 1，图 6.13 为表 6.2 中的洪峰流量记录标准化后的结果。

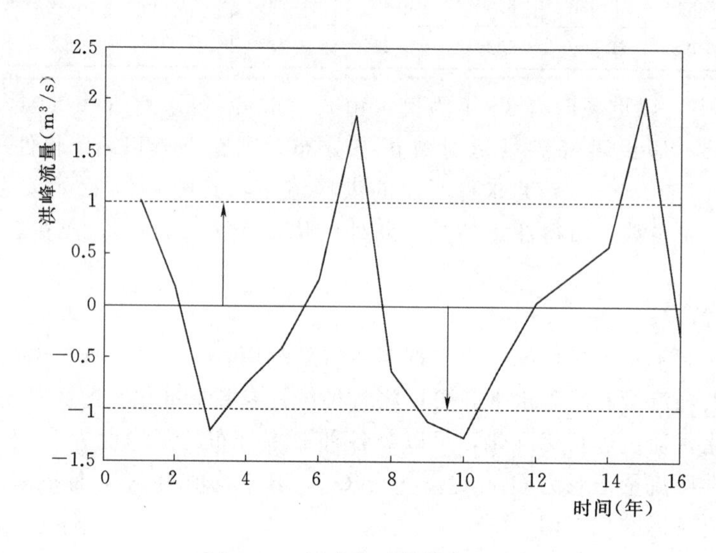

图 6.13　标准化后的洪水记录

对比图 6.12 和图 6.13 可以发现，两条曲线形状相同，只是位置和比例尺存在差别。在图 6.13 中，标准化后的记录的平均值为 0，标准差为 1。

可以采用下式表示设计洪峰流量 Q_D，即

$$Q_D=\overline{Q}\pm kS \tag{6.16}$$

式中　k——频率系数；

S——标准差；

$\overline{Q}$——洪峰流量平均值。

如果某系列的洪峰流量记录已知，则可以求得其平均值和标准差，继而根据累积概率分布和重现期确定出频率系数。计算雨季的最大洪峰流量时取“+”，计算旱季的最小洪峰流量取“−”。需要注意的是，取“+”和取“−”时，k 的取值是不同的。如图 6.11 所示，曲线开始部分为旱季最小洪峰流量的概率大小。频率系数越大，设计洪峰流量距离平均值就越远。如果频率系数为 0，则设计洪峰流量为常数。频率系数对设计洪峰流量的取值有较大影响。在式（6.16）中，设计洪峰流量的单位与洪水记录的单位相同。可以将式（6.16）两端同时除以洪峰流量平均值$\overline{Q}$，则式（6.16）便成为一

个无量纲的表达式，即

$$\frac{Q_{\mathrm{D}}}{\overline{Q}}=1\pm k\frac{S}{\overline{Q}} \tag{6.17}$$

式（6.17）也可以表示为

$$Q_{\mathrm{D}}=\overline{Q}(1\pm kC_{\mathrm{V}}) \tag{6.18}$$

式中　C_{V}——变异系数。

如果洪峰流量的概率分布已知，则可以由重现期求得频率系数，从而绘制出重现期 T 和频率系数 k 的关系曲线，以方便查找。对于已知的某洪峰流量系列，可以计算出其平均值、标准差、偏态系数和变异系数等统计参数，继而可以根据表 6.4 或式（6.16），计算出特定重现期条件下的发生概率。根据下列 MATLAB 命令，如表 6.4 所示，可以求得频率系数。

（1）Gumbel 极值分布：Q=evinv（P，MU，$SIGMA$），此处 $MU=0$，$SIGMA=1$。

（2）Gumma 分布：Q=gaminv（P，A，B），此处 $A=1$，$B=1$，这种情况下等同于指数分布。

（3）正态分布：Q=norminv（P，MU，$SIGMA$），此处 $MU=0$，$SIGMA=1$。

（4）对数正态分布：Q=logninv（P，MU，$SIGMA$），此处 $MU=0$，$SIGMA=1$。

（5）Weibull 分布：Q=wblbinv（P，A，B），此处 $A=1$，$B=1$。

6.5.3.1 Gumbel 极值分布

通常采用 Gumbel 极值分布或广义极值分布进行洪水分析。在 MATLAB 软件中，一般用“gev”代表 Gumbel 极值分布的相关命令。Gumbel 极值分布的表达式为

$$f(Q)=\exp\left\{-\exp\left[-\frac{(Q-u)}{\alpha}\right]\right\} \tag{6.19}$$

式中　u——位置参数；

　　α——比例参数。

这两个参数与平均值$\overline{Q}$和标准差 S_{Q} 有关，即

$$\alpha=0.7797S_{\mathrm{Q}} \tag{6.20}$$

$$u=\overline{Q}-0.45S_{\mathrm{Q}} \tag{6.21}$$

Jenkins（1955）提出了一种广义极值分布，其表达式见式（6.22），式（6.19）为广义极值分布的特例。

$$f(Q)=\exp\left\{-\left[1-\frac{k(Q-u)}{\alpha}\right]\right\}^{1/k} \tag{6.22}$$

式中　k——形状参数，根据形状参数的取值，可以确定最合理的概率分布。

形状参数通常可以分为三种情况。

（1）$k=0$，则式（6.22）退化为伽马分布。

（2）$k<0$，则式（6.22）为皮尔逊Ⅱ型分布。

（3）$k>0$，则式（6.22）为皮尔逊Ⅲ型分布。

目前，世界上应用最为广泛的洪水分布为耿贝尔极值分布。然而，如果洪水预测所需时长大于记录时长，由于记录数据不足，则上述公式可靠性会降低。

由式（6.19）可以求得某特定洪峰流量的超越概率为

$$\frac{1}{T}=1-\exp[-\exp(q)] \tag{6.23}$$

式中　q——Gumbel系数，其值为

$$q=\frac{Q-u}{\alpha} \tag{6.24}$$

由式（6.23）可以求得

$$q=\ln\left(\ln\frac{T}{T-1}\right) \tag{6.25}$$

将式（6.24）代入式（6.19）得

$$f(x)=e^{-e^{-q}} \tag{6.26}$$

由式（6.16），得

$$Q_{\mathrm{T}}=\overline{Q}\pm qS \tag{6.27}$$

如果洪峰流量记录无限大，其平均值为欧拉常数，即0.5772（Spiegel，1965）。对于Gumbel极值分布，其重现期和频率系数的关系如表6.5所示。

表6.5　　Gumbel极值分布中重现期和频率系数的关系

重现期 T	频率系数 q	重现期 T	频率系数 q
1.5	−0.523	50	2.5902
2	−0.164	100	3.137
5	0.720	200	3.679
10	1.305	500	4.395
25	2.044		

利用Gumbel极值分布，根据下列步骤，可以估算出洪峰流量：

（1）根据已知的洪峰流量记录，计算出平均值$\overline{Q}$和标准差S_Q。

（2）由式（6.20）和式（6.21），计算出参数α和u。

（3）求得q值后，代入式（6.26）。

上述步骤假设记录数量为无限大，按照概率理论计算得到洪峰流量。然而，实际洪水记录数量不是无限的，因此，需要根据下式调整q值，即

$$y=\frac{q-q_n}{s_n} \tag{6.28}$$

式中　q_n、s_n——Gumbel系数q的平均值和标准差，不同记录数量对应的q_n和s_n值见表6.6。

表 6.6　不同记录数量对应的 q_n 和 s_n 值

记录样本数量 n	q_n	s_n	记录样本数量 n	q_n	s_n
10	0.504	0.9050	70	0.555	1.185
15	0.513	1.021	80	0.557	1.1904
20	0.524	1.063	90	0.559	1.201
25	0.531	1.092	100	0.560	1.206
30	0.536	1.112	150	0.564	1.225
35	0.540	1.128	200	0.567	1.236
40	0.544	1.141	500	0.572	1.259
45	0.546	1.152	1000	0.575	1.269
50	0.549	1.161	>1000	0.577	1.282
60	0.552	1.175			

例题 6.3

Cizre 气象站位于土耳其东南部，该气象站测得了 1956—1975 年的年洪峰流量，见表 6.7（Bayazıt 等，1997），其中第 3 列为从小到大排序后的结果。

表 6.7　年洪峰流量记录及参数计算结果

按照年份排列		小于该洪峰流量的概率	按照年份排列		小于该洪峰流量的概率
年份	年洪峰流量 (m^3/s)		年份	年洪峰流量 (m^3/s)	
1956	2424	0.048	1966	8820	0.524
1957	6300	0.095	1967	4516	0.571
1958	2340	0.143	1968	4866	0.619
1959	2080	0.190	1969	6450	0.667
1960	2262	0.238	1970	2250	0.714
1961	1250	0.286	1971	3450	0.762
1962	3014	0.333	1972	5300	0.810
1963	7910	0.381	1973	963	0.857
1964	4350	0.429	1974	5773	0.905
1965	2630	0.476	1975	2571	0.952

解：表 6.7 列出了按照从小到大排序后的结果，根据式（6.13），可以计算出不大于该洪峰流量的概率，结果列于表 6.7 中最后一列。图 6.14 显示了不大于某洪峰流量的概率的计算结果，并利用 Gumbel 极值分布进行了拟合。

由图 6.14 中可以看出，计算结果与拟合曲线较为接近。重现期为 50 年时，不超越概率为 1－0.02＝0.98 时，对应的洪峰流量为 6300m^3/s，而重现期为 100 年时，不超越概率为 0.98 时，对应的洪峰流量为 7050m^3/s。由式（6.20）和式（6.21），可以计算得到 $\alpha=5113.7$，$u=2303.6$。

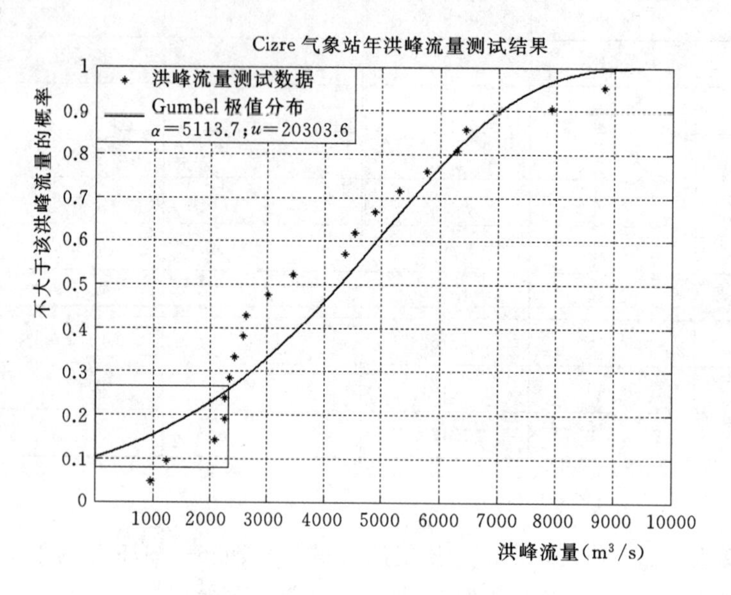

图 6.14　Gumbel 分布拟合曲线

6.5.3.2　对数 Pearson 分布

如果洪水记录的偏态系数很大，则对数 Pearson 分布可以较好地拟合该类型的洪峰流量。对数 Pearson 分布的表达式为

$$f(Q)=\frac{1}{\beta^{\alpha}\Gamma(\alpha)}(Q-\gamma)^{\alpha-1}e^{-(Q-\gamma)/\beta}\quad(\gamma<q<\infty)\tag{6.29}$$

式中　γ——最小边界系数；

β——比例参数；

α——形状参数；

$\Gamma(\alpha)$——Gamma 分布函数。

式（6.29）为三参数概率分布函数，几个参数具有如下关系，即

$$\mu=\gamma+\alpha\beta\tag{6.30}$$

$$\sigma^2=\alpha\beta^2\tag{6.31}$$

$$\delta=2/\sqrt{\alpha}\tag{6.32}$$

式中　μ——算术平均值；

σ——标准差；

δ——偏态系数。

Foster（1924）首次利用式（6.29）计算了年洪峰流量。表 6.8 列出了 Gamma 分布和对数 Pearson Ⅲ型分布的频率系数值。

表 6.8　Gamma 分布和对数 Pearson Ⅲ型分布的频率系数值（Haan，1997，表 7.7）

	重现期（年）							
偏态系数	1.0101	2	5	10	25	50	100	200
	99	50	20	10	4	2	1	0.5
3	−0.667	−0.396	0.42	1.18	2.278	3.152	4.405	4.97
2.5	−0.799	−0.36	0.518	1.25	2.262	3.048	3.845	4.652
2	−0.99	−0.307	0.609	1.302	2.219	2.912	3.605	4.298
1.5	−1.256	−0.24	0.69	1.333	2.146	2.743	3.33	3.91
1	−1.588	−0.164	0.758	1.34	2.043	2.542	3.022	3.489
0.5	−1.955	−0.083	0.808	1.323	1.91	2.311	2.686	3.041
0	−2.326	0	0.842	1.282	1.751	2.054	2.326	2.576
−0.5	−2.686	0.083	0.856	1.216	1.567	1.777	1.955	2.108
−1	−3.022	0.164	0.852	1.128	1.366	1.492	1.588	1.664
−1.5	−3.33	0.24	0.825	1.108	1.157	1.217	1.256	1.282
−2	−3.605	0.307	0.777	0.895	0.959	0.98	0.99	0.995
−2.5	−3.845	0.36	0.711	0.711	0.793	0.798	0.799	0.8
−3	−4.051	0.396	0.636	0.66	0.666	0.666	0.667	0.667

对数 Pearson 分布广泛应用于洪水频率分析，其主要分析步骤如下：

（1）计算出年洪峰流量记录的对数值 $Y_i = \lg Q_i$。

（2）根据下式，分布计算出平均值 μ、标准差 σ 和偏态系数 δ，即

$$\mu = \frac{1}{n}\sum_{i=1}^{n}\lg Q_i \tag{6.33}$$

$$\sigma = \sqrt{\frac{\sum_{i=1}^{n}\lg Q_i - \mu^2}{n-1}} \tag{6.34}$$

$$\delta = \frac{n\sum_{i=1}^{n}(\lg Q_i - \mu^3)}{(n-1)(n-2)\sigma^3} \tag{6.35}$$

（3）对于特定的重现期 T，其设计洪峰流量表达式为

$$\lg Q_D = \mu + k\sigma \tag{6.36}$$

频率系数的取值见表 6.8。

例题 6.4

某流域的年洪峰流量记录见表 6.9（Bayazıt 等，1997），试进行洪水频率分析。

解： 经分析，年洪峰流量记录符合对数皮尔逊分布，如图 6.15 所示。根据式（6.33）～式（6.36），可以计算出洪水频率参数，计算结果见表 6.10。

表 6.9　　年洪峰流量记录及参数计算结果

按照年份排列		重现期（年）	小于该洪峰流量的概率	按照年份排列		重现期（年）	小于该洪峰流量的概率
年份	年洪峰流量（m^3/s）			年份	年洪峰流量（m^3/s）		
1933	1930	44.00	0.02	1955	2020	1.91	0.51
1934	2120	22.00	0.04	1956	1770	1.83	0.53
1935	1400	14.67	0.07	1957	1890	1.76	0.56
1936	1770	11.00	0.09	1958	1560	1.69	0.58
1937	1750	8.80	0.11	1959	1480	1.63	0.60
1938	1550	7.33	0.13	1960	1520	1.57	0.62
1939	2050	6.29	0.16	1961	1630	1.52	0.64
1940	1810	5.50	0.18	1962	1730	1.47	0.67
1941	1580	4.89	0.20	1963	1410	1.42	0.69
1942	1490	4.40	0.22	1964	1570	1.38	0.71
1943	1630	4.00	0.24	1965	1800	1.33	0.73
1944	1490	3.67	0.27	1966	1630	1.29	0.76
1945	1760	3.38	0.29	1967	1130	1.26	0.78
1946	1700	3.14	0.31	1968	1150	1.22	0.80
1947	1730	2.93	0.33	1969	1800	1.19	0.82
1948	1830	2.75	0.36	1970	1820	1.16	0.84
1949	1910	2.59	0.38	1971	1830	1.13	0.87
1950	1790	2.44	0.40	1972	1540	1.10	0.89
1951	1940	2.32	0.42	1973	1580	1.07	0.91
1952	2290	2.20	0.44	1974	1720	1.05	0.93
1953	1620	2.10	0.47	1975	1400	1.02	0.96
1954	1430	2.00	0.49				

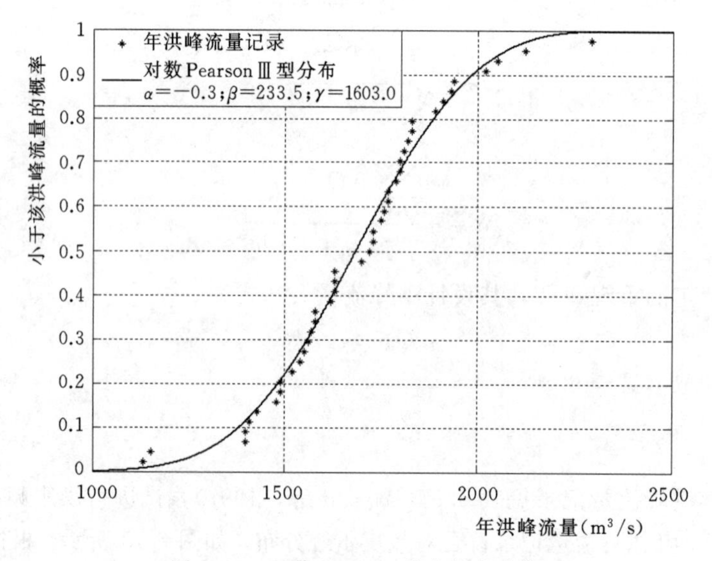

图 6.15　对数 Pearson 分布拟合曲线

表 6.10　　洪水频率分析结果

重现期 T（年）	风险水平（%）	y	$y\sigma_{\lg Q}$	$\lg Q_T$	Q_T
2	50	0.0953	0.0060	3.2302	1699
5	20	0.8568	0.0534	3.2776	1895
10	10	1.2032	0.0750	3.2992	1992
25	4	1.5358	0.0957	3.3199	2089
50	2	1.7314	0.1079	3.3321	2148
100	1	1.8950	0.1181	3.3423	2199
200	0.5	2.0344	0.1286	3.3510	2244

6.6　应用实例

Mutludere（Valika）河位于土耳其和保加利亚交界处，地处土耳其马尔马拉海附近的 Thrace 半岛，Mutludere 河属于 Ergene 流域，该河发源于保加利亚边境，长约 170km，最终流入伊斯坦布尔市附近的 Durusu（Terkos）湖，河流北部位于山区，靠近黑海。

Mutludere 流域西北部平均宽度约 40km，东南部宽约 15km，Mahya 山为流域内海拔最高的山，位于流域中部，海拔 1013m。流域东南部位海拔约 500m 的丘陵区。

Mutludere 流域位于土耳其和保加利亚交界处，70%的流域面积位于土耳其，呈东西方向延展，Mutludere 河主要发源于土耳其。

在流域上游和流域出口附近，分别布设了两个测量地表水的水文站。根据水文站位置，将流域分为上游地区和下游地区两部分。

上游和下游地区的地形参数见表 6.11。

表 6.11　　上游和下游地区的地形参数

流域位置	流域面积 A (km^2)	主河道纵比降 S (m/m)	主河道长度 L (km)	平均海拔 $\overline{h}$ (m)
上游地区	345.00	0.1853	25.00	544.00
下游地区	418.00	0.1647	47.00	312.00
总体	758.00	0.1739	60.00	417.00

可采用流域面积比法计算该流域出口处的月径流量。流域面积比为 758/345=2.19，将流域的地表月径流量乘以流域面积比，便可得到流域出口处的月径流量，结果见表 6.12。

根据表 6.12 中的数据，可以绘制出月最大径流量、月平均径流量和月最小径流量随月份的变化情况，如图 6.16 所示。

另外，也可以利用推理公式法计算流域出口处的月径流量。首先，分别计算出上游和下游的月径流量，然后取两者的平均值作为流域出口处的月径流量。整个流域的平均径流系数取 0.35，计算结果见表 6.13。

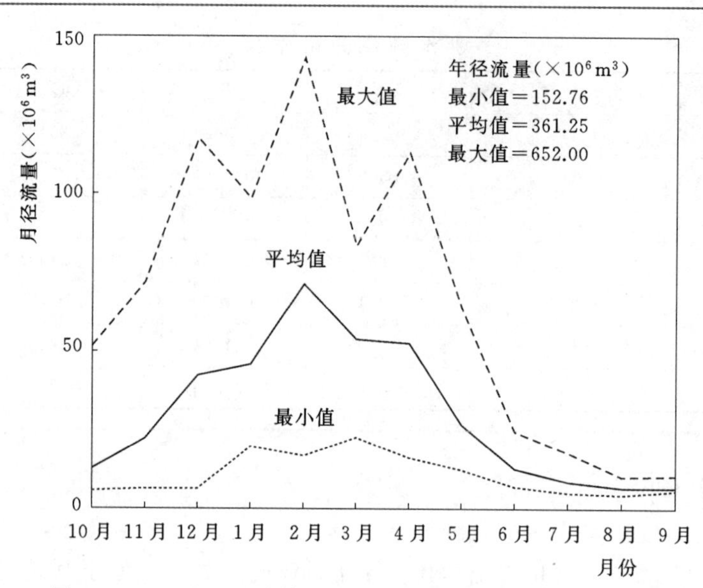

图6.16　Mutludere流域出口处月径流量随月份的变化情况

表6.12　Mutludere流域出口处的月径流量计算结果　　单位：$\times 10^6$ m³

年份	10月	11月	12月	翌年1月	翌年2月	翌年3月	翌年4月	翌年5月	翌年6月	翌年7月	翌年8月	翌年9月	年径流量
1996	5.86	35.77	32.81	70.91	112.81	64.34	52.70	23.92	10.14	4.91	4.91	5.4608	424.54
1997	6.41	8.70	30.06	27.52	16.91	68.58	88.69	27.30	13.99	9.36	9.14	6.3286	312.99
1998	12.97	21.80	79.58	30.27	143.29	68.58	113.24	63.92	24.34	17.86	10.05	10.232	596.12
1999	51.43	71.96	117.47	98.42	116.41	83.39	47.41	29.42	16.64	9.27	4.42	5.736	651.98
2000	5.88	11.64	27.52	19.71	31.11	26.25	16.93	16.66	9.52	5.31	4.76	5.482	180.77
2001	7.79	6.29	6.29	29.21	24.98	22.65	16.19	12.36	6.90	7.30	6.46	6.3498	152.77
2002	5.57	7.73	19.18	37.68	20.28	37.89	19.73	12.21	9.02	5.00	5.65	5.5032	185.44
2003	6.18	12.68	24.76	52.70	104.56	58.63	64.13	27.94	10.33	9.69	7.26	6.4768	385.34
最小值	5.57	6.29	6.29	19.71	16.91	22.65	16.19	12.21	6.90	4.91	4.42	5.46	127.51
平均值	12.76	22.07	42.21	45.80	71.30	53.79	52.38	26.72	12.61	8.59	6.58	6.45	361.226
最大值	51.43	71.96	117.47	98.42	143.29	83.39	113.24	63.92	24.34	17.86	10.05	10.22	805.59
标准差	15.81	22.39	37.11	26.85	52.60	22.14	35.49	16.56	5.63	4.26	2.09	1.58	242.51

表6.13　Mutludere流域出口处的月径流量计算结果　　单位：$\times 10^6$ m³

	10月	11月	12月	翌年1月	翌年2月	翌年3月	翌年4月	翌年5月	翌年6月	翌年7月	翌年8月	翌年9月	年径流量
上游地区计算结果	33.598	31.061	33.655	28.208	20.497	22.165	16.019	12.569	11.309	11.345	13.597	13.743	247.77
下游地区计算结果	16.835	21.647	20.422	16.127	14.373	13.489	13.728	122.67	13.408	8.2748	7.865	11.042	170.35
平均值	25.2165	26.354	27.0385	22.1675	17.435	17.827	14.8735	12.6195	12.3585	10.0465	10.731	12.3925	209.06

根据表 6.13 中的数据，绘制出了相应的月径流量随月份的变化情况，如图 6.17 所示。

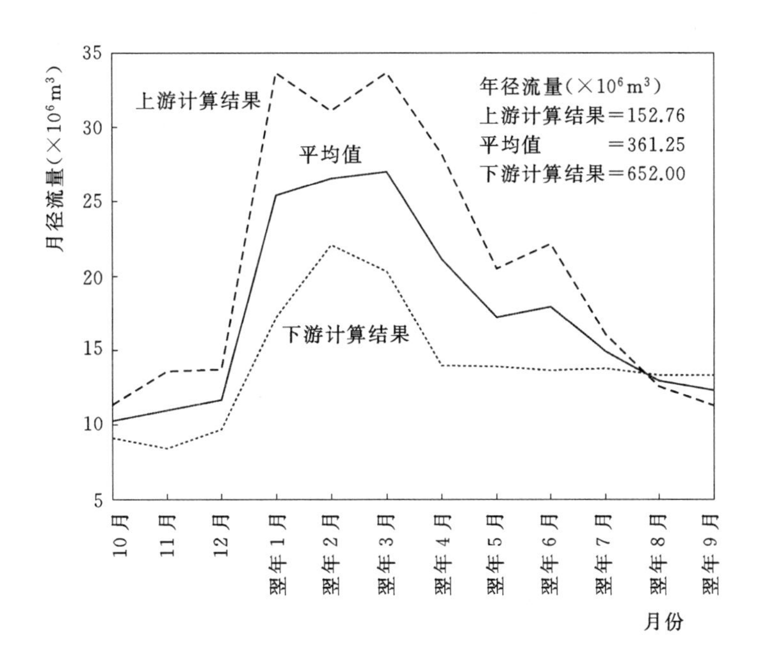

图 6.17 Mutludere 流域出口处月径流量随月份的变化情况

利用径流测量数据，可以分别估算 Mutludere 流域 2 年、5 年、10 年、50 年、100 年和 500 年重现期情况下的年洪峰流量。重现期的倒数即为风险水平［式（6.9）］，根据式（6.13）可以估算出洪水发生概率。首先，根据月流量记录得出年最大洪峰流量，见表 6.14。

表 6.14　　年最大洪峰流量

年份	年洪峰流量 ($\times 10^6 m^3$)	年份	年洪峰流量 ($\times 10^6 m^3$)
1996	424.54	2000	180.77
1997	312.99	2001	152.77
1998	596.12	2002	185.44
1999	651.98	2003	385.34

根据对数正态分布的累积概率公式，可以计算出不同洪峰流量的累积概率，如图 6.18 所示。

由图 6.18 可以看出，拟合曲线与测量数据较为吻合。表 6.15 列出了相关的计算结果。

假如构筑物的设计使用年限已经确定，则可以根据表 6.15 来确定设计洪峰流量。

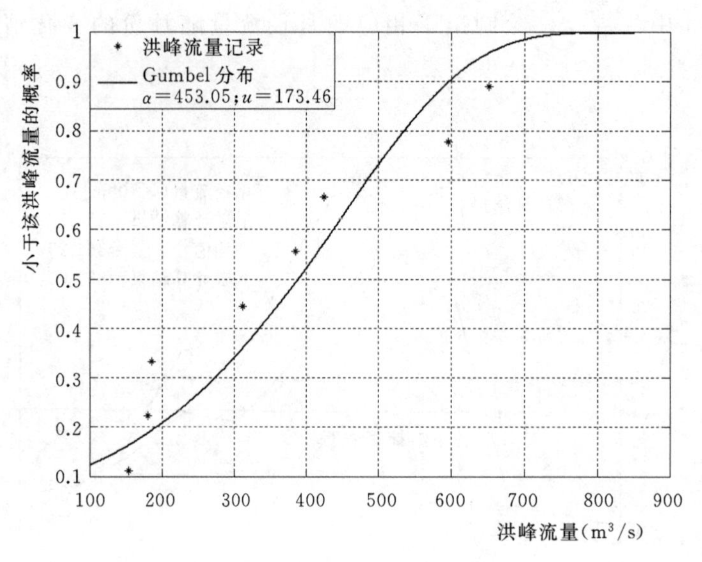

图6.18 洪水累积概率拟合曲线

表6.15 **不同重现期的年洪峰流量计算结果**

重现期（年）	风险水平	年洪峰流量（$\times10^6m^3$）	重现期（年）	风险水平	年洪峰流量（$\times10^6m^3$）
2	0.5	389.48	50	0.02	689.66
5	0.2	535.60	100	0.01	717.95
10	0.1	597.72	500	0.002	769.94
25	0.04	655.83			

6.7 偏态系数

如6.5.3节所述，频率系数和偏态系数有一定关系。为减少计算结果的不确定性，应对流域内所有水文站的测量数据的频率系数进行加权平均。首先，计算出流域的平均偏态系数，其表达式为

$$\delta_{w}=\frac{(AES)_{st}\delta_{st}+(AES)_{ar}\delta_{ar}}{(AES)_{st}+(AES)_{ar}} \tag{6.37}$$

式中 $(AES)_{st}$——水文测量站的测量数据平均误差的平方；

$(AES)_{ar}$——流域测量数据平均误差的平方；

δ_{st}——水文测量站的偏态系数；

δ_{ar}——流域的偏态系数。

对于$(AES)_{ar}$和δ_{ar}，应考虑半径160km范围内的所有测量站，或者至少有40个测量站的数据。每个测量站至少具有25年的水文测量数据。计算出每个测量站的偏态系数后，便可以绘制出流域内的偏态系数等值线云图，方便观察偏态系数的变化趋势。实际偏态系数和区域偏态系数之差的平方即为平均误差的平方。

6.8 洪水极值和雨季（旱季）时长的关系

进行水资源设计时，洪水极值和雨季（旱季）时长是两个较为重要的水文参数，通常认为两者相互独立。本节通过分析水文记录的极值概率分布，研究了洪水极值和雨季（旱季）时长的相互关系。

近50多年来，利用实测水文资料，逐步发展了人工合成水文数据，几乎达到了以假乱真的程度。这期间也发展了很多降雨量、径流量和泥沙沉积模型。人工合成水文数据时，要求合成数据和于实测数据的低阶统计参数相等。Thomas 和 Fiering（1962）根据平均值、标准差和自相关系数等参数，首先提出了月度水文数据合成方法。后来，Mandelbrot 和 Wallis（1969a，b，c）提出了离散分数高斯噪声模型，O’Connel（1971）提出了自回归滑动平均模型（ARIMA），Mejia 等（1972）提出了折线模型，Şen 提出了白色 Markov 模型。

根据水文实测记录，可以生成人工水文记录，两者应具有同样的低价统计参数和长期特性。然而，随着实测数据不断增多，记录时长不断增长，洪水等极端事件不断增加，雨季（旱季）时长不断变化，从而对水资源设计产生较大的影响。例如，进行溢洪道设计时，就需要确定某特定重现期条件下的洪峰流量。另外，在旱季，需要采取抗旱措施（Şen，2015）。

6.8.1 洪水极值

众多学者（Gumbel，1958）对洪水极值进行了研究，大部分洪水极值参数之间呈相互独立关系，但个别参数之间也存在一定的相互关系。值得注意的是，建立水文模型时，必须考虑洪水记录的低阶统计参数和极值特征。Rodrigues - Iturbe 等（1987a，b）认为，利用马尔可夫模型模拟河流水文情况时，通常没有考虑洪水和干旱等极端情况。设计洪水时长为无限长水文记录系列中雨季时长的期望值，在进行洪水分析时，雨季时长应用非常广泛（Şen，2015）。一旦确定了雨季水文参数，根据某种概率分布（图 6.14、图 6.15 和图 6.18），便可以计算出溢洪道的尺寸。

6.8.2 雨季（旱季）时长

Mood（1940）认为，水文记录可以分为旱季和雨季两种类型的记录。设某水文记录为 X_1，X_2，…，X_n，给定一个判断值 X_o，如果 $X_i - X_o \leqslant 0$，则水量较少，属于旱季；如果 $X_i - X_o > 0$，则水量较多，属于雨季，如图 6.19、图 6.5 和图 6.6 所示。

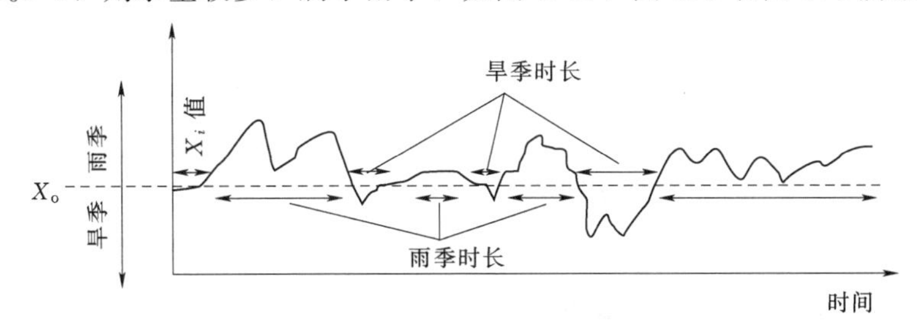

图 6.19 雨季时长和旱季时长

水文记录是由旱季和雨季记录交替组成的一系列记录。将所有的雨季（旱季）时长累加在一起，可以得到总雨季（旱季）时长。另外，还可以确定出最大和最小时长。利用Markov模型预测雨季（旱季）设计时长时，应体现出雨季（旱季）时长的极值参数，对此，Mandelbrot和Wallis认为："如果采用独立Gass分布或者独立Gauss-Markov分布来模拟降雨过程，将会低估最大旱季时长。因此，必须对上述模型进行时长修正（如采用多组滞后模型）。"

大多数文献将水文记录时长视为无限大。Feller（1968）将不同雨季时长视为相互独立过程，利用下式描述其时长概率 n_{p}，即

$$P(n_{\mathrm{p}}=n)=qp^{n-1} \tag{6.38}$$

其中

$$p=\int_{X_{\mathrm{o}}}^{+\infty} P(x)\mathrm{d}x$$

$$q=1-p=\int_{-\infty}^{X_{\mathrm{o}}} P(x)\mathrm{d}x$$

$P(x)$ 表示雨季时长概率分布。Saldarriaga和Yevjevich（1970）提出了一种通用方法，可以估算无限长记录的Markov模型的各种统计参数。Şen（1976）根据二维正态分布，提出了一种可以准确描述一阶Markov模型的方法，利用该方法，可以描述雨季时长的概率分布，即

$$P(n_{\mathrm{p}}=n)=(1-r)r^{n-1} \tag{6.39}$$

其中

$$r=P(X_i>X_{\mathrm{o}}|X_{i-1}>X_{\mathrm{o}}) \tag{6.40}$$

可以根据二维概率分布表格查得 r 的取值（Şen，1976，2015）。对于平稳随机过程，无限长水文记录的雨季（旱季）时长为该过程的一阶矩；当水文记录视为独立过程时，$r=p$，此时式（6.40）退化为式（6.39）。

6.8.3　有限水文记录的洪水极值

水工构筑物的失事通常和水文极值有关，因此，有必须研究构筑物设计使用期内的水文极值。设有某水文记录 X_1，X_2，…，X_n，其最小值 X_{m} 大于某基准值 X_{o}，如图6.23所示。也可以将上述情况用下式表示，即

$$P(X_{\mathrm{m}}>X_{\mathrm{o}})=P(n^{+}) \tag{6.41}$$

其中 $X_{\mathrm{m}}=\min(X_1, X_2, \cdots, X_n)$。

由图6.20（a）可以看出，$P(n^{+})$ 表示 n 个峰值记录都大于基准值 X_{o} 的概率。假设各个峰值记录相互独立，则可以用Feller（1968）提出的公式估算出 $P(n^{+})$，即

$$P(n^{+})=p^{n} \tag{6.42}$$

假设峰值记录为一阶Markov过程，Şen（1976）提出了估算 $P(n^{+})$ 的表达式为

$$P(n^{+})=pr^{n-1} \tag{6.43}$$

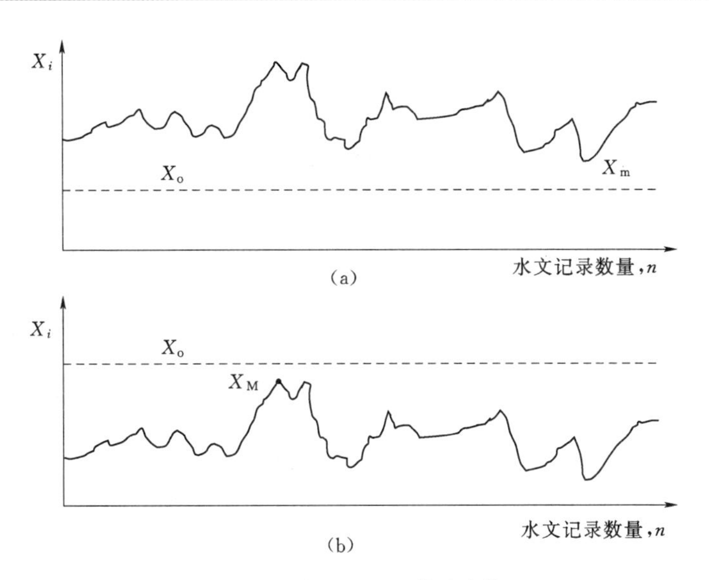

图 6.20 水文记录及其最小值

将式（6.43）代入式（6.41），得

$$P(X_m > X_o) = pr^{n-1} \tag{6.44}$$

对于独立过程，$r=p$，式（6.44）可以表示为

$$P(X_m > X_o) = p^n \tag{6.45}$$

同理，设有某水文记录 X_1，X_2，…，X_n，其最大值 X_M 小于某基准值 X_o，可用下式表示为

$$P(X_M \leqslant X_o) = P(n^-) \tag{6.46}$$

其中，$X_M = \max\ (X_1,\ X_2,\ \cdots,\ X_n)$

由图 6.20（b）可以看出，$P(n^-)$ 表示 n 个峰值记录都小于基准值 X_o 的概率。假设各个峰值记录相互独立，则可以用下式估算出 $P(n^-)$，即

$$P(n^-) = q^n \tag{6.47}$$

假设峰值记录为一阶 Markov 过程，则可以求得 $P(n^-)$ 为

$$P(n^-) = q(1-r)^{n-1} \tag{6.48}$$

当 $r=p$ 时，式（6.48）退化为式（6.47）。将式（6.47）和式（6.48）分别代入式（6.46），可得

$$P(X_M \leqslant X_o) = q^n \tag{6.49}$$

$$P(X_M \leqslant X_o) = q(1-r)^{n-1} \tag{6.50}$$

式（6.49）为独立过程的表达式，式（6.50）为相依过程的表达式。另外，对于一般水文记录情况，如图 6.21 所示，可以用下式表示

$$P(X_{mi} > X_o, X_{M(n-i)} \leqslant X_o) = P(i^+)P(i^-) \tag{6.51}$$

其中 $X_{mi} = \min\ (X_1,\ X_2,\ \cdots,\ X_i)$，$X_{M(n-i)} = \max\ (X_{i+1},\ X_{i+2},\ \cdots,\ X_n)$。

$P(i^+)$ 表示 i 个峰值记录都大于基准值 X_o 的概率，$P(i^-)$ 表示 $n-i$ 个峰值记录

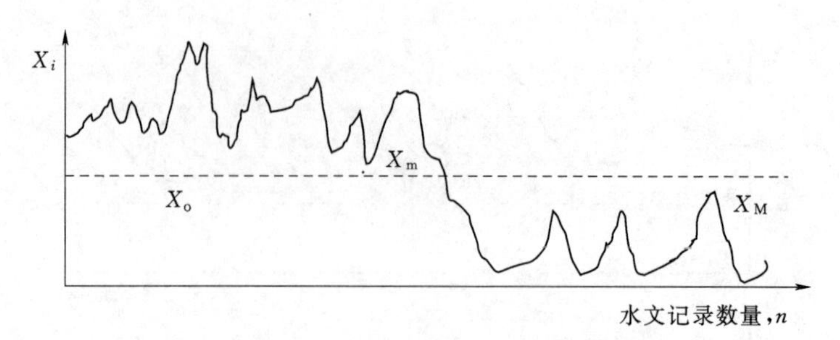

图 6.21 一般情况下的水文记录

都小于基准值 X_o 的概率。式（6.51）表示一种条件概率，可以用无条件概率表示为

$$P(X_m > X_o, X_M \leqslant X_o) = \sum_{i=1}^{n} P(i^+) P(n-i)^- \tag{6.52}$$

对于独立过程，式（6.52）可以表示为

$$P(X_m > X_o, X_M \leqslant X_o) = \sum_{i=1}^{n} p^i q^{n-i} = \frac{pq^n - qp^n}{q-p} \tag{6.53}$$

式（6.53）为雨季（旱季）时长的概率分布表达式，是 Feller（1968）提出的。由公式可以看出，n 个一般水文记录的季（旱季）时长概率分布等于无限长水文记录中 n 个记录的概率分布。由式（6.53）可以推得

$$P(X_m > X_o) = \frac{p}{1-r} P(n_p = n) \tag{6.54}$$

对于独立过程，式（6.54）可以表示为

$$P(X_M > X_o) = \frac{p}{q} P(n_p = n) \tag{6.55}$$

由式（6.54）可以看出，水文记录最小值大于基准值 X_o 的概率与 n 个峰值记录都大于基准值 X_o 的概率呈一定比例关系。由上述分析可知，极值出现的概率很小，但强度较大。记录数量增加，则极值大小也会增加，即极值大小与水文记录数量呈一定比例关系。

6.8.4 应用实例

即使 ρ 和 n 已知，式（6.50）的理论解也难以求出，但可以用数值分析的方法解出。图 6.22～图 6.25 显示了不同过程条件下雨季（旱季）时长的累积超越概率情况，由图中可以看出，时长越大，发生大洪水的概率就越高。

通常关注构筑物设计使用年限内的极端水文情况，设计使用年限越长，出现特大洪水或干旱的概率就越大，如图 6.22 所示。

由图 6.22、图 6.23 可以看出，随着线性相关程度增加，洪水（干旱）的强度也增加，但是出现的概率有所减小。

最后，采用 Monte Carlo 方法模拟了独立过程的样本期望值，其结果见表 6.16。同时，采用数值方法对式（6.50）进行了求解，其计算结果也列于表 6.16。由表 6.16 中数据可以看出，两者方法所得结果非常接近。

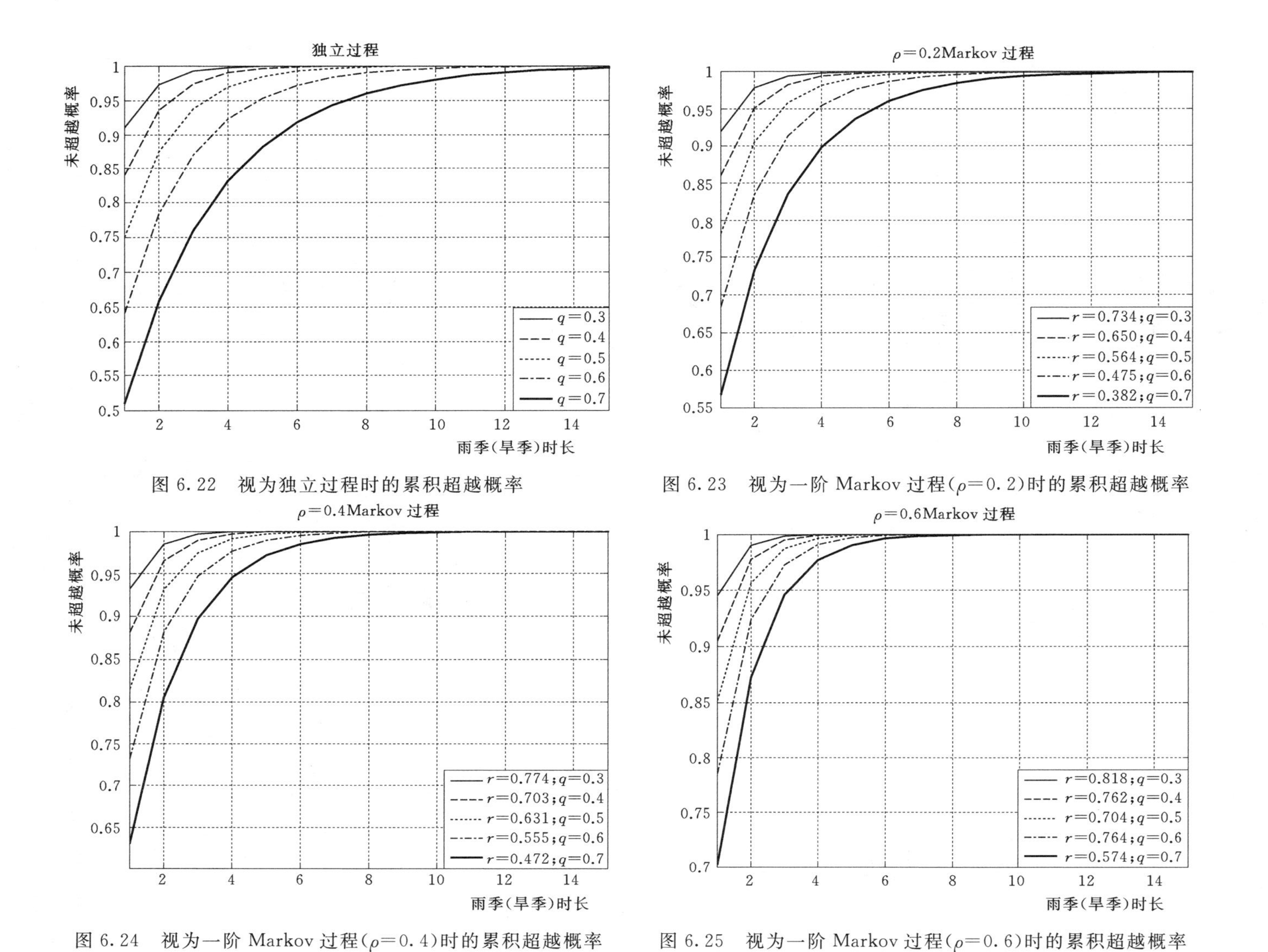

图 6.22 视为独立过程时的累积超越概率

图 6.23 视为一阶 Markov 过程($\rho=0.2$)时的累积超越概率

图 6.24 视为一阶 Markov 过程($\rho=0.4$)时的累积超越概率

图 6.25 视为一阶 Markov 过程($\rho=0.6$)时的累积超越概率

表 6.16　　独立过程的样本期望值

样本数量	3	5	10	20	30	50	100
数值方法解	0.896	1.212	1.587	1.914	2.08	2.290	2.535
Monte Carlo 模拟解	0.876	1.210	1.584	1.912	2.08	2.289	2.533

6.9　洪水风险不确定性分析

水文事件具有时空变化的特征，因此无法得到确定性的计算结果。即使采用混沌方法，也难以得到确定性的结果（Lorenz，1995；Lovejoy 和 Scherper，1986；Farmer 和 Sidorowich，1987；Jayawardena 和 Lai，1994）。由于水文事件具有随机性的特点，因此可以采用概率、统计、随机和混沌等方法进行分析。水文记录是上述分析的基础资料，水文记录时长越短，计算结果的不确定性就越大，从而影响着构筑物的设计尺寸取值。在构筑物设计中，为研究其参数不确定性，需要进行洪水风险水平分析。

安全系数 S 定义为：在构筑物设计使用期内，洪峰流量小于设计洪峰流量 Q_D 的概率。设年洪峰流量 Q_1，Q_2，…，Q_n 出现的概率相同，则安全系数可以表示为

$$S=P(x<Q_D)=P(x_1<Q_D, x_2<Q_D, \cdots, x_n<Q_D) \tag{6.56}$$

洪水风险水平 $R=1-S$。可以根据年洪峰流量出现概率相等这个假设，计算出式(6.56) 的结果（Saldarriaga 和 Yevjevich）。对于独立过程，如Şen（1976）研究的一阶 Markov 过程，其出现概率为各个变量出现概率的乘积。一阶 Markov 过程的数学表达式为

$$Q_i-\mu=\rho(Q_{i-1}-\mu)+\sigma\sqrt{1-\rho\varepsilon_i} \tag{6.57}$$

式中　Q_i——洪峰流量随机值；

ρ——一阶 Markov 相关系数；

ε_i——Q_i 的随机误差，随机误差的平均值为 0。

根据设计洪峰流量和构筑物设计使用年限可以计算出安全系数和风险水平。

可以采用二维 Markov 链来模拟洪水（干旱）出现的概率（Şen，1991）。可以将 Q_i 分为 $Q_i \leqslant Q_D$ 和 $Q_i > Q_D$ 两种情况，其出现概率分别为 $q=1-p=P(Q_i \leqslant Q_D)$ 和 $p=P(Q_i>Q_D)$。另外，此处存在 $P(Q_i>Q_D \mid Q_{i-1}>Q_D)$、$P(Q_i>Q_D \mid Q_{i-1}\leqslant Q_D)$、$P(Q_i\leqslant Q_D \mid Q_{i-1}>Q_D)$ 和 $P(Q_i\leqslant Q_D \mid Q_{i-1}\leqslant Q_D)$ 4 种转换概率，式中 $i=2$，3，…，n。这四种转换概率存在下列关系

$$P(Q_i>Q_D|Q_{i-1}>Q_D)+P(Q_i\leqslant Q_D|Q_{i-1}>Q_D)=1.0$$

$$P(Q_i>Q_D|Q_{i-1}\leqslant Q_D)+P(Q_i\leqslant Q_D|Q_{i-1}\leqslant Q_D)=1.0$$

另外，有 Markov 链的 p、$P(Q_i>Q_D \mid Q_{i-1}>Q_D)$ 和 $P(Q_i\leqslant Q_D \mid Q_{i-1}\leqslant Q_D)$，可以计算出安全系数和风险水平。一阶 Markov 相关系数 ρ 可以采用转换概率表示为

$$\rho=[P(Q_i>Q_D|Q_{i-1}>Q_D)-P(Q_i>Q_D|Q_{i-1}\leqslant Q_D)]+[P(Q_i\leqslant Q_D|Q_{i-1}>Q_D) \\ -P(Q_i>Q_D|Q_{i-1}\leqslant Q_D)]$$

Şen（1976）将 $P(Q_i>Q_D|Q_{i-1}\leqslant Q_D)$ 定义为一阶运行系数 r_1，由此可得

$$P(Q_i > Q_D \mid Q_{i-1} > Q_D) = r_0 \tag{6.58}$$

$$P(Q_i > Q_D \mid Q_{i-1} \leqslant Q_D) = (p/q)(1-r_0) \tag{6.59}$$

$$P(Q_i \leqslant Q_D \mid Q_{i-1} \leqslant Q_D) = 1-(p/q)(1-r_0) \tag{6.60}$$

$$P(Q_i \leqslant Q_D \mid Q_{i-1} > Q_D) = 1-r_0 \tag{6.61}$$

Cramer 和 Leadbetter（1967）提出了 $P(Q_i \leqslant Q_D \mid Q_{i-1} \leqslant Q_D)$ 的表达式为

$$P(Q_i \leqslant Q_D \mid Q_{i-1} \leqslant Q_D) = q + \frac{1}{2\pi q}\int e^{-z^2/2(1+z)}(1-z^2)^{1/2}\mathrm{d}z \tag{6.62}$$

Şen（1976）给出了式（6.62）在不同 ρ 和 q 条件下的数值解。式（6.56）可以用一系列一阶 Markov 过程的乘积来表示，即

$$S = P(Q < Q_D)\prod_{I=2}^{n} P(Q_i \leqslant Q_D \mid Q_{i-1} \leqslant Q_D) \tag{6.63}$$

将式（6.62）代入式（6.63），可得

$$S = q\left[1-\frac{p}{q}(1-r_0)\right]^{n-1} \tag{6.64}$$

当 $p=0.0$，$r_1=p$ 时，便得到最简单的独立过程表达式，即 $S=q^n$，该公式由 Yen（1970）首次提出。由式（6.64），可得风险水平为

$$R = 1-q\left[1-\frac{p}{q}(1-r_0)\right]^{n-1} \tag{6.65}$$

对于独立过程，式（6.65）退化为 $R=1-q^n$。为分析相关系数对风险水平的影响，根据式（6.65）绘制了构筑物设计使用期限 n、r_0 和 $p(q=1-p)$ 的关系，如图 6.26 所示。另外，也可以绘制出其他参数之间的关系图。

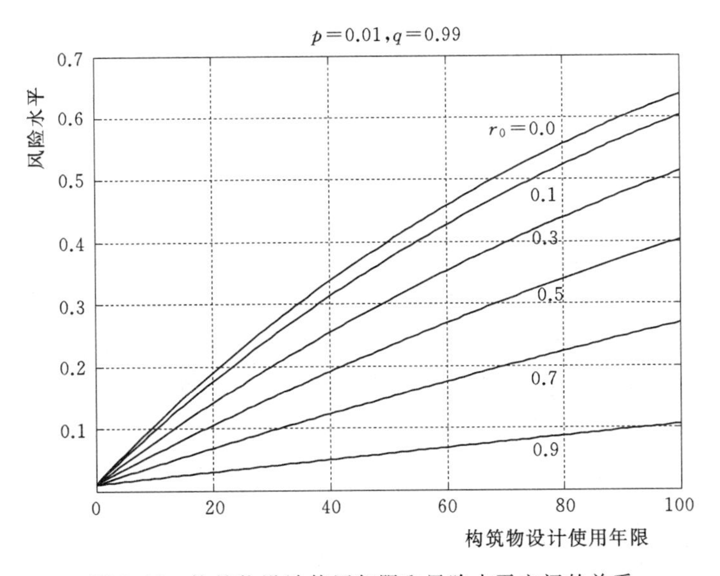

图 6.26 构筑物设计使用年限和风险水平之间的关系

例题 6.5

假设构筑物设计使用年限为 10 年，超越概率 $p=0.01$，径流过程符合一阶 Markov

过程，一阶相关系数为 $\rho=0.2$，试求风险水平。

解：如果径流为完全独立的过程，则风险水平 $R=1-(0.99)^{10}=0.00956$。由于 $\rho=0.2$，由式（6.65）可求得 $R=0.0192$，由式（6.64）可求得 $r_0=0.0198$。该实例表明，如果相关性增加，则风险水平会减小，即安全系数会增大。因此，如果采用相互独立的假设，则会导致构筑物设计尺寸增大，从而造成工程造价增加。

实际设计时，首先确定构筑物的设计使用年限 T，然后再求得其风险水平。如前所述，重现期为大于或等于某暴雨强度的降雨出现一次的平均间隔时间。实际重现期 T_r 为随机变量，Feller（1968）假定其为独立过程，提出了其超越概率表达式为

$$P(T_r \geqslant j)=q^{j-1} \tag{6.66}$$

$$P(T_r=j)=pq^{j-1} \tag{6.67}$$

实际重现期 T_r 的平均值为

$$T=\sum_{j=1}^{\infty} jP(T_r=j)=p\sum_{j=1}^{\infty} jq^{j-1}=\frac{1}{p} \tag{6.68}$$

其中

$$p=P(Q>Q_D)$$

由式（6.68）可以看出，重现期和超越概率呈倒数关系。

Linsley 等（1982）给出了重现期的概率分布表，但表中实际重现期 T_r 存在某些错误之处。Gumbel（1958）认为，重现期不得小于1。式（6.66）列出了重现期的概率分布，其计算结果见表6.17，该表纠正了 Linsley 表格中的错误之处。

表 6.17　　独立过程情况下重现期的概率分布

重现期平均值	实际重现期 T_r 的超越时间比						
T	0.01	0.05	0.25	0.50	0.75	0.95	0.99
2	7.64	5.32	3.00	2.00	1.41	1.07	1.01
5	21.64	14.42	7.21	4.10	2.28	1.23	1.04
10	14.71	28.43	14.16	7.58	3.73	1.48	1.09
30	136.84	89.36	41.89	21.44	9.48	2.51	1.29
100	459.21	299.07	138.93	69.97	29.62	6.10	2.00
1000	4603.86	2995.23	1386.60	692.80	288.53	52.53	11.11

由表6.17可以看出，构筑物设计使用年限小于30年时，其风险水平约为25%，但超越概率为25%时，对应的重现期为139年。也就是说，如果构筑物设计使用年限为100年，安全系数为75%，则在30年内就会出现风险。根据式（6.66），可以得到相应的计算结果，如图6.27所示。

Gupta（1973）根据式（6.12）绘制了相应的图表。然而，式（6.11）和式（6.12）不适用于相依过程。根据式（6.64）和式（6.66），可以推得重现期的概率分布为

$$P(T_r \geqslant j)=q\left[1-\frac{p}{q}(1-r_0)\right]^{j-2} \tag{6.69}$$

$$P(T_r=j)=P(T_r \geqslant j)-P(T_r \geqslant j+1)=p(1-r_0)\left[1-\frac{p}{q}(1-r_0)\right]^{j-2} \tag{6.70}$$

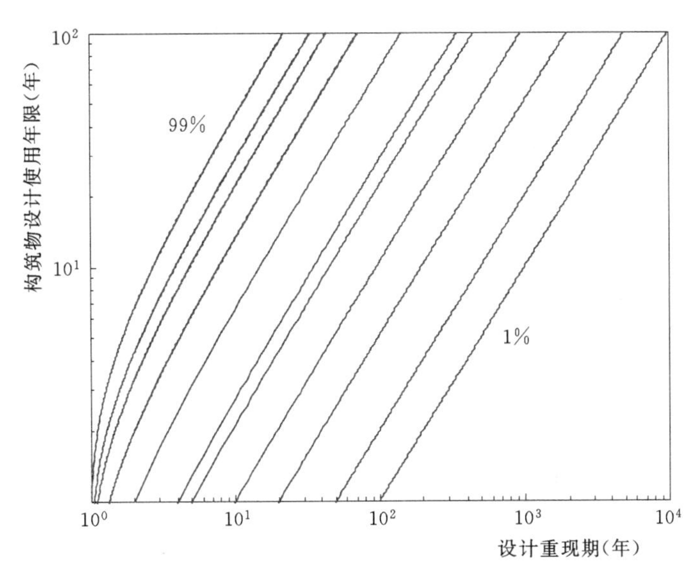

图 6.27 设计重现期和构筑物设计使用年限的关系

令 $\rho=0$，$r_0=p$，代入式（6.70），则会得到式（6.67）的形式。由式（6.68）和式（6.70）可以推得重现期的期望值为

$$T=\frac{q^2}{\left[1-\frac{p}{q}(1-r_0)\right]p(1-r_0)} \tag{6.71}$$

由式（6.71）可以看出，重现期不但与超越概率 p 有关，还和 r_0 与 ρ 有关。表 6.18 列出了 $\rho=0.2$ 时重现期的概率分布。

表 6.18　Markov 过程（$\rho=0.2$）情况下重现期的概率分布

重现期平均值	实际重现期 T_r 的超越时间比								
T	0.01	0.05	0.25	0.50	0.75	0.95	0.99	p	r
2	8.83	6.02	3.21	2.00	1.29	0.88	0.80	0.500	0.5640
5	24.14	16.00	7.88	4.37	2.32	1.13	0.92	0.200	0.2818
10	48.39	31.80	15.20	8.06	3.88	1.44	1.00	0.100	0.1681
30	143.95	93.97	43.99	22.47	9.88	2.54	1.26	0.033	0.0810
100	471.22	306.88	142.53	71.75	30.35	6.21	2.00	0.010	0.0352
1000	4629.65	3012.00	1394.36	697.68	290.14	52.54	11.09	0.001	0.0065

对比表 6.18 和表 6.17 可以发现，独立过程的重现期比相依过程的大。记录的相关系数越大，重现期就越长。独立过程的安全系数 S 和风险水平 R 可以分别表示为

$$S=q\left[\frac{q^2}{Tp(1-r_0)}\right]^{n-1} \tag{6.72}$$

$$R=1-q\left[\frac{q^2}{Tp(1-r_0)}\right]^{n-1} \tag{6.73}$$

根据式（6.72）和式（6.73），表 6.19 列出了不同 p 和 ρ 情况下的计算结果。

以上为理论解，随着两次洪峰流量发生时间间隔越来越大，两次洪峰流量的相互独立性就越大，最终成为一个独立过程。水文记录时长越短，计算结果的不确定性就越大，风险水平也随着增加。即使采用统计和随机方法，也难以减小这种不确定性。

表 6.19　Markov 过程（$\rho=0.2$）情况下的风险水平和安全系数

p	D	r_0	T_r	构筑物设计使用年限 n									
				$n=10$		$n=20$		$n=30$		$n=50$		$n=100$	
				S	R	S	R	S	R	S	R	S	R
0.33	0.67	0.414	3.26	0.031	0.969	0.001	0.999	0.000	1.000	0.000	1.000	0.000	1.000
0.25	0.75	0.334	4.34	0.078	0.992	0.006	0.994	0.000	1.000	0.000	1.000	0.000	1.000
0.20	0.80	0.282	5.43	0.134	0.866	0.018	0.982	0.003	0.997	0.000	1.000	0.000	1.000
0.10	0.90	0.168	10.72	0.375	0.625	0.158	0.842	0.060	0.940	0.008	0.992	0.000	1.000
0.05	0.95	0.104	21.14	0.615	0.385	0.400	0.600	0.234	0.766	0.089	0.911	0.008	0.992
0.03	0.97	0.083	35.22	0.772	0.228	0.561	0.439	0.434	0.566	0.237	0.763	0.056	0.944
0.01	0.99	0.035	102.5	0.906	0.094	0.822	0.278	0.745	0.255	0.613	0.687	0.375	0.625

6.10　独立过程条件下的极值分析

为抵御极端洪水和干旱，需要建立合适的模型分析洪水的特性。为便于分析，通常假定各个洪水（干旱）过程相互独立（Fisher 和 Tippet，1928；Gumbel，1958）。通常采用简单的模型分析水文记录的特征。

气候变化虽然没有影响洪水的强度，但是增加了洪水的发生次数（Flohn，1989）。从前人们认为通过历史水文数据，可以推测未来洪水参数，但是气候变化改变了人们的这种认知（Milly 等，2008）。然而，目前世界上大多数国家在进行洪水分析时，尚未考虑气候变化的影响。洪水（干旱）等极端事件发生的此时越多，说明气候变化的影响越明显。由于气候变化的影响，水文事件的相互影响正在加强。本节提出了一种新方法计算洪水发生的概率，考虑到了洪水频率和发生时间等因素。传统方法主要基于下列三个假设。

（1）水文记录的时长至少为 30 年。

（2）气象和水文记录中的极值参数之间相互独立。

（3）在整个记录时长内，变量的概率分布是相同的。

6.10.1　计算洪水概率的新方法

由 6.2.2 节可知，极值表示大于阈值 X_o 的洪峰流量。Şen（1978）提出了相依过程的洪水频率分析方法。设两个相邻的洪峰流量，假设两者相互独立，则有

$$P(X_i>X_o|X_{i-1}>X_o)=P(X_i>X_o) \tag{6.74}$$

当两者相互依存时，式（6.74）两端不相等。

对于某气象和水文记录，式（6.74）适用于任何指定的阈值。如果式（6.74）的相对误差不大于 5%，则可以采用传统的统计方法。如果大于 5%，则应该采用极值理论方法。

如果水文记录满足一阶 Markov 过程，则最大值 X_{max} 小于阈值 X_o 的概率为

$$P_D(X_{max}\leqslant X_o)=P(X_i\leqslant X_o)\prod_{i=2}^{n}P(X_i\leqslant X_o\mid X_{i-1}\leqslant X_o) \tag{6.75}$$

式中 D——相依过程。

Şen（1978）将右侧的条件概率定义为运行系数 $r_i(X_o)$，其中 $0<r_i(X_o)<1$。由 $q(X_o)=P(X_i\leqslant X_o)$，式（6.75）可表示为

$$P_D(X_{max}\leqslant X_o)=q(X_o)\prod_{i=2}^{n}r_i(X_o) \tag{6.76}$$

如果变量不随时间而变化，即为平稳过程，式（6.76）可表示为

$$P_D(X_{max}\leqslant X_o)=q(X_o)r^{n-1}(X_o) \tag{6.77}$$

根据式（6.77），可以分析有限时长水文记录的相依过程概率分布。根据下列步骤，可以得到极值的概率分布。

（1）确定水文记录的最大值 X_{max} 和最小值 X_{min}，从而确定水文参数的变化范围。

（2）从最小值 X_{min} 开始，然后不断改变阈值大小，每次阈值增加 $(X_{max}-X_{min})/(5\sim15)$，数据量越大，分母的取值就越大。

（3）对于每个阈值，计算出 $q(X_o)$ 和 $r(X_o)$ 的大小，然后在 Cartesian 坐标上绘制出其关系曲线。

（4）确定 $[X_o, q(X_o)]$、$[X_o, r(X_o)]$ 和 $[q(X_o), r(X_o)]$ 的拟合概率分布曲线和数学表达式。如果假设为独立过程，则 $[X_o, q(X_o)]$ 和 $[X_o, r(X_o)]$ 的数学表达式相同，但 $[q(X_o), r(X_o)]$ 为一条 1∶1 的直线。为找到合适的拟合概率分布曲线，可以采用各种检验方法逐一试验，如 Chi—方检验、Kolmogorov-Smirnov 检验和 Anderson-Darling 检验等。

（5）如果 $q(X_o)$ 和 $r(X_o)$ 之间的相对差值很小，则可以将水文记录视为独立过程；如果 $q(X_o)$ 和 $r(X_o)$ 之间的相对差值较大，则视为相依过程，进入下一步骤继续计算。

（6）将 $q(X_o)$ 和 $r(X_o)$ 代入式（6.77），从而得到水文极值的概率分布。

6.10.2 应用实例

式（6.77）难以得到理论解，通常采用数值分析方法求解。令 ρ 分别取 0.2、0.4 和 0.6，重现期 n 分别取 2、10、100 等。假设概率分布函数的均值为 0，标准差为 1。根据 Cramer 和 Leadbetter（1967）提出的计算方法，可以得到

$$r(X_o)=q(X_o)+\frac{1}{2\pi q(X_o)}\int_0^{\rho}\exp\left[-\frac{X_o^2}{2(1+z)}\right](1-z^2)^{\frac{1}{2}}dz \tag{6.78}$$

式中 z——临时变量。

将式（6.78）代入式（6.77），将得到一个非常复杂的表达式。可以求得不同重现期和 ρ 条件下的解。

根据式（6.78），计算出了不同重现期的数值解和模拟解，见表 6.20。

表 6.20　　极值的算术平均值

重现期 n	3	5	10	20	30	50	100
数值方法解	0.895	1.212	1.587	1.914	2.087	2.290	2.535
模拟解	0.876	1.210	1.587	1.912	2.080	2.289	2.533

如前所述，可以将 $q(X_o)$ 和 $r(X_o)$ 代入式（6.76），得到更为简洁的表达式。根据式（6.78），通过拟合回归分析，可得

$$r(X_o)=aq^{1-\rho}(X_o)[1-q(X_o)]^b \tag{6.79}$$

参数 a 和 b 的取值与 ρ 有关，见表 6.21。

表 6.21　　参数 a 和 b 的取值

ρ	a	b
0.0	1.00	0.00
0.2	3.10	1.65
0.4	2.20	1.25
0.6	1.65	1.65

将式（6.79）代入式（6.77），可得

$$P(X_{\max}<X_o)=q(X_o)\{aq^{1-\rho}(X_o)[1-q(X_o)]^b\}^{n-1} \tag{6.80}$$

采用数值方法，可以解得不同阀值 X_o 的 $P(X_{\max}<X_o)$。计算结果表明：

（1）随着重现期的增加，洪峰流量出现的概率增加。

（2）随着 ρ 的增加，洪峰流量出现的概率显著增加。也就是说，视为相依过程时，洪峰流量值小于独立过程。

由于传统统计方法没有考虑记录长度和相互依存的因素，因此传统方法会高估设计洪峰流量。

参考文献

Al-Zhrani.（2007）. *Bridge design*.

Bayazıt, M., Avcı, I., & Şen, Z.（1997）. Hidroloji Uygulamaları. İstanbul Teknik Üniversitesi. Hydrology Applications, Istanbul Technical University, 280 pp.

Benjamin, J. R., & Cornell, C. A.（1970）. *Probability, statistics, and decision for civil engineers*. Dover Books on Engineering.

Chow, V. T.（1964）. *Handbook of applied hydrology*. New York: McGraw-Hill.

Cramer, H., & Leadbetter, M. R.（1967）. *Stationary and related stochastic processes*. New York, USA: Wiley.

Farmer, J. D., & Sidorowich, J. J.（1987）. Predicting chaotic time series. *Physical Review Letters*, 59, 845-848.

Feller, W.（1968）. *An introduction to probability theory and its applications*（3rd ed., Vol. I）. Wiley.

Fisher, R. A., & Tippett, L. H. C.（1928）. Limiting forms of the frequency distribution of the largest or smallest member of a sample. *Proceedings of the Cambridge Philosophical Society*, 24, 180-290.

Flohn, H.（1989）. *Ändert sich unser Klima? Mannheimer Forum*, 88/89（Boehringer Mannheim GmbH）, 135-189.

Foster, H. A.（1924）. Theoretical frequency curves and the application to engineering problems, *Transactions of the American Society of Civil Engineers*, 87, 142-203.

Gumbel, E. J.（1958）. *Statistics of extremes*. New York: Columbia University Press.

Gupta, V. L.（1973）. Information content of time-variant data. *Journal of Hydraulics Division*,

ASCE, 89 (HY3), Proc. Paper 9615: 383 - 393.

Haan, C. T. (1977) . *Statistical methods in hydrology*. Iowa state university press.

Hazen, A. (1914) . Storage to be provided in impounding reservoirs for municipal water supply. *Trans. ASCE*, 77, 1308.

Jayawardena, A. W., & Lai, F. (1994) . Analysis and prediction of chaos in rainfall and stream flow time series. *Journal of Hydrology*, 153, 23 - 52.

Jenkins, W. L. (1955) . An improved method for tetrachoric r. *Psychometrika*, 20 (3), 253 - 258.

Jenkinson, A. F. (1969) . Estimation of maximum floods, chap. 5. World Meteorological Office Technical Note 98.

Kite, G. W. (1977) . *Frequency and risk analysis in hydrology*. Fort Collins CO: Water Resources Publications.

Leopold, L. B., Wolman, M. C., & Miller, J. P. (1964) . *Fluvial processes in geomorphology*. San Francisco (CA): W. H. Freeman and Co.

Linsley, R. K., Kohler, M. A., & Paulhus, J. L. H. (1982) . *Hydrology for engineers* (3rd ed., 508 pp) . New York: McGraw - Hill.

Lorenz, E. N. (1995) . *Climate is what you expect*, edited, p. 55 pp, http: //www. aps4. mit. edu/research/ Lorenz/publications. htm. Available 16 May 2012.

Lovejoy, S., &Schertzer, D. (1986) . Scale invariance in climatological temperatures and 165 the spectral plateau. *Annales Geophysicae*, *4B*, 401 - 410.

Mandelbrot, B. B., & Wallis, J. R. (1968) . Noah, Joseph, and operational hydrology. *Water Resources Research*, 4 (5), 909 - 918.

Mandelbrot, B. B., & Wallis, J. R. (1969a) . Computer experiments with fractional Gaussian noises. *Water Resource Research*, 1, 228 - 267.

Mandelbrot, B. B., & Wallis, J. R. (1969b) . Robustness of the rescaled range R/S in the measurement of noncyclic long run statistical dependence. *Water Resource Research*, 5 (5), 967 - 988.

Mandelbrot, B. B., & Wallis, J. R. (1969c) . Some long - run properties of geophysical records. *Water Resource Research*, 5 (2), 321 - 340.

Mejia, J. M., Rodriguez - Iturbe, I., & Dawdy, D. R. (1972) . Streamflow simulation 2: The broken line process as a potential model for hydrologic simulation. *Water Resource Research*, 8 (4), 931 - 941.

Milly, P. C. D., Betancourt, J., Falkenmark, M., Hirsch, R. M., Kundzewicz, Z. W., Lettenmaier, D. P., & Stouffer, R. J. (2008) . Stationarity is dead: Whither water management? *Science*, 319, 573 - 574.

Mood, A. M. (1940) . The distribution theory of runs. *The Annals of Mathematical Statistics*, 11, 367 - 392.

O'Connell, P. E. (1971) . A simple stochastic modelling of Hurst's law. *Mathematical Models in Hydrology: Proceedings of the Warsaw Symposium*, 1, 169 - 187.

Pearson, K. (1930) . *Tables of statisticians and biometricians*, *Part* Ⅰ (3rd ed.) . London: The Biometric Laboratory, University College (printed by Cambridge University Press, London).

Rodriguez - Iturbe, I., Cox, D. R., & Isham, V. (1987a) . Some models for rainfall based on stochastic point processes. *Proceedings of the Royal Society of London*, *Ser. A*, 410, 269 - 288.

Rodriguez - Iturbe, I., Febres de Power, B., & Valdes, J. B. (1987b) . Rectangular pulse point process models for rainfall: Analysis of empirical data. *Journal Geophysical Research*, 92 (D8), 9645 - 9656.

Saldarriaga, J., &Yevjevich, V. (1970) . *Application of run lengths to hydrologic series*. Hydrology

Paper no. 40. Fort Collins, Colorado, USA: Colorado State University.

Şen, Z. (1974) Small sample properties of stationary stochastic processes and the hurst phenomenon in hydrology. *Unpublished Ph. D. Dissertation*. University of London, Imperial College of Science and Technology, 257 pp.

Şen, Z., (1976). Wet and dry periods of annual flow series. *Journal of Hydraulics Division, ASCE*, 102 (HY10), Proc. Paper 12457, 1503 - 1514.

Şen, Z. (1978). Autorun analysis of hydrologic time series. *Journal of Hydrology*, 36, 75 - 85.

Şen, Z. (1991). Probabilistic modeling of crossing in small samples and application of runs to hydrology. *Journal of Hydrology*, 124, 345 - 362.

Şen, Z. (2015). *Applied drought modeling, prediction, and mitigation* (p. 472). Elsevier Publication.

Spiegel, M. R. (1965). Schaum' s outline series - Laplace transforms. McGraw Hill Book Co., New York, USA.

Thomas, H. A., &Fiering, M. B. (1962). Mathematical synthesis of streamflow sequences for the analysis of river basins by simulation. In: A. Maas et al. (Ed.), *Design of water resources systems* (Chapter 12). Harvard University Press, Cambridge, Mass.

Yen, B. C. (1970). Risks in hydrologic design of engineering projects. *Journal of Hydraulics Division, ASCE*, 96 (HY4), Proc. Paper 7229, 959 - 966.

Yevjevich, V. (1972). *Probability and statistics in hydrology*. Fort Collins CO: Water Resources Publications.

第 7 章

设计洪水流量和实例分析

摘要： 水工构筑物可用于防洪，其尺寸通常由设计洪水流量等因素确定。可以采用可能最大洪水（PMF）、标准规划洪水、特定重现期洪水及降雨强度—历时—频率曲线等方式来表示设计洪水流量。洪水可以导致滑坡、崩塌、泥石流和泥沙沉积等现象，本章给出了这些现象的计算和设计方法。

关键词： 泥石流，设计洪水流量，洪水评估，水文参数，滑坡，可能最大洪水，崩塌，泥沙沉积

7.1 概述

通常采用设计洪水流量等参数来确定运河、引水隧洞、大坝、涵洞、桥梁和堤防等水工构筑物的尺寸。可以采用不同的概率与统计方法估算设计洪水流量。由于气候变化的影响，传统的计算方法所得结果误差有所增大，因此应该每隔 5 年或 10 年修正一次计算方法。气候、土地利用、植被、地形等因素的不确定性变化都极大影响着洪水分析过程和结果。

近百年来，水工构筑物设计方法不断发展。在早期，主要根据推理公式法确定洪水流量，详细情况见第 5 章。本章阐述了设计洪水流量计算方法的发展历程。

发生洪水时，流域内水量激增，侵蚀河岸的能力增大，河水携带大量泥沙。泥沙沉积时，可能会产生严重的问题。另外，人类活动也会改变流域特征，例如砍伐森林会增大洪峰流量，从而加大洪水风险。

本章介绍了几种设计洪水流量的计算方法，并阐明了洪水对河岸的侵蚀作用，分析了泥沙沉积问题，这有助于桥梁、涵洞、运河和大坝等水工构筑物的设计。

7.2 设计洪水流量的定义

设计洪水流量的定义较多，此处主要介绍 5 种定义。

（1）设计洪水流量指不会淹没河道两岸地区的最大洪水流量，如图 7.1 所示。

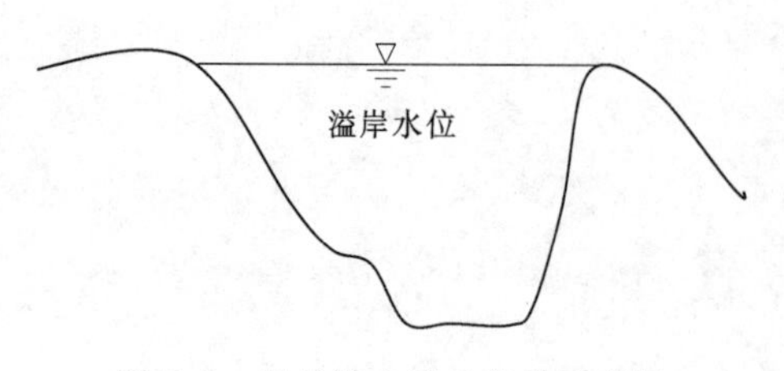

图7.1　设计洪水流量定义示意图

（2）设计洪水流量指某特定洪水风险水平下的洪水流量。根据第6章式（6.9）可知，洪水风险水平与重现期呈倒数关系，或者与构筑物设计使用年限呈倒数关系。

（3）设计洪水流量指水工构筑物（涵洞、桥梁、堤防、大坝、围堰、引水隧洞、河道和运河等）可以抵御的洪水流量，该洪水流量不得对构筑物和周围环境造成危害。

（4）设计洪水流量指没有对构筑物造成危害的最大历史洪水流量。

（5）设计洪水流量指由水文过程线确定的洪峰流量。

应根据水工构筑物的重要性和风险水平，选用下列其中一个方法来估算设计洪水流量。

1. 可能最大洪水（PMF）

可能最大洪水由地形和水文条件决定，根据流域内降雨量的上限情况估算而得，其具体情况参见第2章～第5章。

2. 标准规划洪水（SPF）

根据流域地形和水文最不利条件确定标准规划洪水，通常可由标准规划降雨量（SPS）推求而得。标准规划降雨量可视为流域内的最大降雨量，它并不是由各种最不利气象条件确定的。如果流域内缺乏降雨量记录，则可以借用邻近流域的降雨量记录。

可以采用概率和统计方法估算特定重现期的洪峰流量，具体情况参见第6章。计算前，需要搜集降雨量、径流量和年洪峰流量等记录数据，包括长期和短期数据。

可以根据水文气象资料估算可能最大降雨量（PMP）或标准规划降雨量（SPS）。首先，根据长期降雨量记录和降雨量分布情况，确定合适的水文过程线。如果降雨量分布均匀，可以采用单位过程线进行分析。如果降雨量分布不均匀，可以将流域划分为若干个子流域，每个子流域采用各自的单位过程线进行分析，然后再进行整个流域的综合分析。

3. 特定重现期洪水

如果可以搜集到长期洪水记录，则可以采用年峰值流量、阀值峰值流量和综合峰值流量来分析洪水频率，具体情况参见第6章。如果缺乏足够的洪水记录，则可以根据降雨量记录和单位过程线来估算设计洪峰流量，具体情况参见第4章。根据单位过程线来估算某重现期的洪峰流量，其值通常大于对应的降雨量。

4. 降雨强度—历时—频率（IDF）曲线

已知降雨历时和水工构筑物设计使用年限，利用降雨强度—历时—频率曲线，可以确定流域的降雨强度，具体情况参见第2章，该方法属于确定性方法。

利用设计洪水流量，采取合理措施，可以防止溃坝和构筑物损毁的现象出现，有助于溢洪道设计。在大坝规划阶段，进行洪水分析时，应分为下列几个情况考虑：

（1）大坝库容超过6000万m^3或水库设计洪水位大于30m时，应根据降雨强度—历时—频率曲线确定可能最大降雨量，然后估算设计洪水流量。

（2）大坝库容为1000万～6000万m^3或水库设计洪水位为12～30m时，应根据标准规划洪水确定降雨强度—历时—频率曲线。

(3) 大坝库容为 50 万～1000 万 m^3 或水库设计洪水位为 7.5～12m 时，应根据降雨强度—历时—频率曲线估算 100 年重现期的设计洪水流量。

应根据洪水对流域的破坏情况确定其洪峰流量大小，另外也要考虑构筑物与下游居民区的距离和下游的蓄洪能力等情况。

另外，可以降雨强度—历时—频率曲线合理设计水工消能构筑物，其设计洪峰流量应保证大坝的安全。利用降雨强度—历时—频率曲线可以估算上游地区的淹没情况，主要与上游的地形和水文情况有关，这有助于水电站厂房和矿井的设计。对于土地利用，一般采用重现期为 25 年的洪峰流量；对于现有构筑物，一般采用重现期为 50 年的洪峰流量。

同时，还可以利用降雨强度—历时—频率曲线评估下游地区损毁程度，主要与下游的地形、财物种类、淹没范围等因素有关。如为确保水电站厂房的安全，溢洪道闸门的泄洪流量要能抵御洪水的侵袭。正常设计条件下，洪水不得影响水电站的运营，不得对水电站造成损毁。

5. 各种计算方法的局限性

利用可能最大洪水和标准规划降雨量进行洪水分析，虽然理论上可行，但是实际上存在以下若干缺点：

(1) 世界上大部分地区缺乏长期的水文观测资料，因此很难估算出较为合理的洪水流量。

(2) 由于对降雨的研究还未完善，很难建立完善的降雨模型估算可能最大降雨量。

(3) 目前的最大降雨量主要在地表露点条件下测得，无法正确反映高空降雨情况。

(4) 流域内降雨量测试仪器布置数量有限，无法全面掌握整个流域的实际降雨量分布情况。降雨量测试仪器只能测量局部区域内降雨量随时间的变化关系。

(5) 进行单位过程线分析时，采取了大量假设，与实际情况略有不符。

(6) 由于缺乏足够的水文记录数据量，难以绘制出合理的单位过程线。

7.3 洪水流量的分类

在修建水工构筑物前，需要根据风险水平、气候、水文和地形条件，确定构筑物的尺寸。设计洪水流量指一定风险水平下的洪峰流量。虽然可以利用洪水早期预警系统减少洪水的危害，然而世界上大部分地区并没有布设此类系统。

进行洪水分析时，最重要的参数是设计洪水流量，主要根据一系列假设进行估算。为抵御极端洪水的侵袭，构筑物需要具备一定的尺寸。值得注意的是，设计洪水流量不能取值太大，否则会提高工程造价；设计洪水流量也不能取值过小，否则容易导致构筑物损毁。根据洪水流量大小，可以将洪水分为三类。

(1) 普通洪水。在水工构筑物设计使用年限内，基本不可能损毁构筑物的洪水。

(2) 设计洪水。根据极端降雨量估算出的洪水，在水工构筑物设计使用年限内，可能会损毁构筑物 1～2 次。虽然设计洪水较大，有时还会淹没一些地区，但其值通常小于最大可能洪水（Şen，2004）。最大可能洪水由最不利降雨和地形条件估算而得。

(3) 极端洪水。该洪水并非异常危险，其值介于标准规划洪水和可能最大洪水之间。

为合理确定可能最大洪水的取值，应综合考虑水工构筑物的设计使用年限、工程造价和风险水平等多种因素。在设计构筑物前，首先应确定风险水平，风险水平和工程造价有直接关系。设计洪水流量取值越大，构筑物的风险水平就越小。进行水工构筑物设计时，应尽量满足三个目标。

(1) 具有一定的可靠性。

(2) 具有较低的工程造价。

(3) 在设计使用年限期间，保证构筑物的正常工作，使构筑物受到的损毁程度最小。

通常采用可能最大洪水流量来确定构筑物尺寸。然而，除了溢洪道、调节河道、围堰、运河等构筑物外，没有必要对所有水工构筑物都采用可能最大洪水流量。有些水工构筑物可以抵御若干次洪水的侵袭，稍微降低设计洪水流量不会影响构筑物的安全，且可以节省大量工程造价。

需要指出的是，在亚热带地区，洪水通常发生在冬季，然而在晚春时节，因积雪融化，也会发生洪水。大部分降雨属于锋面雨类型，不过在夏季，主要为对流雨，容易形成暴洪，详细情况参见第2章。通常不考虑气候变化对降雨量的影响，详细情况参见第8章。在干旱和半干旱地区，有时短时间内形成大量降雨，易产生暴洪，若是防洪设施不足，则会造成市区和城郊地区损毁严重。气候变化必将在未来严重影响洪水的形成和强度(联合国政府间气候变化专门委员会，2007，2013，2014)。研究表明，早期设计时估计洪水会在构筑物设计使用年限内出现1～2次，但由于气候变化的影响，实际出现次数大于预期。因此，相邻洪水之间呈现出一定程度的相依过程，年洪水流量和阀值洪水流量在短期内的计算结果较为接近，详细情况参见第6章。短期洪水流量和中期洪水流量的计算结果还存在一定的差距。

7.4　设计洪水流量的计算方法概述

迄今为止，尚未有一个可以准确计算降雨强度和设计洪水流量的公式，大部分公式都是利用现有的水文记录大致估算洪水流量和风险水平。另外，也可以采用基本模糊逻辑的专家系统来估算洪水流量和风险水平（Şen，2010）。

某些计算洪水流量的公式为经验公式，主要根据流域地形特征进行估算。计算洪峰流量时，大部分采用推理公式法，假定洪峰流量与流域面积和降雨强度呈线性关系，详细情况参见第5章。有时采用概率和统计方法估算洪峰流量，详细情况参见第6章。为合理估算洪峰流量，可以采用几种不同的方法计算，进行综合评估。进行构筑物设计时，还需要考虑工程造价的影响。1953年，伊利诺伊大学调研了美国公路部门的设计方法，发现桥梁和涵洞的重现期规定五花八门（Chow，1962）。二级公路的桥梁、涵洞和排水设施的重现期一般规定为5～100年，大部分情况下为25年。大型和重要构筑物的重现期一般规定为50年。

有时为保证构筑物安全，工程师不考虑100年或200年一遇的洪水，而是取500年一遇重现期的洪水作为设计参数。估算洪峰流量的方法众多，各有特点，互为补充，详细情况参见第 6 章；根据流域内的水文观测数据，采用经验公式计算洪峰流量，详细情况参见第 3 章；根据历史洪水流量观测数据，采用外包络线法计算洪峰流量，详细情况参见第 3 章；采用推理公式法计算洪峰流量，详细情况参见第 3～4 章；采用概率和统计的方法计算洪峰流量，详细情况参见第 6 章；采用单位过程线估算洪峰流量，详细情况参见第 4 章。

进行河道洪水分析时，需要考虑极端降雨量或融雪的影响，应重视降雨频率和径流量的影响。进行洪水分析时，除了考虑历史水文记录和计算结果外，还需要考虑当地的社会情况、城市规模和政治构架等因素。开发软件时，应综合考虑上述各种因素，以便系统高效地完成洪水分析。

7.5 设计洪水流量的计算

150 多年前，就出现了计算洪峰流量的公式，迄今已经提出了很多洪水估算公式，有些公式只适用于局部地区，而有些公式则全世界通用。由于存在各种条件假设，使用公式时要注意应用范围。没有一个公式可以准确计算出洪峰流量，因此需要采用概率和统计方法进行分析，详细情况见第 6 章和第 9 章。由于影响洪峰流量的因素众多，一个公式难以考虑所有因素，因此计算结果存在一定的不确定性。大部分公式只考虑几个主要的因素，下面将介绍几个计算洪峰流量的经验公式。

为获得历史最大水文，可以雇佣河道附近的村民寻找古代建筑物、桥梁和河岸的历史洪水痕迹。利用河道断面，可以测量到：河道流水断面面积 A；湿周 P；影响半径 $R=A/P$；河道纵比降 S，每隔 50m 或 100m 测量一次，如图 3.19 所示。

由表 3.2 可以确定 Manning 粗糙系数，然后将上述参数代入 Manning 公式或 Chezy 公式，从而估算出洪峰流量。根据不同的河道水位，根据 Manning 公式或 Chezy 公式，可以估算出对应的洪峰流量，从而绘制出水位—流量曲线。除了 Manning 公式和 Chezy 公式，还有很多其他计算洪峰流量的经验公式。

根据流域面积计算洪峰流量，采用该方法计算洪峰流量时，只考虑流域面积 A 的影响，不考虑降雨量的影响，其公式表达式为

$$Q=CA^n \tag{7.1}$$

式中 C——洪水系数；

n——洪水指数。

两个参数取决于降雨历时、降雨量分布、流域面积大小、流域形状、流域位置和地形特征等因素。对于某一个流域而言，C 和 n 为常数。式（7.1）有很多具体的表达方式，常用的主要有两种。

1. Dicken（1985）公式

该公式认为洪峰流量 Q_p（m^3/s）和流域面积 A（km^2）间呈非线性关系，即

$$Q_p=C_DA^{3/4} \tag{7.2}$$

式中，C_D——Dicken 系数，一般取 5～30，具体取值情况见表 7.1。

表 7.1　**Dicken 系数的取值**

地理位置	C_D 的取值	地理位置	C_D 的取值
北印度平原	6	印度中部地区	14～28
北印度丘陵区	11～14	印度安得拉邦和奥里萨邦的沿海地区	22～28

2. Ryve（1884）公式

该公式与式（7.1）和式（7.2）形式相似，洪水指数取 2/3，即

$$Q_p = C_R A^{2/3} \tag{7.3}$$

式（7.3）最初只适用于印度卡纳塔克邦和安得拉邦的部分地区。目前，还适用于印度金奈地区。Ryve（1884）认为，距离印度东部海岸线不足 80km 时，C_R 宜取 6.8；距离印度东部海岸线不足 60～80km 时，C_R 宜取 8.5；在丘陵地区附近时，C_R 宜取 10.2。

3. Inglis（1930）公式

该公式也主要适用于印度地区，其表达式为

$$Q_p = \frac{124A}{\overline{A} + 10.4} \tag{7.4}$$

式中　A——流域面积；

$\overline{A}$——子流域的平均面积。

式（7.4）主要根据印度马哈拉施特拉邦西高止山脉的历史洪水观测资料推测而得。

4. Nawab 公式

该公式主要适用于印度海得拉巴地区，其表达式为

$$Q_p = C_N A'^{[0.92-(1/14\lg A)]} \tag{7.5}$$

式中　C_N——系数，取 48～60，偶尔取最大值 86；

A'——流域面积；

A——流域面积。

5. Fanning 公式

该公式主要适用于美国地区，其表达式为

$$Q_p = C_F A^{5/6} \tag{7.6}$$

式中　C_F——2.64。

6. Creager 公式

该公式主要适用于美国地区，其表达式为

$$Q_p = C_C A'(0.894A'^{-0.048}) \tag{7.7}$$

式中　A'——流域面积，$A'=0.39A$，A 为流域面积；

C_C——一般取 40～130，普通洪水取低值，大洪水和暴洪取高值。

7. Meyer（2009）公式

该公式主要适用于美国地区，其表达式为

$$Q_p = 177p\sqrt{A} \tag{7.8}$$

式中　p——取 0.002～1，通常取 1，如果河流的洪峰流量为流域内最大值，则取 1，其他情况下取值小于 1。

8. Jarvis 公式

该公式与 Meyer 公式类似，其表达式为

$$Q_p = C_J \sqrt{A} \tag{7.9}$$

式中　C_J——取 1.77～177。

9. Fuller（1914）公式

该公式为经验公式，主要适用于美国地区，与流域面积和洪水频率有关，其表达式为

$$Q_p = C_F A^{0.8}(1+0.8\lg T) \tag{7.10}$$

式中　Q_p——重现期 T 年内 24h 最大洪峰流量；

A——流域面积；

C_F——取 0.18～1.88。

7.5.1　基于流域面积和流域形状特征的洪峰流量计算公式

上面提到的计算洪峰流量的公式，基本只考虑了流域面积的影响。也有公式既考虑了流域面积的影响，也考虑了流域形状特征的影响，详细情况参见第 3 章。例如，Dredge 和 Burge 根据印度地区的历史水文记录，提出了下列公式，即

$$Q_p = 19.6\frac{A}{L^{2/3}} \tag{7.11}$$

式中　L——流域的长度，km。

如果 W 表示流域的平均宽度，单位为 km，则将 $A=WL$ 代入式（7.11），得

$$Q_p = 19.6WL^{1/3} \tag{7.12}$$

7.5.2　基于流域面积和降雨量的洪峰流量计算公式

下式最初主要适用于美国俄亥俄州和康涅狄格州，其表达式为

$$Q_p = C_p(PW^{5/4}) \tag{7.13}$$

式中　P——重现期 100 年内 1 天最大降雨量，cm；

C_p——系数，对于湿润地区取 1.5，对于沙漠地区取 0.2。

式（7.13）假设流域宽度均匀，没有考虑洼地截留的影响，主要适用于流域面积为 1600～16000km^2 的情况。如果流域下游宽度较大，则计算结果偏小；如果流域上游宽度较大，则计算结果偏大。由于宽度的影响，计算结果的误差可达 10%～13%，应视情况予以校正。

7.5.3　基于流域面积和径流量的洪峰流量计算公式

美国波士顿土木工程师协会考虑了流域面积和径流量的影响，根据 1927 年 11 月在美国新英格兰地区发生洪水观测数据，提出了单位平方公里内的洪峰流量的计算公式，其表达式为

$$q_p = 0.0056\frac{D}{t} \tag{7.14}$$

式中　q_p——单位平方公里内的洪峰流量，(m^3/s)/km^2；

D——洪水深度，m；

t——洪水持续时间，h，或者为洪水过程线的基准时间（参见第 4 章）。

利用三角水文过程线，式（7.14）得到进一步发展，得到令人满意的计算结果。研究

发现，洪水持续时间 t 基本与洪水大小无关，接近于常数。如果流域内缺乏洪水过程线，则可以采用下式计算单位平方公里内的洪峰流量，即

$$q_{\mathrm{p}}=\frac{C_{\mathrm{F}}D}{\sqrt{A}} \tag{7.15}$$

或者根据下式计算出洪峰流量，即

$$Q_{\mathrm{p}}=\frac{C_{\mathrm{F}}DA}{\sqrt{A}}=C_{\mathrm{F}}D\sqrt{A} \tag{7.16}$$

其中 C_{F} 为河道系数，一般取 0.7～3.5，对于山区取 7，对于平原取 0.7。在新英格兰地区，对于普通洪水和大洪水，D 一般取 7.5～15，对于极端洪水，取不超过 20 的较大数值。

7.5.4　基于流域面积和降雨强度的洪峰流量计算公式

该公式为传统的推理公式，详细情况参见第 5 章，可以计算流域的洪峰流量 Q_{p}，其表达式为

$$Q_{\mathrm{p}}=0.28CIA \tag{7.17}$$

式中　I——降雨强度，mm/h；

A——流域面积，km^2。

推理公式法将整个流域视为一个整体，假设降雨量在流域内均匀分布，从而计算出流域出口处的洪峰流量。同时，假定洪峰流量 Q_{p} 和降雨强度 I 具有相同的重现期；径流系数 C 在整个降雨期间未常数；洪水上涨的时间和消退的时间相同。

考虑到洪水消退时间早于水文过程线发生时间，因此将式（7.17）修正为下式的形式

$$Q_{\mathrm{p}}=0.28C_{\mathrm{S}}CIA \tag{7.18}$$

式中　C_{S}——滞后系数。

当流域内各条河流内的洪水汇集到流域出口时，则会在 t_{c} 时刻出现洪峰流量。此处为 t_{c} 为汇流时间（min），Kirpich（1940）认为，t_{c} 与主河道长度 L（m）和主河道纵比降 S 具有下列关系，即

$$t_{\mathrm{c}}=0.0195L^{0.77}S^{-0.385} \tag{7.19}$$

7.5.5　外包络线法

如果某流域缺乏洪水观测资料，但具有分布均匀的气象条件，则可以采用外包络线法，根据流域面积 A，计算流域的洪峰流量 Q_{p}，详细情况参见第 5 章。对具有相似气象条件和地形特征的流域，搜集其历史洪峰流量记录，然后在对数坐标上绘制出 Q_{p} 和 A 的关系曲线（图 5.1～图 5.4），然后根据缺乏洪水观测资料的流域的面积，可以估算出该流域的洪峰流量。外包络线可以快速估算出流域的洪峰流量，可以根据曲线确定其数学表达式 $Q=f(A)$，该公式为经验公式，详细情况参见第 5 章。

7.6　水工构筑物设计

设计洪水流量是进行水工构筑物设计的重要参数。对于不同的情况，需要采用不同的方法来估算洪水流量。

7.6.1 泥石流

发生洪水时，洪水携裹着滑坡体和岩土碎屑奔涌而下。在干旱地区，由于冷热温度交替的影响，裸露的地表通常可以分解成小碎块，在地形倾斜的地区，下雨时和雨后，这些小碎块会在雨水冲刷下产生移动，在公路两岸地区容易形成泥石流。泥石流密度较大，通常含有砂、碎石、卵石、漂石和细颗粒土等物质，容易造成道路交通安全事故。可以修建小型拦石坝、挡土墙、人工洼地、堤防等设施来低于泥石流的侵袭。泥石流中夹杂的碎屑物质颗粒大小不一，既有黏土，也有漂石，有时携带有大型树干。主河道纵比降对泥石流的流速影响较大，沿公路两侧，泥石流速度通常很大。在地形起伏较大，且冷热交替的地区，泥石流的体量巨大（Şen，2015）。影响泥石流的因素主要包括地形起伏程度、松散堆积物特性、气象条件和人类活动等。泥石流可以造成巨大的人员伤亡和财产损失。

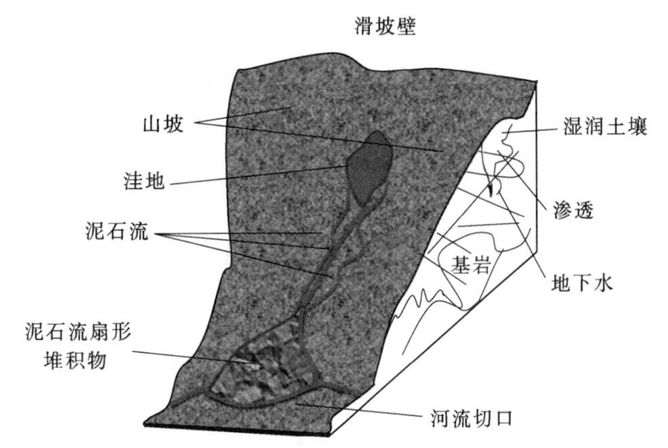

图 7.2 泥石流组成要素示意图

图 7.2 显示了在山区河道的泥石流示意图，通常含有岩石碎屑和土等物质。下大暴雨时，雨水在地表迅速积聚，洪水携带大量碎屑物质奔涌而下，容易形成泥石流。泥石流在坡谷中速度很快。

理论上，洪峰流量和泥石流体积呈线性关系。实际上，评价河道和桥梁与涵洞等构筑物处的过流能力时，更关心洪峰流量与泥石流流速的关系。洪峰流量 Q_p 和泥石流体积之间的经验公式较多（Hungr 等，1984；Mizuyama 等，1992；Takahashi，1991；Takahashi 等，1994），部分公式见表 7.2

表 7.2 洪峰流量和泥石流体积之间的经验公式

数据来源	经验公式	提出公式的学者
粗颗粒型泥石流（日本）	$Q_p=0.135V^{0.78}$	Mizuyama 等（1992）
细颗粒型泥石流（日本）	$Q_p=0.0188V^{0.79}$	Mizuyama 等（1992）
溃坝	$Q_p=0.293V^{0.78}$	Costa（1988a，b）

Rickenmann 和 Koch（1997）在对数坐标上绘制了洪峰流量和泥石流体积的关系曲线，如图 7.3 所示。

在图 7.3 中，粗线表示平均洪峰流量 Q_p 和平均泥石流体积 V 的关系，其数学表达式为

$$Q_p=0.0375V^{0.7143} \tag{7.20}$$

式（7.20）也可以表示为

$$V=26.57Q_p^{1.4} \tag{7.21}$$

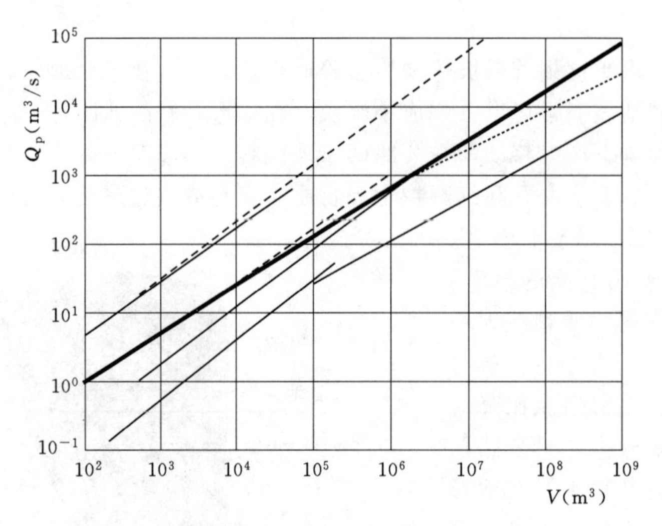

图 7.3　洪峰流量和泥石流体积的关系曲线

7.6.2　崩塌

如果流域上游为山区，在暴雨和洪水作用下，容易发生崩塌。在重力作用下，由于气候和生物等因素的影响，公路沿线的自然坡体和路堑岩石边坡都可以发生崩塌。在干旱地区，暴雨会使岩体孔隙内水压力增大，加之化学风化作用、物理风化作用、植物根系生长作用和强风作用，很容易发生崩塌。坡体临空面的岩块容易沿着势能梯度最大的方向滚落。例如，某些公路边坡为花岗岩，削坡时可以形成节理，从而容易诱发崩塌。发生崩塌时，坡面会施加给岩块一个水平分力。坚硬且未风化的很难阻碍岩块的运动，是最为危险的部位，而松散的砂和碎石等堆积体可以减缓岩块的运动，有时甚至可以使岩块完全停止运动。为减少崩塌的危害，建议在边坡平台处铺设碎石层，以减缓或阻止岩块的运动。

发生崩塌时，岩块沿着软弱结构面脱落，在陡峭山坡处尤其容易发生崩塌，如在沙特阿拉伯的 AI _ Hada 公路沿线，多处坡体陡峭，经常发生崩塌。图 7.4 为发生的某陡峭坡体处的崩塌，岩块散落在小型流域的主河道内。

强降雨容易诱发山洪，公路两侧山体上的碎裂岩块和孤石容易崩落，导致道路交通堵塞和安全事故。崩塌的体积通常为 0.1～1.5m^3，对于公路边坡易于崩塌的部位，要采取加固措施。

7.6.2.1　防洪设计方法

澳大利亚 GHD 设计咨询公司提出了农村地区的防洪设计指导思想，具体内容如下：

(1) 参考同类工程的设计思路和理念，搜集项目区域的历史降雨量观测数据、数字高程模型数据、卫星影像资料和 1∶1000 等比例尺的地形图资料，同时采用适量的岩土样本。

(2) 搜集有关旱季和雨季的气象资料，分析日降雨量、月降雨量和年降雨量趋势，绘制降雨强度—历时—频率曲线，进行不同重现期的风险分析，同时咨询气象专家和其他专家的意见。

(3) 分析地表径流、洪水、泥石流和泥沙沉积情况，同时密切观测流域内的洪水情况。

（4）评价拟建公路边沟和涵洞的过水能力，无需考虑其工程造价。根据历史水文观测资料，分析涵洞和桥梁的过水能力，研究流域内每条沟渠的水力特性，重点分析拟建道路两侧的沟渠的过水能力。

图7.4 某陡峭坡体处发生的崩塌

（5）研究边坡的工程地质条件，分析崩塌和滑坡的风险，通过现场试验和室内试验，探明边坡的地层情况。

根据地形资料和数字高程模型数据，利用软件，分析公路边坡的地表径流情况。利用流域降雨量历史记录和降雨强度—历时—频率曲线，分析沟渠的过水能力，规划好完善的地表排水系统。

必须建立不同风险水平条件下的公路边坡降雨量模型，分析边沟、涵洞和下穿公路构筑物的过水能力，以避免出现洪水漫过公路路面的危险。从10年、25年、50年、100年、250年和500年的重现期中，选择合适的重现期，分析构筑物的过水能力。通常选用50年和100年重现期的洪水，分析构筑物的防洪能力。

同时，对洪水、泥石流和崩塌进行危险性分析，并提出合理的防治措施。利用现场调研数据和数字高程模型，识别出小型流域。

另外，要征询经验丰富的专家的建议，重点研究：降雨强度—历时—频率曲线；旱季气象情况；雨季气象情况；公路边坡泥石流危险性分析；涵洞过水能力；沟渠过水能力和危险性分析；泥沙输送计算；崩塌危险性分析；地形特征分析和不稳定岩块分析；雨水下渗和地下水运动分析。

除了分析流域的水文和地质情况，还要定期进行现场踏勘，以检查分析结果的正确性。采取各种方法，对沟渠的地形、水文和水文地质特征进行分析。

7.7 运河

为了汇集地表水流，将水流引入大海或其他合适的地方，人们修建了运河等水工构筑物。为保护城市居民和工厂的安全，还修建了各种防洪设施。一般利用 Manning 公式计算地表水流的流速，详细情况参见第 4 章。

可以利用达西定律计算地下水的流速，该公式的表达式为

$$V=ki \tag{7.22}$$

式中　k——渗透系数，其取值见表 7.3；

i——水力坡度，可以根据地下水现场试验或查表获得场地的水力坡度。

表 7.3　　渗透系数的取值

岩土类型	粒径（mm）	渗透系数 k（m/天）	岩土类型	粒径（mm）	渗透系数 k（m/天）
黏土	0.0005～0.002	10^{-8}～10^{-2}	砂岩	中	10/03/2001
粉土	0.002～0.06	10/02/2001	石灰岩	变化较大	10/05/2001
细砂	0.06～0.25	1～5	玄武岩	小	0.0003～3
中砂	0.25～0.50	5～20	花岗岩	大	0.0003～0.03
粗砂	0.50～2	20～100	板岩	小	10^{-8}～10^{-5}
碎石	2～64	100～1000	片岩	中	10^{-7}～10^{-4}
页岩	小	5×10^{-8}～5×10^{-6}			

7.8 涵洞

在干旱地区，涵洞连通两个河道段，在湿润地区，涵洞连通两段河流。大部分涵洞横断面为长方形，两端分别为进水口和出水口，上游侧的水称为进水，下游侧的水称为尾水。涵洞的纵断面形状和坡度要依据山体地形确定，进水口形状和位置要根据公路路堤的几何参数确定。

在世界上很多地区，暴雨和洪水容易诱发严重滑坡，从而损毁公路，以下地段容易发生滑坡：

（1）路堑边坡基岩上覆有薄层残积土的坡段。

（2）公路边坡存在深陡边沟，在重力作用下，雨水流淌速度很快，先是冲刷和携带细小颗粒，然后携带松散岩屑、碎石和岩块。

（3）雨水下渗至地表土层，使得表层土容易沿着基岩滑动。

（4）位于高陡坡体上的岩块，在径流的作用下，可能会松动和滚落至公路路面，从而导致交通阻塞。

在地表水、洪水和地下水的作用下，受地形、地质和水文条件的影响，公路边坡容易发生下列的地质灾害现象：

(1) 如果边坡某地层由砂、碎石和细粒土构成，则具有一定的渗透性，地表水会下渗到该地层，并产生运动，使边坡存在失稳的危险。

(2) 如果残积土层下方为几米厚的风化岩体，则雨水渗透饱和后，容易发生边坡失稳。

(3) 公路边坡松散残积土层饱水后，土层内产生孔隙水压力，容易发生泥石流或滑坡灾害。孔隙水压力会施加给挡土墙或石笼一个水平的侧压力。另外，雨水下渗，会使残积土层和基岩间的抗剪强度降低。

(4) 雨水下渗，增加了坡体的重量，容易诱发边坡失稳。

(5) 坡体重量增加，边坡顶部可以形成剪切裂缝，坡体的抗拉强度减小。雨水或洪水下渗至这些剪切裂缝内，容易诱发泥石流。如果雨水渗入至基岩裂缝内，则可以产生楔形滑动。

(6) 如果雨水频繁，地表土层处于过饱和状态，容易形成坡面地表径流，在坡脚处可以形成洪积扇，有时会产生泥石流。

公路边坡通常会发生上述现象。Walker 和 Fell (1987) 研究了土质边坡的失稳问题，总结了径流水深 d 和下渗厚度 e 与边坡失稳类型的关系，见表 7.4。

如果陡峭山坡表层为松散土层，在长时间的强降雨后，非常容易发生滑坡和泥石流。滑坡和泥石流的影响因素包括土层颗粒大小、孔隙比、抗剪强度和水力特性（如渗透系数、下渗特性和渗流特征）等。因此，降雨是公路边坡发生地质灾害的重要因素。

表 7.4　　边坡失稳类型

边坡失稳类型	径流水深 d 和下渗厚度 e 的比值 d/e (%)
深层圆弧滑动（岩块、岩屑和土层）	15～30
平面滑动或浅层滑动	5～10
泥石流	0.5～3.0

为获得第一手资料，采取合理的边坡防治措施，必须进行现场调研。进行现场踏勘时，为分析潜在滑坡的机理和影响，应主要查明以下情况：

(1) 查明容易发生边坡失稳的部位，防止滑坡毁坏公路或堵塞交通。

(2) 调研已经发生过崩塌、滑坡和泥石流的区域，防止该区域在暴雨或洪水作用下再次诱发同样的地质灾害。

(3) 肉眼观察公路边坡的地质、坡度、地形等情况，并听取专家的建议。

(4) 查明松散堆积物、松动块石、裂隙和沟谷深度等情况，重点查明地表水和地下水的可能流动路径。

(5) 划分公路边坡的地质灾害易发段和无地质灾害段。

(6) 阐明公路边坡相邻沟谷间坡段的地质、地形和水文等条件。

在早期，对公路涵洞水力学进行了初步研究，通常忽略涵洞进水口和出水口的水力特性差别。早期的研究考虑了涵洞内壁的摩擦力，将涵洞内水流视为均匀流动的液体，从而估算出涵洞断面尺寸。某些学者提出了涵洞进口设计的一些原则，提高了涵洞的过水速度。如果涵洞轴线具有一定的纵比降，也会增加过水速速。另外，如果涵洞进水口处水位升高，涵洞的过水速度会显著增加，例如，四英尺水深的过水速度是一英尺水深的两倍，但在这种情况下，涵洞要具有一定的施工质量（Byrne，1902）。1922—1923 年，在爱荷华大学水力学实验室，来自美国公路局和爱荷华大学的工程师进行了一次开创性的涵洞水力学实验。在 1924 年和 1926 年，美国公路局陆续出版了此次实验的观测和分析结果。1924 年，美国公路局概况总结了相关实验结果，根据试验结果，主要发现了三个重要结论。

第一，涵洞内壁粗糙系数对过水速度影响很大，然而由于各种建筑材料的粗糙系数相差较小，因此进行涵洞设计时，工程师可以不用考虑粗糙系数。近年来，涵洞内壁广泛采用波纹金属材料，该材料的粗糙系数远大于黏土、铸铁、混凝土和木材等材料。

第二，涵洞内壁充满水时，其过水能力和进水口水位的平方根呈一定比例，但与涵洞轴线纵比降无关。沟渠的过水能力受渠道纵比降的影响较大，而涵洞内壁充满水时，属于有压隧洞的情况，其过水能力和水压有关。由于涵洞的进水口和出水口之间存在水压差，从而加快了涵洞的过水速度。如果涵洞的进水口和出水口之间的水压差保持恒定，则进水口的水深对过水能力无影响。

第三，涵洞进水口的水头损失受涵洞进水口的形状的影响很大，这是本次实验的重大发现，且水头损失对涵洞过水能力影响较大。

20 世纪五六十年代，美国国家标准局水力学实验室深入研究了涵洞进水口条件对过水能力的影响，取得了重大研究成果，绘制了进水口水头损失和过水能力的无量纲关系曲线，分析了涵洞进水口形状对水头损失的影响。同时，美国国家标准局对渐变型进水口的设计提供了有益的建议。

涵洞轴线斜率通常与河道坡度一致，但是当河道坡度较大时，需要根据同类工程经验、现场踏勘资料、泥沙沉积分析结果、泥石流发生情况、地质条件、降雨量、地表径流等情况，结合专家意见，调整涵洞轴线斜率。然而，目前大部分涵洞没有考虑地形、气象、工程地质、水文和水文地质等因素，因此设计上存在很多不合理的地方。在现场，可以发现很多设计不合理引发的工程事故。涵洞不合理的设计主要包括以下几个方面：

（1）进水口墙壁竖直，难以有效防御泥石流和崩塌的冲击。

（2）进水口底板平直，泥石流和崩塌体容易在底板处沉积。

（3）进水口断面面积不足，泥石流难以顺利通过涵洞。

（4）传统的方形横断面在旱季和雨季的水文特征基本相同。

（5）涵洞轴线的斜率不大，泥石流或崩塌难以顺利通过涵洞。

（6）涵洞横断面为方形，轴线斜率较小，重力沿着轴线方向的分力较小，即使水流有一定的速度，也难以推动固体物质。

针对上述涵洞设计中的缺点和不足，本文针对横断面为方形的公路涵洞提出了改进措施，具体措施如下：

（1）在进水口处，墙体三面倾斜。

（2）涵洞底板具有一定坡度，以利于泥石流或崩塌顺利通过涵洞。

（3）根据洪峰流量、泥石流体积、崩塌体积和 50%安全系数等情况确定涵洞横断面尺寸。

(4) 除了方形外，涵洞横断面形状还可以为三角形或圆形，这样在旱季或径流量较小时，泥石流也能顺利通过涵洞。

(5) 涵洞轴线斜率尽量大些，这样在重力作用下泥石流或崩塌体容易顺利通过涵洞。

(6) 涵洞上方的覆土具有一定的厚度，以有利于涵洞的整体稳定性。

(7) 根据进水口情况，涵洞分段设置不同的纵比降，便于泥石流和崩塌顺利通过涵洞。

7.9 沟渠泥沙沉积计算

在干旱地区，发生暴洪时，在上游地区会携带大量泥沙，估算泥沙量是防洪设计的重要方面。浅层滑坡和泥石流是泥沙的主要物质来源，在干燥气候条件下，泥沙来源物质通常堆积在某一区域。气候、地质和土地利用情况相同的情况下，流水的侵蚀和沉积对地形的塑造起着重要作用。

众多学者研究了流水侵蚀和泥沙沉积问题，但没有得到统一的计算方法。Lal 等(1994a，b) 认为，人们对流水侵蚀和泥沙沉积还停留在肤浅的定性认识阶段，尤其是干旱和半干旱地区的流水侵蚀和泥沙沉积问题，人们研究甚少。另外，流水侵蚀和泥沙沉积与其说是一门科学，倒不如说是一门艺术。对于泥沙沉积问题，一般从水文学和水力学两个方面来研究。

(1) 根据水文记录情况选用合适的分析方法。进行泥沙量分析时，主要考虑气候、流域地形、地表土层、植被和人类活动等情况（美国土木工程师协会水文手册，1996)。

(2) 根据洪水的液相性质、固相性质和洪水密度等情况，进行水力学方面的分析，重点分析泥沙颗粒组成情况。

地表径流会侵蚀土层，在径流和洪水的紊流作用下，携带泥沙向前运动（Cooke 和 Doornkamp，1974；Throne 等，1987)。Yalin (1972) 编著了一本泥沙方面的简明教材，书中列举了很多泥沙量计算公式。Wischmeier 和 Smith (1978) 在其书中详细全面地阐明了流水侵蚀的计算过程。Cheng (1997) 认为，砂和碎石等大颗粒的运动速度等于临界近底流速。

在干旱和半干旱地区，流水侵蚀和泥沙沉积的情况截然不同，主要原因在于：流水侵蚀和搬运特性不同；流域地形特征不同；地质条件和表层土特性不同；植被覆盖情况不同；土地利用和管理方式不同。

在干旱地区，偶然发生大雨或洪水时，坡地是流失侵蚀的主要区域，其次是河岸和河漫滩。通常将泥沙问题分为高地泥沙侵蚀和低低泥沙沉积两个问题进行分析。

由于地表流水作用，在地形较高处，以泥沙侵蚀为主，在沟谷处，则以泥沙搬运为主。由影响泥沙侵蚀和搬运的因素主要包括地形坡度、植被、松散堆积物、降雨量、降雨强度、降雨历时、岩土体性质、土层含水量等。

在地势低洼地区，泥沙以搬运和沉积为主，河道的搬运能力起着至关重要的作用。影响泥沙搬运和沉积的其他因素还包括河流速度、河流水深、河道纵比降、河水冲击力、水温、泥沙的粒径级配和河床沉积物的平均粒径等。

对于缺乏观测资料的流域，为准确评价其泥沙问题，可以根据风化程度和侵蚀强度，将流域划分为若干个子流域，分区域进行评估，然后进行总体评价。干旱和半干旱地区由于其特殊性，很难准确评价其泥沙问题。

分析泥沙问题时，需要搜集和统计径流量、流域面积、主河道纵比降、水网密度等参数，其分析过程可以参考相关的水文手册（Maidment，1993）。

Şen（2014）提出了干旱地区的泥沙搬运能力公式，即

$$S_y = k\frac{Q}{A}S \tag{7.23}$$

式中　k——系数；

Q——河水流量；

S——河道纵比降；

A——流域面积。

式（7.23）表达简洁，属于推理公式。根据式（7.22），可以通过测量干旱地区流域的参数求得系数 k。该系数还可以作为独立变量和相依变量之间转换的依据。

在式（7.23）中，Q/A 等于水深 h，由 $h=CI$，得 $Q/A=h=CI$，此处 C 为径流系数，I 为有效降雨强度，代入式（7.23），可得

$$S_y = kCIS \tag{7.24}$$

7.10　公路安全性评估及地质灾害防治措施

为防治地质灾害，保障公路安全，应对公路沿线的地质、地形、水文、水力和工程地质等方面进行全面评价，评价流程如图 7.5 所示。

由图 7.5 可以看出，公路维护涉及多个方面，时间跨度也比较长。首先应进行主动维护，其次根据时间和经费情况进行一定的被动维护。短期维护指几天维护一次，最多 2 年维护一次。中期维护指 2～5 年维护一次，长期维护指每隔 5 年以上维护一次。每隔 5 年应对地质灾害防治设施和措施进行一次全面的检查。根据日常检查情况，进行不定期维护。在图 7.5 中，公路维护分为日常维护、定期维护和紧急维护三种类型。应按照图 7.5 中的措施进行公路维护，重点维护路面、路肩、边坡、排水设施、边沟、涵洞和桥梁等部位，同时注意是否存在崩塌的风险。为减少地质灾害的风险，尽量防止地质灾害的发生，降低维护成本，应每隔几周对公路沿线进行巡视，在湿热地区，应每隔几天巡视一次。短期维护的施工规模较小，可以确保公路畅通和安全。在公路投入使用的前期，应每隔几天巡视一次，中后期可以每隔一周或一个月巡视一次。对于预料不到的突发地质灾害，应采取紧急维护措施。对于中期维护，也应进行定期巡视和维护，以确定公路设施的长期稳定。定期维护的施工规模通常比较大，同时要咨询专家的建议。在雨季和旱季，应至少进行一次定期维护（Şen，2015）。

应列出区域内所有涵洞、沟渠和进水口的清单，对这些设施进行定期巡视和维护，以防微杜渐，防患于未然。公路管理部门应根据巡视时间、涵洞尺寸、涵洞类型等情况，制

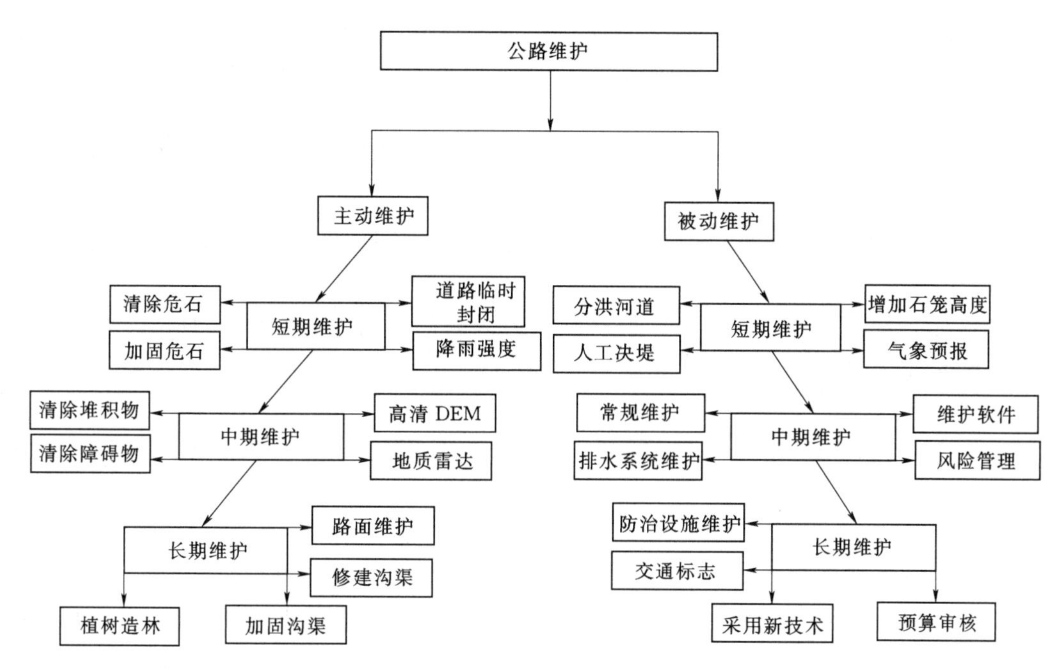

图 7.5 公路维护流程图

定合理的涵洞维护方案。建议每隔两年巡视一次涵洞。缺乏正确的维护，是导致涵洞和桥梁等构筑物出现险情和病害的主要原因。

在流水侵蚀作用下，沟床会不断加深，因此应定期测量沟床与岸顶的高差，确定沟床侵蚀的程度，然后采取合理的防治措施，确保公路的安全。

为确定沟谷是否存在流水侵蚀现象，应定期检查沟谷的地形变化情况。如果沟谷不存在流水侵蚀现象，则可以不用采取任何维护措施。如果沟谷内存在松散土层，则可能会发生流水侵蚀作用。

强降雨容易诱发洪水，此时需加强巡视，观察洪水是否对沟谷产生流水侵蚀作用。在公路沿线区域，地表水和地下水都会对沟谷产生侵蚀作用。可以修建沟渠导流雨水，或者植树造林，主要是种植根深蒂固的植物，以拦截雨水，减少流水侵蚀作用。另外，可以开挖类似坎儿井的排水井，形成纵横交错的排水系统，只是规模上没有坎儿井系统那么庞大（Şen，1995）。通过植树造林，可以减小雨滴对地表的撞击力，减少径流速度，从而减缓了洪水流速。如果沟谷两侧植被稀疏，应清除两岸的松散堆积物，设立篱笆，以确保植被长势良好，面积扩大。

如果公路两岸存在松散堆积物，则在持续强降雨作用下，易发生滑坡灾害。为避免产生滑坡，建议采用消防车装载大量水，行驶至堆积物上方，用大水冲走这些松散堆积物，其作用相当于模拟强降雨，提前产生滑坡。

7.11 减轻洪水灾害的措施

在亚热带地区，尤其是在干旱和半干旱地区，有时会出现极端天气，加之地形的影响，偶尔也会发生洪水。除了自然因素外，在规划和建设城市、居民区和公路网时，如果没有参考洪水风险地图和洪水淹没地图进行设计，则会增大洪水发生的概率。为减轻洪水灾害，进行洪水分析时，要进行以下几个方面的工作：

(1) 计算流域内 5 年、10 年、25 年、50 年和 100 年情况下的降雨强度和洪水风险水平的关系，详细计算过程参见第 2 章。

(2) 在干旱地区，建立水文站的意义非常重大，因此要在流域各个控制点处设立水文站，以测量地表径流量。

(3) 对于干旱和半干旱地区，采用湿润地区的洪水流量计算公式时，要加倍小心 (Şen，2008)。应根据干旱地区的情况修正这些公式，或者提出新的适用于干旱地区的洪水流量计算公式。

(4) 为确定不同风险水平的洪水淹没范围，应搜集高清地形图，最好是数字高程地图。

减轻洪水的措施较多，其中分洪导流是一个直接有效的措施。另外，也可以通常减小地表径流来削减洪峰流量，但这种方式比分洪导流实施难度大。在农村，通过植树造林，可以减少地表水分蒸发，减轻洪水灾害。在边坡地带，可以平整或加固边坡，通过减小径流系数来减轻洪水灾害。做好森林防火工作，防止乱砍滥伐和开荒种田，禁止过度放牧，也是防洪的重要措施。另外，在流域下游地区，兴修小型水利设施，设置蓄洪区，尤其是利用池塘进行蓄洪，也可以减轻洪水危害。大部分防洪措施适用于小型流域，规模不大，因地制宜。

通过分洪导流，可以将部分雨水导流至其他区域，分洪设施主要包括以下两类。

(1) 修建防洪堤，将洪水导流至河道内，防洪堤施工简便，通常采用土料修建。

(2) 洪水流速和河道断面面积有关，加大河道断面面积，加宽河道，可以减小洪水流速。

另外，可以通过修建水库和大坝来调节洪水。洪水来临时，可以利用水库蓄洪，洪水过后，可以向下游泄洪，为下游地下水补充提供水源。为减轻泥石流和滑坡的危害，应采取以下措施：

(1) 对泥石流和滑坡的发生机理进行深入研究，搜集沿线各种资料，开展灾害评估。

(2) 绘制公路沿线灾害分布图，为防治灾害提供基础资料。

(3) 进行实时监测。

(4) 向民众普及地质灾害知识，宣传地质灾害防治和逃生方法。

(5) 指定应急措施，做好防灾准备。

7.12　洪水评估

对水资源进行评估时，尤其对沙特阿拉伯和土耳其东南部等干旱地区进行评估时，至少要进行下列三个方面的评估。

1. *第一方面*

(1) 根据 DEM 数据，确定不同高程的流域面积，详细情况参见第 3 章。

（2）根据DEM数据，确定流域面积、主河道纵比降、主河道长度、河网密度、高差等地形参数，详细情况参见第3章。

（3）绘制2年、5年、10年、50年和100年重现期情况下的降雨强度—历时—频率曲线，详细情况参见第2章。

（4）绘制设计洪峰流量水文过程线，详细情况参见第4章、第5章。

（5）估算河道的过水能力、径流路径、溢洪特性等水力参数。

（6）如果采取导流措施，计算导流水量和地下水补充水量。

2. *第二方面*

（1）选择合适的坝址。

1）在室内绘制地形图和横剖面图，建立数字高程模型。

2）搜集场地的工程地质图及柱状图。

3）对拟定的若干个坝址进行现场踏勘，无需仪器测试工作。

4）确定水库的水位—水面面积关系和水位—库容曲线。

5）根据上述参数，按照5%～10%的漫顶概率确定大坝高度。

（2）大坝构造设计。

1）确定大坝长度、宽度和坝面坡度。

2）确定大坝体积和筑坝材料用量。

3）对坝基进行工程地质分析。

4）确定大坝施工过程。

5）进行大坝防渗分析。

（3）环境保护问题。

1）分析发生洪水和大坝漫顶的概率，进行大坝风险评估。

2）分析发生溃坝的概率，绘制洪水淹没地图。

3）根据洪水淹没地图，确定安全可靠的居民区。

4）制定保障民众健康的措施。

5）制定防治污染的措施。

3. *第三方面*

（1）评估运河情况。

1）运河入口的进水能力。

2）运河沿途的水量损失。

3）估算运河输水能力。

4）分析运河的泥沙沉积问题。

（2）运河线路评价。

1）分析亚临界和超临界流体的水力特性及出现的位置。

2）分析泥沙输送能力。

3）确定运河宽度。

4）分析运河纵比降对流速的影响。

5）分析洪水沿运河的运动路线。

（3）运河施工。

1）运河纵剖面高程和纵比降等地形特征。

2）运河沿线场地的地质和岩土性质。

3）分析水泥和砂石等建筑材料的用量。

参 考 文 献

Bradley, J. (1978). *Hydraulics of bridge waterways* (2nd ed.,) US Department of Transportation, FHWA, US (Published electronically in 1978).

Byrne, A. (1902). *Treatise on highway construction* (4th ed.,).

Cheng, N. S. (1997). Simplified settling velocity formula for sediment particle. *ASCE Journal of Hydraulic Engineering*, 123 (8), 149-152.

Chow, V. T. (1962). Hydrologic determination of waterway areas for the design of drainage structures in small drainage basins. University of Illinois, Engrg. Experimental Station Bull.

Chow, V., Maidment, D., & Mays, L. (1988). *Applied hydrology* (p. 572). New York: McGraw-Hill.

Cooke, R. V., & Doornkamp, J. C. (1974). *Geomorphology in environmental management: An introduction* (p. 413). Oxford: Clarendon Press.

Costa, J. E. (1988a) Rheologic, geomorphic, and sedimentological differentiation of water floods, hyper concentrated flows, and debris flows, In: V. R. Baker et al. (Eds.), Flood Geomorphology, Wiley, New York, pp 113-122.

Costa, J. E. (1988b). Floods from dam failures. In V. R. Baker et al. (Eds.), *Flood geomorphology* (pp. 439-463). New York: Wiley.

FHW, A. (1988). Interim procedures for evaluating scour at bridges, U. S. Dep. of Trans., Fed. Highway Admin., Technical Advisory, "Scour at Bridges", Washington, DC.

FHW, A. (1989). Scour at Bridges, Hydraulic Engineering Circular No. 18, Washington DC.

Hadley, R. F. (1986). Fluvial transport of sediment in arid and semi-arid regions. In *Proceedings of International Symposium on Erosion and Sedimentation in Arab Countries*. Iraqi Journal of Water Research, Vol. 5: 335-348.

Hungr, O., Morgan, G. C., & Kellerhals, R. (1984). Quantitative analysis of debris torrent hazards for design of remedial measures. *Canadian Geotechnical Journal*, 21, 663-677.

IPCC. (2007). *Climate change 2007: Impacts, adaptation, and vulnerability*. (Contribution of Working Group II to the Fourth Assessment Report of the Intergovernmental Panel on Climate Change). Cambridge, UK: Cambridge University Press.

IPCC. (2013). *Climate change 2013: The physical science basis*. (Contribution of Working Group I to the Fifth Assessment Report of the Intergovernmental Panel on Climate Change). Cambridge, UK: Cambridge University Press.

IPCC. (2014). Climate change 2014: Impacts, adaptation, and vulnerability. (Contribution of Working Group II to the Fifth Assessment Report of the Intergovernmental Panel on Climate Change). Cambridge, UK: Cambridge University Press.

Jansson, M. B. (1982). Land erosion by water in different climates. Dept. Phys. Geography, Uppsala University, INGI Rapport, 57.

Kirpich, Z. P. (1940). Time of concentration of small agricultural watersheds. *Civil Engineering*, 10

(6), 362.

Lal, R. (1994a). *Soil Erosion Research Methods*. Delray Beach, FL: Soil Water Conservation Society. St. Lucie Press.

Lal, R. (1994b). Sustainable land use system and soil resilience. In D. J. Greenland & I. Szabolc I (Eds.), *Soil resilience and sustainable land use*, (pp. 41 - 67) Walingford: CAB International.

Laursen, E. M. (1960). Scour at Bridge Crossings, ASCE Hyd. Div. Jour., Vol. 89, No. Hyd 3.

Laursen, E. M., (1980). Predicting Scour at Bridge Piers and Abutments, Gen. Report No. 3, Eng. Exp. Sta., College of Eng. Univ. of Arizona, AZ.

Maidment, D. R. (1993). *Handbook of hydrology*. New York, USA: McGraw - Hill.

Meyer, V., Haase, D., & Scheuer, S. (2009). Flood Risk Assessment in European River Basins - Concept, Methods and Challenges, exemplified at the Mulde River, *Integrated Environmental Assessment and Management*, Vol. 5, 17 - 26.

Mizuyama, T., Kobashi, S., & Ou, G. (1992). Prediction of debris flow peak discharge, Proc. Int. *Symposium Interpraevent*, *Bern*, *Switzerland*, 4, 99 - 108.

Nagler, F. A. (1918). Obstruction of bridge piers to the flow of water. Trans. ASCE, Vol. 82.

Rickenmann, D. & Koch, T. (1997). Comparison of debris flow modelling approaches, Proc. First Int. Conf. on Debris Flow Hazards Mitigation, San Francisco, USA, ASCE: 576 - 585.

Şen, Z. (1995). *Applied hydrogeology for scientists and engineers* (p. 496). New York: CRC Press.

Şen, Z. (2004). Saudi geological survey (SGS) hydrograph method—Arid regions (Wadi Baysh) (Technical Report), Saudi geological survey, p 40.

Şen, Z. (2008). *Wadi Hydrology* (p. 347). New York: Taylor and Francis Group, CRC Press.

Şen, Z. (2010). *Fuzzy logic and hydrological modeling* (p. 340). New York: Taylor and Francis Group, CRC Press.

Şen, Z. (2014). Sediment yield estimation formulations for arid regions. *Arabian Journal of Geosciences*, 7 (4), 1627 - 1636.

Şen, Z. (2015a). *Applied drought modeling*, *prediction*, *and mitigation* (p. 472). Amsterdam: Elsevier.

Şen, Z. (2015b). *Applied drought modeling*, *prediction and mitigation* (p. 492). Amsterdam: Elsevier.

Takahashi, T. (1991). *Debris flow*, *IAHR monograph series*. The Netherlands: Balkema Publishers.

Takahashi, T., Sawada, T., Suwa, H., Mizuyama, T., Mizuhara, K., Wu, J. et al. (1994). *Japan - China joint research on the prevention from debris flow hazards*, (Research Report, Japanese Ministry of Education, Science and Culture, Int. Scientific Research Program No. 03044085).

Throne, C. R., Bathurst, J. C., & Hey, H. D. (1987). *Sediment transport in gravel - bed rivers*. New York: Wiley.

Walker, B., & Fell, R. (Eds.) (1987). Soil slope instability and stabilization, Balkema.

Walling, D. E., & Webb, B. W. (1986). Solute transport by rivers in arid environments: An overview. In: *Proceedings of International Symposium on Erosion and Sedimentation in Arab countries*. *Iraqi Journal of Water Research*, Vol. 5: 800 - 822.

Wischmeier, W. H., & Smith, D. D., (1978). Predicting rainfall erosion losses—A guide to conservation planning. U. S. Department of Agriculture, Agriculture Handbook No. 537.

Yalin, M. S. (1972). *Mechanics of sediment transport* (p. 290). Oxford, G. B.: Pergamon Press.

Yarnell, D. L. (1934). Bridge piers as channel obstructions. U. S. Dept. of Agriculture, Technical Bulletin No. 442.

第 8 章

气候变化对洪水的影响分析

摘要： 气候变化会诱发洪水，尤其是会产生暴洪。进行水资源管理和防洪时，需要重点评价气候变化的影响。应评价气候变化对工程产生的危害，分析气候变化在水工构筑物上产生的荷载作用。本章列举了若干实例，详细生动阐明了气候变化对洪水的影响。另外，根据历史水文观测资料，分析了气候变化的影响趋势，探讨了极端降雨量诱发洪水的情况，为防洪设计提供了一定的理论依据。
关键词： 气候变化，影响分析，影响趋势，风险管理，危害，水工构筑物

8.1 概述

近三十年来，气候变化的影响日益深刻，极端洪水和干旱事件不断增多，且发生频率、强度和持续时间也日趋加大。另外，气候变化导致了全球变暖，严重影响了水资源的供求关系（联合国政府间气候变化专门委员会，2007，2013）。众所周知，气候变化不但是导致全球变暖的主因，还是诱发灾难性洪水的罪魁祸首。降雨量大，土地无序利用，天气预报不准确，都可以导致洪水发生。虽然可以根据统计和随机分析方法，利用数值模型，进行天气预报演算，但是迄今依然无法做到准确预报，因此可能会出现预报不到的短时间强降雨，从而产生了暴洪。降雨量时空分布不均匀也是难以准确预测天气的另一个主要因素。因此，分析洪水流量时，不但要考虑降雨量的时空分布问题，还要考虑气候变化的影响，应对现有的洪峰流量计算公式进行修正。可以根据流域的环境情况，计算气候变化对洪峰流量的影响。

地球上的生命主要在大气圈内繁衍生息，大气圈包括岩石圈、生物圈和水圈。火山喷发、地震、龙卷风、洪水、干旱、气象变化、水文演化等活动都与大气运动息息相关。洪水形成的首要因素为气候变化和气象条件。传统的洪峰流量计算公式主要考虑了气象条件的影响，主要是降雨强度的影响。然而，气候变化会影响到气象条件，不考虑气候变化的影响，会低估设计洪峰流量。近百年来，气候学和气象学取得了长足发展，但是近期由于没有重视研究气候变化的影响，因此其发展又停滞不前。虽然少数方法也可以分析气候变化对洪水影响，但很难在实际中应用推广。在实际工程设计中，工程师需要简明易懂的计

算公式。例如，利用最简单推理公式计算洪峰流量时，只需要降雨强度一个变量。利用降雨强度—历时—频率曲线计算洪峰流量时，需要搜集历时水文记录才能绘制出该曲线。几十年来，大气研究单位和气象观测机构持续不断地测量和搜集了各种气象资料，为分析大气层和对流层的空气运动机理奠定了基础。另外，在总结和提出计算公式时，也要注意逻辑和推理的作用，尤其是要根据当地实际情况进行公式修正（Şen，2010）。通过历史观测资料和逻辑分析，可以深入理解大气层和对流层的运动规律。近40年来，借助于卫星影像，人们对大气运动规律和洪水、干旱等水文事件发生机理有了更为全面深入的了解。虽然目前还不能完全准确预测和防治洪水，但是已经可以将洪水对人类的危害降低到了最低水平。定性描述的数据虽然无法估算出洪水设计参数，但是可以修正某些计算结果。

任何气候模型都应该能够分析全球变暖对降雨量时空分布的影响。实际上，全球变暖直接影响了水文循环过程，从而改变了地表水和地下水的径流量，在水工构筑物管理和设计时，应考虑这种气候变化的影响。气候变暖后，降雪会减少，地面积雪相应地也随之减少，尤其是海拔较高处和极低地区，积雪量急剧减少。这样，在晚春和初夏时节，地表径流量会有所减少，从而显著影响了流域的水资源汇集和分配模式。例如，在土耳其幼发拉底河上游地区，近20年来的降雪量明显呈逐年减少的趋势，导致幼发拉底河的水量也有所降低（Şen等，2010）。目前，世界上六分之一的人口的用水来源于冰山和积雪，受气候变暖影响，这些人口的用水问题正逐渐恶化，未来前景堪忧（Barnett等，2005）。

在21世纪，如果不重视全球变暖的影响，将会产生非常严重的后果。在很多国家和地区，尤其是在发达国家，洪水难以得到有效利用。然而，在某些干旱地区，可以修建小型水库和钻打潜水井来蓄积洪水，将洪水存储在地下地层中（Şen等，2011）。

众多学者研究了气候变化对水资源、洪水、森林、湖泊和环境和影响，但是很少有学者研究气候变化对水工构筑物的影响，且分析结果也含混不清。实际上，进行水工构筑物的规划、设计、运营和维护时，应考虑气候变化的短期和长期影响，研究气候变化和基础设施的相互作用，提高对基础设施的设计水平和管理能力。

本章主要分析气候变化对洪水的影响，从气象和水文角度阐明了全球变暖和气候变化的成因，为较为准确地预测洪水奠定了理论基础。

8.2 全球变暖、气候变化和水资源的关系

全球变暖是指地表平均温度升高的现象，其极大改变了降雨量、蒸发量、风速、风向、海平面水位、旱季、雨季的大小、频率或方向。全球变暖直接影响着水资源、防洪和森林资源的安全，关系着人类的休养生息，需要得到高度重视。图8.1显示了近110年来全球平均气温异常变化情况。

水工构筑物对于个人、社会、国家甚至全人类都有十分重要的作用。国家的发展离不开水资源，每个国家都会面临干旱和洪水的风险，会受到全球变暖和气候变化的困扰。气候变化呈逐年恶化的趋势，因此在进行工程设计时需要考虑气候变化的影响。

图8.1根据气候研究部于1901—2014年期间测量的月气温数据，以1981—2010年的平均气温为基准，对比了全球近110年的气温异常情况，图中竖线代表每5年的平均

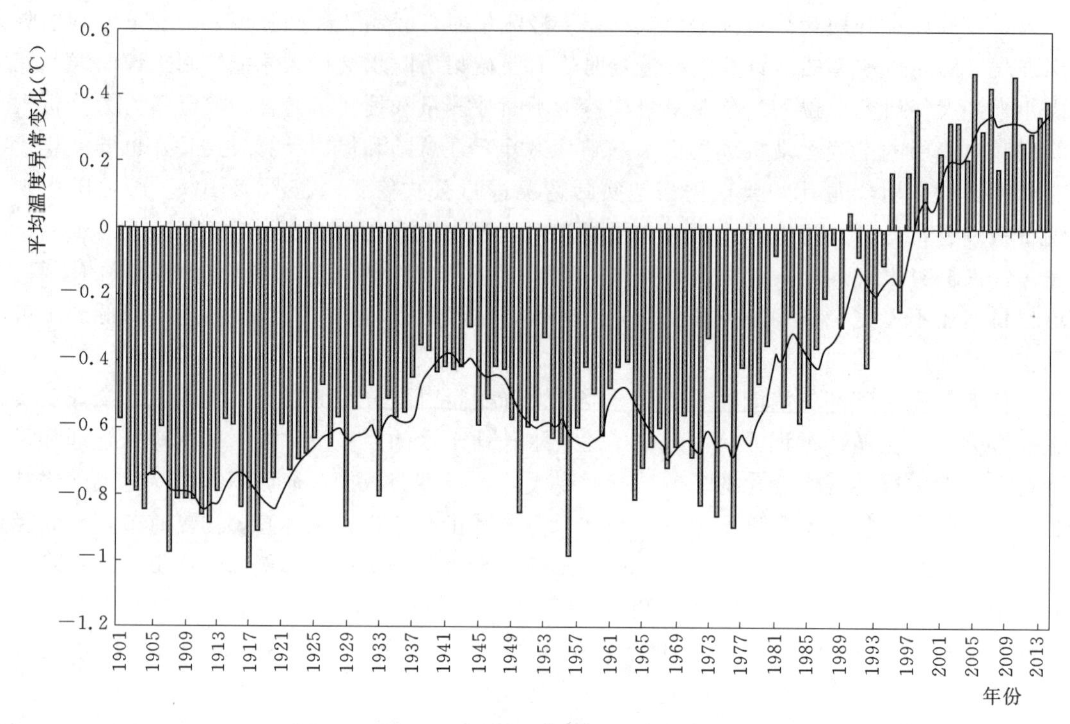

图 8.1　近 110 年来全球平均气温异常变化情况

气温。

气候变化对水文过程的影响是水工构筑物设计和水资源管理需要重点考虑的问题，也是现代水文学需要深入研究的课题。

气候变化将对水资源产生严重影响，为减少水患，确保用水安全，需要修建水工构筑物来拦挡、蓄涵、导流和调节水资源。由于气候变化的影响，干旱和洪水发生频次增多，其强度也有所增大。

气候变化逐年加重，对基础设施的安全带来严峻考验。现代基础设施的结构日益复杂，某部分出现险情，其他部分也面临危险。如果洪水使得电力中断，许多设施和部门就会陷入瘫痪状态，导致出现连锁反应事故（英国皇家工程科学院，2011）。工程师需要仔细调研，认真分析，制定应对气候变化的措施，设计良好的水工构筑物。

联合国政府间气候变化专门委员会（IPCC）在 2007 年和 2013 年发布了气候变化的研究报告，研究结果表明，不同水资源系受气候变化的影响程度不同。在干旱和半干旱地区，孤零零的水库受气候变化的影响就非常大，如果水量比正常情况增加或减少 50%，则水库的运营就会受到严重影响。然而，综合性的区域水资源系统受气候变化的影响较小，利用水工构筑物可以调配水资源，减小气候变化的影响。一个国家的发达程度并不体现在大坝数量上，而是体现在水工构筑物规划合理和高水资源管理高效方面。

气候变化对水资源既有长期的影响，也有短期的影响。受气候变化影响，洪水发生次数会增多，洪水强度会增大。气候变化还会影响降雨量、气温、湿度、风力、积雪冰冻时长、植被生长、土壤水分和径流量等，从而影响了水资源的供给量（Solomon 等，2007）。

Arnell (1999) 通过建立模型，详细分析了气候变化的影响，发现全球降雨量总体增加，但主要集中在海洋地区。另外，由于温度上升，蒸发量增大，大部分地区河流水量减少。在干旱和半干旱地区，暴洪发生次数增多，强度有所增大。

Gleick (1998) 认为，在未来几十年内，气候变化将对水资源的供给、需求和管理等各个方面产生重要影响。气候变化对水资源供给有直接影响，因为降雨和径流是蓄水构筑物储水和地下水补充的主要来源。另外，随着人口增长，消费增加，能源需求增长，对水的需求也会随之增长。Kundzewicz 和 Somlyody (1997) 采用不确定性方法分析了气候变化对水资源规划、设计、管理和运营的影响。

Kundzewicz 等 (2008) 进而详细分析了气候变化对淡水资源的影响。气候变化影响着全球的科技、工程、经济、社会和文化等各个方面，需要各方共同努力，找到高效经济的解决之道 (Şen，2009)。受气候变化的影响，干旱地区洪水增多增强，最终流入大海，且三分之一的发展中国家将会面临严重缺水的困境 (Keller 等，2000)。

气候变化对水量和水质的影响非常大，即使降雨量、蒸发蒸腾量、融雪量、海平面水位等有微小的变化，对水量和水质产生的影响也是巨大的。

温度对水资源的影响很大，温度升高，水循环加快，蒸发蒸腾作用加强，从而增大了发生特大干旱和洪水的概率。另外，温度升高，降雨量增大，而降雪量和降雪期减少，对于依赖融雪为水源的地区有深远影响 (Stewart 等，2004)。

综合上述，可见降雨量的变化是水文设计中最需要重视的因素。在地中海气候条件下，冬季多雨，夏季蒸发蒸腾作用显著，高温干旱，在水文设计时需要注意。虽然气候变化对降雨量的影响较大，但是很难量化计算。全球降雨量随着温度升高而增加，但是区域性的降雨量变化很是充满着各种不确定性，尽管如此，设计时也需要研究气候变化对降雨量的影响。

人口增长，科技革新，渗水检测等高新技术不断应用，这些社会经济状况的改变，不断地影响着水资源的供给和需求，这种影响反而比气候变化要大得多。上述情况和气候变化对水资源的主要影响包括以下几个方面：

(1) 供水安全得不到保障，供水量下降，河流和地下水无法得到有效的补充。尤其是发展中国家的大城市，水资源需求缺口正日益扩大。随着 21 世纪城市化进程的加快，气候变化对城市用水的影响也在日益加深。

(2) 在干旱地区，由于河流和地下水水量减少，农村也出现了用水短缺问题。

(3) 由于河水增多，洪灾损失有所加重，给贫困国家和人口带来深重灾难，难以恢复正常生活。

(4) 温度升高，影响了降雨量、河流和地下水的时空分布，灌溉用水减少，但需求增大，造成了灌溉用水短缺问题。

(5) 如果河流水量减少，河水时空分布发生变化，则水电站的发电量会减少，这是很多国家和地区需要面对的严峻挑战。

(6) 海平面水位升高，河口、低矮岛屿和沿海平原区的地下水的含盐量会显著上升。

(7) 很多山区的积雪和冰山减少，将会造成居民的供水短缺，相比于冬春季防洪和夏季灌溉问题，居民供水将成为首先需要解决的问题。

Hitz 和 Smith（2004）总结了各种气候变化的研究成果，无法找到全球变暖和水量变化的明确关系。Hitz 和 Smith 认为，由于目前的水工构筑物都是基于现有的气候条件设计的，因此气候变化将会对水资源带来不良影响。某些研究成果（Arnell，1999，2004）夸大了气候变化的影响，而也有些研究成果（Vorosmarty 等，2000；Doll 和 Siebert，2002）认为气候变化基本没有影响，本书认为气候变化的影响介于两者之间。

8.3　气候变化对洪水的影响

平均降雨强度等诸多因素都可以影响洪峰流量的概率分布，因此很多计算洪峰流量方法的假定并不合理，利用这些公式，难以准确评价减轻洪水灾害的措施是否有效。

气候变化与洪水等极端事件息息相关。由于气候变化的影响，某些地区洪水发生次数增多，强度增大。洪水对地下水的影响非常显著（Şen 等，2011），其中比较重要的一个影响就是地下水污染加剧。

长期以来，水文学家和气象学家就已经注意到了区域气候对洪水的影响。随着气候变化不断加剧，应重新审视洪水的概念，不应该将洪水视为孤立的事件，而应当将洪水纳入全球气候演化的视角中进行研究。

人类几乎每天都在担心极端气象事件的发生，在进行土地利用时，应考虑洪水的各种淹没概率，详细情况参见第 3 章。洪水形成于极端的气象条件，规模较大，显而易见。然而，气候并不是连续变化的过程，而是各种气象过程的叠加，每种气象过程具有不同的时空分布特征。洪水的强度和时空分布并没有周期性特征，而是随机发生。进行洪水评价时，应根据历史观测记录和现有的理论，分析地形条件、气象条件和气候变化对洪水的影响。分析时，不应只限于研究本流域的情况，要将周围流域情况也纳入分析范围，同时要考虑气候变化的影响。

干旱年份和丰水年份对洪水也有影响，但是作用过程非常复杂，在干旱年份，通常发生特大干旱，而在丰水年份，主要发生洪水（Şen，2015）。在某特定流域发生的各种洪水，其气候条件基本相同。

某些特大洪水经常发生，为确定洪水的危险性和洪水淹没区域，制定防洪规划，应进行现场踏勘，以准确掌握主河道纵比降、危险横断面、泥沙侵蚀和沉积等资料。

为选用合适的洪峰流量计算公式，应进行洪水成因机理分析。例如，地震或滑坡发生时，会诱发海啸或浪涌，也可以视为洪水。由于自然或认为原因导致溃坝，也会在下游地区形成洪水。降雨会引起河水上涨，但是特大降雨会导致河水暴涨，形成洪水，淹没河岸周边地区。河水上涨通常与天气突变关系密切，有时几个小时或者几天内就可以形成洪水，通常很难有足够的时间进行洪水预警工作。

降雨开始时不会形成洪水，需要等到地表土壤饱和，形成地面径流后，才有可能形成洪水。温暖的雨水滴落到积雪上，引发积雪融化，从而有可能诱发洪水。城市开发和砍伐森林等活动会使地表阻碍物减少，从而提供了形成洪水的有利条件。

冬天的积雪在春季融化，使得河水高涨，很多地区用加高河岸的方式防治洪水，年复一年，致使河岸越来越高。如果春季气温逐渐缓慢升高，则高山积雪可以慢慢流淌到山下，然后如果气温迅猛升高，或者温暖的雨水滴落在积雪上，则可能会诱发洪水。

实际上，一个流域出现洪水的原因有多种，由于每个流域的地形、城市开发和土地利用情况各不相同，因此不同流域发生洪水的原因往往各有不同。在某些流域，很多村镇和农田被洪水摧毁了。洪水与区域性的大气运动过程关系密切。

温室气体浓度对气候演化的影响很大，研究表明，地面有效辐射的平均强度约为342W/m^2。自1850年以来，全球工业化进程加快，CO_2、CH_4和N_2O等温室气体排放量增加，导致大气化学成分发生轻微变化。由于CO_2、CH_4和N_2O排放增加，使得地面有效辐射强度分别增加了1.5W/m^2、0.5W/m^{2}和0.15W/m^2，即地面有效辐射的平均强度变化量小于1%，这是很难测量，也很难进行建模的。另外，大气中存在气溶胶和云层，地表和大气中生存着各种生物，加之未来温室气体排放量目前尚不可预测，使得温室气体对气候的影响问题变得十分复杂，难以估算。对气候变化影响进行建模时，需要考虑历史测量数据、人口增长、能源需求、能源生产方式、工业布局等各种因素，需要根据经济发展情况，进行一些合理假设。联合国政府间气候变化专门委员会（2007）采用多种方法进行了未来气候变化的不确定性分析，研究结果表明，截至2100年，全球平均气温大概会升高1.4～5.8℃，如图8.2所示。

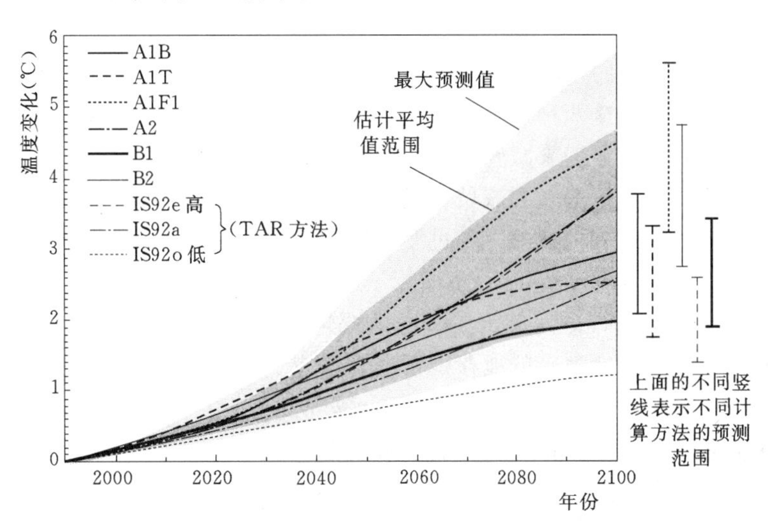

图8.2 不同全球环流模式计算所得温度变化结果
（联合国政府间气候变化专门委员会2007年的研究报告）

8.4 气候变化对大坝的影响

如果考虑到气候变化的影响，大坝安全就成为一个复杂的问题。工程师通常利用历史河水和降雨量观测记录来确定极端洪水，然后根据极端洪水设计大坝和溢洪道的结构。溢洪道需要有足够的尺寸，另外，溃坝的高风险也要考虑。在目前的设计和计算中，假定气候模式是稳定不变的，未来的气候条件和过去相同，不考虑气候变化的影响。实际上，受气候变化的影响，降雨量和径流量都与以往不同，估计未来仍会发生变化。

世界大坝委员会认为，受气候变化的影响，大坝和水库在未来所经受的气候条件将与目前截然不同，而且很难预测这种变化。大部分气候学家认为，未来会频繁出现各种极端暴雨和严重洪水。然而，目前大坝设计时，大多数工程师仍未考虑气候变化对大坝安全的影响。

目前，世界上超过4.5万座大坝没有考虑气候变化的影响，一旦水文循环条件改变，会有很多大坝面临损毁的危险。如果要应对气候变化带来的威胁，防范未来更大洪水的侵袭，则需要对现有大坝进行加固，这需要数千亿资金的维修资金。

如果要较为准确地预测未来洪水大小，需要搜集社会、科技、生态和气象等各方面的资料。对大坝进行风险管理时，需要考虑温室效应作用和气候变化影响。

评估气候变化影响，进行大坝风险管理时，需要考虑各种不确定性因素，听取专家和利益相关者的各种意见，消除各种风险因素，统筹兼顾，因地制宜。大坝风险管理是一个不断反馈和修订的过程，主要从以下三个方面进行反复修正。

(1) 分析温室气体排放量，评价其产生的危害，制定减少排放量的措施。

(2) 建立气候分析模型，根据计算结果，分析气候变化产生的风险，制定合理的应对措施。

(3) 针对不同地域规模、人群和地理位置，制定合理措施，减少气候变化带来的危害。

应对少气候变化影响的主要途径有两条，一条是减少温室气体排放，封存温室气体，另一条是适应气候变化。这两种途径是相互补充的，且有各自的评价和实施方法，应根据实际情况，综合采取两种方法来减轻气候变化的影响。

在水资源领域，通常根据现有流域情况和气候特征，制定适应气候变化的措施，如修建大坝、堤防、运河等水工构筑物，不过要付出一定的社会和经济代价。

由于世界上很多流域有发生洪水的风险，因此应不断研究新的防洪方法。一方面，可以通过堤防、大坝、水库和运河等水工构筑物来防治洪水，另一方面，提高流域管理水平，加强土地利用监管，将雨水就地存留在地表和地下，也可以防患于洪水的形成。对群众进行防洪宣传，加强洪水防范意识，建立洪水早期预警系统，进行流域水资源调节，推出洪水灾害保险业务，也可以有效减轻洪水的危害。当然，没有一个防洪方法是绝对安全有效且一劳永逸的，采用水工构筑物防治洪水是较为适宜的方法（Kundzewicz等，2008）。

8.5　洪水风险管理

通过风险管理，可以识别潜在的风险因素，减轻或防范风险造成的严重后果，亦可以减轻气候变化带来的危害。危险事件的风险涉及出现概率和造成后果两部分，如果会出现多个事件，则应按照后果的严重程度，对这些事件进行排序，并对其进行定量测试或定性评价。

在以前，风险管理存在各种定义，这限制了风险管理的推广应用。近年来，有些组织机构对风险管理进行了较为清晰的定义，得到了联合国政府间气候变化专门委员会（IPCC，2007）的推荐，如图8.3所示。图8.3中对比了联合国开发计划署调适政策框架和澳大利亚/新西兰风险管理标准（AS/NZS 17，2004）各自提出的定义，两种定义有很多相同的地方，涉及了风险的范围、分析、防治、监测和利益相关者等多个方面。

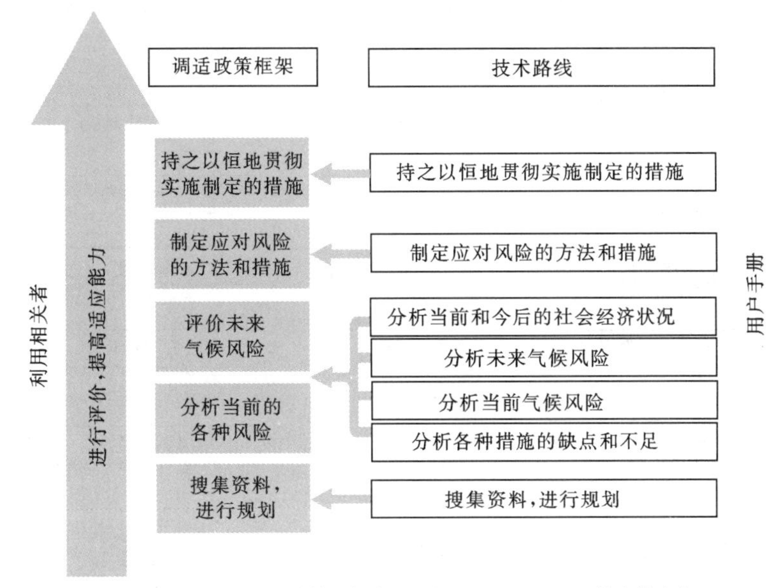

(a) 澳大利亚/新西兰风险管理标准(AS/NZS 4360:2004)提出的定义

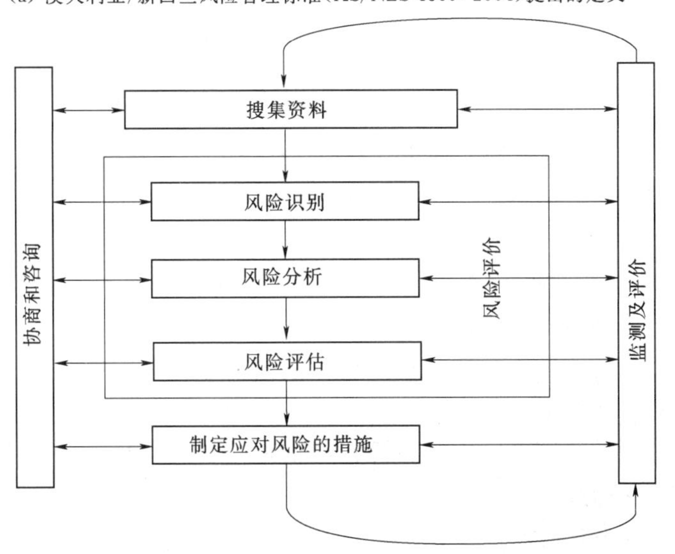

(b) 联合国开发计划署调适政策框架提出的定义(该流程图具有反馈机制)

图 8.3　澳大利亚/新西兰风险管理示意图

气候变化造成的风险是多方面的，首先是区域性的极端气象事件，其次是土地退化和植被减少等次生灾害，第三是服务业等领域受到一定的影响。

由于气候和其他因素的作用，会产生的一定的风险，制定应对气候风险的措施时，需要综合考虑各种因素，进行全面深入的分析。

为防范气候变化产生的风险，需要制定合理的应对措施，并贯彻实施这些措施。然而，目前风险分析还缺乏规范的流程，通常只分析气候的直接影响和间接影响。目前，气候风险评价研究方兴未艾。通过风险管理，可以杜绝或减少危险的人为因素。

风险管理涉及空间、内容和时间等要素，根据内容要素，风险管理可以分为三个方面。图8.4为气候变化风险评估流程（联合国政府间气候变化专门委员会，2007）。

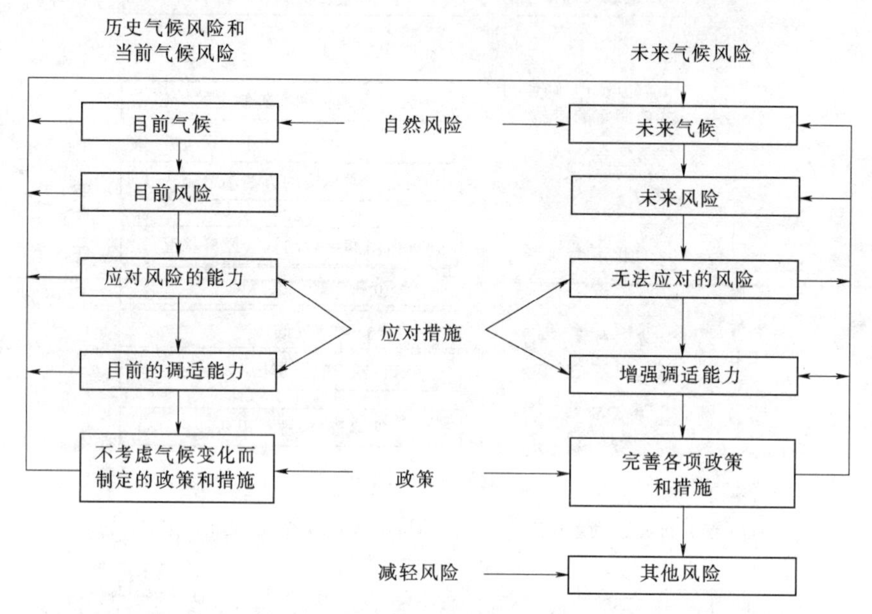

图8.4 气候变化风险评估流程图（应根据风险情况采用合适的方法进行分析）

图8.4的左半部分主要是分析历史和当前气候风险，为制定合理的措施，应广泛搜集资料。为应对气候风险，需要从以下几个方面进行考虑和分析：

（1）采用传统方法分析气候风险，进行风险识别，分析风险发生的概率，评价风险产生的危害，主要从宏观上进行分析，制定防范或减轻风险的合理措施。

（2）采用基于脆弱性的评估方法，设定风险的阀值，估算风险的超越概率。基于脆弱性和韧性的评估方法主要从社会经济或物理损失方面考虑问题，基于脆弱性的评估方法主要分析风险的危害，而基于韧性的评估方法主要分析系统的调适能力。区域性风险评估的目标不在于分析风险的危害性，而是根据潜在的危害程度，同各个部门和利益相关者协商，制定合理的应对措施。

（3）采用基于脆弱性的评估方法分析全球风险时，要考虑人类活动的影响，分析全球变暖或海平面上升的超越概率（Jones，2005；Wigley，2004）。分析全球变暖的下限程度和上限程度。上限程度是人类社会所能承受全球变暖的最高程度；采取减少温室气体排放的措施，全球变暖的程度为下限程度。无论如何，都应分析风险产生的危害和益处，采取各种合理措施，防范或减轻危害。

（4）分析制定的政策和措施是否可以有效减轻气候变化产生的危害，是否达到了规划的目标。近年来，提出了一些风险评估方法，可以分析系统的调适能力。

对于以往的气候风险，应认真总结，研究各种风险应对措施的有效性，分析气候的变化特征和极端情况，弥补气候模型的不足。

8.6 气候变化的应对措施

为采取合理措施应对气候变化，需要采用理论和数值方法分析历史气候资料，并与当前气候条件进行对比。众多学者（Jones，2001，2004a，2004b；英国气候影响计划UKCIP，2003；联合国开发计划署，2005）采用风险分析方法研究了气候变化的影响和防治措施，然而这些方法依然存在很大的不确定性（Carter 等，2007）。

分析气候变化影响的方法较多，例如自然风险方法、气象状况分析法、脆弱性分析方法和韧性分析方法等。由于石化燃料的燃烧是大气温室气体的主要来源，因此大部分气候变化分析方法主要考虑石化燃料的影响，极少考虑增汇和调试能力的影响。由于能源供应主要依赖石化燃料，因此通常利用能源政策来减轻气候危害。另外，还可以通过植被、海洋和地层吸收或封存碳元素，从而减轻了温室气体对人类社会和自然的危害。

气候政策和可持续发展之间也存在密切的关系，通过减少温室气体排放，可以降低空气污染的程度，构建良好的生态系统，从而促进了可持续发展。适应能力、调整能力、应急响应能力和社会经济发展之前相互影响，相互促进。如果气候政策和可持续发展相得益彰，互相促进，则可以促进社会、经济和技术的良性发展，从而提高应急响应能力。

对于全球气候变化，一方面应适应这种变化，另一方面应采取有效措施减轻这种变化，一些学者从成本—收益的角度提出了对应政策和措施，也有学者认为气候变化的影响方面很多，其中有些影响很难改变。

植树造林，保护森林，是减少气候变化影响的重要举措，已经实施了几十年了。Mayorga 等（2005）广泛调研了亚马逊河流中的可溶碳情况，结果发现，在潮湿的热带地区，陆地上大量的有机碳转移至水和空气中。另外，在干旱和半干旱地区，植树造林可以显著降低地表水量，从而使农业灌溉和发电厂冷却塔用水紧张，由于河水和湿地水量减少，产生了生态恶化。Caparrós 和 Jacquemont（2003）发现，植树造林通常采用速生外来树种，对生物多样性造成了负面影响。众多研究结果表明，减轻气候变化的政策措施与水资源和生物多样性之间呈非常复杂的关系。

虽然节能减排和保护环境的措施取得了一定成效，但是这些措施也存在一些负面影响。例如，许多措施需要消耗能源，这反而产生了碳排放，另外也很难理清减排措施和能源消耗的正面和负面影响。

联合国政府间气候变化专门委员会第三次评估报告（Smith 等，2001）阐明了气候变化产生的 5 个风险，按照全球平均气温上升的趋势，这 5 个风险分别为：生物多样性遭到破坏；极端气候事件频发；影响不断蔓延；影响更加严重；大规模事故发生。

近年来，某些学者研究发现，即使持续不断地采取各种措施，要实现降低气候脆弱性的目标，依旧任重道远。除了采取减轻气候脆弱性的措施外，还应加强适应气候变化的能力，这样有利于全面应对气候变化带来的影响。另外，还应采用早期预警预报系统，合理制定土地利用规划，以降低目前和今后的气候脆弱性。然而，很多应对气候变化的措施还不十分完善。例如，由于气候条件发生了变化，河道和挡土墙等构筑物的设计标准也应随之修改，根据设计基准期制定的建筑规范也需要作出相应的修改。有些区域，如果不发生气候变化，则属于安全区域，但是由于发生了气候变化，则可能变成了危险区域，这类地区的危险性级别也需要进行修订。

对于目前应对气候变化的政策和措施，应分析其实施效果，认真总结，为将来降低气候脆弱性提供宝贵经验。

8.7　气候变化风险评估

全球变暖是对流层平均气温升高的现象，影响了水文条件和水文循环，其影响程度和范围取决于流域的地理位置。在气候变化对气温、降雨、蒸发、风、径流、洪水和干旱等现象的影响方面，虽然开展了大量的研究，但基本没有考虑到气候变化对水工构筑物的影响。实际上，作为水资源系统的一部分，水工构筑物也会受到气候变化的影响。本节重新定义了风险的概念，根据历史水文记录，研究了气候变化对水工构筑物造成的风险，主要分析了10年、50年和100年重现期情况下的风险水平。从土耳其东北部和沙特阿拉伯各选取了三个气象站的历史水文资料，采用定量方法，分析了气候变化对水工构筑物造成的风险。

分析结果表明，受全球变暖和气候变化的影响，阿拉伯半岛地区降雨次数将会增多，降雨强度将会增大。因此，对于已有的水工构筑物，应进行改造，对于新建水工构筑物，必须考虑气候变化的影响。另外，在未来，阿拉伯半岛有些地区的降雨量可能会增加，而有些地区的降雨量可能会减少（Almazroui，2013）。

8.7.1　全球变暖对水工构筑物造成的风险分析

风险通常指极端事件在某特定重现期情况下出现的概率。气候变化可以导致干旱或洪水等极端事件的发生，在水工构筑物的设计、规划、运行和维护阶段必须考虑这种极端情况。风险主要涉及两个要素，一个是极端事件，另一个为重现期。事件的某参数超过了设定的阀值，即认为出现了极值。由于人类目前尚不能准确预测未来的降雨量极值，因此水文极值有可能不断刷新。一旦水文极值刷新纪录，重现期也应进行修正。然而，上述内容根本不涉及水工构筑物。

容许风险是指事件造成的损失在政治、社会、经济方面处于可接受的范围。由于极值参数具有不确定性特征，因此无法准确计算其数值大小。因此，需要综合成本、公平、公众态度、干旱发生概率等要素，人为设定一个容许风险（Şen，2015）。

进行水工构筑物设计时，需要考虑水文极值和风险水平，详细情况参见第7章。例如，大坝在设计使用期内发生溃坝，造成大坝失稳或损毁，在称之为一种风险。溃坝不但与降雨量和径流量有关，还与泥沙沉积等因素有关。由于全球变暖的影响，施加在水工构筑物上的作用会有所改变。为便于设计，通常采用简洁的公式进行计算。理论上，不考虑气候变化和全球变暖的影响，最简单的情况为风险水平 R 等于极端事件出现的概率 P，如式（6.9）所示。考虑气候变化的影响，可将式（6.9）修正为

$$R_C=\frac{1+\alpha}{R} \tag{8.1}$$

式中　R_C——考虑气候变化影响的风险水平；

α——气候变化影响系数。

当 $\alpha=0$ 时，为不考虑气候变化影响的情况。考虑气候变化影响时，α 可取正值或负值。本文认为 α 为历史水文记录的斜率，当历史水文记录平稳时，此时无气候变化的影响，即 $\alpha=0$。当历史水文记录有变动时，α 根据曲线斜率取正值或负值。根据式（8.1），图 8.5 绘制了不同气候变化影响系数的重现期与风险水平的关系。

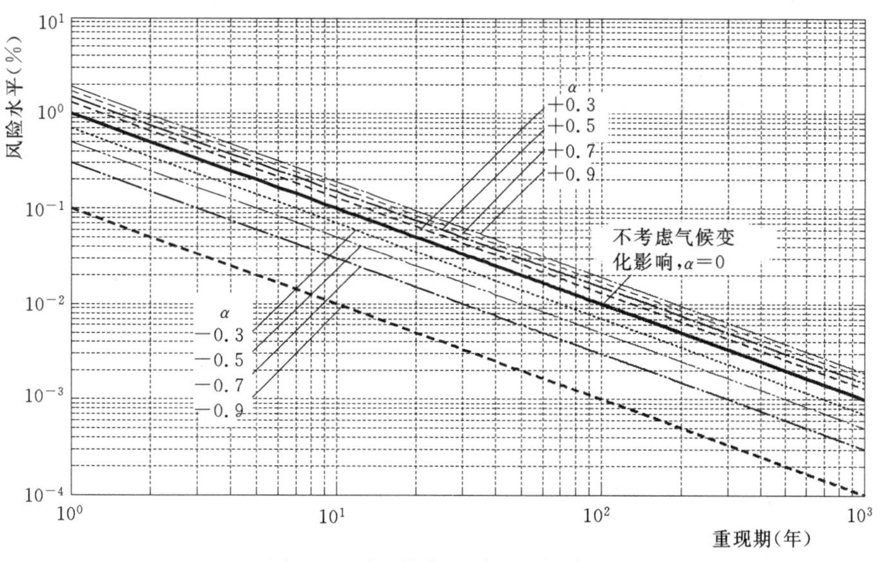

图 8.5　重现期与风险水平的关系

由图 8.5 可以看出，在干旱情况下，直线间的间距比湿润情况下大，这是因为干旱时用水需求增大，水工构筑物要发挥至关重要的作用。

8.7.2 应用实例

建议采用式（8.1）设计水工构筑物。如果大坝的库容设计不足，则未来可能有大量的径流或洪水会白白流入大海。同传统的计算方法相比，式（8.1）所采用的重现期较大，得到的风险系数也较大。本节选取了两个典型区域，一个为土耳其西北部地区，代表湿润气候，另一个位于沙特阿拉伯，代表干旱气候。气象站的有关情况见表 8.1。

表 8.1　　气象站观测数据

气象站名称	气象站编号	记录起止日期	降雨量平均值（mm）	降雨量标准差（mm）
土　耳　其				
Florya	17636	1937—2006	102.02	49.57
Kilyos	17059	1951—2006	774.09	159.09
Sile	17610	1950—2006	151.83	88.85
沙　特　阿　拉　伯				
Jeddah 港	41024	1961—1996	5.00	4.93
Madinah	40430	1961—1996	4.59	3.31
Riyadh	40438	1961—1996	9.08	5.96

图 8.6 绘制了土耳其三个气象站在不同年份观测到的降雨量，并绘制了不超过某降雨量的概率分布。图 8.7 绘制了沙特阿拉伯三个气象站在不同年份观测到的降雨量，并绘制

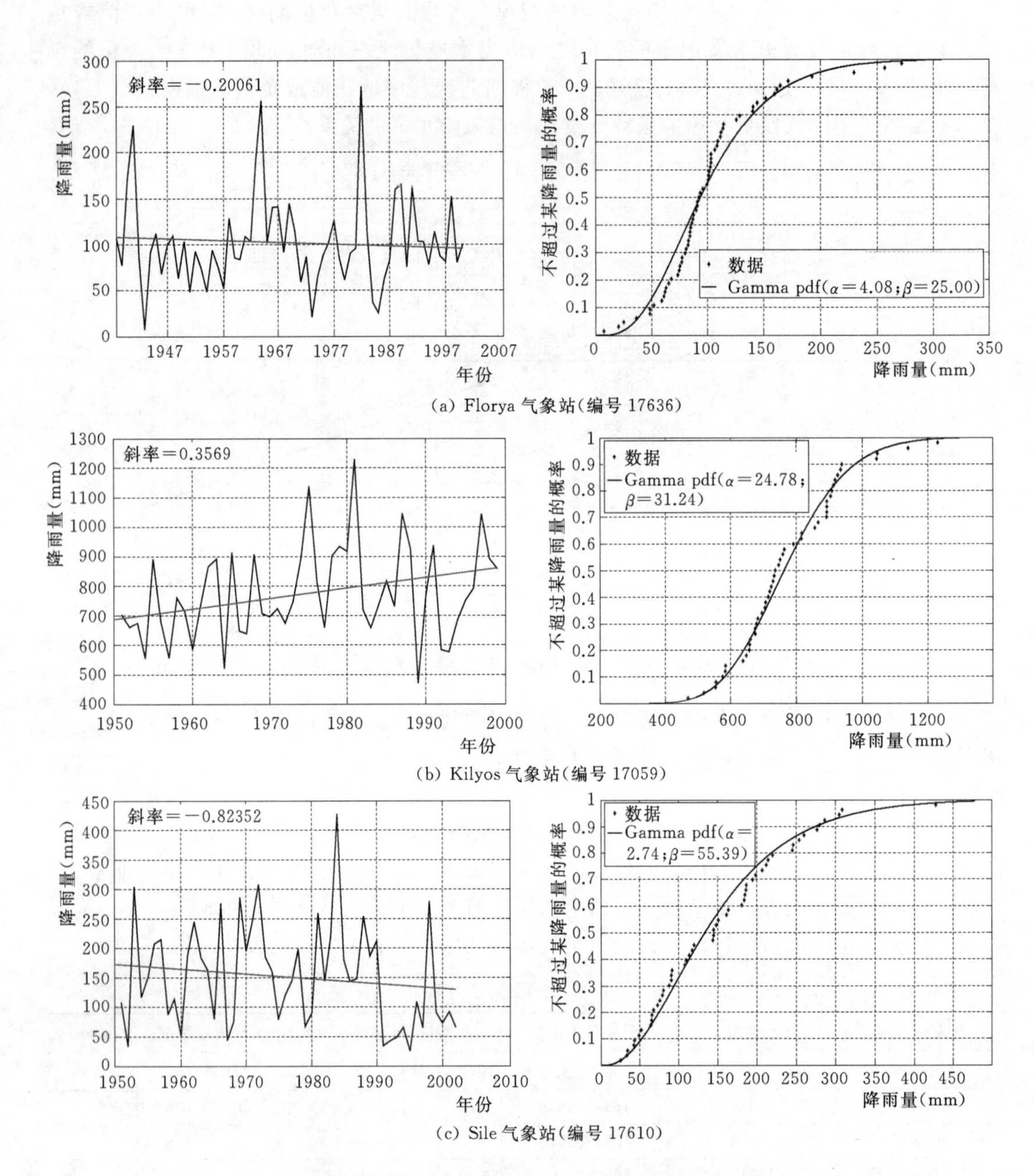

(a) Florya 气象站(编号 17636)

(b) Kilyos 气象站(编号 17059)

(c) Sile 气象站(编号 17610)

图 8.6　土耳其三个气象站降雨量记录及不超过某降雨量的概率分布

了不超过某降雨量的概率分布。

考虑到气候变化的影响，计算了 6 个气象站的 10 年、50 年和 100 年重现期情况下的年降雨量，同时给出了不考虑气候变化影响时的年降雨量，见表 8.2。根据式 (8.1)，分析了气候变化对降雨量的影响，用相对误差 β 表示这种影响，即

$$\beta=100\frac{P_{c}-P}{P_{c}} \tag{8.2}$$

式中 P_c——考虑气候变化影响时的降雨量；

P——不考虑气候变化影响时的降雨量。

由表 8.2 可以看出，土耳其的相对误差大于沙特阿拉伯，说明地处亚热带地区的土耳其受到气候变化的影响较大，因此需要采取合理的措施减轻气候变化的影响。

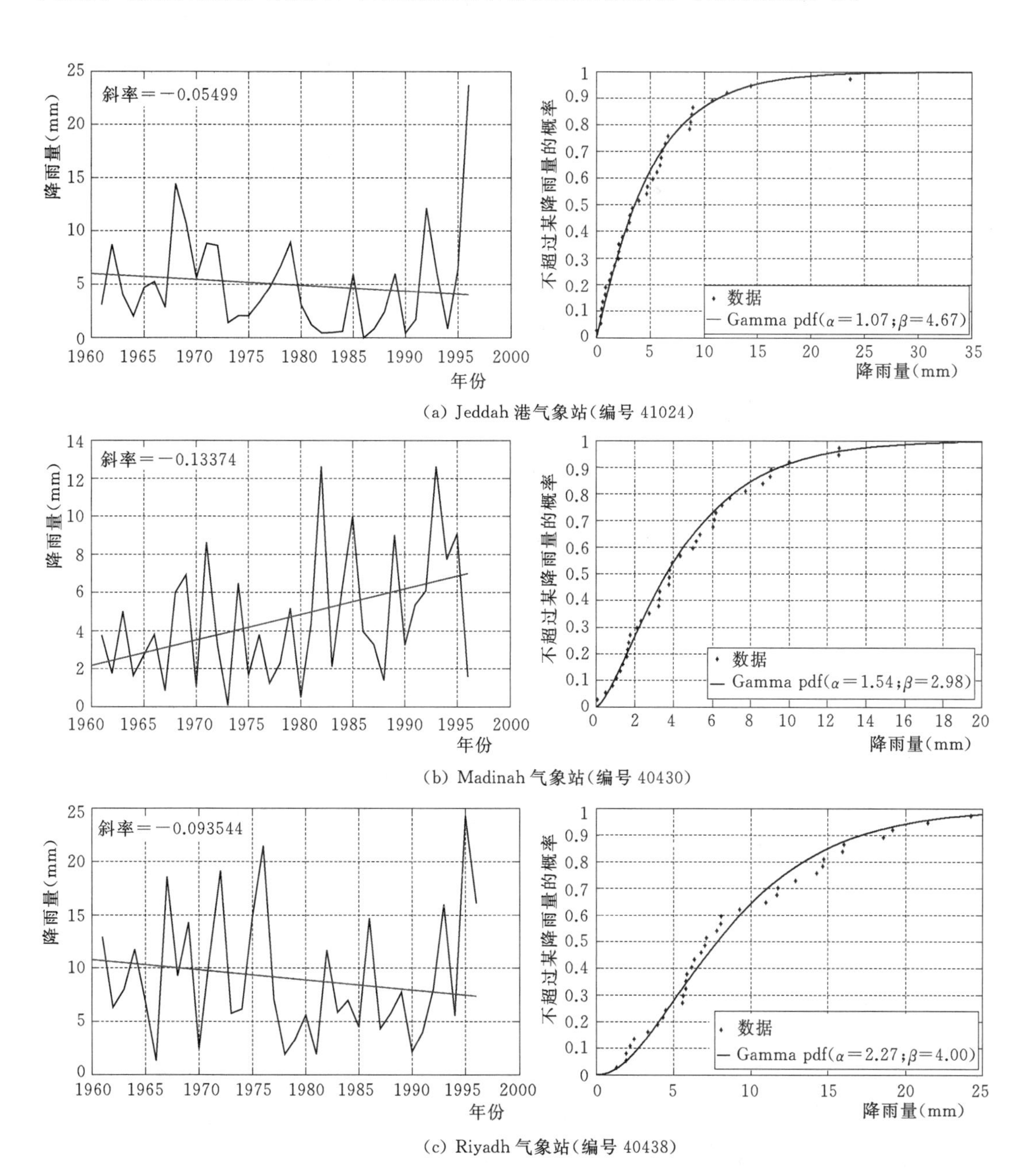

图 8.7 沙特阿拉伯三个气象站降雨量记录及不超过某降雨量的概率分布

表 8.2　　考虑气候变化影响的降雨量

重现期 r	考虑气候变化影响		土耳其			沙特阿拉伯		
			Florya	Kilyos	Sile	Jeddah 港	Madinah	Riyadh
	气候变化影响系数，α		−0.200	+0.357	−0.923	−0.055	+0.134	−0.094
10 年	风险水平，R_c		0.0800	0.0643	0.0177	0.0945	0.1134	0.0906
	降雨量（mm）	考虑气候变化，P_c	178.61	1022.8	401.55	11.60	9.07	17.68
		不考虑气候变化，P	169.71	978.9	274.75	11.33	9.50	17.16
	相对误差（%），β		4.98	4.29	31.57	2.28	4.53	2.95
50 年	风险水平，R_c		0.0160	0.0129	0.0035	0.0189	0.0227	0.0181
	降雨量（mm）	考虑气候变化，P_c	238.07	1161.2	512.03	19.25	14.48	27.78
		不考虑气候变化，P	230.19	1125.9	392.97	18.98	14.89	25.43
	相对误差（%），β		3.31	3.44	23.25	1.40	2.75	8.46
100 年	风险水平，R_c		0.0080	0.0064	0.0018	0.0095	0.0113	0.0091
	降雨量（mm）	考虑气候变化，P_c	261.97	1214.8	556.02	22.51	16.76	29.01
		不考虑气候变化，P	254.36	1181.10	441.10	22.26	17.15	28.56
	相对误差（%），β		2.90	2.77	20.67	1.11	2.27	1.55

将式（8.1）代入式（6.9），可以计算出考虑气候变化影响时的重现期大小，和式（8.2）类似，可以分析气候变化对重现期的影响，即

$$\gamma=100\frac{R_c-R}{R_c} \tag{8.3}$$

式中　R_c——考虑气候变化影响时的重现期；

　　R——不考虑气候变化影响时的重现期。

表 8.3 列出了气候变化对 6 个气象站重现期的影响。

表 8.3　　考虑气候变化影响的重现期

重现期 r	考虑气候变化影响	土耳其			沙特阿拉伯		
		Florya	Kilyos	Sile	Jeddah 港	Madinah	Riyadh
10 年	风险水平，R_c	0.0800	0.0643	0.0177	0.0945	0.01134	0.0906
	由式（8.2）计算所得的重现期	12.50	15.50	56.50	16.60	8.82	11.10
	与正常重现期的差值	2.50	5.50	46.50	6.60	−1.18	1.10
	相对误差（%），γ	20.00	35.48	82.30	39.76	−13.38	9.91
50 年	风险水平，R_c	0.0160	0.0129	0.0035	0.0189	−0.0227	0.0181
	由式（8.2）计算所得的重现期	62.50	77.52	28.57	52.91	44.05	55.25
	与正常重现期的差值	12.50	27.52	21.43	2.91	−5.95	5.25
	相对误差（%），γ	20.00	35.50	75.01	5.50	−13.51	9.50
100 年	风险水平，R_c	0.0080	0.0064	0.0018	0.0095	0.0113	0.0091
	由式（8.2）计算所得的重现期	125	156.25	156.02	105.26	88.50	109.89
	与正常重现期的差值	25.00	56.25	56.55	5.26	−11.50	9.89
	相对误差（%），γ	20	34.04	36.25	4.99	−12.99	9.00

由表 8.3 可以看出，土耳其的相对误差大于沙特阿拉伯，说明土耳其受到气候变化的影响较大。由此推断，气候变化对热带和干旱地区的影响小于对亚热带地区的影响。因此，进行水工构筑物设计时，需要考虑气候变化对重现期的影响，这无疑也会使得工程造

价有所增加。

然而，沙特阿拉伯 Madinah 地区的重现期却有所减少，说明该地区新建水工构筑物的造价将有所降低，现有的水工构筑物有可能在设计使用年限内更加安全。

8.8 气候变化对干旱地区水工构筑物的影响

大量研究发现，全球变暖对社会、环境和健康等很多方面有显著影响。虽然可以定量计算出气候变化对水文参数的影响，但是这些结果无法直接用于水工构筑物（如大坝、涵洞、运河、公路、拍摄系统、提防等）的设计。为对水工构筑物进行合理设计，本节考虑气候变化的影响，采用两时段记录分析方法，分析了水文参数的累积概率分布、降雨强度—历时—频率曲线和变化趋势，并与传统方法所得结果进行了对比（Şen，2012，2014）。

8.8.1 水文参数和降雨量记录

受气候变化的影响，降雨量和蒸发量通常都会增大，但对于干旱和半干旱地区，降雨量变化还有待进一步分析。对于水工构筑物，设计时应考虑气候变化的影响。受气候变化影响，某些地区的降雨量会增加，而有些地区的降雨量则有所减少，因此需要采用合理措施，进行水资源调配管理。应深入研究湖泊、季节性积雪、土壤含水量、地下水和冰川等地表水随时间的变化情况，分析降雨量、蒸发量、径流量和地下水补充量的变化情况，研究大气可降雨量变化和水汽运移情况，以上因素对全球能源循环、大气运动、水文循环和气候变化过程有较大影响。应深入分析以上因素的短期影响和长期影响，进行水工构筑物设计时，应考虑以上因素的影响。

另外，深入理解全球气候变化和区域气候变化的关系，可以更为准确地评价气候变化在各种时间尺度上对流域的影响。气候变化对流域的影响分析是目前日益紧迫的任务，例如，估算大坝、引水系统和防洪设施等基础设施的长期静态投资时，就需要分析水文气象参数的变化情况。

尽管在较长的时间尺度（如 30 年）上，气候变化的影响较为显著，但也应考虑其在较短时间尺度上的影响，以便合理确定设计参数。

进行水工构筑物设计时，最重要的水文参数为降雨量记录，因为降雨量是地表水和地下水的来源。在设计水工构筑物时，应考虑降雨量的影响。可以采用累积概率分布、降雨强度—历时—频率曲线和两时段记录分析方法来描述降雨量的特征。降雨的强度、持续时间和概率等特征直接影响着流域内地表水的径流，详细情况参见第 2 章和第 6 章。水工构筑物的设计重现期一般取 2 年（风险水平 0.50）、5 年（风险水平 0.20）、10 年（风险水平 0.10）、25 年（风险水平 0.04）、50 年（风险水平 0.02）和 100 年（风险水平 0.01），与这些重现期有关的设计参数通常与降雨量有密切联系。

8.8.2 气候变化影响分析方法

进行水文建模分析，尤其是进行水工构筑物设计时，传统的方法是将整个历史水文记录视为一体，这种分析方法可能会忽视气候变化的影响，从而使得分析结果偏于危险。

Şen（2012）将历史水文记录按照时间分为两部分，即观测时间较早的水文记录和近期观测到的水文记录，将两段记录进行对比分析，研究两者之间的差距。可以通过对比两段记录的累积概率分布，分析气候变化的影响程度，如图8.8所示。

在图8.8中，气候变化的影响表现为两条累积概率分布曲线的差值。Şen（2012，2014）利用趋势分析方法，研究两条曲线的变化趋势和差别，并采用图示的方法表示出两段曲线的差值，如图8.9所示。

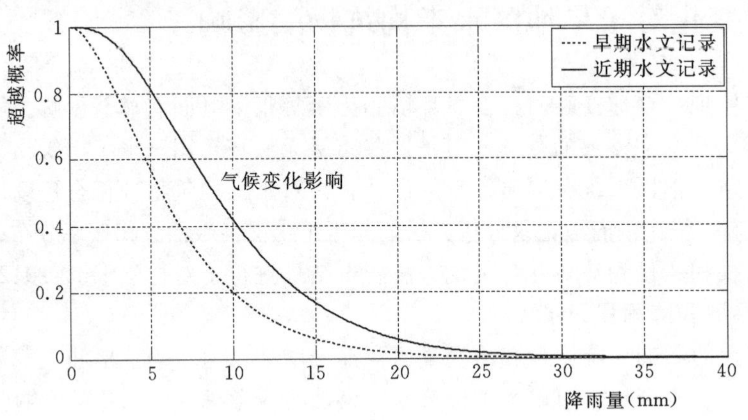

图8.8　全球变暖的影响分析

在图8.9中，横坐标和纵坐标的单位和长度相同，45°的斜率表示两段曲线没有差别的情况，斜线以上区域表示为上升趋势，斜线以下区域表示为下降趋势。

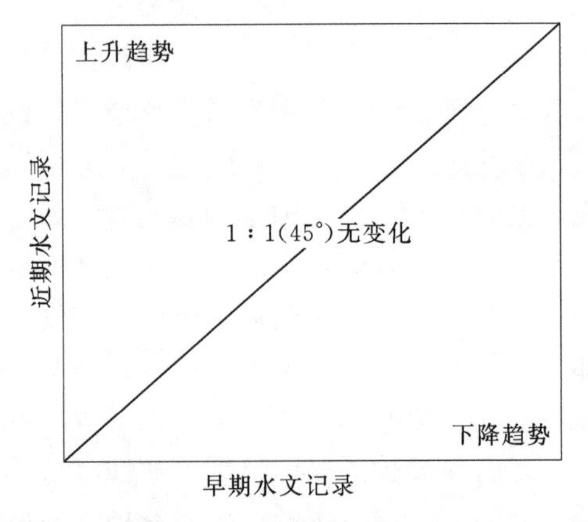

图8.9　趋势分析方法的示意图

8.8.3　应用实例

为研究半干旱和干旱地区的气候变化对水工构筑物设计的影响，分别选取了土耳其东南部的Diyarbakır气象站和沙特阿拉伯西部的吉达港气象站的历史水文资料进行分析。

Diyarbakır气象站位于美索不达米亚平原上游，属于大陆气候，夏季干热，冬季湿冷，有时夜间会出现霜冻，类似于地中海气候。夏季最高温度可达45℃，最低温度为15～20℃。该气象站属于典型的半干旱型气候。

Jeddah港气象站紧邻红海，大气运动复杂多变。Jeddah港气象站南部冬季盛行地中海气候，晚春时节常为季风气候，从印度次大陆吹来的强风，经过阿拉伯海，达到吉达港气象站，带来了降雨。另外，来自红海的水汽一路向东，有时会形成对流雨和地形雨。该气象站属于典型的干旱型气候。

本节根据Diyarbakır气象站1940—2010年和Jeddah港气象站1970—2014年期间的年日最大降雨量，分别采用三种方法确定水工构筑物的相关设计参数。

8.8.3.1　概率分布法

根据历史水文记录，可以分析水文参数的概率分布，从而确定各种统计参数，建立随机模型，进行干旱和洪水分析。本节主要按照时间顺序，将历史水文记录分为早期记录和近期记录两部分，分别分析了早期水文概率分布、近期水文概率分布和总体水文概率分布

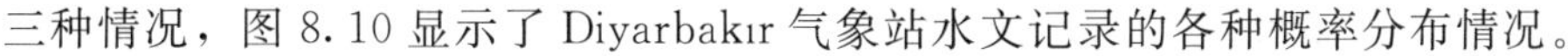

三种情况，图 8.10 显示了 Diyarbakır 气象站水文记录的各种概率分布情况。

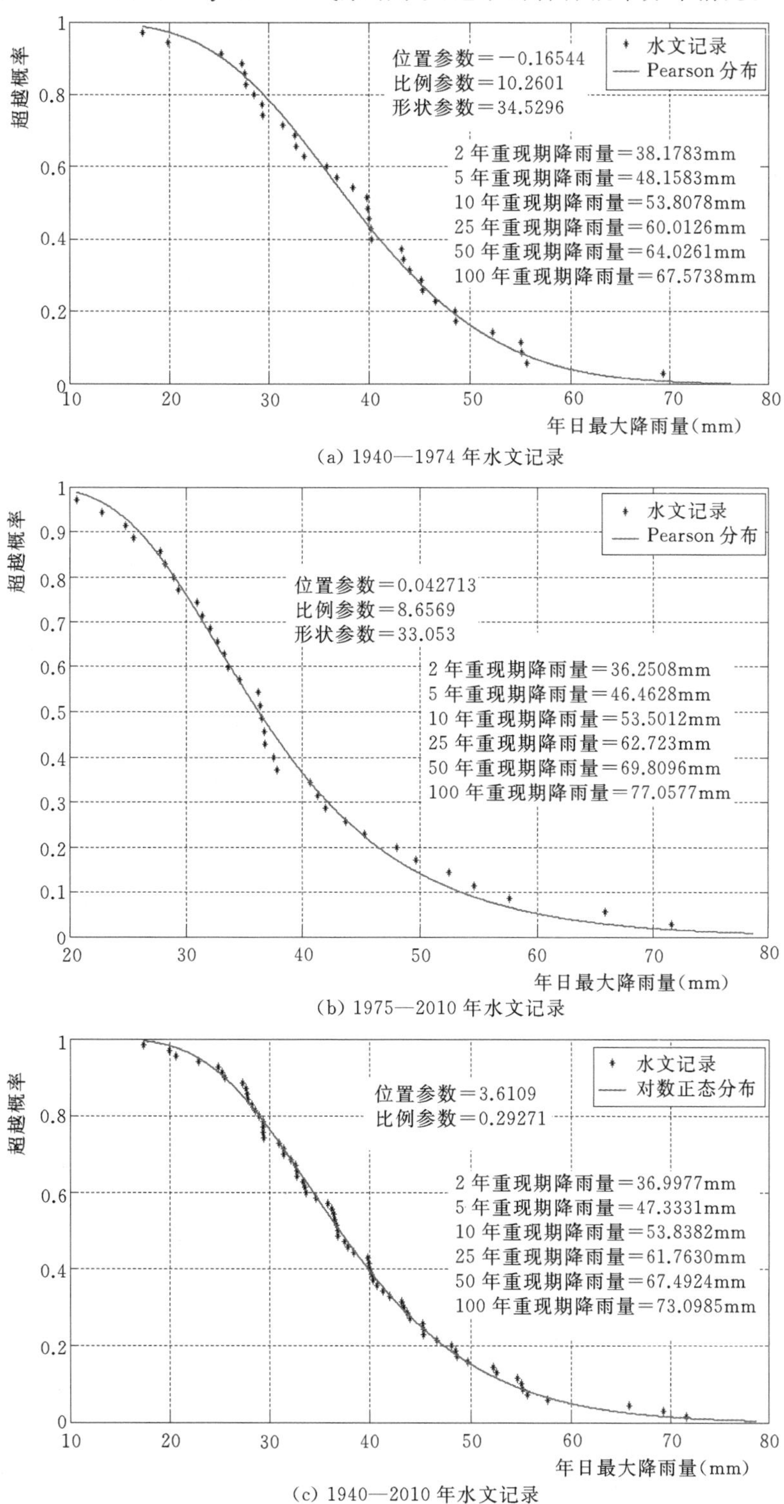

图 8.10 Diyarbakır 气象站不同情况下的概率分布

图8.10给出了Diyarbakır气象站的位置参数、比例参数和形状参数，通常显示了2年（风险水平0.50）、5年（风险水平0.20）、10年（风险水平0.10）、25年（风险水平0.04）、50年（风险水平0.02）和100年（风险水平0.01）等不同情况下的年日最大降雨量。通过三种图形的对比可以发现，在25年（风险水平0.04）、50年（风险水平0.02）和100年（风险水平0.01）三种情况下，近期的年日最大降雨量比早期有所增加。

图8.11比较了三种概率分布的情况，由图中可以看出，在年日降雨量较小及较大时，近期（1975—2010年）水文记录的超越概率比其他两种情况大，而年日降雨量为中等时，近期水文记录的超越概率小于其他两种情况。

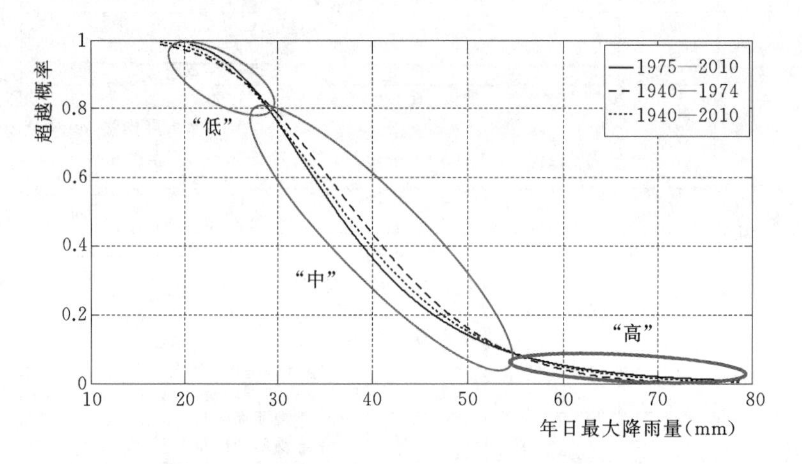

图8.11　Diyarbakır气象站三种情况下的概率分布

图8.12显示了沙特阿拉伯Jeddah港气象站的年日最大降雨量在三种情况下概率分布情况，图8.13综合对比了Jeddah港气象站各种情况下的年日最大降雨量情况。由图中可以看出，在年日降雨量较小时，近期（1992—2014年）水文记录的超越概率比其他两种情况大，在降雨量为中等和较大时，增大的幅度逐渐变小。

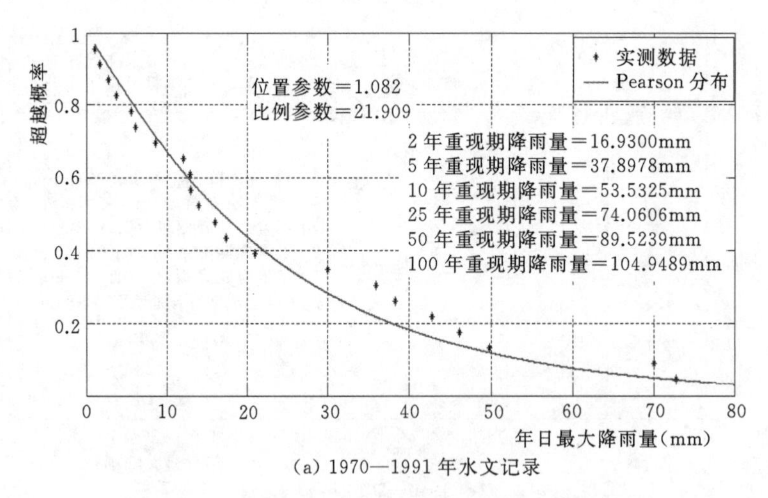

(a) 1970—1991年水文记录

图8.12（一）　Jeddah港气象站不同情况下的概率分布

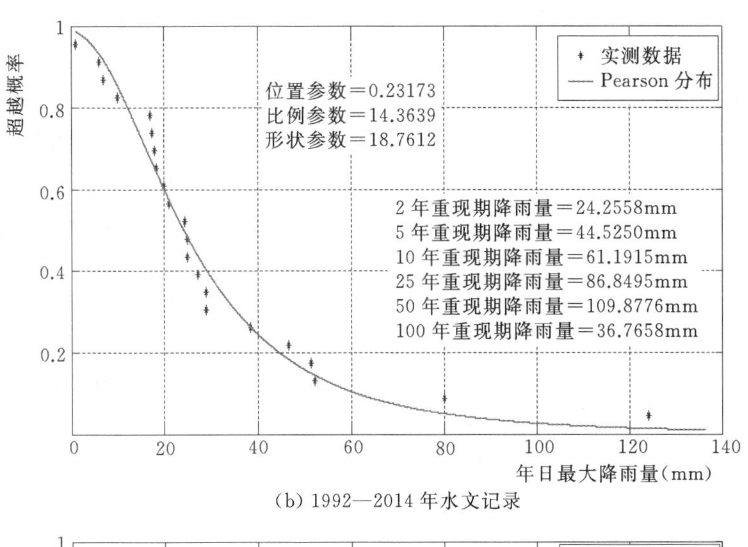

(b) 1992—2014 年水文记录

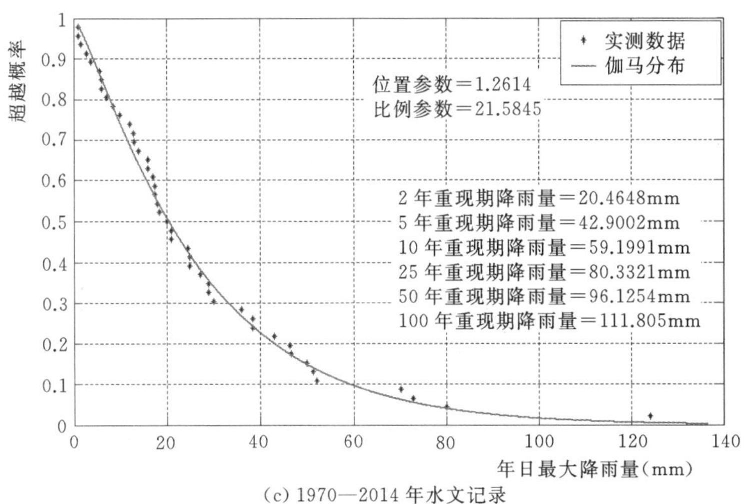

(c) 1970—2014 年水文记录

图 8.12（二） Jeddah 港气象站不同情况下的概率分布

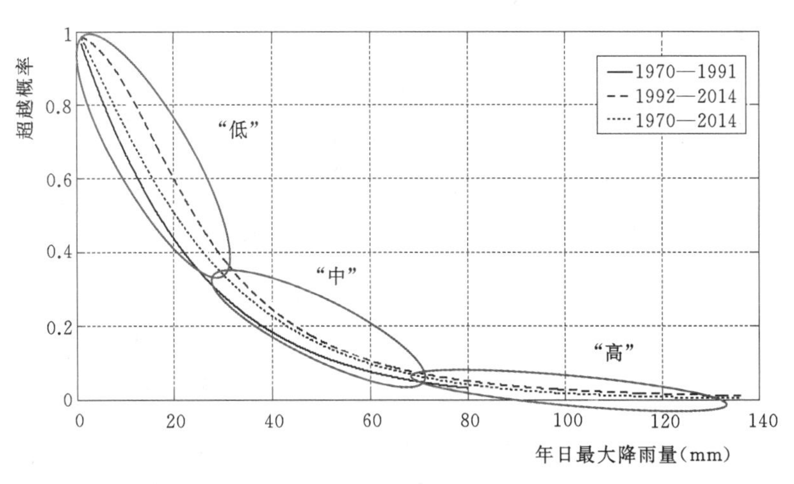

图 8.13 Jeddah 港气象站三种情况下的概率分布

因此，在进行水工构筑物的规划、设计、运营和维护时，因考虑气候变化的影响，按照近期水文记录确定的参数设计水工构筑物。

8.8.3.2　降雨强度—历时—频率曲线法

进行水资源研究和分析时，降雨强度—历时—频率曲线是最重要的参考资料，该曲线可以利用图或表格的形式展示出来。一旦确定出水工构筑物的设计重现期和汇流时间，则可以利用降雨强度—历时—频率曲线估算出设计降雨强度。除了可以绘制出总体降雨强度—历时—频率曲线外，还可以绘制出早期降雨强度—历时—频率曲线和近期降雨强度—历时—频率曲线。图 8.14 显示了 Diyarbakır 气象站的降雨强度—历时—频率曲线。

对 100 年（风险水平 0.10）和 2 年重现期（风险水平 0.50）情况下早期、近期和总体降雨强度—历时—频率曲线进行了对比，如图 8.15 所示。由图中可以看出，早期（1940—1974）的降雨强度大于其他两种情况。

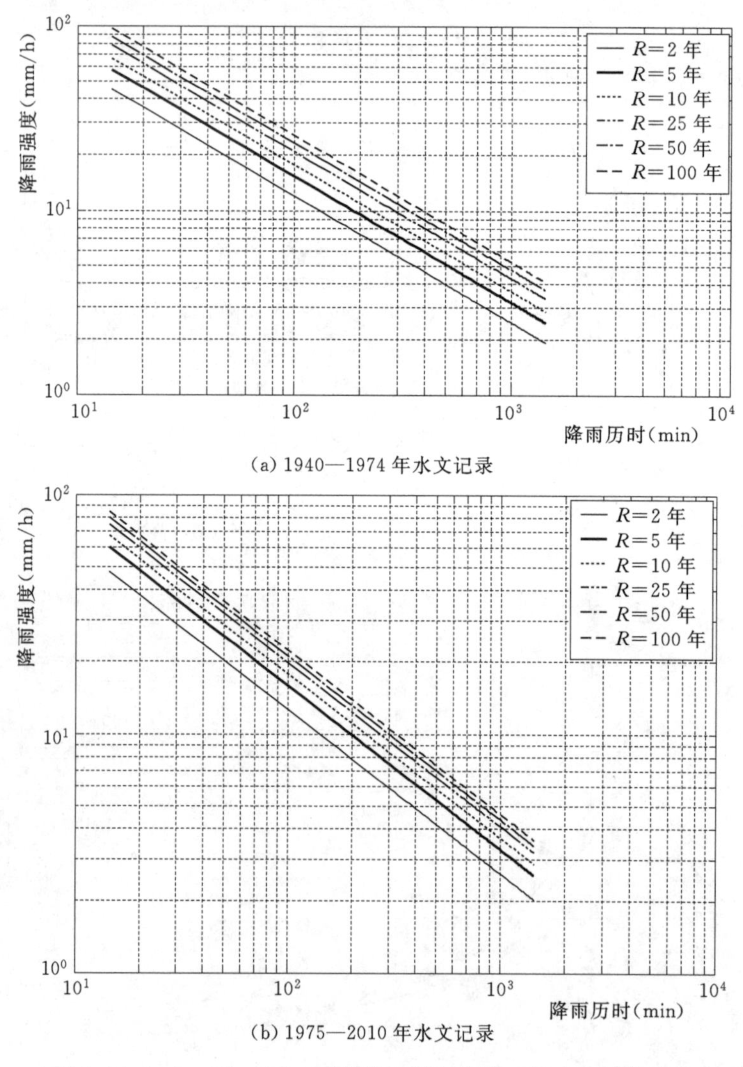

(a) 1940—1974 年水文记录

(b) 1975—2010 年水文记录

图 8.14（一）　Diyarbakır 气象站的降雨强度—历时—频率曲线

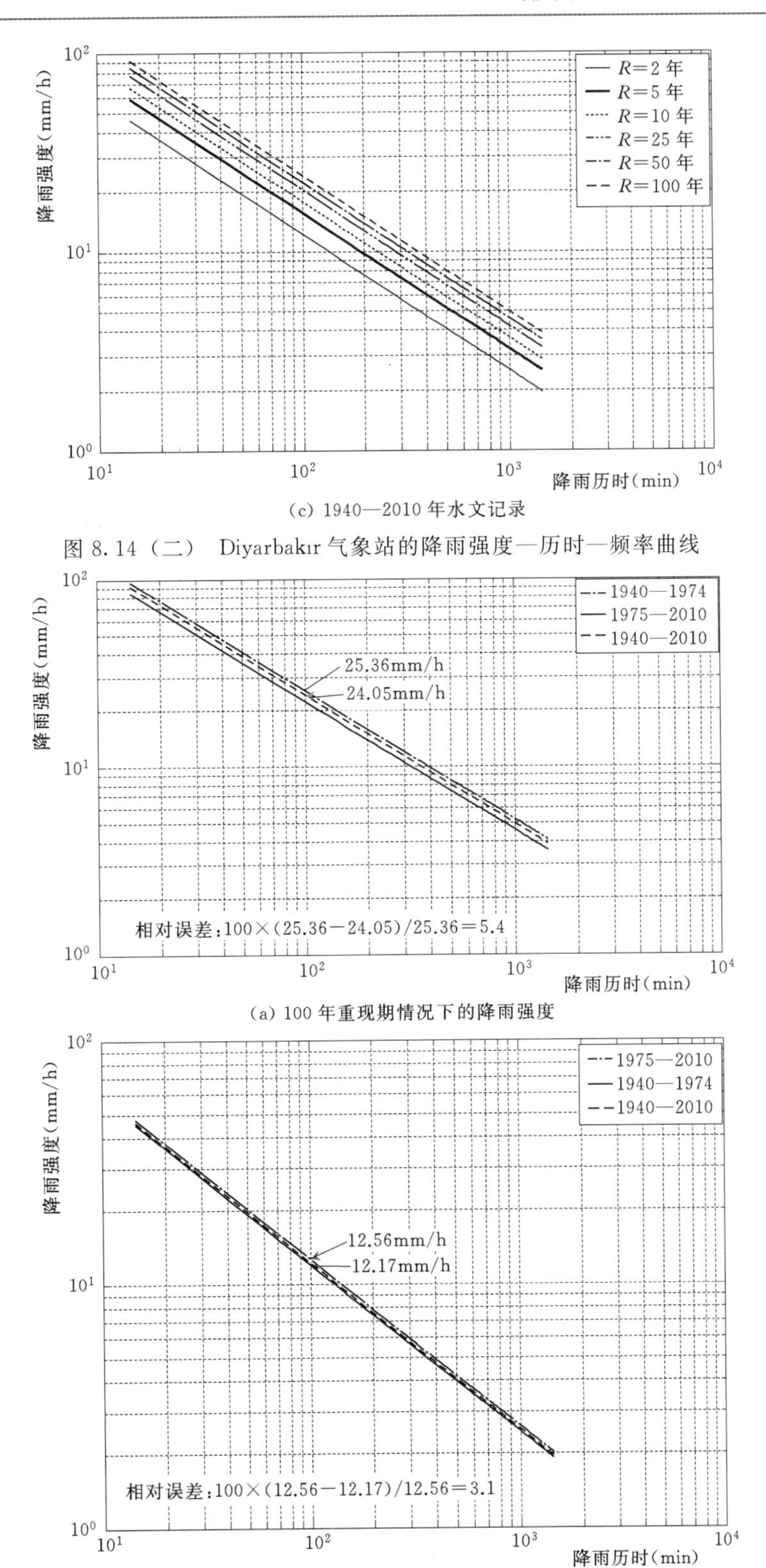

(c) 1940—2010 年水文记录

图 8.14（二）　Diyarbakır 气象站的降雨强度—历时—频率曲线

(a) 100 年重现期情况下的降雨强度

(b) 2 年重现期情况下的降雨强度

图 8.15　Diyarbakır 气象站的降雨强度—历时—频率曲线对比图

在各种重现期情况下，早期的降雨强度高于近期和总体的降雨强度，早期降雨强度和总体降雨强度的相对误差可以表示为

$$\alpha = 100 \times \frac{R_{max} - R_{min}}{R_{max}} \tag{8.4}$$

式中　R_{max}——某重现期早期降雨量的最大值；

R_{min}——某重现期总体降雨量的最小值。

在100年重现期情况下，相对误差为5.4，在2年重现期情况下，相对误差为3.1。因此，在该地区进行水工构筑物设计时，考虑气候变化的影响，设计降雨强度应提高5%。

图8.16显示了Jeddah港水文记录的趋势变化情况，图8.17对比了Jeddah港气象站100年和2年重现期情况下的降雨强度。由图8.16中可以看出，近期的降雨强度较大，表明气候变化使得降雨强度较之以前有所增加。

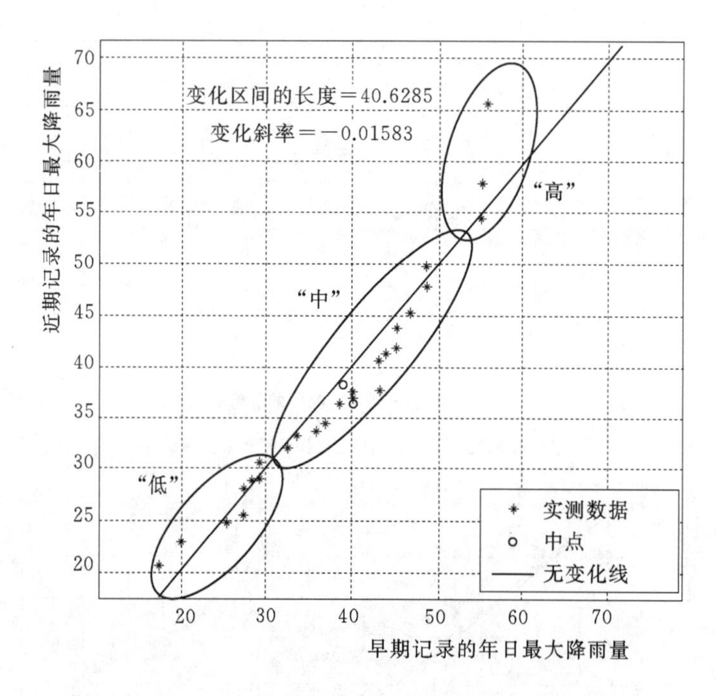

图8.16　Jeddah港气象站水文趋势变化图

对于Jeddah港气象站，在100年重现期情况下，相对误差为15.65，在2年重现期情况下，相对误差为18.25。因此，在该地区进行水工构筑物设计时，考虑气候变化的影响，设计降雨强度应提高15%或20%。

表8.4和表8.5分别列出了Diyarbakır气象站和Jeddah港气象站不同重现期情况下的降雨强度和历时等水文数据。

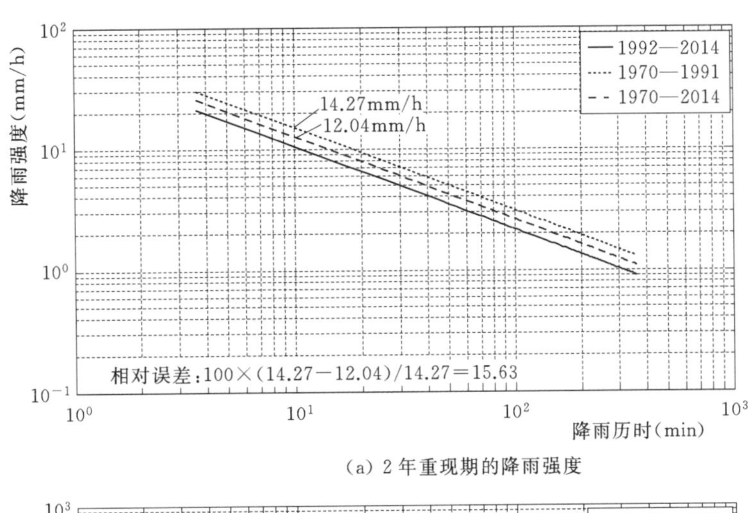

(a) 2 年重现期的降雨强度

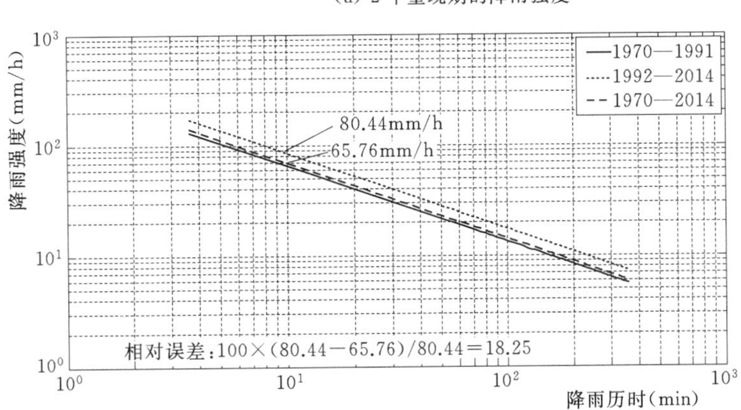

(b) 100 年重现期的降雨强度

图 8.17 Jeddah 港气象站 100 年和 2 年重现期情况下的降雨强度

表 8.4　　　　土耳其 Diyarbakır 气象站降雨强度—历时—频率曲线数据

重现期（年）	水文记录时［段（年）］	降雨历时（min）						
		10	20	30	60	120	180	360
2	1940—1974	29.6524	15.8206	11.4623	7.1266	4.3383	3.2629	2.0286
	1975—2010	28.1553	15.0219	10.8836	6.7668	4.1193	3.0981	1.9262
	1940—2010	28.7354	15.3314	11.1079	6.9062	4.2042	3.162	1.9659
5	1940—1974	37.4037	19.9562	14.4586	8.9895	5.4724	4.1158	2.5589
	1975—2010	36.0868	19.2536	13.9496	8.673	5.2797	3.9709	2.4688
	1940—2010	36.7627	19.6142	14.2109	8.8354	5.3786	4.0453	2.5151
10	1940—1974	41.7916	22.2972	16.1548	10.044	6.1144	4.5986	2.8591
	1975—2010	41.5534	22.1702	16.0627	9.9868	6.0795	4.5724	2.8428
	1940—2010	41.8151	22.3098	16.1639	10.0497	6.1178	4.6012	2.8607

续表

重现期（年）	水文记录时[段（年）]	降雨历时（min）						
		10	20	30	60	120	180	360
25	1940—1974	46.6108	24.8685	18.0177	11.2023	6.8195	5.1289	3.1888
	1975—2010	48.7158	25.9916	18.8314	11.7082	7.1274	5.3605	3.3328
	1940—2010	47.9702	25.5938	18.5432	11.529	7.0184	5.2785	3.2818
50	1940—1974	49.728	26.5316	19.2227	11.9514	7.2755	5.4719	3.4021
	1975—2010	54.2199	28.9282	20.9591	13.031	7.9327	5.9662	3.7094
	1940—2010	52.4202	27.968	20.2634	12.5985	7.6694	5.7682	3.5863
100	1940—1974	52.4834	28.0017	20.2878	12.6137	7.6787	5.7751	3.5906
	1975—2010	59.8493	31.9317	23.1352	14.384	8.7564	6.5856	4.0945
	1940—2010	56.7744	30.2911	21.9465	13.645	8.3065	6.2473	3.8842

表 8.5　　沙特阿拉伯 Jeddah 港气象站降雨强度—历时—频率曲线数据

重现期（年）	水文记录时[段（年）]	降雨历时（min）						
		10	20	30	60	120	180	360
2	1940—1974	13.1493	7.0156	5.0829	3.1603	1.9238	1.9238	0.8996
	1975—2010	18.8391	10.0513	7.2824	4.5277	2.7563	2.0730	1.2889
	1940—2010	15.8946	8.4803	6.1442	3.8201	2.3255	1.7490	1.0874
5	1940—1974	29.4345	15.7044	11.3781	7.0742	4.3065	3.2389	2.0137
	1975—2010	34.5818	18.4506	13.3678	8.3113	5.0595	3.8053	2.3659
	1940—2010	33.3198	17.7773	12.88	8.008	4.8749	3.6664	2.2795
10	1940—1974	41.5778	22.1832	16.0722	9.9927	6.0831	4.5751	2.8445
	1975—2010	47.5264	25.357	18.3716	11.4223	6.9534	5.2297	3.2515
	1940—2010	45.9789	24.5314	17.7735	11.0504	6.727	5.0594	3.1456
25	1940—1974	57.5215	30.6897	22.2353	13.8245	8.4158	6.3295	3.9353
	1975—2010	67.4545	35.9893	26.075	16.2118	9.869	7.4225	4.6148
	1940—2010	62.3926	33.2886	24.1183	14.9952	9.1284	6.8655	4.2685
50	1940—1974	69.5317	37.0976	26.8779	16.711	10.1729	7.6511	4.7569
	1975—2010	85.3400	45.5319	32.9888	20.5103	12.4858	9.3906	5.8385
	1940—2010	74.6589	39.8331	28.8599	17.9433	10.9231	8.2152	5.1077
100	1940—1974	81.512	43.4895	31.509	19.5903	11.9257	8.9693	5.5766
	1975—2010	106.2236	56.674	41.0614	25.5294	15.5412	11.6885	7.2672
	1940—2010	86.837	46.3306	33.5674	20.8701	12.7048	9.5553	5.9409

8.8.3.3　趋势分析方法

除了上述两种分析方法外，还可以采用趋势分析法，通过比较早期和近期的历时水文观测数据，研究降雨量记录。图 8.18 显示了 Diyarbakır 气象站的水文参数变化趋势。

图 8.19 显示了总体降雨量的趋势线斜率，由图中可以看出，降雨量呈略有下降的趋

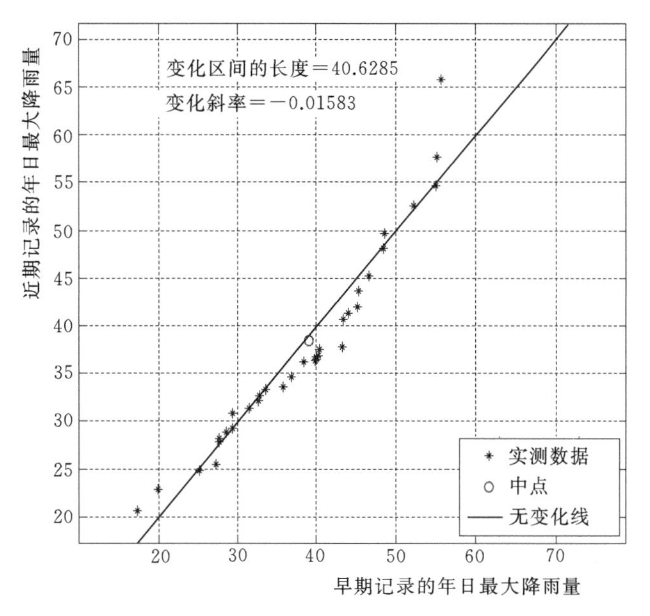

图 8.18 Diyarbakır 气象站水文趋势变化图

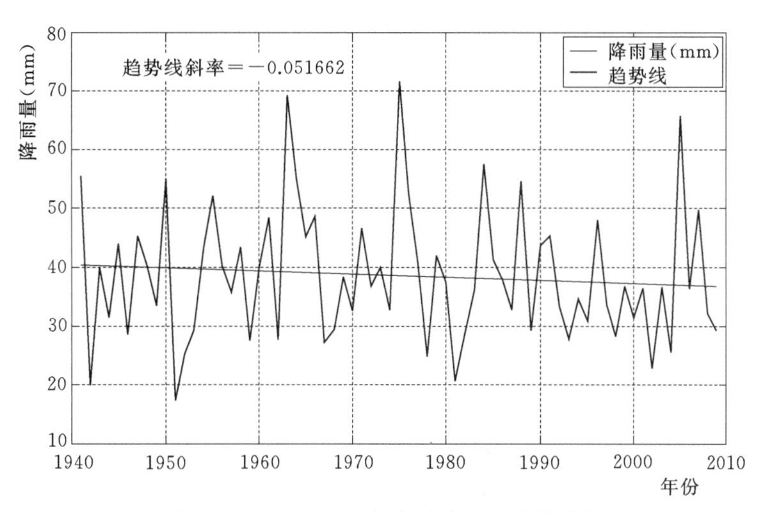

图 8.19 Diyarbakır 气象站降雨量趋势分析

势。可以采用下式计算总体降雨量趋势线的斜率（Şen，2015），即

$$S=\frac{2(\overline{R}_2-\overline{R}_1)}{n} \tag{8.5}$$

式中 $\overline{R}_1$——早期降雨量的平均值；

$\overline{R}_2$——近期降雨量的平均值；

n——整个降雨量记录的时间段长度。

采用趋势分析图，可以方便地观察出降雨量为低、中、高三种情况下的变化情况。由图 8.18 可以看出，斜线上方存在若干数据点，说明降雨量较小时，目前的降雨量比之早期略有增长；降雨量为中等时，目前的降雨量比之早期有所下降；降雨量较大时，目前的降雨量比之早期有显著上升。

图 8.20 显示了 Jeddah 港气象站的降雨量变化趋势，图 8.21 显示了总体降雨量的趋势线斜率。

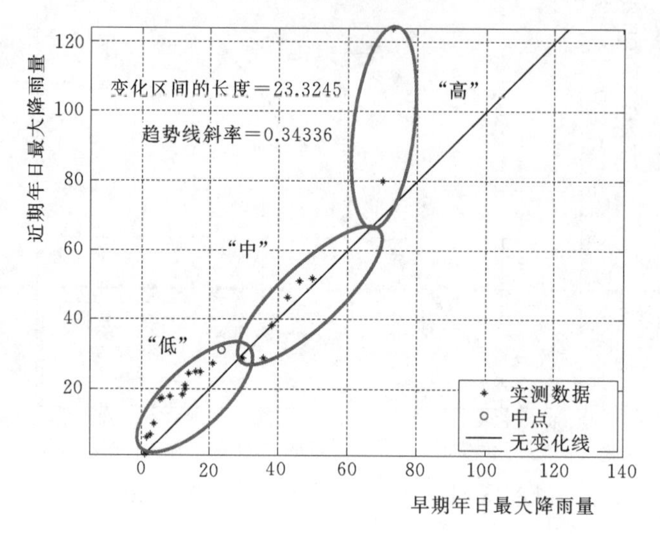

图 8.20　Jeddah 港气象站（编号：J134）降雨量趋势变化图

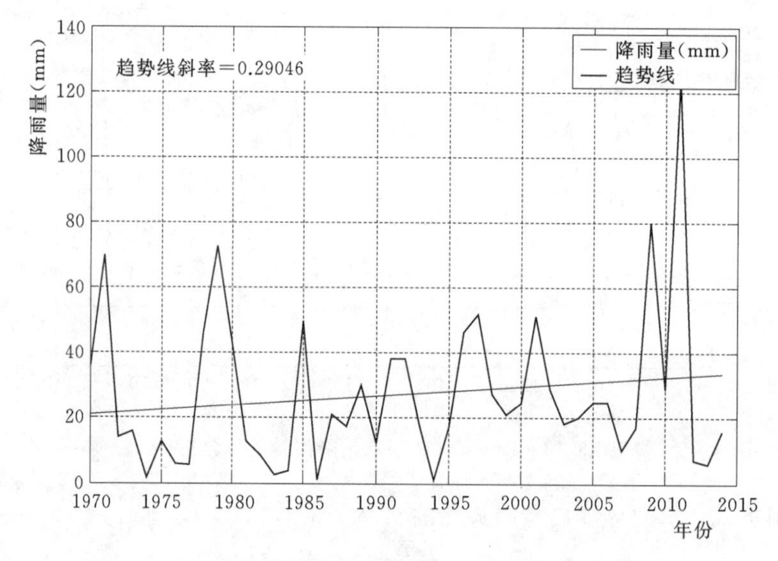

图 8.21　Jeddah 港气象站（编号：J134）降雨量趋势分析

由图 8.20 可以看出，降雨量呈显著上升的趋势，斜率为 0.34335。降雨量较小时，目前的降雨量比之早期有所增长；降雨量为中等时，目前的降雨量与早期基本持平；降雨量较大时，目前的降雨量比之早期有显著上升。图 8.21 中的趋势线斜率可以视为图 8.20 中三种情况下斜率的平均值。

众多学者深入研究了全球变暖对社会、环境、健康、农业等领域的影响，但是在全球变暖对水工构筑物的设计参数（如降雨强度）影响方面，未有深入的研究。本节采用累积概率分布法、降雨强度—历时—频率曲线法和趋势分析法，初步分析和探讨了全球变暖对水工构筑物水文设计参数的影响。

参 考 文 献

IPCC.（2007）.Climate change 2007：Impacts，adaptation，and vulnerability. Contribution of working group II to the fourth assessment report of the intergovernmental panel on climate change. Cambridge，UK：Cambridge University Press.

IPCC.（2013）.Climate change 2013：The physical science basis. contribution of working group i to the fifth assessment report of the intergovernmental panel on climate change. Cambridge，UK：Cambridge University Press.

Kundzewicz，Z. W.，& Somlyödy，L.（1997）.Climatic change impact on water resources in a systems perspective. Water Resources Management，11，407－435.

Almazroui，M.（2013）.Simulation of present and future climate of Saudi Arabia using a regional climate model（PRECIS）. *International Journal of Climatology*，33，2247－2259.

Arnell，N. W.（1999）.Climate change and global water resources. *Global Environmental Change*，9，31－49.

Barnett，T. P.，Adam，J. C.，& Lettenmaier，D. P.（2005）.Potential impacts of a warming climate on water availability in snow－dominated regions. *Nature*，438，303－309.

Caparrós，A.，& Jacquemont，F.（2003）.Conflicts between biodiversity and carbon offset programs：Economic and legal implications. *Ecological Economics*，46，143－157.

Carter，T. R.，Jones，R. N.，Lu，X.，Bhadwal，S.，Conde，C. & Mearns，L. et al.（2007）.New assessment methods and the characterization of future conditions. In M. L.，Parry，O. F.，Canziani，J. P.，Palutikof，P. J.，van der Linden & C. E. Hanson，（Eds.），*Climate change 2007：Impacts，adaptation and vulnerability. Contribution of working group II to the fourth assessment report of the intergovernmental panel on climate change*（pp. 133－171）.Cambridge，United Kingdom：Cambridge University Press，

Döll，P.，& Lehner，B.（2002）.Validation of a new global 30－min drainage direction map. *Journal of Hydrology*，258，214－231.

Gleick，P. H.（1998）.*The world's water：the biennial report on freshwater resources* 1998－1999. San Francisco：Island Press.

Hitz，S.，& Smith，J.（2004）.Estimating global impacts from climate change. *Global Environmental Change*，14，201－218.

Jones，R. N.（2001）.An environmental risk assessment/management framework for climate change. *Natural Hazards*，23，197－230.

Jones，R. N.（2004a）.Incorporating agency into climate change risk assessments—An editorial comment. *Climate Change*，67，13－36.

Jones，R. N.，（2004b）.Managing climate change risks，In：J. Corfee Morlot & Agrawala，S.（Eds.），The Benefits of Climate Change Policies：Analytical and framework issues. Organization for Economic Co-operation and Development，Paris：251－297.

Jones，R. N.，& Boer，R.（2005）.Assessing current climate risks. In B. Lim，E. Spanger-Siegfried，I. Burton，E. Malone，& S. Huq（Eds.），*Adaptation policy frameworks for climate change：Developing strategies，policies and measures*（pp. 91－118）.Cambridge and NewYork：Cambridge University Press.

Keller, J., Sakthivadivel, R., & Seckler, D. (2000). Water scarcity and the role of storage development, Research Report 39, Colombia, Sri Lanka, International Water Management Institute.

Kundzewicz, Z. W., Mata, L. J., Arnell, N., Döll, P., Jiménez, B., Miller, K., et al. (2008). The implications of projected climate change for freshwater resources and their management. *Hydrological Sciences Journal*, 53 (1), 3-10.

Mayorga, E., Logsdon, M. G., Ballester, M. V. R., & Richey, J. E. (2005). Estimating cell-to-cell land surface flow paths from digital channel networks, with an application to the Amazon basin. *Journal of Hydrology*, 315, 167-182.

RAE, Royal Academy of Engineering. (2011). Infrastructure, Engineering and climate change adaptation-ensuring services in an uncertain future. Published by the royal academy of engineering on behalf of engineering the future. The Royal Academy of Engineers.

Şen, Z. (2008). Wadi hydrology (p. 347). New York: Taylor and Francis Group, CRC Press.

Şen, Z. (2009). Global warming threat on water resources and environment: A review. *Environmental Geology*, 57, 321-329.

Şen, Z. (2012). Innovative trend analysis methodology. *Journal of Hydrologic Engineering*, 17 (9), 1042-1046.

Şen, Z. (2014). Trend identification simulation and application. *Journal of Hydrologic Engineering*, 19 (3), 635-642.

Şen, Z. (2015). Applied drought modeling, prediction, and mitigation (p. 472). Amsterdam: Elsevier.

Şen, Z., Alsheikh, A., Turbak, A. S., Al-Bassam, A. M., & Al-Dakheel, A. M. (2011). Climate change impact and runoff harvesting in arid regions. *Arabian Journal of Geosciences*. doi: 10.1007/s12517-011-0354-z.

Şen, Z., Uyumaz, A., Cebeci, M., Öztopal, A., Küçükmehmetoğlu, M., Özger, M., et al. (2010). *The impacts of climate change on Istanbul and Turkey Water resources* (p. 1500). Istanbul Water and Sewerage Administration: Istanbul Metropolitan Municipality.

Smith, S. J., Wigley, T. M. L., Nakicenovic′, N. & Raper, S. C. B. (2001). Climate implications of greenhouse gas emission scenarios. *Technological Forecasting and Social Change*, 65, 195-204.

Solomon, S., Qin, D., Manning, M., Alley, R. B., Berntsen, T., Bindoff, N. L. et al. (2007). Technical summary. In: Climate Change 2007: The physical science basis. Contribution of working group I to the fourth assessment report of the intergovernmental panel on climate change [Solomon, S., Qin, D., Manning, M., Chen, Z., Marquis, M., Averyt, K. B., Tignor, M., Miller H. L. (eds.)]. Cambridge, United Kingdom and New York, NY, USA: Cambridge University Press.

Stewart, I. T., Cayan, D. R., & Dettinger, M. D. (2004). Changes in snowmelt runoff timing in western North America under a 'business as usual' climate scenario. *Climatic Change*, 62, 217-232.

UKCIP. (2003). Climate adaptation: Risk, uncertainty and decision-making. In R. I. Willows & R. K. Connell (Eds.), UKCIP Technical Report. UKCIP, Oxford, 166 p. Available from: http://www.ukcip.org.uk/images/stories/Pub_pdfs/Risk.pdf (Accessed 22 December 2009).

UNDP. (2005). Adaptation policy frameworks for climate change: Developing strategies, policies and measures. In B., Lim, E., Spanger-Siegfried, I., Burton, E., Malone & S. Huq, (Eds.), Cambridge and New York: Cambridge University Press, 266 p.

Vorosmarty, C. J., Green, P., Salisbury, J., & Lammers, R. B. (2000). Global water resources; vulnerability from climate change and population growth. *Science*, 289, 284-288.

Wigley, T. M. L. (2004). Choosing a stabilization target for CO_2. *Climatic Change*, 67, 1-11.

第9章

洪水危险性分析

摘要：由前述章节内容可知，进行水资源规划和水工构筑物设计时，为采取合理的防洪抗洪措施，应分析洪水的危险性。为深刻理解洪水的特征，本章对洪水的安全性和危险性进行了定义。提出了防洪抗洪方面的安全系数，采用新方法详细计算了洪水风险。为减轻洪水危险性，除了制定合理的防洪抗洪措施外，还应向公众宣传和普及洪水知识。
关键词：洪水宣传，洪水防治，洪水危险性，防洪措施，洪水规划，洪水风险，洪水安全性

9.1 概述

历史经验表明，洪水会对城市、工业区、基础设施和农业区造成严重的危害，因此进行大坝、隧洞、公路、涵洞和桥梁等构筑物时，需要绘制洪水淹没地图。本章详细阐明了洪水淹没地图的绘制过程。同时，为制定合理的防洪抗洪措施，应绘制洪水危险性地图。

洪水属于自然灾害，对人类社会造成了较大的危害。如果不做好洪水预警工作，则洪水可能会危及农业、水资源、发电和工业生产。尤其是人类活动导致的全球和区域气候变化，会加剧洪水的发生，在分析自然灾害脆弱性时应重点考虑人类活动的影响。

可以根据中等尺度的天气预报模型来估算暴雨等极端水文事件，同时还可以考虑气候变化和水文循环的影响（Allen 和 Ingram，2002），但实现精确预报依然十分困难。另外，中等尺度的天气预报模型无法预测 3～5 天以后的天气情况。为防治自然灾害，应研究长期天气预报模型。目前，可以利用卫星数据，建立数值模型来预测某地是否会发生洪水。仅根据全球气候模型（GCMs）是无法预测区域极端水文事件的，必须考虑区域当地的经验和环境条件，方可进行极端水文事件预测。利用中等尺度的天气预报模型来估算地中海地区的有效降雨量时，其结果通常低于实测值（Romero 等，1998）。即使降雨—径流模型进一步优化，也难以精确预测洪峰流量。

在地中海地区，洪水时空分布极不均匀。最近几十年，随着社会和经济的发展，在地中海沿岸大力发展城市，使得洪水风险陡增。另外，地中海东部也是世界上受气候变化影响最为严重的地区之一（联合国政府间气候变化专门委员会，2007）。由于水文观测站数

量少，水文记录资料匮乏，很难准确估算出地中海地区极端洪水的发生时间和大小。另外，地中海地区洪水流量是普通洪水流量的100倍左右，由于洪水流量大，水文观测站通常被淹没或摧毁，测试仪器无法正常工作，此时一般采用河流流量间接推测洪水流量大小（参见第4章、第5章），或者采用统计外推方法估算洪水流量大小（参见第6章）。

可以采用概率分布方法，分析最大降雨量记录，估算水工构筑物在各种重现期（如5年、10年、50年、100年或250年等）情况下的洪水风险。另外，还应考虑洪水诱发的泥石流、河岸侵蚀、泥沙沉积等地质灾害，这些灾害会对人类社会产生严重危害。

进行防洪规划和洪水危险性评价时，应建立模型，确定洪水的各种统计参数。最简单的统计参数为标准差，表示洪水大小与平均值的偏离程度。Knight（1921）很早就研究术语“风险”，洪水风险指洪水对事物的损害能力，详细情况参见第2章。风险和可靠性的概念有所不同，可靠性是指防洪构筑物的安全性（Plate，1999）。

影响洪水风险的因素很多，进行洪水风险分析时，主要考虑：气象；水文；流域面积；淹没区域；洪水易发区；风险区；洪水造成的后果。

通过洪水风险评估，可以制定合理的洪水防治措施。进行洪水建模时，应考虑流域水文特征和现有的防洪构筑物情况。应评价现有设施的防洪能力。Marsalek（2000）、Hooijer（2004）和Oumeraci（2004）等学者提出了若干种洪水评估的方法。制定洪水防治措施时，如果没有考虑上述几种因素，则至少要分析洪水风险，详细情况参见第6章。在实际规划和设计时，即使采取简单的洪水风险公式，也应考虑气候变化的影响。本书介绍了很多计算降雨量和洪峰流量的公式，但这些公式均未考虑到气候变化的影响，以此计算结果进行水工构筑物设计时，难免有失偏颇。众所周知，全球变暖的影响是多方面的，可以采取趋势分析的方法研究防洪措施的不确定性。Rahmstorf（2007）和Füssel（2010）认为，制定防洪措施时，不需要考虑气候变化的长期最大影响。然而，制定短期防洪措施时，可以参考联合国政府间气候变化专门委员会提供的气候变化影响参数。

为减轻洪水风险，需要将洪水记录的时段加长。利用古洪水记录及各种历史文献资料，可以将洪水记录延长至数百年甚至数千年。在世界上很多地区，通常根据流域地质和古洪水资料（Baker等，2002），估算超长期洪水的大小和发生频率，从而分析出洪水风险（House等，2002a，b）。众多学者整理出了不同地区的古洪水资料，包括美国西南部（Kochel和Baker，1998；Kochel等，1982；Ely和Baker，1985；Partridge和Baker，1987；O'Connor等，1994）、澳大利亚（Baker和Pickup，1987；Pickup等，1988；Wohl等，1994）、以色列（Greenbaum等，2000）、日本（Jones等，2001）、中国（Yang等，2000）、法国（Sheffer等，2003）和西班牙中部地区（Benito等，2004，2003a，b，c）。

本章主要阐明了洪水的安全性、危险性、脆弱性、风险，防洪、洪水预警和洪水宣传等方面的内容。

9.2　洪水安全

对于很多国家而言，在人类活动频繁和环境敏感的地区，做好洪水安全工作是非常重要的事情，有助于社会、经济和环境的良好发展。

分析洪水安全之前，需要搜集历史水文记录，进行现场调研和勘察。然后对资料进行分析评价，作出合理假设，分析洪水对流域环境的影响。对洪水安全进行初步分析时，应根据洪水大小、频率及对社会和环境的危害程度，进行一定深度的研究。

通常洪水安全分析，可以探明洪水发生机理，应采用水工构筑物来蓄拦洪水，利用天然河道安全有序地排泄洪水。洪水安全涉及的因素较多，主要包括：水文特征；水力特性；气象条件；土地利用；地形；植被；地质；气候变化；遥感资料；卫星影像。

要实现洪水安全，需要进行以下三个方面的工作。

(1) 洪水预防：根据上述资料，制定合理的洪水预防措施。

(2) 洪水控制：当洪水会产生严重后果时，要采取措施控制洪水。

(3) 减轻洪水：当洪水无法完全控制时，应采取减轻洪水的措施。

可以采用传统的确定性分析方法估算洪水安全性，也可以采取概率与统计的方法分析洪水安全性，详细情况参见第6章。主要在以下几个方面对洪水安全进行分析：洪水危险性；洪水破坏模式及后果；地表水安全；基础设施稳定性；对人类社会的危害；突发情况。

要正确分析洪水安全，还应确定流域的边界，搜集足够的数据和资料。使用计算机分析时，不但要建立数值模型，而且应建立专家知识库（Şen，2010）。由于时间、地点和人类活动的影响，洪水造成的危险也各不相同，有时会发生暴洪。危及水工构筑物的外部灾害通常包括：洪水、干旱、暴雨、高温、严寒、冰冻、风暴和闪电等极端气象和水文事件；流域上游地区易发生边坡失稳和泥石流等灾害（详细情况参见第7章）。

对于排泄洪水的运河，也存在一些内部隐患，主要包括：洪峰流量设计参数不合理；洪水发生前后的维护工作不到位；洪水运动特性复杂；防洪规划和措施不合理。

另外，应该根据专家知识确定洪水破坏模式和过程，主要考虑以下三个方面的情况。

(1) 洪水发生过程中，由于自然条件和社会状况不断发生变化，破坏模式也会发生变化。

(2) 洪水破坏程度和速度有可能改变，应进行一定程度的深入分析。

(3) 对洪水破坏模式和过程进行分析。

9.2.1 防洪措施

防洪措施多种多样，通常可以分为水工构筑物防洪和非水工构筑物防洪两种。为最大限度地减轻洪水危害，通常采取多种防洪措施。

利用隧洞、水库、泄洪区、运河、堤防等水工构筑物，可以改变洪水的运移参数，从而达到防洪目的。

另外，可以采用洪水预测、洪水早期预警、洪水保险、洪水规划、洪水知识宣传等非水工构筑物防洪措施，减少洪水产生的人员伤亡和财产损失。

9.2.2 洪水控制措施

洪水控制措施主要为大坝、水库、泄洪区、堤防等水工构筑物，这些构筑物可以将洪水临时蓄拦或导流，从而削减了洪峰流量。如果大量修建水工构筑物，可以有效地降低洪水水位，甚至可以将洪水控制在河道内，不溢出河岸。

9.2.3　减轻洪水危害的措施

可以通过完善构筑物的结构，提高场地的防洪条件，来减轻洪水造成的危害。对于非常严重的洪水，虽然减轻洪水危害的效果是有限的，但是民众财产还是得到了一定程度的保护。

9.2.4　洪水控制规划

水文学家可以估算出洪水淹没深度的概率，从而绘制出洪水风险地图，确定出高风险淹没区域。将流域划分为不同洪水风险等级，有利于制定合理的防洪措施和土地利用规划。

9.2.5　防洪紧急预案

政府部门应制定洪水预警方案，确定防洪责任主体，设定洪水警报级别，研究洪水排泄路径，制定人员疏散方案，组织救援力量，提供构筑物维护设备，组织应急演练。洪水基本呈周期性发生，但是人类往往在洪水过后就忘记了曾经的惨重损失，因此有必要在日常加强洪水知识宣传。

9.3　洪水危险性

洪水是常见的自然灾害之一，在世界各地均有可能发生。主要原因是在湿润地区的河谷地域分布广泛，在干旱和半干旱地区以及低洼的海岸地带的河道，因自然条件较好，吸引大量人口居住。通过合理的规划，虽然可以减轻河漫滩和河口地区的洪水带来的灾害，但是没有任何国家可以完全杜绝洪水产生的危害（Smith，1992）。

Kenny（1990）划分了不同等级的洪水危险性区域，并提出了相应的防治措施，具体内容叙述如下：

（1）Ⅰ级洪水危险性区域（河漫滩）。

1）禁止在河漫滩地区进行商业开发和居民住宅建设。

2）保护自然生态，或仅开发为旅游观光之地。

（2）Ⅱ级洪水危险性区域（冲积扇和冲积平原地区，河床深度较浅，河网纵横交错，洪水溢出河岸时易被淹没）。

1）做好洪水防治工作，减轻或防止洪水对构筑物造成的损毁。

2）人口居住密度要低，禁止对泄洪河道进行开发建设。

3）对于干涸河道，应保持其自然状态，或者植草种树，以增加雨水滞留时间，调节雨水下渗能力。

4）在上游地区修建泄洪区，以减轻洪峰流量。

5）在海拔最高处适当修建一些水工构筑物。

（3）Ⅲ级洪水危险性区域（高地和低地处的边坡；同时存在河岸侵蚀和河床沉积作用的河道，纵比降通常低于5%）。

1）与Ⅱ级洪水危险性区域采取的措施相同。

2）道路横跨河道时，需要加强道路结构强度，以抵御流水的冲刷和侵蚀作用。

（4）Ⅳ级洪水危险性区域（地形陡峭的流域，包括侵蚀严重的河道，通常靠近山麓地带，河床沉积物颗粒较粗）。

1）进行桥梁、道路和涵洞设计时，确保直径大于 1m 的块石可以顺利通过这些构筑物。

2）拆除河漫滩内现有的道路。

3）制定良好的制度，合理开采居民区内的地表水和地下水。

4）在上游河道附近修建泄洪区，以削减洪峰流量。

5）制定合理的河漫滩土地利用规划，尽量以最小的工程造价获得最低的洪灾损失。通过政府部门购买土地来减轻洪灾损失，这是很难实现的。

6）在山坡处植树造林，可以减小径流强度，降低洪水流量。森林通常是湿地之肺，森林可以显著降低小型洪水的体积和速度。可以采用等高耕作和等高条植等方法进行坡地农业开发，从而减少水土流失，降低径流速度。

7）政府经济救助或保险赔偿虽然无法减小洪水的危险性，但是可以减轻洪水带来的经济损失和社会危害，有利于灾后重建。再次发生同样的洪水时，有可能还会造成更大的灾害。

洪水风险管理主要涉及洪水控制和河漫滩管理两个方面。传统的洪水控制措施主要为堤防等水工构筑物，传统的河漫滩管理方式通常也为构筑物。目前的风险管理多采用综合防洪措施，可以有效地减轻洪水的危害。这些综合防洪措施主要包括水工构筑物、环境保护、河漫滩规划、防洪设施维护、暴雨管理、沿海地区管理、洪泛区开发规划、湿地管理、减轻洪水措施、防洪措施等。

应利用风险管理方法来防御自然灾害，一方面，要加强防御洪水、干旱、飓风、地震等自然灾害的工作，另一方面，应提高灾后重建工作的水平。研究自然灾害的文献浩如烟海，这些文献深入分析了自然灾害的发生机理及工程防治措施，建立了自然灾害脆弱性的评估模型。

在洪水易发区，为减轻洪水损失，便于灾害重建，应采取合理措施，改变洪水的水力和水文特性，如在河道上修建水工构筑物，提高建筑物规划和设计水平，制定合理的土地利用规划，建立洪水早期预警和预测系统，出台洪水保险业务等。在洪水发生之前，应作好以下工作：

（1）制定合理规划，减少各种设施受洪水危险的风险。

（2）制定防洪措施时，对各部门和居民区的财物保护应一视同仁。

（3）防洪措施不得诱发其他自然灾害的发生。

（4）防洪措施不得增加下游地区的洪灾风险。上下游地区应共同合作，联合抵御洪水侵袭。

（5）制定城区及郊区的发展规划时，应考虑洪水风险。

除了采取必要的防洪措施外，还应制定合理的应急措施，一旦洪水发生，立即启动洪水应急响应方案。制定的防洪措施不得增加流域的脆弱性，且应坚决贯彻实施防洪措施。在制定防洪方案时，气候变化虽然对洪水具有一定的影响，但通常作为一个次要因素进行考虑。

并非所有的洪水都具有破坏性，只有洪水能造成人员伤亡和财产损失时，洪水才具有危险性。随着洪水速度的上升，洪水的破坏能力呈指数增长。当洪水速度超过 3m/s 时，可以侵蚀建筑物的基础（Smith，1992）。尤其是当洪水中夹杂有碎石和泥沙时，洪水作用在建筑物表明的压力会陡增，有时甚至可以增加数百倍。当洪水快速淹没某地区时，由于洪水早期预警系统可以提前警告的时间减少，无法全面实施应急措施，因此人员伤亡和财产损失的概率也会上升。

9.4　洪水评估

为降低洪水风险性，不但应听取专家的意见，更需要全民和政府部门的参与，同时采取科学的方法，借鉴其他地区成熟的防洪经验。成功的防洪经验对于减小洪水风险非常重要。风险认知和风险权数赋值是风险评估的两个重要步骤，风险认知是个人或群体对洪水大小的感知程度。每个利益相关者都对洪水危险性和洪水风险水平有自己的认知，每个经历过洪水的人都目睹过洪水造成的灾难后果，根据这些人的经历，可以清晰地认知到洪水的危险性，从而制定出合理的防洪规划。应利用洪水观测资料和分析方法，制定早期预警措施。

应根据主观经验、观测数据和科学方法，建立正确的洪水风险概念，从主观认识和客观资料两个方面评价洪水风险性，制定合理的防洪措施。制定防洪措施时，各方人士应充分沟通，采用科学有效的方法，认真分析各种资料。提高风险认知，需要进行长期的防洪宣传，提供丰富的防洪经验和合理的专家意见，仅靠短时间的洪水资料很难建立正确的洪水风险认知。随着洪水资料的不断积累，对洪水风险的评价水平会不断提升。应采用科学方法进行洪水风险分析，而风险认知的提高大多基于文化和社会经验。

虽然对风险的认知随着时间逐步提高，但是由于人类认知水平的局限性，仅靠风险认知无法制定出合理的防洪措施。另外，由于观测数据和搜集的资料也存在一定误差，或不全面，因此即使采取科学的方法分析这些数据和资料，最终结果也会产生一定的不确定性。在实际风险分析中，应尽量减少这些不确定性。风险是灾害产生某种不良后果的一种概率，很难消除数据和资料中的各种不确定性和模糊性。比较适宜的分析方法是综合考虑风险中每个因素对社会的影响，赋予该因素一个合理的权值。

洪水风险不是一成不变的，而是具有时空变化的特征，在分析洪水风险和制定防洪措施时，应考虑洪水风险的这一特征。制定防洪规划和措施时，应多方咨询水工专家、水文学者、水文地质学家、经济专家、社会学者、当地管理部门、环境专家和城市规划人员等，群策群力，共同制定出合理的防洪措施。

采取概率、统计和随机等科学方法，可以较为合理地确定出洪水风险的不确定性，详细情况参见第6章。进行洪水分析时，主要存在4种不确定性：第一种为数据、资料和模型的不确定性；第二种为气象和气候的不确定性；第三种为计算公式的不确定性；第四种为决策过程的不确定性。概率方法是分析不确定性的适合工具，建立合理的气象、水文和水力模型，构建丰富的专家知识库，可以提高不确定性分析的水平。每位专家都应该全力以赴，倾尽所能，奉献出其在洪水风险研究方面的毕生所学。根据专家的意见制定出防洪措施，经当地政府批准实施后，各级管理部门应认真贯彻执行，各级主管部门也应持续不断地接受防洪知识培训。

9.4.1 洪水风险及其不确定性

对影响洪水风险的每个因素进行分析后，再综合研究洪水的风险情况。主管部门应定期分析洪水的不确定性和风险等级。每个影响洪水风险的因素都具备一定的社会、自然和经济不确定性。在开发流域的水资源时，可以根据洪水综合管理方法，一方面制定高效的河漫滩利用规划，另一方面采取合理措施，将洪水造成的人员伤亡和财产损失降低到最小。另外，应制定短期防洪规划和长期防洪规划。如果河漫滩土地肥沃，适用于耕种，则制定规划时，应详细全面论证。采取合理措施，尽可能提高河漫滩的生产力，减少人员伤亡和财产损失。传统的防洪措施往往为地区经验，难以大范围推广实施。现代的洪水综合管理措施整合了各种成功的地区经验，兼顾了各方的利益，采用科学方法研究洪水易发区，同时考虑地下水和地表水的流动特征、河岸侵蚀、泥沙沉积和水污染等方面的问题，详细情况参见第 7 章。应统筹流域防洪和开发的相互影响，大力整治河道，减轻洪灾危害，平衡好水资源、土地利用和环境保护的关系。防洪的主要目标是减少人员伤亡，应作好规划，减轻人口和经济活动对河漫滩的不利影响。在人口密度的城市地区进行开发建设，需要注意诱发洪灾问题的原因，应根据综合洪水管理方式，修建适当的基础设施，以减轻洪灾危害。洪水淹没地图是制定合理的洪水综合防治措施的必要参考资料。河漫滩若土地肥沃，则适合于耕种农田，如含有丰富的细砂和碎石，则适合于用作建筑材料，若交通便利，生活方便，则适宜修建居民楼。

水资源安全和食品安全是人类社会的重要问题，河漫滩主河道拥有丰富的水资源，河漫滩地区可以生产大量的粮食。河漫滩地区对于贫困人口具有非常大的吸引力，四面八方的贫困人口汇集到河漫滩。在制定防洪规划时，需要考虑河漫滩人口安全问题。在河岸地区，水土的相互作用具有非常复杂的时空特征，进行水资源利用或进行土地开发时，需要考虑水土的相互影响。在未发生过洪水的地区，当水土的平衡被打破时，有可能诱发洪水。暴洪也具有一定的危害性，详细情况参见第 1 章和第 5 章。进行农业耕作、采矿和城市建设时，如果缺乏良好的规划，也会造成洪灾的发生。洪水还可以诱发滑坡、水土流失、泥沙沉积、水污染等问题，滑坡或泥沙沉积可以扰乱地表水的平衡。另外，不合理的土地规划、森林砍伐和城市开发，也可以增大洪水的危险性，给河漫滩地区造成危害。

评价洪水风险性和脆弱性，制定防洪措施时，需要注意以下几个方面的问题：

（1）人口密度增加和经济活动可以增大河漫滩发生洪水的概率。

（2）应根据流域特征选用合适的洪水评估方法，如果低估了设计洪峰流量，可能会导致人员伤亡和财产损失。

（3）受气候变化的影响，很多地区的降雨强度、持续时间和降雨频率都有所增加，因此将来大洪水和暴洪的强度和频率都会增加。

河漫滩通常位于河流两岸，对河漫滩进行开发利用时，如果超过某一限度，就可能会发生洪水，造成洪水危害。

9.4.2 洪水风险分析

制定防洪措施时，除了考虑种种不确定性外，还需要考虑经济收益与成本的关系，通常从以下几个方面的分析洪水问题（Yadigaroglu 和 Chakraborty，1985；UNDRO，1991）：

(1) 采用推理公式法分析洪水风险。

(2) 根据目前的状况和资料分析洪水风险，同时考虑未来某些因素的不确定性，抓住主要矛盾，建立合理的洪水认知，进行较为正确的洪水评价。

(3) 整合当地和国际防洪经验和洪水研究成果，制定合理的措施，减轻洪水灾害。

洪水风险管理主要涉及风险分析、风险评估和风险降低三个方面。风险分析旨在研究风险的危险性和脆弱性；风险评估主要分析每个风险因素的特点，并赋予合理的权重；风险降低主要是在洪水发生前后采取合理的措施，降低洪水造成的危害。

进行洪水风险和脆弱性评价时，需要考虑气象、水文、水力特征、经济、社会、生态等多个方面的因素，需要对这些方面的资料和数据进行搜集、整理、分析和宣传。可以综合运用概率、统计或推理公式法评价洪水风险，制定合理的防洪措施。

洪水属于自然灾害，不同强度的洪水具有不同的重现期，在确定洪水设计参数时，需要考虑洪水重现期的影响。应根据位置的重要性和事物特点选用合适的洪水重现期，例如，对于城市发展，可以采用5年或25年的洪水重现期；对于道路修建，可以采用25年或50年的洪水重现期；对于农业，可以采取50年或100年的洪水重现期；对于溢洪道，可以采用100年或250年的洪水重现期；某些极端情况，可以采取500年的洪水重现期。洪水重现期 T 与设计洪峰流量 Q_D 呈一种非线性关系，可以表示为

$$Q_D = f(T) \tag{9.1}$$

从理论上说，随着洪水重现期的增加，设计防洪流量也随之增大，但增长率有所降低，其变化趋势如图9.1所示，图中横坐标为设计洪峰流量，纵坐标为洪水重现期。

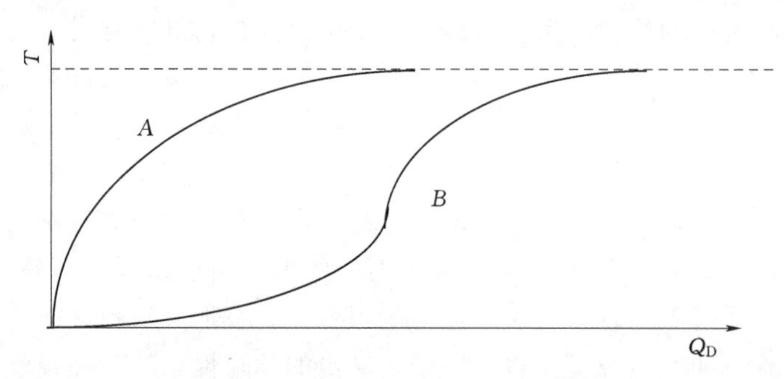

图9.1　洪水重现期和设计洪峰流量的关系

在图9.1中，曲线 A 为两者关系变化较为剧烈的情况，而曲线 B 为两者关系变化较为平缓的情况。

洪水安全系数 S 和设计洪峰流量的关系也是值得研究的问题，从理论上说，随着洪水安全系数的增加，设计洪峰流量应该有所降低。例如，修建大坝后，水库库容增加，则下游地区的洪水风险就有所降低。洪水安全系数 S 和设计洪峰流量之间也呈非线性关系，如图9.2所示。

图9.2左侧中的水库库容大于右侧中的水库库容，因此其安全系数也较大。随着安全系数的增加，图9.2的设计洪峰流量也有所增加。

就工程安全、社会和经济方面而言，洪水风险是一个非常重要的指标。洪水风险 R 和安全系数 S 是两个相互关联的指标，安全系数越大，则洪水风险就越小。对于某些水

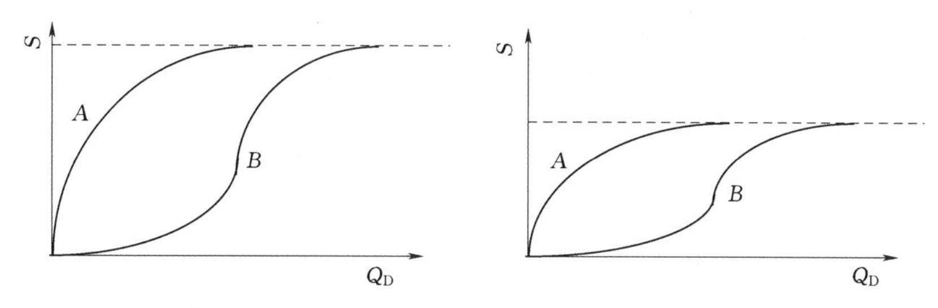

图 9.2 洪水安全系数和设计洪峰流量的关系

工构筑物而言，R 与 S 之和为常数 c（参见第 6 章），即

$$S+R=c \tag{9.2}$$

常数 c 表示洪水安全系数和洪水风险之和有各种可能性，将式（9.2）两端同时除以 c，得

$$s+r=1 \tag{9.3}$$

由式（9.1）和式（9.2）可知，洪水风险和设计洪峰流量呈非线性的反比例关系，如图 9.3 所示。

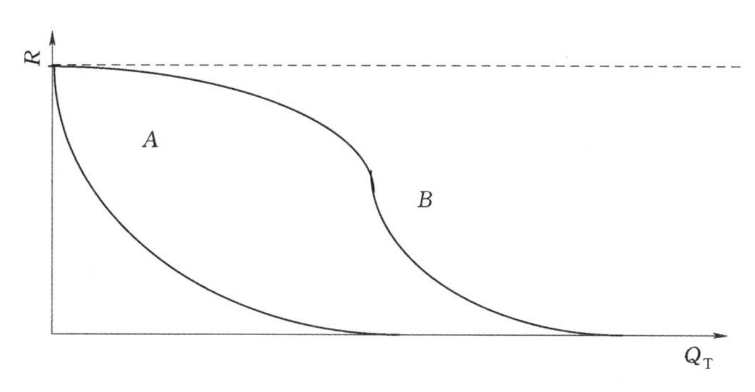

图 9.3 洪水风险和设计洪峰流量的关系

通过对比图 9.1 和图 9.2 可以发现，洪水风险和洪水重现期呈反比例关系。在实际应用中，通常将图 9.1 和图 9.3 的纵坐标的最大值进行标准化，设定为 1，如图 9.4 所示。

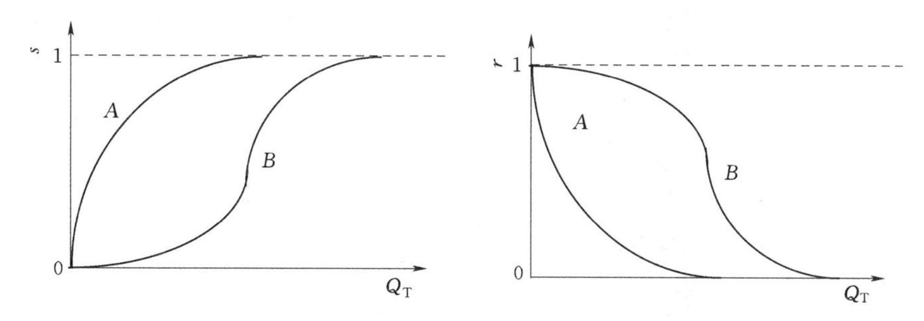

图 9.4 洪水安全系数、洪水风险和设计洪峰流量的关系

在图 9.4 中，洪水安全系数和洪水风险的取值范围为 0～1，实际上，洪水风险和洪

水安全系数不可能达到100%。没有任何防洪措施可以达到100%的安全系数。在水工构筑物设计中，风险小于10%是可以接受的。由图9.1～图9.4，可以得出以下结论：

（1）设计洪峰流量和洪水重现期呈非线性关系（图9.1）。

（2）洪水安全系数和重现期呈非线性的反比例关系（图9.2）。

（3）洪水风险和设计洪峰流量呈非线性的反比例关系（图9.3）。

（4）洪水安全系数和洪水风险之和为1，安全系数-设计洪峰流量曲线和洪水风险—设计洪峰流量曲线呈互补的关系（图9.4）。

（5）实际上，洪水风险和洪水安全系数不可能达到1。

例题9.1

图9.5显示了某流域洪水安全系数和设计洪峰流量的关系，试求：

（1）安全系数为90%时，设计洪峰流量的值。

（2）洪水风险为5%时，设计洪峰流量的值。

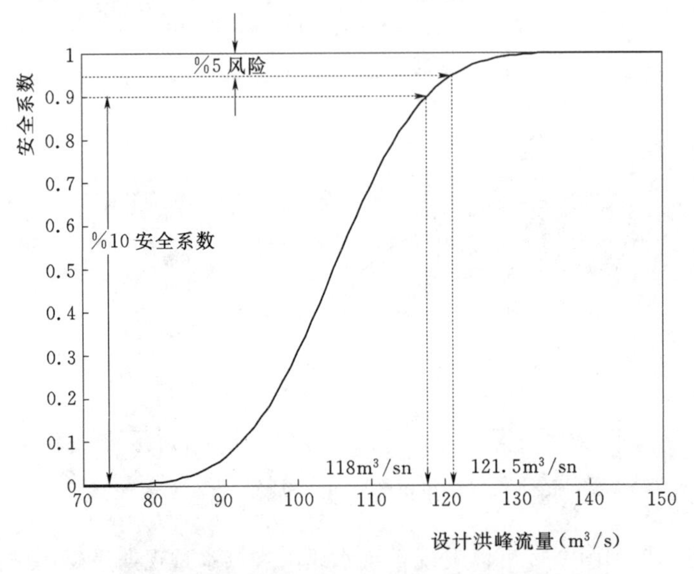

图9.5　某流域洪水安全系数和设计洪峰流量的关系

解：（1）由图9.5可以看出，当纵坐标安全系数取90%时，曲线对应的横坐标为118m³/s，即安全系数为90%时，设计洪峰流量为118m³/s。

（2）由式（9.3）可知，洪水风险为5%时，求得洪水安全系数为95%，由图9.5可以确定出设计洪峰流量为121.5m³/s。

根据重现期估算设计洪峰流量时，需要确定洪水安全系数或洪水风险与重现期的关系，详细情况可以参考第6章。在重现期内，假设某强度的洪水只发生一次，则重现期T与洪水风险r的关系为

$$r=\frac{1}{T} \tag{9.4}$$

由式（9.3）和式（9.4），可以推得

$$s=1-\frac{1}{T} \tag{9.5}$$

值得注意的是，在重现期内，假设洪水只发生一次，这是式（9.4）和式（9.5）的适用条件。由式（9.4）可知，洪水风险与设计洪峰流量呈非线性的反比例关系。图 9.6 显示了洪水安全系数、洪水风险和设计洪峰流量的关系。

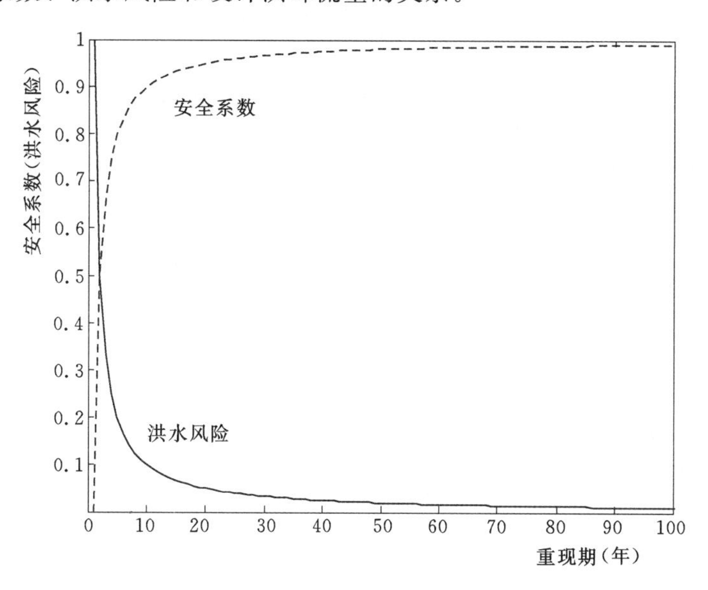

图 9.6 洪水安全系数、洪水风险和设计洪峰流量的关系

上述公式可以应用于实际规划和设计，关键问题在于正确绘制研究区的安全系数、设计洪峰流量和重现期的关系曲线，这些曲线往往受气象、地形和水文条件的影响较大。

下面以表 6.2 中的历史洪水流量记录为例，说明上述曲线的绘制过程。

假设地球只能再存在 50 亿年（实际上，地球永远存在），根据式（6.13），得 $P(X_m<Q_D)=1$。根据表 6.2 的洪水风险数据，由 $s+r=1$，可求得洪水安全系数，图 9.7 显示了安全系数和设计防洪流量的关系。

由图 9.7 可以看出，随着设计洪峰流量的增加，洪水安全系数单调递增，图中实线为拟合曲线，通常假设为累积概率分布。

土耳其水务部门建议，在计算洪水安全系数时，可以增加一个误差项，即

$$s=\frac{m}{n(1+e)} \tag{9.6}$$

分别令 e 为 0.01、0.02、0.03、0.04 和 0.05，根据表 9.1 的数据，计算了 5 种误差情况下的设计洪峰流量，见表 9.1。

图 9.8 显示了 5 种误差情况下设计洪峰流量和安全系数的关系，由图中可以看出，五条曲线相差很小。图 9.8 和图 9.7 非常相似，不同之处在于，图 9.8 实际上存在几种略有差距的曲线。

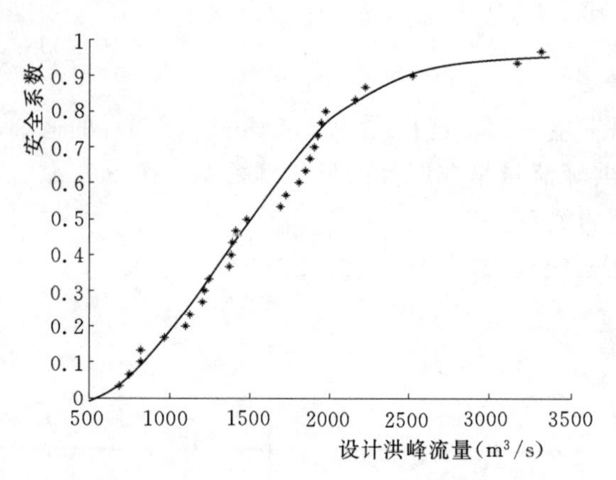

图9.7　设计洪峰流量和安全系数的关系

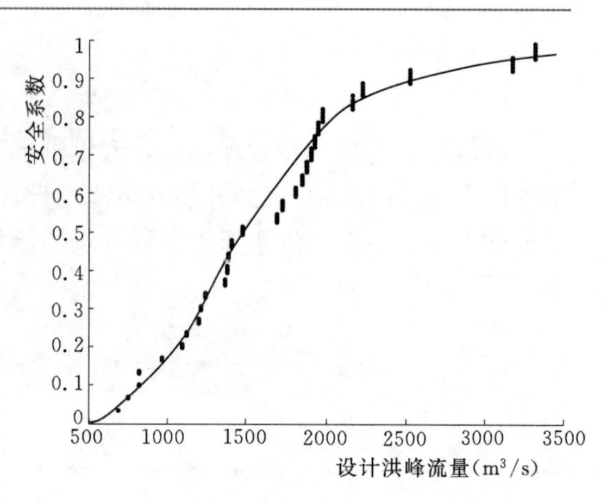

图9.8　5种误差情况下设计洪峰流量和洪水安全系数的关系

表9.1　　根据土耳其水务部门推荐公式计算出的设计洪峰流量

水文记录		不同误差情况下的安全系数				
年份	年洪峰流量(m^3/s)	e=0.01	e=0.02	e=0.03	e=0.04	e=0.05
1980	2520	0.034	0.034	0.033	0.033	0.033
1981	1850	0.068	0.068	0.067	0.066	0.066
1982	750	0.102	0.101	0.100	0.099	0.099
1983	1100	0.137	0.135	0.134	0.133	0.131
1984	1380	0.171	0.169	0.167	0.166	0.164
1985	1910	0.205	0.203	0.201	0.199	0.197
1986	3170	0.239	0.237	0.234	0.232	0.230
1987	1200	0.273	0.270	0.268	0.265	0.263
1988	820	0.307	0.304	0.301	0.298	0.296
1989	690	0.341	0.338	0.335	0.332	0.328
1990	1240	0.376	0.372	0.368	0.365	0.361
1991	1730	0.410	0.406	0.402	0.398	0.394
1992	1950	0.444	0.439	0.435	0.431	0.427
1993	2160	0.478	0.473	0.469	0.464	0.460
1994	3320	0.512	0.507	0.502	0.497	0.493
1995	1480	0.546	0.541	0.536	0.531	0.525
1996	1812	0.580	0.575	0.569	0.564	0.558
1997	1695	0.615	0.609	0.603	0.597	0.591
1998	1926	0.649	0.642	0.636	0.630	0.624
1999	820	0.683	0.676	0.670	0.663	0.657
2000	965	0.717	0.710	0.703	0.696	0.690
2001	1212	0.751	0.744	0.737	0.729	0.722
2002	1385	0.785	0.778	0.770	0.763	0.755
2003	1976	0.819	0.811	0.803	0.796	0.788
2004	2225	0.854	0.845	0.837	0.829	0.821
2005	1876	0.888	0.879	0.870	0.862	0.854

续表

水文记录		不同误差情况下的安全系数				
年份	年洪峰流量(m^3/s)	e=0.01	e=0.02	e=0.03	e=0.04	e=0.05
2006	1126	0.922	0.913	0.904	0.895	0.887
2007	1367	0.956	0.947	0.937	0.928	0.920
2008	1410	0.990	0.980	0.971	0.962	0.952

9.5 洪水记录的概率分布研究

洪水的安全系数可以用概率的形式表示为

$$s=P(Q\leqslant Q_{\mathrm{D}})=\frac{n_{\mathrm{s}}}{n} \tag{9.7}$$

同理，洪水风险可以用概率的形式表示为

$$r=P(Q>Q_{\mathrm{D}})=\frac{n_{\mathrm{b}}}{n} \tag{9.8}$$

式中 $P(Q\leqslant Q_{\mathrm{D}})$——小于某设计洪峰流量的概率；

$P(Q>Q_{\mathrm{D}})$——大于某设计洪峰流量的概率；

n_{s}——小于某设计洪峰流量的年洪峰流量记录数量；

n_{b}——大于某设计洪峰流量的年洪峰流量记录数量。

由式（9.3）可知，$P(Q\leqslant Q_{\mathrm{D}})$ 和 $P(Q>Q_{\mathrm{D}})$ 存在下列关系，即

$$P(Q\leqslant Q_{\mathrm{D}})+P(Q>Q_{\mathrm{D}})=1 \tag{9.9}$$

图9.4以累计概率分布的形式显示了洪水安全系数和设计洪峰流量的关系，两者呈单调递增的关系。根据概率理论，可以求得洪水安全系数和设计洪峰流量的概率分布密度关系，如图9.9所示。

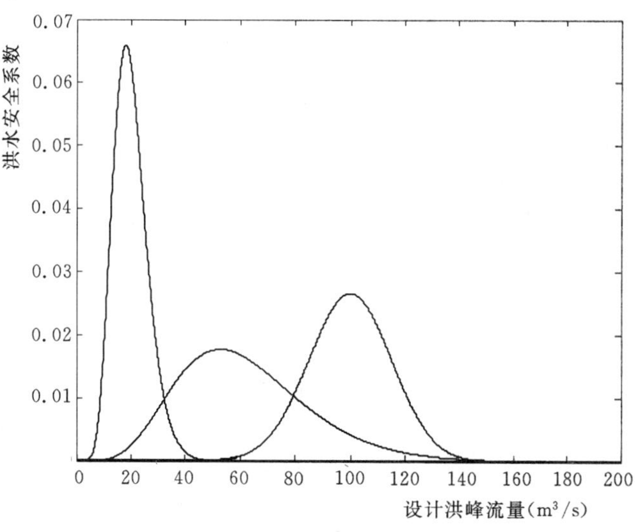

图9.9 洪水安全系数和设计洪峰流量的概率分布密度关系

由此可见，选择合适的概率分布函数对于正确估算洪峰流量是很重要的。应根据历史水文记录，确定合理的概率分布函数，详细情况参见第 6 章。

9.6　洪水安全系数计算

在地球科学研究领域，水文和气象学主要分析降雨、径流、洪水、干旱、雷电、霜冻、太阳辐射、蒸发、风速、和岩土特性等问题。这些因素对洪水有较大的影响，有时会造成水工构筑物的损毁，因此应采取合理的分析方法，尽量较为准确地确定这些的因素的发生频率、大小等参数。应采用概率、统计、随机等定量方法估算洪水参数，或采用模糊逻辑等定性方法分析洪水参数（Şen，2004）。本节主要阐明了几种水文气象方面的计算方法，分析了洪水风险的特征。水工构筑物虽然可以防洪，但是若设计、维护、运营或管理不当，也会对人类造成某些危害。

为减轻洪水灾害，应搜集各种水文资料，加强科学研究，向民众大力宣传防洪知识，进行防洪培训。向当地居民咨询历史洪水发生过程，估算洪水的水文参数。应不断加强气象领域的探索，研究气候对人类社会的影响。每个国家都应该绘制洪水风险地图及其他自然灾害的风险地图。搜集气象资料需要耗费大量人力物力，但是这项工作必不可少，应认真分析气象资料，建立合理的气象模型。另外，政策决策者、政府管理部门和保险公司可以从历史气象和水文资料中挖掘出重要的信息。

虽然科技不断进步，但是极端自然灾害始终影响着人类社会，造成了较大的人员伤亡和财产损失。减小风险，确保安全，是规划和设计的目标。科技发展也存在负面影响，尤其是技术使用不当，会对人类社会造成危害，修建水工构筑物也同样存在不良影响。人类日常生活中总存在各种危险性因素，无人可以完全避免这些危险因素。风险和危险性有时具有相似的含义，在一定条件下会产生风险。危险性、风险和安全性的定义分别如下：

（1）危险性：某因素对人类社会具有某种潜在威胁。

（2）风险：危险性发生的概率。

（3）安全性：某因素对人类社会不具有某种潜在威胁。

例如，某地区拟建一大一小两座水工构筑物，则两座构筑物将对下游地区产生同样的危险性，然而造成的风险和安全性却截然不同，这说明危险性、风险和安全性具有不同的规模效应。随着安全性的增加，危险性逐渐降低，如图 9.10 所示。

风险性、安全性及其发生概率具有某种关系，如图 9.11 所示（Smith，1992）。危险性因素通常具有以下特点：

（1）造成灾害的原因通常是明确的。

（2）灾害（如水工构筑物失事）发生前的预警时间很短。

（3）灾害发生后，立即会出现人员伤亡和财产损失。

（4）由于人类通常居住在危险地区，因此时刻都处于灾害的威胁之下。

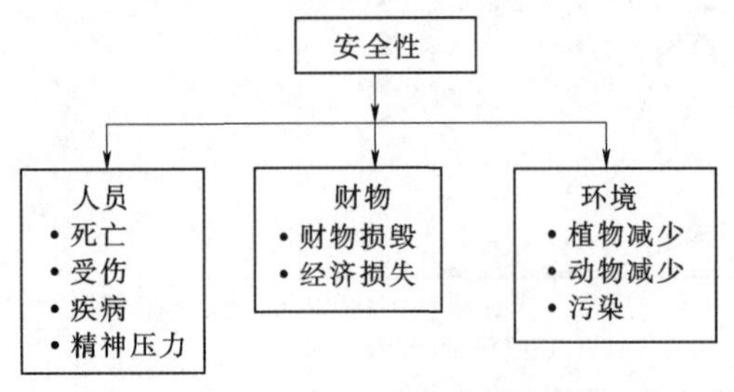

图 9.10　与安全性有关的因素

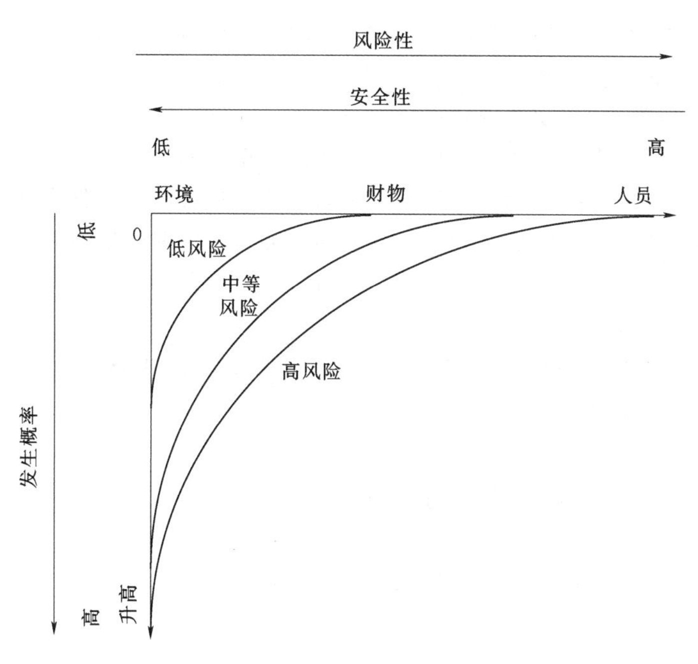

图 9.11 风险性、安全性及其发生概率的关系

（5）灾害具有一定的大小和规模。

在水工构筑物的施工和使用期间，会受到各种自然和人为的风险，见表 9.2。

表 9.2 **水工构筑物面临的风险**

气象方面	水文方面	地质方面	水文地质方面	科技方面
• 降雨强度及频率 • 降雪	• 洪水 • 径流 • 波浪 • 冰川 • 融雪 • 流水侵蚀	• 滑坡 • 泥石流 • 地面沉降 • 地震 • 砂土液化 • 火山喷发	• 地下水 • 岩溶 • 裂隙	• 建筑材料质量 • 设计失误 • 工程设计不合理

虽然科技水平不断提高，但是各种风险依旧存在，原因主要在于以下几个方面：

（1）人口密度增大，超过了环境的容忍限度。

（2）土地利用和规划不合理，尤其是进行土地开发时，不考虑未来可能出现的各种风险。

（3）随着经济发展，在危险区域修建了很多居民楼。

（4）修建大坝等水工构筑物时，运用了大量新技术。

（5）消费者对供水等部门的安全期望值有所提高。

（6）各种危险因素之间的相互联系更为密切，致使危险性的范围有所加大。

在日常生活中，无法完全避免风险的发生。在水工构筑物设计和施工时，即使广泛咨询专家意见，采用最新科技手段，也会存在一定的安全性问题，因此需要合适的位置布置监测仪器，减少构筑物风险的发生。

应定量和定性分析水工构筑物的安全性，估算各种风险发生的概率。应经常评估洪水风险，洪水评估应包括以下几个步骤：

(1) 评估水工构筑物重现期内各种风险发生的可能性。

(2) 评估各种风险发生的概率，估算构筑物的安全性。

(3) 评估风险造成的社会影响，估算每个风险因素造成的人员伤亡和财产损失。

假设每个危险因素发生的概率为 p，造成的损失为 L，则产生的社会风险可以表示为

$$R_s = pL \tag{9.10}$$

1. 历史洪水记录分析

设有 n 个洪水事件，分别记为 E_1，E_2，…，E_n，其发生概率分别为 p_1，p_2，…，p_n，且存在下列关系，即

$$p_1 + p_2 + \cdots + p_n = 1 \tag{9.11}$$

设每个洪水事件造成的社会损失分别为 L_1，L_2，…，L_n，且有

$$L_1 \leqslant L_2 \leqslant \cdots \leqslant L_n \tag{9.12}$$

根据上述假设，可以推得第 j 个洪水事件的累积概率为

$$P_j = p_j + p_{j+1} + \cdots + p_n \tag{9.13}$$

根据式 (9.13)，可以估算出社会损失大于 L_j 时的概率，见表 9.3。

表 9.3　　洪水风险分析

洪水事件	发生概率	造成的社会损失	累积概率
E_1	p_1	L_1	$P_1 = p_1 + p_2 + \cdots + p_n = 1$
E_2	p_2	L_2	$P_2 = p_2 + \cdots + p_n$
E_n	p_n	L_n	$P_n = p_n$

总的社会损失可以表示为

$$L_o = p_1 L_1 + p_2 L_2 + \cdots + p_n L_n = 1 \tag{9.14}$$

如果不考虑社会损失，可以根据表 9.4 计算出每个洪水事件 X_i ($i=1, 2, \cdots, n$) 的发生概率 p_i ($i=1, 2, \cdots, n$)。

表 9.4　　洪水发生概率计算方法

洪峰流量记录	按从小到大排序	序号	发生概率
X_1	X_i (最小值)	1	$1/(n+1)$
⋮	⋮	⋮	⋮
X_m	X_j	m	$m/(n+1)$
⋮	⋮	⋮	⋮
X_n	X_k (最大值)	n	$n/(n+1)$

由表 9.4 可以看出，序号为第 m 个的洪水发生的概率为

$$p_m = \frac{m}{n+1} \tag{9.15}$$

由此看出，式 (9.15) 和式 (9.8) 具有相似之处。

2. 历史洪水记录缺失时的处理方法

洪水风险 R 指在重现期 n 内，洪水流量 X 大于设计洪峰流量 Q_D 的概率。假设在未来重现期内洪峰流量出现的顺序依次为 X_1，X_2，…，X_n，则洪水安全系数 S 可以表示为

$$S=P(X\leqslant Q_D)=P(X_1\leqslant Q_D,X_2\leqslant Q_D,\cdots,X_n\leqslant Q_D) \tag{9.16}$$

洪水风险可以表示

$$R=1-P(X_1\leqslant Q_D,X_2\leqslant Q_D,\cdots,X_n\leqslant Q_D) \tag{9.17}$$

应根据变量的性质计算式（9.17），通常将式（9.17）右侧展开为四项函数，然后进行多重积分求得最终结果（Saldarriaga 和 Yevjevich，1970）。当各变量相互依赖时，如为一阶 Markov 相依过程时，可以将式（9.17）分解为若干个简单的式子，详细情况参见第 6 章和Şen（1976）的研究。

9.7 防洪构筑物

政府部门进行防洪规划时，除了修建水工构筑物防洪外，还应根据洪水淹没地图，建立洪水早期预警系统。在河漫滩地区进行规划和开发时，洪水淹没地图是较好的参考资料。然而，洪水淹没地图可能会令政府部门在开发河漫滩地区时顾虑重重。

通过修建水工构筑物（如堤防）、防洪科技手段、防洪规划和灾后应急措施，可以减轻洪水造成的危害。大坝和堤防等水工构筑物是良好的防洪措施，不过在流失侵蚀作用下，堤防可能会发生洪水漫顶、渗漏等事故。利用大坝和堤防来消除所有洪灾是难以实现的，且工程造价极其高昂。

综合利用各种水工构筑物，可以减轻洪水灾害，或者可以分流部分洪水。洪水分流可以直接减轻洪水的危险性。通过减少径流量，可以削减流域的洪峰流量，从而减轻洪水灾害，但该措施的可靠性低于洪水分流。另外，也可以采用人工手段影响天气条件，还可以对流域进行治理，这些都可以减轻洪水灾害（Şen，1997）。然而，由于人工降雨等措施存在很多不确定性，通常很难用人工手段准确影响天气条件。

流域治理措施通常包括植树造林、边坡加固、等高耕作、减小径流系数、森林防火、防止过度放牧、禁止砍伐森林和防止水土流失等方法，其中植树造林可以减少蒸发量。另外，在下游地区可以修建小型泄洪区，或利用池塘等天然泄洪场所，以削减洪峰流量。大部分减轻洪水的措施来自地方经验，应用规模较小，适用于小型流域。

利用洪水分流措施，可以将部分洪水导流出危险区域。洪水分流主要包括以下几种措施：

（1）在利用价值较低的河漫滩地段修建堤防，将洪水蓄积在此处，该方法施工简便，多用土石材料。

（2）增大河流横断面面积，或将洪水导流至较大区域，以减小洪水流速，从而减轻洪水灾害。

（3）通过修建大坝和水库，在洪水期间临时蓄拦洪水，等洪水过后再逐渐向下游地区泄洪。洪水也存在有益的方面，如可以维持流域的生态平衡，洪水携带的泥沙可以成为肥

沃的土壤，

可以将地表的盐分冲刷干净，可以作为农田灌溉水源，可以为渔业带来丰富的蛋白质成分。在正常年份，水文条件保持平衡，此时洪水对社会的影响是利大于弊。可以根据洪水淹没地图，制定合理的防洪措施，估算洪峰流量。即使在发达国家，洪水风险和大小也变化莫测。在沙特阿拉伯等干旱地区，干涸峡谷中游地区可能会出现暴洪，危害性极大，而在下游地区，存在洪水淹没的风险（Şen，2008）。

制定合理的土地利用规划，出台适合不同地区发展的政策，提供优质的政府服务，将有利于河漫滩地区的发展。制定土地利用规划时，应该从经济发展和政治稳定两个方面考虑。如果洪水淹没地图上清晰地标注了洪水风险等级和范围等情况，则有助于制定合理的土地利用和防洪规划。

制定防洪规划时，通常从脆弱性（即土地和人口的敏感性）和自然灾害这两个不同的方面考虑洪水风险，这有助于全面分析洪水风险问题。如果某地区脆弱性为零，则该地区洪水风险较小。脆弱性与洪水对人类社会的影响有关，假如某地区没有任何构筑物，无人居住，且没有任何农业耕作，则该地区脆弱性基本为零。大部分流域的脆弱性较小，其洪水风险和脆弱性相关性不大。

可以定量和定性分析流域径流情况，采取合理措施，尽量减少洪峰流量。可以通过渗滤沟、渗滤池塘、泄洪区、泄洪池塘和湿地等设施来减轻洪水流量。加大植树造林力度，禁止乱砍滥伐，禁止过度开发农田，可以减少水土流失和滑坡的发生，从而避免河道淤塞，洪水水位抬升。在局部地区，设置泄洪区域，加强排水设施建设，也可以减轻洪水灾害。

植树造林可以改善水文条件，减轻洪灾，在下游地区应加大植树造林的力度。在洪水发生之前，应认真评价各种防洪措施的效果，从以下三个方面加强防洪效果。

（1）减小径流量，提高流域管理水平，修建大坝，扩大泄洪区，加强湿地保护。

（2）制定合理的防洪措施，合理开发河漫滩，修建防洪堤。

（3）制定应急和疏散方案，提高洪水预测水平，建立洪水早期预警系统，出台洪水保险业务。有些低洼地带平时处于干涸状态，可以利用这些低洼地带进行临时泄洪。另外，可以将洪水宣泄至河道附近的湖泊中，从而减轻洪峰流量。天然湿地也是重要的泄洪区域，农田也可以滞留部分洪水。

9.8　公众的防洪意识

合理开发河漫滩是最有效的防洪方式，这需要政府部门、开发者、建设者和民众的通力配合。地方政府在制定河漫滩土地利用规划时，必须考虑洪水风险，力求将洪水造成的危害降低最低。应采取下列措施，确保民众的生命和财产安全：

（1）向民众加强洪水危害的宣传。

（2）制定合理的防洪方案。

（3）地方政府制定合理的土地利用规划。

（4）修建构筑物前，加强审批监管。

大部分专家认为，乱砍滥伐等人类活动加剧了洪水的危害。在河漫滩地区大兴土木，也会产生严重的洪灾。

与地震、火山喷发和雪崩等自然灾害相比，洪水具有发生范围广、危害大的特点。应根据专家建议和防洪经验，综合运用水文、气象、洪水预测、洪水警报和洪水应急响应等方面的知识，建立高效的洪水早期预警系统。

在过去几十年内，公众的洪水风险意识有了极大提高，对防洪的要求也日益增加，未来这个趋势仍将持续。目前，虽然洪水预测水平有了明显提高，但是对小型流域的长期洪水预测的准确性要求也不断提高。进行水文预测时，准确的天气预报结果是非常重要的参考资料。另外，水文模型变得日益复杂，需要大量的历史水文观测数据。卫星影像数据是进行准确水文预测的重要参考资料。

防洪措施多种多样，通常可以分为水工构筑物防洪和非水工构筑物防洪两种。为最大限度地减轻洪水危害，通常采取多种防洪措施。

利用隧洞、水库、泄洪区、运河、堤防等水工构筑物，可以改变洪水的运移参数，从而达到防洪的目的。另外，可以采用洪水预测、洪水早期预警、洪水保险、洪水规划、洪水知识宣传等非水工构筑物防洪措施，减少洪水产生的人员伤亡和财产损失。

在很多缺水地区，每年有大量洪水流入大海。洪水可以将地表的盐分及其他有害物质冲刷走，从而维持了河口和沿海地带的生态平衡（Seckler 等，1998）。

尽管洪峰流量估算方法和水工构筑物设计水平有所进步，但是还不能完全控制洪水。另外，为防治洪水，必须绘制洪水淹没地图，在地图上标明洪水风险等级。当地居民需要了解洪水淹没范围，以便根据自身情况，制定合理的防洪措施。

在城市，人口、楼房和基础设施的密度很大，给减轻洪水危害带来较大的挑战（Wamsler，2004）。虽然民众的洪水风险意识不断提高，但是为提高生活水平，还是不断向洪水易发区迁移定居。对于贫困人口而言，有时不得不非法居住在公共场地，或者在洪水危险区购买廉价的住宅（Montoya，2002）。

随着城市化进程的不断加大，城市范围不断扩大，各种构筑物不断修建，使得地表下渗能力不断减小，这增加了城市洪水发生的次数，如图 9.12 所示。由于人口增长，建筑物高耸密集，城市洪水风险不断增加（Bilsborrow，1998）。如果某地区的防洪措施不当或缺乏，则在此类地区进行开发时，洪水造成的危害会增加。

土地开发等人类活动也会加剧洪水风险，例如，将肥沃农田的雨水快速排出时，就会增大洪水流量。

9.9 综合洪水管理（IFM）

由于流域特征和水文条件的影响，每次洪水造成的危害也截然不同，尤其在农村、乡镇和城市等人口密集区，每次洪水造成的人员伤亡和财产损失各有不同。另外，人类为了自身生存，有时也离不开洪水。估算洪峰流量和绘制洪水淹没地图的方法较多，如果使用得当，可以获得良好的社会和经济效益。修建堤防和大坝等水工构筑物，制定合理的防洪规划，提高防洪管理水平，就是综合洪水管理（IFM）的核心内容，旨在减轻洪水灾害。

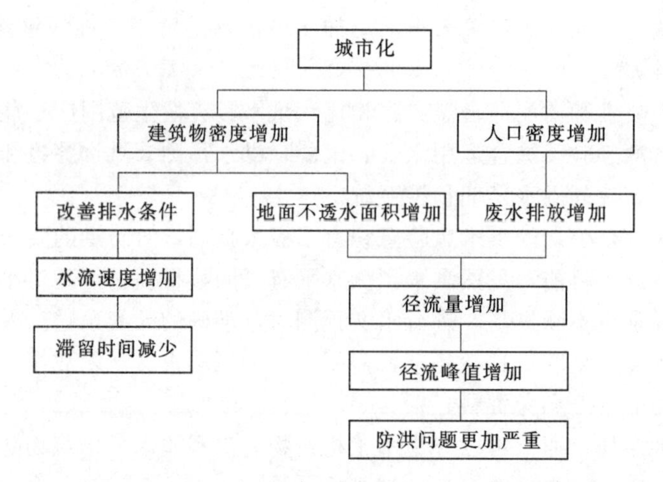

图 9.12　城市人口和建筑物密度增加对水文循环的影响
（根据 Hall 在 1984 年的研究成果改编）

例如，只修建大坝进行防洪是难以取得良好防洪效果的，还应提高防洪管理水平。

要取得良好的防洪效果，需要综合运用各种防洪措施。洪水会对不同人口和土地造成不同的风险，如果防洪措施运用得当，则受灾区的生活和生产很快就可以从洪灾中恢复。值得注意的是，无法采取何种综合洪水管理措施，都无法完全控制洪水。综合洪水管理的目标是将洪灾危害和损失降低到最低水平，这就需要建立可靠的洪水估算方法，提高防洪管理水平，制定快速应急响应机制，从而取得良好的防洪效果。

从工程的角度看，也应逐步推广非水工构筑物防洪措施，使之成为河漫滩管理的重要组成部分。应主要从以下三个方面进行防洪。

（1）运用水工构筑物和非水工构筑物防洪措施，将洪水灾害降低到最低水平。

（2）使用科技和政策手段减轻洪水的危害。

（3）提高民众的防洪意识和防洪能力。

应采取各种方法措施，合理协调河漫滩地区发展和防洪的关系。

发展中国家的规划部门和防灾减灾机构可以利用遥感技术确定洪水易发区范围及其危害程度，这种方式节约成本，简单易行。利用遥感技术，还可以指定合理的防洪规划，进行防洪研究，评估洪水灾害。

世界上大部分地区通常采用大坝、堤防和和码头等构筑物来防治洪水，应根据流域特点、降雨量、水网分布和主河道条件等情况修建合适的水工构筑物。如果洪水排泄不畅，则容易增大洪水淹没范围和洪灾危害。修建堤防可能会导致河道淤塞，抬升了河床高程，从而改变了河道地形条件。

居民楼的防洪措施也多种多样，比如提高墙体防渗能力，安装永久性或临时性的防洪门窗，在污水管道内安装单向阀，在地下室的集水坑内安装水泵，制定防洪应急措施，建立洪水早期预警系统，采用较高的楼房基底设计高程（如果已知淹没程度）等。为制定有效的防洪措施，应注意以下几个方面：

（1）在河漫滩和沿海地区采用综合防洪措施。

（2）进行土地利用和开发时，必须重视防洪的重要性。

（3）采取措施减轻人类活动对当地环境的影响。

（4）因地制宜，制定合理的防洪措施，提高流域的防洪水平。

（5）进行洪水脆弱性分析。

洪水应急措施包括措施制定、救灾快速响应和灾后重建三个方面。个人、家庭、团体和社区等各方应通力合作，齐心合力迎战洪灾。应利用地方和国际防洪经验，采用科学方法，减轻洪水灾害。为减轻洪灾，应重点考虑以下几个方面：

（1）广泛搜集各地的防洪和救灾经验，分析洪水发生原因，在洪水来临前后，采取合理的防洪措施，减轻洪水灾害。

（2）列出当地防洪设施和防洪团体的详细清单，确定合适的防洪方案。

洪水早期预警系统、防洪规划和疏散方案是综合防洪措施的最重要组成部分。要实现良好的防洪效果，以下措施必不可少：

（1）制定合理的防洪措施后，实施时，需要公众的通力配合和支持。

（2）不能仅依赖单一的防洪措施，应多管齐下，综合采取各种防洪措施。

（3）各政府部门和团体不能单打独斗，应通力合作，方可有效减轻洪水灾害。

（4）当地政府部门应普及洪水知识，集思广益，制定合理规划，从而减轻洪水灾害。

在洪水发生前后，应根据当地情况，作好饮用水和食品的安全储备工作。改善民众的日常居住条件，引导民众进行绿色集约型生活，也可以减轻洪水灾害，主要包括以下几个方面：

（1）避免日常生活过度消费，提倡物品循环利用，节约用水用电。

（2）改善用水用电条件，减少水网渗漏，定期进行水网维护，采用最新科技手段完善水电输送条件。

（3）植树造林，修建水工构筑物，正确估算洪峰流量，预测洪水发生时间，充分利用地下水的存储能力，在流域上游尽量减少水土流失，在流域下游地区尽量避免泥沙沉积。

（4）与当地居民共同协商，探讨制定合理的防洪措施，研究水循环机理，收集和利用雨水，科学用水，既要保护环境，也应有利于经济发展。

（5）完善传统的水务管理方式，积极发展新型农田灌溉和农业耕种方法，提高农业产量，采取有力措施，合理补充地下水。

9.10 灾后重建

自然灾害发生后，需要采取及时有效的措施，抢险救灾，尽快让社会从灾难中恢复正常。在救灾和重建过程中，要确保民众和社会的安全。制定救灾和重建措施时，应考虑生态和自然的保护，考虑气候变化对环境的影响，考虑自然资源减少对社会的影响，考虑当地经济状况恶化的影响。然而，大部分地区缺乏灾后重建的经验（Şen，2015a）。应对气候变化，不能仅靠几个部门，而应是各方齐心合力，共同努力，以减少气候变化对水文的影响。

灾后重建与洪水脆弱性截然不同，应通过救灾经验、灾后发展和消除贫困等措施，进行灾后重建。2000年出版的《大坝与发展》（*Dams and Development*）一书认为，有效的灾后重建应包括以下三个方面。

（1）优先推广使用可再生资源，提高能源使用效率，减少石化燃料的使用量，在农村地区发展分散型的小型可再生资源使用方式。

（2）完善城乡供水体系，大力提高供水效率，充分利用现有资料，制定合理的定价机制，培育公平合理的水务市场，提倡废水循环利用，鼓励收集和使用雨水。

（3）以目前的科技水平，尚无法完全控制洪水。应采取合理措施，尽量降低洪水损失，最大限度地保护好生态系统。应通过水工构筑物、技术手段、政策、规划等手段，提高民众抵御洪水的水平，减轻洪水对社会的危害。

由于市场、政策、科技等诸多方面的限制，目前的防洪措施还存在某些不足。因此，应克服洪水估算方法、防洪规划、民众防洪意识、资金、市场准入管制等方面的种种问题，才能进一步提高防洪水平。

参 考 文 献

Allen，M. R.，& Ingram，W. J.（2002）. Constraints on future changes in climate and the hydrologic cycle. *Nature*，Vol. 419，224－232.

Baker，V. R.，&Kochel，R. C.（1988）. Flood sedimentation in bedrock fluvial systems. In：V. R. Baker，R. C. Kochel，& P. C. Patton（Eds.），*Flood geomorphology*（pp. 123－137）. New York，USA：Wiley.

Baker，V. R.，& Pickup，G.（1987）. Flood geomorphology of the Katherine Gorge，Northern Territory，Australia. *Geological Society of America Bulletin*，98，635－646.

Baker，V. R.，Webb，R. H.，& House，P. K.（2002）. The Scientific and societal value of paleo flood hydrology. In：P. K. House，R. H. Webb，V. R. Baker，& D. R. Levish（Eds.），*Ancient floods，and modern hazards：Principles and applications of paleo flood hydrology，water science and application series*（Vol. 5，pp. 127－146）.

Baker，J. D.，Littnan，C. L.，Johnston，D. W.（2006）. Potential effects of sea level rise on the terrestrial habitats of endangered and endemic megafauna in the Northwestern Hawaiian Islands. *Endangered Species Research*，Vol. 2，21－30.

Benito，G.，Deí z－Herrero，A.，& Fernández de Villalta，M.（2003a）. Magnitude and frequency of flooding in the Tagus Basin（Central Spain）over the last millennium. *Climatic Change*，58，171－192.

Benito，G.，Lang，M.，Barriendos，M.，Llasat，M. C.，Francés，F.，Ouarda，T.，et al.（2003b）. Use of systematic，paleoflood and historical data for the improvement of flood risk estimation. Review of scientific methods. *Natural Hazards*，31，623－643.

Benito，G.，Sánchez－Moya，Y.，& Sopeña，A.（2003c）. S edimentology of high－stage flood deposits of the Tagus River，Central Spain. *Sedimentary Geology*，157，107－132.

Benito，G.，Sopeña，A.，Sánchez，Y.，Machado，M. J.，& Pérez González，A.（2003d）. Paleo flood Record of the Tagus River（Central Spain）during the Late Pleistocene and Holocene. *Quaternary Science Reviews*，22，1737－1756.

Benito，G.，Lang，M.，Barriendos，M.，Llasat，M. C.，Francés，F.，Ouarda，T.，Thorndycraft，V.，Enzel，Y.，Bardossy，A.，Coeur，D.，and Bobée，B.（2004）. Systematic，pal eoflood and historical data for the improvement of flood risk estimation，*Natural Hazards*，Vol. 31，623－643.

Bilsborrow, R. E. (1998). The state of the art and overview of the chapters. In R. E. Bilsborrow (Ed.), *Migration, urbanization and development: New directions and issues, proceedings of the symposium on internal migration and urbanization in developing countries. January* 22 - 24, 1996, New York, (Massachusetts, United Nations Population Fund and Kluwer Academic Publishers): pp. 1 - 56.

Dams and Development. (2000). *A new framework for decision - making the report of the world commission on dams*. London and Sterling, VA: Earth Scan Publications Ltd.

Ely, L. L., & Baker, V. R. (1985). Reconstructing paleo flood hydrology with slack water deposits: Verde River, Arizona. *Physical Geography*, 6, 103 - 126.

Füssel, H. M. (2010). How inequitable is the global distribution of responsibility, capability, and vulnerability to climate change: A comprehensive indicator - based assessment. *Global Environmental Change*, Vol. 20 (4), 597 - 611.

Greenbaum, N., Schick, A. P., & Baker, V. R. (2000). The paleo flood record of a hyper arid catchment, Nahal Zin, Negev Desert, Israel. *Earth Surface Processes and Landforms*, 25, 951 - 971.

Hall, M. J. (1984). Urban hydrology. New York: Elsevier Applied Science Publishers.

House, P. K., Pearthree, P. A., & Klawon, J. E. (2002b). Historical flood and paleo flood chronology of the Lower Verde River, Arizona: Stratigraphic evidence and related uncertainties. In: P. K. House, R. H. Webb, V. R. Baker, & D. R. Levish (Eds.), *Ancient floods, modern hazards: Principles and applications of paleo flood hydrology, water science and application series* (Vol. 5, pp. 267 - 293).

House, P. K., Webb, R. H., Baker, V. R., &Levish, D. R. (2002a). (Eds.). *Ancient floods, modern hazards: Principles and applications of paleo flood hydrology, water science and application series* (Vol. 5, 385p).

Hooijer, A., Klijn, F., Bas, G., Pedroli, M., & Van Os, A. (2004). Towards sustainable flood risk management in the Rhine and Meuse river basins: synopsis of the findings of IRMA - SPONGE, River research and applications, Vol. 20, 343 - 357.

IPCC. (2007). *Climate change* 2007: *Impacts, adaptation, and vulnerability*. (Contribution of Working Group II to the Fourth Assessment Report of the Intergovernmental Panel on Climate Change). Cambridge, UK: Cambridge University Press.

Jones, A. P., Shimazu, H., Oguchi, T., Okuno, M., & Tokutake, M. (2001). Late Holocene slack water deposits on the Nakagawa River, Tochigi Prefecture, Japan. *Geomorphology*, 39, 39 - 51.

Kale, V. S., Singhvi, A. K., Mishra, P. K., & Banerjee, D. (2000). Sedimentary records and luminescence chronology of Late Holocene paleo floods in the Luna River, Thar Desert, northwest India. *CATENA*, 40, 337 - 358.

Kenny, R. (1990). Hydrogeomorphic flood hazard evaluation for semi - arid environments. *Quarterly Journal of Engineering Geology*, 23, 333 - 336.

Knight, F. H. (1921). Risk, Uncertainty and Profit. New York: Harper & Row. http://www.econlib.org/library/Knight/knRUPCover.html.

Kochel, R. C., & Baker, V. R. (1988). Paleo flood analysis using slack water deposits. In V. R. Baker, R. C. Kochel, & P. C. Patton (Eds.), *Flood Geomorphology* (pp. 357 - 376). New York, USA: Wiley.

Kochel, R. C., Baker, V. R., & Patton, P. C. (1982). Paleo - hydrology of Southwest Texas. *Water Resources Research*, 18, 1165 - 1183.

Marsalek, J. (2000) Overview of Flood Issues in Contemporary Water Management. In: Marsalek J., Watt W. E., Zeman E., Sieker F. (Eds.), *Flood Issues in Contemporary Water*

Management. NATO Science Series (Series 2. Environment Security), Vol. 71. Springer, Dordrecht.

Montoya, L. (2002). Urban disaster management: A case study of earthquake risk assessment in Cartago, Costa Rica. Enscheda, ITC Publication Series No. 96.

O'Connor, J. E., Ely, L. L., Stevens, L. E., Melisa, T. S., Kale, V. S., & Baker, V. R. (1994). A 4500-year record of large floods in the Colorado River in the Grand Canyon, Arizona. *The Journal of Geology*, 102, 1-9.

Oumeraci, H. (2004). Sustainable coastal flood defences: scientific and modelling challenges towards an integrated risk-based design concept. Proc. *First IMA International Conference on Flood Risk Assessment, IMA - Institute of Mathematics and its Applications, Session*, Vol. 1, Bath, UK: 9-24.

Partridge, J. B., & Baker, V. R. (1987). Paleo flood hydrology of the Salt River, Arizona. *Earth Surface Processes and Landforms*, 12, 109-125.

Pickup, G., Allan, G., & Baker, V. R. (1988). History, paleo-channels and paleo floods of the Finke River, central Australia. In R. F. Warner (Ed.), *Fluvial geomorphology of Australia* (pp. 177-200). Sydney: Academic Press.

Plate, E. (1999). Flood risk management: A strategy to cope with floods. In: Bronstert, A., Ghazi A., Hladny J., Kundzewicz Z. W., Menzel L. (Eds.), *Proceedings of the European Expert Meeting on the Oder Flood* 1997. *Luxembourg* (European Communities) (pp. 115-128).

Rahmstorf, S. (2007). Sea-level rise a semi-empirical approach to projecting future. Science, Vol. 315, 368-370. doi: 10.1126/science.1135456.

Romero, R. J. A., Guijarro Ramis, C., & Alonso, S. (1998). A 30-year (1964-1993) daily rainfall data base for the Spanish Mediterranean regions: first exploratory study. *International Journal of Climatology*, 18, 541-560.

Saldarriaga, J., & Yevjevich, V. (1970). Application of run-lengths to hydrologic series. Hydrology Paper 40, Colorado State University, Fort Collins, Colorado.

Seckler, D., Molden, D., & Randolph, B., (1998). Water scarcity in the twenty-first century. IWMI Water Brief 1. Colombo, Sri Lanka: International Water Management Institute.

Şen, Z. (1976). Wet and dry periods of annual flow series. *Journal of the Hydraulics Division, ASCE*, 102, No. HY10, Proceedings Paper 12457, 1503-1514.

Şen, Z. (1997). Weather modification methods and their impractical consequences are discussed by Şen (1997).

Şen, Z. (2004). *Hydrograph methods, arid regions, Saudi Geological Survey* (*SGS*), Technical Report.

Şen, Z. (2008). Wadi hydrology. New York: Taylor and Francis Group, CRC Press, 347 p.

Şen, Z. (2010). *Fuzzy logic and hydrological modeling*. New York: Taylor and Francis Group, CRC Press. 340p.

Şen, Z. (2015a). *Drought modeling, prediction and mitigation* (p. 472). Amsterdam, Netherlands: Elsevier.

Şen, Z. (2015b). Global warming quantification by innovative trend template method. International Journal of Global Warming (in print).

Sheffer, N. A., Enzel, Y., Benito, G., Grodek, T., Poart, N., Lang, M., et al. (2003). Historical and paleo floods of the Ardèche river, France. *Water Resources Research*, 39, 1376.

Smith, K. (1992). *Environmental hazards assessing risk and reducing disaster*. London: Routledge. 324p.

UNDRO, (1991). Office of the United Nations Disaster Relief Co-coordinator: Mitigation natural disasters: phenomena, effects and options. A manual for policy makers and planners, United Nations, New York.

Wamsler, C. (2004) . Managing urban risk: Perceptions of housing and planning as a tool for reducing disaster risk. *Global Built Environmental Review* (GBER), 4 (2), 11 - 28.

Wohl, E. E. , Webb, R. H. , Baker, V. R. , & Pickup, G. (1994) . Sedimentary flood records inthe bedrock canyons of rivers in the monsoonal region of Australia. Water Resour. Papers 107, 102p.

Yadigaroğlu, G. , & Chakraborty, S. (1985) . Risikountersuchungen als Entscheidunsinstrument. (Risk analysis as decision tool) . TUV Rheinland Publication.

Yang, H. , Yu, G. , Xie, Y. , Zhan, D. , & Li, Z. (2000) . Sedimentary records of large Holocene floods from the middle reaches of the Yellow River, China. *Geomorphology*, 33, 73 - 88.